U0374672

立德崇能

实用化学

《实用化学》编写组 编

修订版

苏州大学出版社

图书在版编目(CIP)数据

实用化学/郭英敏主编;《实用化学》编写组编.
—修订本.—苏州:苏州大学出版社,2019.6(2023.6重印)
教育部职业教育与成人教育司推荐教材 五年制高等
职业教育文化基础课教学用书
ISBN 978-7-5672-2803-0

Ⅰ.①实… Ⅱ.①郭… ②实… Ⅲ.①化学—高等职
业教育—教材 Ⅳ.①O6

中国版本图书馆CIP数据核字(2019)第094624号

实用化学·修订版
《实用化学》编写组 编
责任编辑 徐 来

苏州大学出版社出版发行
(地址:苏州市十梓街1号 邮编:215006)
常州市武进第三印刷有限公司印装
(地址:常州市武进区湟里镇村前街 邮编:213154)

开本 787mm×1 092mm 1/16 印张 19.75 插页 1 字数 481千
2019年6月第1版 2023年6月第8次印刷
ISBN 978-7-5672-2803-0 定价:49.00元

苏州大学版图书若有印装错误,本社负责调换
苏州大学出版社营销部 电话:0512-67481020
苏州大学出版社网址 http://www.sudapress.com
苏州大学出版社邮箱 sdcbs@suda.edu.cn

江苏联合职业技术学院院本教材出版说明

江苏联合职业技术学院成立以来，坚持以服务经济社会发展为宗旨、以促进就业为导向的职业教育办学方针，紧紧围绕江苏经济社会发展对高素质技术技能型人才的迫切需要，充分发挥“小学院、大学校”办学管理体制创新优势，依托学院教学指导委员会和专业协作委员会，积极推进校企合作、产教融合，积极探索五年制高职教育教学规律和高素质技术技能型人才成长规律，培养了一大批能够适应地方经济社会发展需要的高素质技术技能型人才，形成了颇具江苏特色的五年制高职教育人才培养模式，实现了五年制高职教育规模、结构、质量和效益的协调发展，为构建江苏现代职业教育体系、推进职业教育现代化做出了重要贡献。

面对新时代中国特色社会主义建设的宏伟蓝图，我国社会主要矛盾已经转化为人们日益增长的美好生活需要与发展不平衡不充分之间的矛盾，这就需要我们有更高水平、更高质量、更高效益的发展，实现更加平衡、更加充分的发展，才能全面建成社会主义现代化强国。五年制高职教育的发展必须服从服务于国家发展战略，以不断满足人们对美好生活需要为追求目标，全面贯彻党的教育方针，全面深化教育改革，全面实施素质教育，全面落实立德树人根本任务，充分发挥五年制高职贯通培养的学制优势，建立和完善五年制高职教育课程体系，健全德能并修、工学结合的育人机制，着力培养学生的工匠精神、职业道德、职业技能和就业创业能力，创新教育教学方法和人才培养模式，完善人才培养质量监控评价制度，不断提升人才培养质量和水平，努力办好人民满意的五年制高职教育，为决胜全面建成小康社会，实现中华民族伟大复兴的中国梦贡献力量。

教材建设是人才培养工作的重要载体，也是深化教育教学改革、提高教学质量的重要基础。目前，五年制高职教育教材建设规划性不足、系统性不强、特色不明显等问题一直制约着内涵发展、创新发展和特色发展的空间。为切实加强学院教材建设与规范管理，不断提高学院教材建设与使用的专业化、规范化和科学化水平，学院成立了教材建设与管理工作领导小组和教材审定委员会，统筹领导、科学规划学院教材建设与管理工作。制订了《江苏联合职业技术学院教材建设与使用管理办法》和《关于院本教材开发若干问题的意见》，完善了教材建设与管理的规章制度；每年滚动修订《五年制高等职业教育教材征订目录》，统一组织五年制高职教育教材的征订、采购和配送；编制了学院“十三五”院本教材建设规划，组织18个专业和公共基础课程协作委员会推进了院本教材开发，建立了一支院本教材开发、编写、审定队伍；创建了江苏五年制高职教育教材研发基地，与江苏凤凰职业教育图书有限公司、苏州大学出版社、北京理工大学出版社、南京大学出版社、上海交通大学出版社等签订了战略合作协议，协同开发独具五年制高职教育特色的院本教材。

今后一个时期，学院在推动教材建设和规范管理工作的基础上，紧密结合五年制高职教育发展新形势，主动适应江苏地方社会经济发展和五年制高职教育改革创新的需要，以学院18个专业协作委员会和公共基础课程协作委员会为开发团队，以江苏五年制高职教育教材研发基地为开发平台，组织具有先进教学思想和学术造诣较高的骨干教师，依照学院院本教材建设规划，重点编写出版约600本有特色、能体现五年制高职教育教学改革成果的院本教材，努力形成具有江苏五年制高职教育特色的院本教材体系。同时，加强教材建设质量管理，树立精品意识，制订五年制高职教育教材评价标准，建立教材质量评价指标体系，开展教材评价评估工作，设立教材质量档案，加强教材质量跟踪，确保院本教材的先进性、科学性、人文性、适用性和特色性建设。学院教材审定委员会组织各专业协作委员会做好对各专业课程（含技能课程、实训课程、专业选修课程等）教材进行出版前的审定工作。

本套院本教材较好地吸收了江苏五年制高职教育最新理论和实践研究成果，符合五年制高职教育人才培养目标定位要求。教材内容深入浅出，难易适中，突出“五年贯通培养、系统设计”专业实践技能经验积累培养，重视启发学生思维和培养学生运用知识的能力。教材条理清楚，层次分明，结构严谨，图表美观，文字规范，是一套专门针对五年制高职教育人才培养的教材。

学院教材建设与管理工作领导小组

学院教材审定委员会

2017年11月

修订版前言

五年制高职公共基础课系列教材自1998年出版以来，历经多次修订，从体例到内容更加成熟，质量不断提升，得到了各使用学校师生的普遍认可和肯定，并顺利通过教育部组织的专家审定，列入教育部向全国推荐使用的高等职业教育教材，成为我国职业院校公共基础课的品牌教材之一。

随着我国进入新的发展阶段，发展职业教育被摆在教育改革创新和经济社会发展中更加突出的位置，职业教育教材建设环境持续发生变化。首先，为建设现代化经济体系和实现更高质量更充分的就业，新的国家高等职业教育人才培养方案、课程标准等陆续出台，职业院校课程结构调整及公共基础课教学改革持续推进，这些均对教材建设提出了新要求。其次，我国现代职业教育体系不断完善，中高职教育衔接贯通等培养模式的探索也要求教材建设与之适应。此外，经过十多年的变迁，原版教材的作者情况变化较大，确有需要从教学一线吸收新的骨干力量参加到教材建设工作中来。

为此，我们再次组织一批教师对教材进行调整修订。本次修订以更加贴近一线教师的教学实际，更加适应学生的学习水平与学习习惯为原则，同时适当参考了部分优秀初高中教材和高职教材中对有关内容的最新论证和表述，修正了部分内容。为充分发挥教材在人才培养中的积极作用，进一步提高育人功能，为对接当代科技发展趋势和市场需求，更新了更具时效性和时代特征的习题与阅读材料。我们期望新版修订教材既能切合新时期学生发展的实际，保证学生应有的人文和科学素养，又能为学生专业课程的学习、终身学习和自主发展铺路架桥、夯实基础。

在五年制高职公共基础课教材十多年来的建设过程中，我们得到了江苏省教育厅、江苏联合职业技术学院及各有关院校的热情关心和大力支持；本次教材修订也是在原教材编写者和历次修订者多年来付出的辛勤劳动和工作成果的基础上进行的，修订工作得到了他们一如既往的理解和帮助。在此，我们谨表示最诚挚的感谢！

与教材配套使用的《学习指导与训练》也做了同步修订。另外，供教师使用的《教学参考用书》(电子版)可访问苏州大学出版社网站(http://www.sudapress.com)"下载中心"参考或下载。

五年制高等职业教育教材编审委员会

2019年2月

修订说明

为了适应教学改革不断深入发展的需要，我们于1999年成立了五年制高等职业教育化学教材编写组，按照原江苏省教委审定的五年制高职《实用化学》教学大纲，经广泛征求意见和反复讨论，着手编写五年制高等职业教育试用教材《实用化学》以及相配套的《实用化学实验》，并于2000年出版供教学试用。2001年我们又出版了《实用化学教学参考书》，2003年出版了《实用化学学习指导与训练》。

《实用化学》《实用化学实验》自2000年出版以后，历经2002年、2006年、2014年三次修订。2018年，我们充分汲取了五年制高职院校一线化学教师、专业课教师及部分学生的意见和建议，对《实用化学》《实用化学实验》《实用化学学习指导与训练》进行了全面的修订。根据五年制高职人才培养目标及五年制学生的生源素质的变化情况，修订中对部分章节进行了整合与调整，使其更符合学生的认知规律。理论部分以实用、够用、能用及服务专业、兼顾学生的可持续发展为原则，适当降低难度，强化技能性、策略性知识介绍。在上一版修订的基础上，本次修订对部分内容进行了适当的增删或改写，力求做到简明扼要，重点鲜明，图文并茂，强调理论联系实际；对经典化学内容的文字叙述，力求做到深入浅出、通俗易懂；在化学与营养、材料、能源、环境等内容的修订上，进一步强化了化学与人类社会生活、生产及科学技术方面的密切联系，并对过时、陈旧及与化学关联度不大的内容进行了删减或更新。对原版中的课外阅读材料、习题也做了较大程度的更新。书中加“*”部分为选学内容。

《实用化学》《实用化学实验》原主编为王淑芳，原副主编为臧大存、葛竹兴、汪明银、周少红、曹国庆、蒋玲，参加历次编写修订的有：丁敬敏、王业根、王纪丽、王和才、伍天荣、沈默、张国泰、邵琪、周红霞、夏红、党彩霞、徐锁平、周大农、魏大复、刘凤云、张金兴、王业根、张龙、黄志良、李清秀、高春、陈香、许颂安、郭小仪、金培珍、顾卫兵、蒋云霞、丁敏娟、李亚、何雪雁、黄允芳、周浩。

本次修订版由南京工程高等职业学校的郭英敏任主编，常州轻工职业技术学院的戴伟民审定，编写修订人员有：苏州建设交通高等职业技术学校的杨芳负责第一章、第二章及实验一、实验二、实验三，江苏省南通卫生高等职业技术学校的何雪雁负责第三章、第四章及实验四、实验五、实验六，江苏省徐州医药高等职业学校的丁文文负责第五章、第六章及实验七、实验八，盐城生物工程高等职业技术学校的江俊芳负责第七章、第八章及实验九、实验十、实验十一，常州刘国钧高等职业技术学校的周凯负责第九章、第十章及实验十二、实验十三、实验十四。

由于编者水平有限，书中难免有不当之处，恳切希望读者批评指正，我们对此表示诚挚的谢意。

《实用化学》编写组

2019 年 5 月

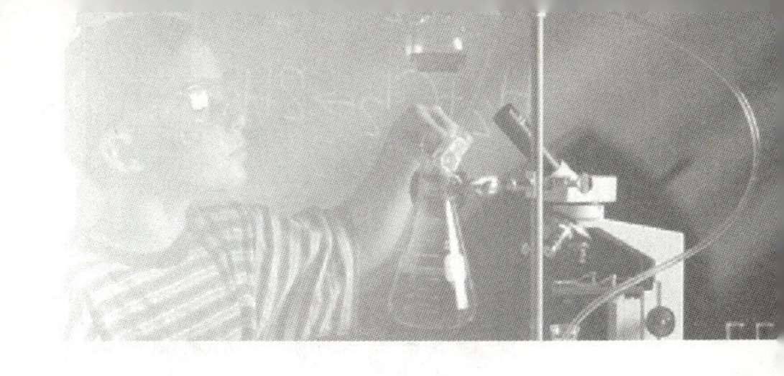

目录

CONTENTS

第四章 电解质溶液

第五章 烃

第六章 烃的衍生物

选 学 篇

第七章 化学与营养

绪　　论

一、化学研究的对象和目的

人类生活在千变万化的物质世界之中。化学以人类周围的物质作为研究对象，把物质的化学变化作为它的主要研究课题。因此，化学是一门在分子、原子或离子层次上研究物质的组成、结构、性质及其变化规律的科学。

天然资源丰富多彩，人类为了更好地利用这些资源，就必须运用化学方法对有用物质进行提取和加工。由此可见，人们研究化学的目的，就是通过研究物质化学变化的规律和过程去指导生活和生产，更好地开发自然、改造自然，以满足人类之需要，促进社会之发展。

二、化学在社会发展中的作用

人类生活的各个方面，社会发展的各种需要都与化学息息相关。

首先从我们的衣、食、住、行来看，要获得色泽鲜艳的衣料，需要运用化学来研制染料；琳琅满目的种种合成纤维更是化学的一大贡献。要装满粮袋子，丰富菜篮子，关键之一是发展化肥和农药的生产。色香味俱佳的食品离不开各种食品添加剂，如抗氧化剂、防腐剂、香料、调味剂和色素等，它们大都是用化学合成方法制得或是用化学分离方法从天然产物中提取出来的。化工产品广泛地占领了现代建筑业市场，如水泥、石灰、油漆、玻璃、塑料、铝合金、塑钢等。用以代步的各种现代交通工具使用的汽油、柴油、润滑剂、汽油防爆剂、防冻剂等，无一不是石油化工产品。此外，人们需要的药品、洗涤剂、美容品和化妆品等日常生活必不可少的用品也都是化学制剂。可见我们的衣食住行无不与化学有关，人人都需要用化学制品，可以说我们生活在化学世界之中。

再从社会发展来看，化学是一门实用性较强的学科，它与现代科学的四大支柱——材料科学、能源科学、生命科学和环境科学关系密切，它们的发展关系到社会的发展、科技的进步、人类的生存。化学对我国实现农业、工业、国防和科学技术现代化具有重要的作用。

在农业方面，农、林、牧、副、渔各业的全面发展，在很大程度上依赖于化学科学的成就。新型复合肥料的研制，高效、无污染的农药和除草剂的制造，促进植物生长和发育的激素的问世，农副产品的综合利用和合理贮运，都与化学密切相关。例如，用木材干馏产物可制得醋酸，也可水解纤维素后制取酒精；从棉籽壳、玉米芯、花生壳等物质中可提取糠醛等多种化工产品，化学在其中起到了变一用为多用、变废为宝的作用。还有良种的培育、农耕方法的改进、土壤的改良等过程无不渗透着化学知识的运用。由此可见，科技兴农离不开化学。

在工业和国防现代化方面，化学的应用更为突出。工业和国防离不开各种材料和能源。金属的冶炼要用到氧化还原反应、电解知识，试制各种性能的合金更需要广深的化学知识，如超导合金、耐热合金、硬质合金等的研制。美国研制的一块用铝合金制成的厚1.5 mm的板块，可在2～3 min内完全溶解于水，同时每克合金能放出1000 mL氢气和8.36 kJ热量，并且具有易转化、无污染的特殊功能。形状记忆合金更有其特殊性能，在形状改变500万次的情况下仍不断裂，特别适合于制造人造卫星天线、飞船和空间站的大型天线、收音机和航天器的管接头等。金属腐蚀问题也遍及国民经济和国防建设的各个部门，大量的金属构件和装备往往因腐蚀而报废。据统计，每年因腐蚀而报废的金属设备和材料相当于金属年产量的20%～40%，全世界每年因腐蚀而损耗的金属达1亿吨以上。为了防止金属腐蚀，化学工作者做了大量的工作。例如，用有机高分子复合材料代替金属，由它制成的机械零件(如齿轮等)既节省润滑油，又清洁且无噪声。能源中的煤、石油、天然气的开发、提炼和综合利用离不开化学，新能源(太阳能、氢能、核能、地热能)的开发更是离不开丰富的化学知识。在国防建设上，化学不仅与常规武器的生产有关，而且与国防现代化有密切的关系。导弹的生产、人造卫星的发射都需要提供很多具有特殊性能的化学产品，如高能燃料及耐高温、耐辐射的材料等。

在科学技术现代化方面，化学也有极为重要的意义。科学技术是社会第一生产力，是推动历史前进的巨大力量。当今世界，一系列新兴科学技术飞速发展，在信息技术、生物工程技术等领域，化学正在扮演着重要角色。在开发资源、粮食增产、节约能源、环境保护、“三废”处理等人们所关注的重大问题上，化学更是显示出它的独特作用。

总之，化学与国民经济各个部门、尖端科学技术各个领域以及人民生活各个方面都有着密切关系。正如美国的《化学中的机会——今天和明天》一书中指出的，“化学是一门中心科学，它与社会发展各个方面的需要都有密切关系”。因此，重视化学教育的普及不仅是社会发展的需要，也是提高整个公民文化素质的需要。

三、本课程的要求和学习方法

本课程旨在使学生在初中化学知识的基础上，进一步学习和掌握化学“三基”，了解化学在工程技术、材料能源、生命科学以及环境科学中的实际应用。作为一名大、中专学生，掌握一定的化学知识，对于在未来的工作中解决现代科学技术问题是十分必要的。化学知识是中、高级工程技术人才整体知识结构及能力结构的重要组成部分，也是培养实用型且具有综合应用能力的工程技术人才所不可缺少的专业基础知识。学生要在本课程学习中培养辩证唯物主义的科学思维，树立正确的世界观，增强分析问题和解决问题的能力。

本课程在学习方法上，提倡理论联系实际，独立思考，勤于动手，做到举一反三，触类旁通，善于归纳总结，掌握好学习规律。化学是一门实践性较强的学科，对于化学实验，要正确操作，仔细观察，认真分析，得出正确的结论，以达到理解和巩固课堂所学知识的目的，并能以此去解释生产、生活中所遇到的一些现象，解决出现的实际问题，提高学习化学的兴趣，从而激励学生学习的主动性，活跃学习气氛。在本课程学习中要把学习知识和培养能力结合起来，使知识的增长和能力的提高相得益彰。

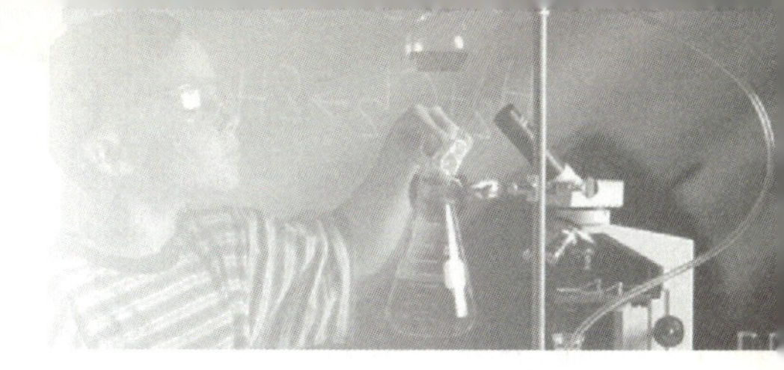

基础篇

第一章　物质结构　元素周期律

物质在不同条件下表现出来的各种性质，都与它们的结构有关。为了从本质上去认识物质的性质及其变化规律，需要进一步学习原子结构（atomic structure）、元素周期律（periodic law of elements）、元素周期表（periodic table of elements）、化学键（chemical bond）等有关基础知识。

第一节　原子结构

一、原子核和同位素

1. 原子核

原子（atom）由居于中心的带正电荷的原子核（atomic nucleus）和核外带负电荷的电子（electron）所构成。原子很小，原子核更小，原子核的半径约为原子半径的几万分之一，其体积只占原子体积的几百万亿分之一。可见原子核在原子中就好像一座庞大的体育场中央的一只蚂蚁。原子核和电子之间存在着电场，电场把原子核与电子紧紧地联系在一起。

原子核由质子（proton）和中子（neutron）两种粒子构成。质子和中子的质量相近，质子带一个单位正电荷，中子不显电性。构成原子的粒子及其性质如表 1-1 所示。

表 1-1　构成原子的粒子及其性质

构成原子的粒子	电　子	原　子　核	
		质　子	中　子
电性和电量	1 个电子带 1 个单位负电荷	1 个质子带 1 个单位正电荷	不显电性
质量/kg	9.109×10^{-31}	1.673×10^{-27}	1.675×10^{-27}
相对质量	1/1836	1.007	1.008

在原子中，质子数决定原子核所带的正电荷数即**核电荷数（nuclear charge number）**，所以核电荷数就等于核内质子数。

由于原子核所带的正电荷数（即质子数）与核外电子所带的负电荷数（即电子数）相

等，因此，原子作为一个整体不显电性。这样，在数值上：

核电荷数(Z)= 质子数 = 核外电子数

例如，钠原子核内有 11 个质子，原子核就带 11 个单位正电荷，核外必然有 11 个电子，钠原子作为一个整体呈电中性。

质子和中子的相对质量取近似整数值 1。由于电子的质量约为质子质量的 1/1836，故可以忽略不计。原子的质量主要集中在原子核上，因此，把原子核内所有质子和中子的相对质量取近似整数值加起来所得的数值叫作质量数，用符号 A 表示，即：

质量数(A)= 质子数(Z)+ 中子数(N)

因此，只要知道等式中三个数值中的任意两个，就可以推算出另一个数值。例如，知道钠原子的核电荷数为 11，质量数为 23，则：

钠原子核内中子数(N)$=A-Z=23-11=12$

通常将质子数(Z)写在元素符号的左下角，将质量数(A)写在左上角，即以 ${}^{A}_{Z}X$ 表示一个质量数为 A、质子数为 Z 的原子。例如，质子数为 16、质量数为 32 的硫原子，可用 ${}^{32}_{16}S$(或硫-32)表示。因此，构成原子的微粒间的关系可以表示如下：

$$原子({}^{A}_{Z}X)\begin{cases}原子核\begin{cases}质子 & Z 个\\ 中子 & (A-Z)个\end{cases}\\ 核外电子 \quad Z 个\end{cases}$$

2. 同位素

元素(element)是具有相同核电荷数(即质子数)的一类原子的总称。也就是说，同种元素的原子核内的质子数相同。那么，它们的中子数是否相同呢？科学实验证明，中子数不一定相同。例如，氢元素就有 3 种原子，它们的名称、符号和组成等见表 1-2。

表 1-2　氢元素的 3 种原子的构成

名　称	符　号	俗　称	原子核的组成		核电荷数	质量数
			质子数	中子数		
氕(音撇)	${}^{1}_{1}H$ 或 H	氢(普通氢)	1	0	1	1
氘(音刀)	${}^{2}_{1}H$ 或 D	重氢	1	1	1	2
氚(音川)	${}^{3}_{1}H$ 或 T	超重氢	1	2	1	3

具有相同质子数和不同中子数的同一种元素的不同原子，因为它们在周期表中占据同一位置，所以互称为**同位素(isotope)**。许多元素都有同位素。上述 ${}^{1}_{1}H$、${}^{2}_{1}H$、${}^{3}_{1}H$ 是氢的 3 种同位素，它们的原子核组成如图 1-1 所示。其中 ${}^{2}_{1}H$(重氢)和 ${}^{3}_{1}H$(超重氢)是制造氢弹的材料。${}^{234}_{92}U$、${}^{235}_{92}U$、${}^{238}_{92}U$ 是铀的 3 种同位素，其中 ${}^{235}_{92}U$ 是制造原子弹和核反应堆的主要燃料。${}^{12}_{6}C$、${}^{13}_{6}C$、${}^{14}_{6}C$ 是碳的 3 种同位素，其中 ${}^{12}_{6}C$ 就是用作相对原子质量标准的碳-12 原子。

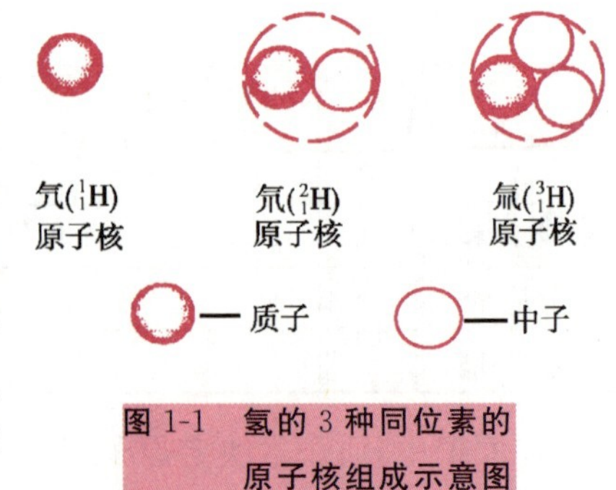

图 1-1　氢的 3 种同位素的原子核组成示意图

同一种元素的各种同位素虽然质量数不同(即中子数不同)，但它们的化学性质几乎完全相同。根据其稳定性，同位素可分为稳定同位素和放射性同位素。目前已知的天然元素中，只有 20 种元素未发现稳定同位素，但都有放射性同位素。已经知道的 118 种元素中，稳定同位素共有 300 多种，而放射性同位素多达 1500 种以上。

放射性同位素在工业、农业、国防、科研、地质、医疗卫生等方面具有广泛的用途。常用的放射性同位素有$^{14}_{6}C$、$^{31}_{15}P$、$^{59}_{26}Fe$、$^{60}_{27}Co$ 和$^{131}_{53}I$ 等。

放射性同位素的原子核所放射出来的 α 射线、β 射线和 γ 射线都具有穿透物体的本领。其中 γ 射线穿透力最强，因此可以利用 γ 射线来检查金属构件或制品内部的缺陷，测量金属制件的厚度、密度等。在农业上利用 γ 射线照射种子，从而使种子发生变异，培育出具有早熟、高产、抗病等特点的优良品种。用钴-60 的 α 射线照射马铃薯、洋葱、大蒜等，可以抑制其发芽，延长保存期。在医学上还可利用放射性同位素诊治某些疾病。例如，用钴-60治疗肺癌、食管癌，用碘-131 诊断、治疗甲状腺疾病，用磷-32 治疗神经性皮炎等。

放射性同位素的射线还有一个重要用途是用它作示踪原子。由于放射性同位素总是不断地发出射线，我们只要能检测出它所发出的射线，就能知道它的行踪，因此称其为**示踪原子**。示踪原子的应用是多方面的。在内燃机的活塞环中加入放射性同位素铁-59，在活塞环工作时磨损的铁屑掉入润滑油中，测出油中的放射性铁-59 的含量就可以了解活塞环磨损的情况，而不必拆开内燃机检查。在农业施肥时，如在肥料中加一些放射性同位素，通过对放射性的测量就会知道哪种作物在什么季节最需要吸收含哪种元素的肥料。在医学上可利用示踪原子来诊断疾病，如用钠-24 检查和研究人体血液循环情况等。在考古上，根据放射性同位素含量可以测出动植物遗骸、化石等的年龄。例如，我国湖南长沙郊区马王堆汉墓中发掘出一具保存十分完好的女尸，她的面容、体形几乎没有改变，可是考古学家却认定她已有一千多年的历史。考古学家之所以做出这样的判断，是因为除了对所有陪葬的出土文物进行鉴别外，还根据女尸中放射性同位素碳-14 的含量推算出了她的死亡年代。可见放射性同位素的用途是十分广泛的。

放射性同位素的射线对人体组织具有伤害作用。因此在使用放射性同位素时一定要注意安全，要防止放射性物质对水源、空气、用具、工作场所的污染，并且要防止射线过多地照射人体。

二、原子核外电子运动特征和排布

在一般化学反应中，原子核并不发生变化，发生变化的只是部分核外电子。自从 1897 年英国的汤姆孙首先发现原子中含有电子以来，人们就开始探索电子在原子中的运动状态和排布规律。

1. *原子核外电子的运动特征*

行星（如地球）以固定轨道绕着太阳运转，而月球和人造卫星等以固定轨道绕着地球运转，这些物体的运动（称为宏观运动）有着共同的规律，可以在任何时间内准确地测量或计算出它们的位置和速度。但电子的质量极小（仅 9.109×10^{-31} kg），它在原子这样大小的空间（直径约 10^{-10} m）内做高速（接近光速 3×10^{8} m·s^{-1}）运动，可见，电子的运动和常见的宏观物体运动不同，有着自己特殊的运动规律。它不是沿着一定的轨道绕核运转，因此我们无法同时准确地测定电子在某一时刻所处的位置和运动的速度，也不能描画出它运动的轨迹，只能用统计学的方法描述它在某空间区域出现机会的多少（数学上称为概率）。

以氢原子为例，它的核外只有 1 个电子。假设能够用高速照相机不停地为氢原子拍照，记录下这个电子在不同瞬间的位置，即可得到不同瞬间氢原子的照片，如图 1-2 所示。一一对比研究每张照片，看不出电子的运动有什么规律性，然而将千万张照片叠印在一起，就会出现如图 1-3 所示的结果。

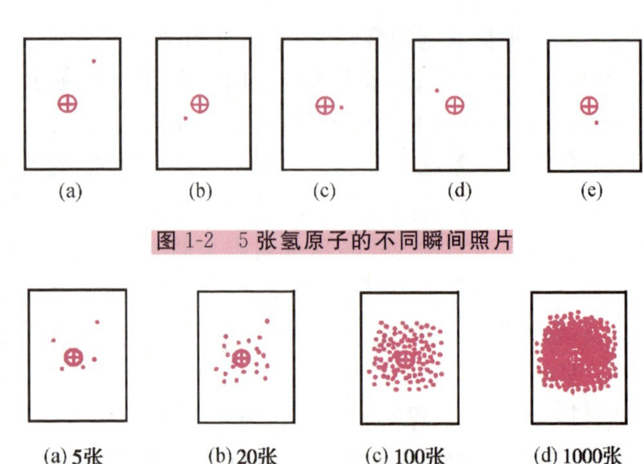

图 1-2　5 张氢原子的不同瞬间照片

图 1-3　氢原子不同瞬间照片叠印

图像表明，电子在原子核外空间一定范围内做高速运动，好像带负电荷的电子云雾笼罩在原子核的周围，所以我们形象地称它为**“电子云”(electron cloud)**。图 1-4(a)是氢原子电子云示意图。图上的每个小黑点不代表一个电子，而表示电子在这里出现过一次。黑点密的地方表示电子在此空间区域出现的机会多。图 1-4(b)中虚线表示电子云的界面。在界面内电子出现的机会最多(＞90％)，在界面外电子出现的机会很少。通常也用电子云界面图来表示电子云的形状和大小。图 1-4(c)是氢原子电子云界面图，它代表电子在核外最常出现的那个球形空间区域，距离核仅 0.53×10^{-10} m。

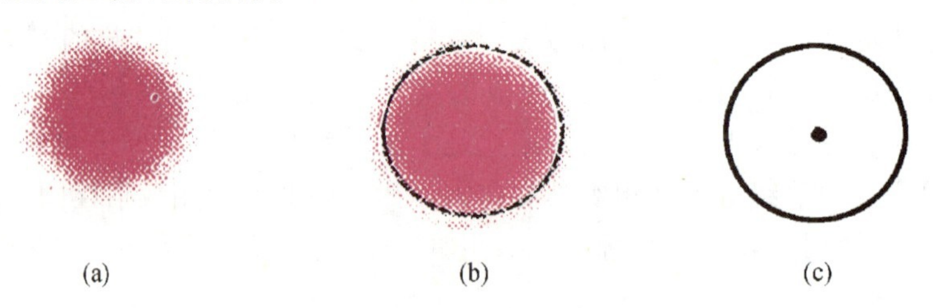

图 1-4　氢原子的球形电子云和它的界面图

2. 原子核外电子排布

在含有多个电子的原子里，由于各电子的能量不同，因此它们运动的区域也不同。通常能量低的电子因没有足够的力量抗衡原子核对它的吸引，只能在离核较近的区域运动；能量高的电子则可在离核较远的区域运动。根据电子能量的高低和运动区域离核的远近，可以认为原子核外电子是分层排布的，这样的分层叫电子层。

电子层数用 n 表示，它可以用数字 1，2，3，…表示，也可用字母 K，L，M，N，…表示，其对应关系如表 1-3 所示。

表 1-3　电子层数的表示

电子层 n	1	2	3	4	5	6	7	…
电子层符号	K	L	M	N	O	P	Q	…

n 值愈大，表示电子运动区域离核愈远，能量愈高。因此，电子层数 n 是决定电子能量高低的主要因素。

不同能量的电子是在不同的电子层上运动着的，核外电子的分层运动，又叫核外电子的分层排布。经科学研究证明，原子核外电子的排布是有一定规律的。

第一，各电子层最多容纳的电子数目是 $2n^2$。即 K 层($n=1$)为 $2\times1^2=2$ 个，L 层($n=2$)为 $2\times2^2=8$ 个，M 层($n=3$)为 $2\times3^2=18$ 个，N 层($n=4$)为 $2\times4^2=32$ 个……

第二，最外层电子数目不超过 8 个(K 层为最外层时不超过 2 个)。

第三，次外层电子数目不超过 18 个，倒数第 3 层电子数目不超过 32 个。

科学研究还发现，核外电子一般都是从能量低的电子层逐步排到能量高的电子层，即按 K，L，M，…电子层的顺序，先后依次排满电子。

以上几点规律是互相联系的，不能独立地理解。例如，当 M 层不是最外层时，最多可以排布 18 个电子，而当它是最外层时，则最多排布 8 个电子。

我们常用原子结构示意图表示某元素的原子结构。根据原子的核电荷数和电子排布规律，我们就可以画出元素的原子结构示意图。例如：

C: (+6) 2 4　　Cl: (+17) 2 8 7　　K: (+19) 2 8 8 1

核电荷数　电子层　电子数

元素的性质(特别是化学性质)与原子的最外层电子数的关系非常密切。稀有气体元素的原子最外层电子数是 8 个(氦是 2 个)，是稳定结构，很不容易发生化学反应；金属元素的原子最外层电子数较少，容易失去电子使次外层变为最外层，达到 8 个电子(K 层为 2 个电子)的稳定结构；非金属元素的原子最外层电子数较多，容易得到电子而达到 8 个电子的稳定结构。表 1-4 列出了 1～20 号元素原子的电子层结构及原子结构示意图。

表 1-4　1～20 号元素原子的电子层结构及原子结构示意图

周期	原子序数	元素符号	元素名称	电子层				原子结构示意图
				K	L	M	N	
1	1	H	氢	1				(+1) 1
	2	He	氦	2				(+2) 2
2	3	Li	锂	2	1			(+3) 2 1
	4	Be	铍	2	2			(+4) 2 2
	5	B	硼	2	3			(+5) 2 3

续表

周期	原子序数	元素符号	元素名称	电子层				原子结构示意图
				K	L	M	N	
2	6	C	碳	2	4			(+6) 2 4
	7	N	氮	2	5			(+7) 2 5
	8	O	氧	2	6			(+8) 2 6
	9	F	氟	2	7			(+9) 2 7
	10	Ne	氖	2	8			(+10) 2 8
3	11	Na	钠	2	8	1		(+11) 2 8 1
	12	Mg	镁	2	8	2		(+12) 2 8 2
	13	Al	铝	2	8	3		(+13) 2 8 3
	14	Si	硅	2	8	4		(+14) 2 8 4
	15	P	磷	2	8	5		(+15) 2 8 5
	16	S	硫	2	8	6		(+16) 2 8 6
	17	Cl	氯	2	8	7		(+17) 2 8 7
	18	Ar	氩	2	8	8		(+18) 2 8 8
4	19	K	钾	2	8	8	1	(+19) 2 8 8 1
	20	Ca	钙	2	8	8	2	(+20) 2 8 8 2

习题

一、填空题

1. 填表：

	$^{12}_{6}C$	$^{14}_{6}C$	$^{14}_{7}N$	$^{23}_{11}Na$	$^{60}_{27}Co$	$^{24}_{12}Mg$
核电荷数(Z)						
核外电子数						
质量数(A)						
中子数(N)						

2. 决定元素种类的微粒是__________，决定一种元素具有不同种原子的微粒是__________，同种元素的不同种原子互称__________。

3. 在$^{14}_{7}N$、$^{23}_{11}Na$、$^{35}_{17}Cl$、$^{24}_{12}Mg$、$^{37}_{17}Cl$、$^{14}_{6}C$几种原子中：

(1) ____________和____________互为同位素。

(2) ____________和____________的质量数相等，但不能互称同位素。

(3) ____________和____________的中子数相等，但质子数不相等，所以不是同一种元素。

4. 某元素的原子核外有3个电子层，最外层电子数是核外电子总数的1/6，则该元素的符号是________，原子结构示意图为____________。

5. 现有Na、Ne、S、Cl四种原子，其中：

(1) 各电子层都达到$2n^2$个电子的是________。

(2) 最外层电子数最多的是________，最少的是________。

(3) 次外层电子数等于最外层与最内层电子数之和的是________。

二、判断题

6. 人们已经发现118种元素，所以说就是发现了118种原子。 (　　)

7. 所有原子的原子核都是由质子和中子组成的。 (　　)

8. 同位素就是质量数或者中子数相同的一类原子。 (　　)

三、选择题

9. 放射性同位素$^{131}_{53}I$常用于诊断甲状腺肿瘤的位置和大小，下列关于$^{131}_{53}I$的叙述错误的是 (　　)

A. 质子数为53　　B. 核外电子数为53

C. 中子数为53　　D. 质量数为131

10. 下列各组物质中，互为同位素的是 (　　)

A. 石墨和金刚石　　B. 水和重水

C. O_2和O_3　　D. 氕、氘和氚

11. 氢原子的电子云图中，小黑点的含义是 （　）

A. 每个小黑点表示一个电子

B. 小黑点多的地方说明电子数也多

C. 小黑点多的地方表示单位体积空间内电子出现的机会多

D. 一个小黑点表示电子在这里出现过一次

12. 某 2 价阴离子，核外有 18 个电子，质量数为 32，中子数为 （　）

A. 12　　B. 14　　C. 16　　D. 18

13. 与 OH^- 具有相同质子数和电子数的微粒是 （　）

A. NH_3　　B. F^-　　C. NH_4^+　　D. He

14. 某元素原子的最外层电子数为次外层电子数的 3 倍，则该元素原子核内质子数为 （　）

A. 6　　B. 24　　C. 8　　D. 10

15. 与 Ne 的核外电子排布相同的离子，以及与 Ar 的核外电子排布相同的离子所形成的化合物是 （　）

A. $MgBr_2$　　B. Na_2S　　C. KCl　　D. NaF

第二节　碱金属　卤素

碱金属包括锂(Li)、钠(Na)、钾(K)、铷(Rb)、铯(Cs)、钫(Fr)六种，因为它们都是非常活泼的金属，所以它们的氧化物对应的水化物都是可溶于水的强碱。氟(F)、氯(Cl)、溴(Br)、碘(I)、砹(At)具有相似的化学性质，称为卤族元素，简称卤素(原意为成盐元素)。这一节我们重点讨论钠和钾，氯、溴和碘。

一、碱金属

1. 钠和钾的性质

(1) 钠和钾的物理性质。

【实验 1-1】 分别用镊子取一块金属钠和钾，用滤纸吸干表面的煤油，分别用刀切开，观察断面的颜色。

金属钠和钾都很软，能用刀切割。切开后，可以看到钠和钾具有银白色的金属光泽。

钠是热和电的良导体，密度为 0.97 g/cm^3，比水的密度还小，能浮在水面上，熔点为 97.81 ℃，沸点为 882.9 ℃。

(2) 钠和钾的化学性质。

钠原子、钾原子的最外电子层上都只有 1 个电子，在化学反应中该电子很容易失去，因此钠和钾的化学性质都非常活泼，容易与氧气、氯气等许多非金属及水反应。

① 钠与氧气的反应。

【实验 1-2】 用刀切一小块金属钠，把它放在石棉网上加热，观察发生的现象。

钠很容易被氧化，在常温下就能够与空气中的氧气化合生成氧化钠。因此，新切开的钠的光亮的金属断面很快就变暗了。钠在空气中受热后能够燃烧，生成过氧化钠，并发出黄色的火焰。

$$2Na+O_2 \xlongequal{点燃} Na_2O_2$$

② 钠、钾与水的反应。

钠与水能发生剧烈的反应。

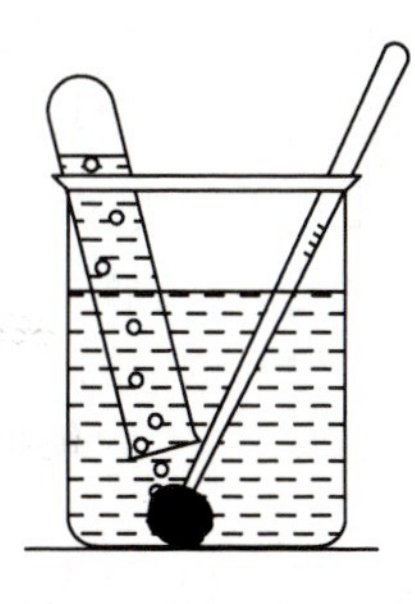

图 1-5　钠与水的反应

【实验 1-3】 向一个盛有 30 mL 水的 50 mL 烧杯里滴入几滴酚酞试液。取一小块钠，用滤纸吸干表面的煤油，投入烧杯，观察钠与水反应的现象。另取一小块钠，用铝箔（事先用针刺些小孔）包好，再用镊子夹住，放在试管口下面，用排水法收集气体（图 1-5），小心地取出试管，移近火焰，检验试管里收集的气体。

钠比水轻，投入烧杯时，浮在水面上。钠与水剧烈反应放出的热，足以使钠熔成一个银白色的小球。生成的气体推动小球在水面上四处游动，烧杯里的溶液由无色变为红色，说明有氢氧化钠生成。将收集的气体移近火焰时，发出轻微的爆鸣声，说明试管里收集到的气体是氢气。

$$2Na+2H_2O \xlongequal{} 2NaOH+H_2\uparrow$$

用同样的方法做钾与水反应的实验，观察发生的现象，并加以比较。

钾比钠更活泼，与水的反应更为剧烈，反应放出的热可以使生成的氢气燃烧，甚至发生轻微爆炸。

$$2K+2H_2O \xlongequal{} 2KOH+H_2\uparrow$$

由于钠和钾很容易与空气中的氧气和水反应，所以金属钠和钾通常都保存在煤油里。

2. 钠的重要化合物

钠的化合物很多，用途广泛。氢氧化钠和氯化钠已在初中化学中学过，这里主要介绍氧化钠、过氧化钠、碳酸钠和碳酸氢钠。

氧化钠是白色的固体，易溶于水，生成氢氧化钠：

$$Na_2O+H_2O \xlongequal{} 2NaOH$$

过氧化钠是淡黄色的固体，也能与水反应，生成氢氧化钠和氧气：

$$2Na_2O_2+2H_2O \xlongequal{} 4NaOH+O_2\uparrow$$

过氧化钠有很强的氧化性，可以用来漂白织物、麦秆、羽毛等。

过氧化钠与二氧化碳反应，生成碳酸钠和氧气：

$$2Na_2O_2+2CO_2 \xlongequal{} 2Na_2CO_3+O_2$$

因此，过氧化钠可以用在呼吸面具上和潜水艇里，它既是供氧剂又是二氧化碳的吸收剂，一物两用。

碳酸钠俗称纯碱或苏打，它的水溶液呈较强的碱性。碳酸钠广泛应用于玻璃、纺织、食品、肥皂等生产行业。

碳酸氢钠俗称小苏打，受热时易分解：

$$2NaHCO_3 \xlongequal{\triangle} Na_2CO_3+H_2O+CO_2\uparrow$$

在医学上，碳酸氢钠可用于中和过多的胃酸，还用于食品的“发泡”加工。

3. 碱金属的性质

碱金属是一类化学性质非常活泼的金属，因此，它们在自然界中都以化合态形式存在，碱金属的单质都由人工制得。

随着核电荷数的增加，碱金属元素原子的电子层数逐渐增多，原子半径逐渐增大，核对外层电子的引力逐渐减弱，因此，碱金属元素的原子失去最外层电子的能力逐渐增强，所以，从锂到铯，碱金属元素的金属性逐渐增强，最高价氧化物对应的水化物的碱性逐渐增强，钠、钾、铷、铯与水和氧气的反应越来越剧烈。表 1-5 总结了碱金属的主要性质。

表 1-5　碱金属的性质比较

化学式	密度/$(g\cdot cm^{-3})$ 20℃	熔点/℃	沸点/℃	硬度	颜色和状态	与氧气反应		与水反应	
						生成物	反应条件和有关情况	生成物	反应条件(常温)和有关情况
Li	0.53	181	1347	0.6	银白色，柔软	Li_2O	空气里、常温下或燃烧时	LiOH 和 H_2	能发生置换反应，不能使锂熔化成小球
Na	0.97	97.8	883	0.4	银白色，柔软	Na_2O	空气里、常温下	NaOH 和 H_2	反应较剧烈，放出的热能使钠熔化成小球
						Na_2O_2	加热燃烧		
K	0.86	63.7	774	0.5	银白色，柔软	K_2O	常温、缺氧时	KOH 和 H_2	反应剧烈，放出的热能使氢气着火燃烧
						K_2O_2	加热燃烧		
						KO_2	过量氧中燃烧		
Rb	1.53	38.9	688	0.3	银白色，柔软	RbO_2	常温、自燃	RbOH 和 H_2	反应很剧烈，会引起爆炸
Cs	1.87	28.4	678	0.2	银白色，柔软	CsO_2	常温、自燃	CsOH 和 H_2	反应最剧烈，引起爆炸

二、卤素

卤素在自然界中的分布十分广泛，由于卤素的化学性质活泼，在自然界不可能以游离态形式存在，而是以化合态形式存在。例如，海水、盐湖、盐井里含有大量的氯化钠；碘主要存在于海带、海藻中，还存在于动物的甲状腺中；氟存在于牙齿、骨骼中。卤素是组成人体的重要元素。

1. 氯气

氯气(Cl_2)是由 2 个氯原子构成的双原子分子。在通常情况下，氯气呈黄绿色。当压强为 1.01×10^5 Pa，冷却到 -34.6 ℃时，氯气可以液化成液氯。将液氯继续冷却到 -101 ℃，就成固态氯。氯气有毒，并有剧烈的刺激性，吸入少量氯气会使鼻和喉头的黏膜受到刺激，引起胸部疼痛和咳嗽，吸入大量氯气会中毒致死。所以，在实验室里闻氯气气味的时候必须十分小心，应该用手轻轻地在瓶口扇动，仅使极少量的氯气飘进鼻孔。

氯原子的最外电子层有 7 个电子，因而在化学反应中容易结合 1 个电子，使最外电子层达到 8 个电子的稳定结构。氯气是一种化学性质很活泼的非金属单质，能与多种金属和非金属直接化合，还能与水、碱等化合物发生反应。

（1）氯气与金属的反应。

氯气可与钠、铁等金属反应，生成金属氯化物：

$$2Na+Cl_2 \xlongequal{点燃} 2NaCl$$

$$2Fe+3Cl_2 \xlongequal{点燃} 2FeCl_3$$

（2）氯气与非金属的反应。

在初中化学里，我们曾做过氢气在空气中燃烧的实验，其实氢气还可以在氯气中燃烧。

氢气在氯气中平稳地燃烧，发出苍白色的火焰，同时产生大量的热。燃烧后生成的气体是氯化氢，它在空气中易与水蒸气结合呈现雾状。这个反应可以用化学方程式表示如下：

$$H_2+Cl_2 \xlongequal{点燃} 2HCl$$

在光照条件下，氯气也能与氢气发生反应生成氯化氢。

氯化氢极易溶于水，它的水溶液叫作氢氯酸，又称盐酸。

（3）氯气与水的反应。

氯气可溶于水，在常温下，1 体积的水能够溶解约 2 体积的氯气。氯气的水溶液叫作“氯水”。溶解的氯气能够与水反应，生成盐酸和次氯酸（HClO）。

$$Cl_2+H_2O \rightleftharpoons HCl+HClO$$

次氯酸是一种强氧化剂，能杀死水里的病菌，所以自来水常用氯气（1 L 水里约通入 0.002 g 氯气）来杀菌消毒。次氯酸能使某些染料和有机色素褪色，因此可用作漂白剂。

（4）氯气与碱的反应。

氯气与碱反应，生成次氯酸盐和金属氯化物。次氯酸盐比次氯酸稳定，容易储运，工业上通过氯气和消石灰作用制成含氯石灰，俗称漂白粉。漂白粉是混合物，主要成分是次氯酸钙和氯化钙，漂白作用的有效成分是次氯酸钙。

$$2Ca(OH)_2+2Cl_2 = Ca(ClO)_2+CaCl_2+2H_2O$$

2. 卤素单质的性质

卤素是一类化学性质非常活泼的非金属元素，因此，它们在自然界中都以化合态存在，它们的单质都由人工制得。卤素单质都是双原子分子，常温下氟、氯为气体，溴为液体，碘为固体。

卤素原子的最外层电子数都是 7，在化学反应中易获得 1 个电子，形成 8 个电子的稳定结构，所以它们的化学性质活泼。氟、溴、碘的化学性质与氯的相似，但它们的电子层数不同，导致核对外层电子的引力不同，因此，随着氟、氯、溴、碘原子的电子层数逐渐增多，其原子半径逐渐增大，核对外层电子的引力逐渐减弱，原子得电子的能力逐渐减弱。所以，从氟到碘，卤素的非金属性逐渐减弱。

（1）卤素单质与金属的反应。

溴、碘像氯气一样都能与钠、铁等金属反应：

$$2Na+Br_2 = 2NaBr$$

$$2Fe+3Br_2 \xlongequal{\triangle} 2FeBr_3$$

$$Fe+I_2 \xlongequal{\triangle} FeI_2$$

在自然界里，存在着多种金属卤化物，如氟化钙、氯化钠、氯化镁、溴化钾、碘化钾等。

(2) 卤素单质与氢气的反应。

氟气与氢气在暗处混合就能剧烈爆炸，生成的氟化氢很稳定。

$$H_2+F_2 \xlongequal{} 2HF$$

溴的性质不如氯活泼，溴与氢气的反应需加热到 500 ℃时才能发生，生成溴化氢，且 HBr 不如 HCl 稳定。

$$H_2+Br_2 \xlongequal{500\ ℃} 2HBr$$

碘的性质比溴更不活泼，碘与氢气的反应要在不断加热的条件下才能缓慢地进行，而且生成的碘化氢很不稳定，同时会发生分解。

$$H_2+I_2 \overset{\triangle}{\rightleftharpoons} 2HI$$

(3) 卤素单质的活泼性比较。

【实验 1-4】 把少量新制的饱和氯水分别注入盛有溴化钠溶液和碘化钾溶液的 2 支试管里，用力振荡后，再注入少量四氯化碳，振荡，观察四氯化碳层和水层颜色的变化。

【实验 1-5】 把少量溴水注入盛有碘化钾溶液的试管里，用力振荡后，再注入少量四氯化碳，振荡，观察四氯化碳层和水层颜色的变化。

溶液颜色的变化，说明氯可以把溴或碘从它们的化合物中置换出来，溴可以把碘从它的化合物中置换出来：

$$2NaBr+Cl_2 \xlongequal{} 2NaCl+Br_2$$

$$2KI+Cl_2 \xlongequal{} 2KCl+I_2$$

$$2KI+Br_2 \xlongequal{} 2KBr+I_2$$

由此可以证明，在氯、溴、碘这三种元素中，氯比溴活泼，溴又比碘活泼。科学实验证明，氟的性质比氯、溴、碘活泼，它能把氯等从它们的卤化物中置换出来。卤素单质的性质比较见表 1-6。

表 1-6 卤素单质的性质比较

化学式	颜色和状态	沸点	熔点	与氢的化合物			与金属钠的化合物			与水反应	卤素间的置换反应
		/℃		化学式	化合时所需条件和反应情况	化合物的稳定性	化学式	化合时所需的条件	化合物的稳定性		
F_2	淡黄绿色气体	−188	−220	HF	在暗处就能剧烈化合而爆炸	很稳定	NaF	常温下相遇就化合	最稳定	使水迅速分解，放出氧气	氟最活泼，能把氯、溴、碘从它们的某些化合物中置换出来

续表

化学式	颜色和状态	沸点/℃	熔点/℃	与氢的化合物			与金属钠的化合物			与水反应	卤素间的置换反应
				化学式	化合时所需条件和反应情况	化合物的稳定性	化学式	化合时所需的条件	化合物的稳定性		
Cl_2	黄绿色气体	−35	−101	HCl	在光照射下剧烈化合而爆炸	较稳定	NaCl	熔化的钠与氯气才能化合	稳定	在日光照射下缓慢放出氧气	氯的活泼性次之，能把溴和碘从它们的某些化合物中置换出来
Br_2	深棕色液体	59	−7.2	HBr	加热时化合，较慢	较不稳定	NaBr	钠要在溴蒸气中加热才能化合	较稳定	反应较氯更弱	溴的活泼性又次之，能把碘从它的某些化合物中置换出来
I_2	紫黑色固体	184	114	HI	持续加热下慢慢化合，同时发生分解	很不稳定	NaI	钠和碘加热到较高的温度时才化合	最不稳定	只发生很微弱的反应	碘较不活泼

(4) 碘与淀粉的反应。

【实验 1-6】 在试管里注入少量淀粉溶液，滴入几滴碘水，溶液显示出特殊的蓝色。碘遇淀粉变蓝色的反应常用于检验碘的存在。

3. 氯、溴、碘离子的检验

大多数金属卤化物都是白色晶体，易溶于水。但卤化银(氟化银除外)难溶于水，它们不仅沉淀的颜色不同，而且都不溶于稀硝酸，因此可根据这一特性来检验卤素离子。

$$NaCl+AgNO_3 = NaNO_3+AgCl\downarrow$$ (白色沉淀)

$$NaBr+AgNO_3 = NaNO_3+AgBr\downarrow$$ (浅黄色沉淀)

$$NaI+AgNO_3 = NaNO_3+AgI\downarrow$$ (黄色沉淀)

习题

一、填空题

1. 由于钠很容易与空气中的________、________等物质反应，通常将钠保存在________里，以使钠与________、________等隔绝。

2. 在潜艇和消防员的呼吸面具中，有 Na_2O_2 参与的反应的化学方程式为____________。在这个反应中，Na_2O_2 既是 CO_2 的________剂，又是________剂。

3. 碱金属中最活泼的金属是________，卤素中最活泼的非金属元素是________。

4. 氯的原子结构示意图为________。在化学反应中，氯原子容易结合________个电子形成最外电子层达到________个电子的稳定结构。

二、选择题

5. 下列叙述错误的是 （　　）

A. 钠燃烧时发出黄色的火焰　　B. 钠在空气中燃烧生成氧化钠

C. 钠与硫化合时可发生爆炸　　D. 钠是还原剂

6. 下列物质放置在空气中，因发生氧化还原反应而变质的是 （　　）

A. Na　　B. NaOH　　C. NaCl　　D. Na_2CO_3

7. 下列关于过氧化钠的说法错误的是 （　　）

A. 能与水反应生成碱和氧气　　B. 是白色固体

C. 能与 CO_2 反应生成盐和氧气　　D. 是钠在空气中燃烧的产物

8. 金属钠长时间放置在空气中，最终的产物是 （　　）

A. Na_2CO_3　　B. NaOH　　C. Na_2O　　D. Na_2O_2

9. 下列物质中，能使淀粉碘化钾溶液变蓝的是 （　　）

A. 氯水　　B. KBr　　C. KI　　D. 四氯化碳

三、综合题

10. 为什么不能用手直接拿金属钠？

11. 实验室里有干冰灭火器（CO_2 灭火器）、泡沫灭火器，还有水源和沙子。若金属钠着火，应该用哪种方法灭火？为什么？

12. 遇到氯气泄漏应怎么办？

13. 有人说“钠是一种还原性很强的金属，能把铜从硫酸铜溶液中置换出来”，这种说法是否正确？为什么？

第三节　元素周期律　元素周期表

核外电子的排布，特别是最外层电子的排布，对研究元素的化学性质有着重要意义。本节将探讨元素的原子结构与元素性质的内在联系和规律。

一、元素周期律

为了方便研究，人们按核电荷数由小到大的顺序给元素编号，这种编号叫作原子序数。原子序数与原子结构存在以下关系：

原子序数＝核电荷数＝质子数＝原子核外电子数

1. 核外电子排布的周期性

各种元素原子，随着原子序数的递增，原子最外层电子数的变化是有规律的。

从氢到氦，因只有 1 个电子层，最外层电子数从 1 个增加到 2 个，氦原子达到相对稳定结构。

从锂到氖，有 2 个电子层，最外层电子数从 1 个递增到 8 个，氖原子达到相对稳定结构。

从钠到氩，均有3个电子层，最外层电子数从1个递增到8个，氩原子达到相对稳定结构。如果对18号以后的元素继续研究下去，同样可以发现，每隔一定数目的元素，同样会重复出现原子最外层电子数从1个递增到8个的情况，只不过递增的情况要复杂一些。

随着原子序数的递增，每隔一定数目的元素基本重复出现前面情况的现象叫"周期性"。可见，随着原子序数的递增，原子的最外层电子排布呈周期性变化。为方便讨论，现把3～18号元素的核外电子排布及其重要性质列于表1-7。

2. 元素性质变化的周期性

从表1-7中不难看出：

3～10号元素，从活泼金属Li逐渐过渡到最活泼的非金属F，最后以稀有气体Ne结尾。

11～18号元素，从活泼金属Na逐渐过渡到很活泼的非金属Cl，最后以稀有气体Ar结尾。

前8种元素（3～10号）与后8种元素（11～18号）的最高价氧化物及对应的水化物的酸碱性也呈现出规律性的变化：随着原子序数的递增，碱性逐渐减弱，酸性逐渐增强。

从化合价（valence）看（氧、氟除外），3～10号和11～18号元素，最高正化合价都是随着原子序数的递增，由+1价递增到+7价，从碳、硅元素开始出现负化合价，而负化合价的绝对值是递减的，结尾的氖和氩元素的化合价为0。

18号以后的元素，也表现出与上述相似的变化情况，即每隔一定数目的元素，基本重复出现前面元素性质的递变情况。

图1-6是一些元素的原子半径呈现规律性变化的示意图（稀有气体元素的原子半径测定与相邻非金属元素的依据不同，不具有可比性，故未列入）。从图中可以看出，原子半径同样也具有每隔一定数目的元素重复由大逐渐变小的规律。

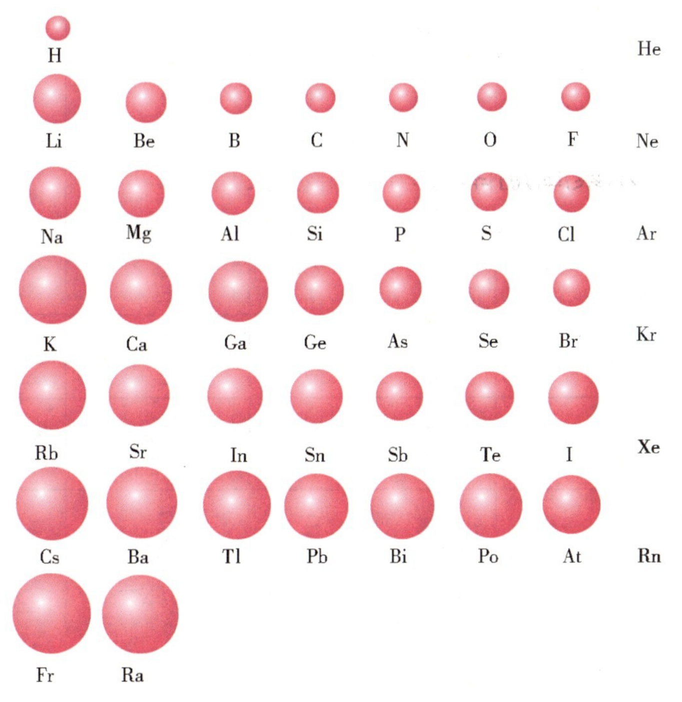

图1-6 一些元素原子半径呈现规律性变化的示意图

表1-7　原子序数为3~18的各种元素性质变化情况

原子序数	3	4	5	6	7	8	9	10	11	12	13	14	15	16	17	18
元素名称	锂	铍	硼	碳	氮	氧	氟	氖	钠	镁	铝	硅	磷	硫	氯	氩
元素符号	Li	Be	B	C	N	O	F	Ne	Na	Mg	Al	Si	P	S	Cl	Ar
核外电子排布	2 1	2 2	2 3	2 4	2 5	2 6	2 7	2 8	2 8 1	2 8 2	2 8 3	2 8 4	2 8 5	2 8 6	2 8 7	2 8 8
金属与非金属的活泼性	活泼金属	金属	非金属	非金属	非金属	很活泼非金属	最活泼非金属	稀有气体	很活泼金属	活泼金属	金属	非金属	非金属	较活泼非金属	很活泼非金属	稀有气体
最高价氧化物的化学式	Li_2O	BeO	B_2O_3	CO_2	N_2O_5	—	—	—	Na_2O	MgO	Al_2O_3	SiO_2	P_2O_5	SO_3	Cl_2O_7	—
最高价氧化物对应水化物的化学式	$LiOH$	$Be(OH)_2$ (H_2BeO_2)	H_3BO_3	H_2CO_3	HNO_3	—	—	—	$NaOH$	$Mg(OH)_2$	$Al(OH)_3$ (H_3AlO_3)	H_2SiO_3	H_3PO_4	H_2SO_4	$HClO_4$	—
酸碱性	强碱	两性	极弱酸	弱酸	强酸	—	—	—	强碱	中强碱	两性	弱酸	中强酸	强酸	最强酸	—
氢化物的化学式	LiH	BeH_2	BH_3	CH_4	NH_3	H_2O	HF	—	NaH	MgH_2	AlH_3	SiH_4	PH_3	H_2S	HCl	—
化合价	+1	+2	+3	+4 −4	+5 −3	−2	−1	0	+1	+2	+3	+4 −4	+5 −3	+6 −2	+7 −1	0

元素的性质与原子核外电子层结构，特别是和最外层电子排布有关。既然元素原子的最外层电子排布呈周期性变化，那么元素的性质必然呈周期性变化。

由此可得出结论：元素以及由它所形成的单质和化合物的性质，随着元素原子序数的递增呈现周期性的变化，这个规律叫**元素周期律**。1864—1865 年，德国的迈耶尔和英国的纽兰兹曾探索到元素周期性变化的一些规律。1869 年，俄国化学家门捷列夫(Д. И. Менделеев，见图 1-7)在前人工作的基础上总结出了元素周期律。

图 1-7　门捷列夫
(1834—1907)

元素周期律反映了各种化学元素之间的内在联系和性质的变化规律，有力地论证了“量变到质变”的宇宙间基本规律，为辩证唯物论提供了重要的论据。由于元素周期律的发现，人们认识到自然界化学元素之间不是彼此孤立和无联系的，而是一个有规律地变化着的完整体系。

二、元素周期表

根据元素周期律，把目前已知的 118 种化学元素中电子层数目相同的各种元素，按原子序数递增的顺序从左到右排成横行，再把不同横行中外层电子数相同(或外围电子层结构相似)的元素按电子层数递增的顺序由上而下排成纵行，这样制得的一个表叫作**元素周期表**(见本书附录)。元素周期表是元素周期律的具体体现，它反映了元素之间的内在联系。

1. 元素周期表的结构

(1) 7 个周期。

元素周期表有 7 个横行，也就是 7 个周期(period)。具有相同的电子层数而又按照原子序数递增的顺序排列的一个横行，称为一个周期。

周期的序数＝该周期元素原子具有的电子层数

因此，只要知道某元素原子的电子层数，就能确定该元素属哪一周期；反之，如果知道某元素属哪一周期，也必然知道该元素原子的电子层数。例如，钠元素原子的电子层数为 3，则钠元素一定属第三周期。同样，氧元素在第二周期，那么它的电子层数一定是 2。

各周期中元素的数目不一定相同。例如：

第一周期从氢到氦共 2 种元素；

第二周期从锂到氖共 8 种元素；

第三周期从钠到氩共 8 种元素；

第四周期从钾到氪共 18 种元素；

第五周期从铷到氙共 18 种元素；

第六周期从铯到氡共 32 种元素；

第七周期从钫到 118 号元素，共 32 种元素。

其中含有元素较少的第一、第二、第三周期叫**短周期**，含有元素较多的第四、第五、第六、第七周期叫**长周期**。

同一周期中(除第一周期外),从左到右,各元素原子最外层的电子数都是从1个递增到8个,每一周期的元素都是从活泼金属(碱金属)开始,逐渐过渡到活泼的非金属(卤素),最后以稀有气体结束。

第六周期中从57号元素镧(La)到71号元素镥(Lu)共15种元素,它们的电子层结构和性质非常相似,总称**镧系元素**。为了使表的结构紧凑,将镧系元素放在元素周期表的同一格里,并按原子序数递增的顺序,把它们列在元素周期表的下方。

第七周期中从89号元素锕(Ac)到103号元素铹(Lr)共15种元素,它们彼此的电子层结构和性质也十分相似,总称**锕系元素**。同样把它们列在元素周期表下方镧系元素的下面。锕系元素中铀后面的元素多数是人工进行核反应制得的元素,这些元素又叫作**超铀元素**。

(2) 族。

元素周期表中有18个纵行,除第8、第9、第10三个纵行合称为第Ⅷ族外,其余15个纵行,每个纵行作为一个族(group)。族可分为主族、副族、第Ⅷ族和零族。

① 主族。

由短周期元素和长周期元素共同构成的族叫作**主族(main group)**。共有7个主族。主族用罗马数字及一个A字母表示,如ⅠA,ⅡA,…,ⅦA。

主族序数=该族元素原子的最外层电子数

主族序数与最外层电子数的关系见表1-8。

表1-8 主族序数与最外层电子数的关系

主族序数	ⅠA	ⅡA	ⅢA	ⅣA	ⅤA	ⅥA	ⅦA
最外层电子数	1	2	3	4	5	6	7
主族名称	碱金属族	碱土金属族	硼族	碳族	氮族	氧族	卤素族

② 副族。

仅由长周期元素构成的族叫作**副族(secondary group)**。共有7个副族。副族用罗马数字及一个B字母表示,如ⅠB,ⅡB,…,ⅦB。副族的名称以该副族第一个元素名字命名。

③ 零族和第Ⅷ族。

元素周期表最后1个纵行是稀有气体元素,它们的化学性质非常不活泼,在通常状况下难以发生化学反应,因为它们的原子的最外层已达到8个电子相对稳定结构,它们的化合价为0,故称为**零族**。

元素周期表里第8、第9、第10纵行总称**第Ⅷ族**,共包含9种元素。由于它们在横方向比纵方向的元素性质还要相似,因此,第Ⅷ族分成两个系:铁、钴、镍这3种元素叫作**铁系元素**,在自然界常伴生在一起,性质近似;其余6种元素(锇、铱、铑、钌、钯、铂)性质近似,在自然界也常伴生在一起,叫作**铂系元素**。

元素周期表的中部,从ⅢB族到ⅡB族10个纵行,包括了第Ⅷ族和全部副族元素,共计60多种元素,通称为**过渡元素**。这些元素都是金属,所以又常常称为过渡金属。

2. 元素周期表中元素性质的递变规律

元素的原子结构、性质及其在元素周期表中的位置，这三者有着密切的内在联系。下面根据原子结构和实验事实，进一步讨论元素周期表中元素性质的递变规律。

(1) 同一周期中元素性质的递变规律。

同一周期元素虽然具有相同的电子层数，但从左到右，最外层电子数依次增多，核电荷数依次增多，原子半径逐渐减小，核对电子的吸引力逐渐增大，失电子能力逐渐减弱，得电子能力逐渐增强，因此，**金属性(metallicity)**逐渐减弱，**非金属性(non-metallicity)**逐渐增强。

现以第三周期为例，研究钠、镁、铝的性质。

【实验 1-7】 镁与水的反应：取一小段镁条，用砂纸擦去表面的氧化膜，放入盛有 3 mL 水的试管中，往水中滴 2 滴酚酞试液，观察现象。然后加热至试管中的水沸腾，再观察现象，并同钠与水的反应进行比较。

实验表明，钠与水反应很剧烈，镁不易与冷水反应，但能与沸水反应，并产生少量氢气。反应后的溶液均能使无色酚酞试液变为红色。化学反应方程式如下：

$$2Na + 2H_2O = 2NaOH + H_2\uparrow$$

$$Mg + 2H_2O \xlongequal{\triangle} Mg(OH)_2 + H_2\uparrow$$

【实验 1-8】 金属铝、镁与盐酸的反应：取一小片铝和一小段镁条，用砂纸擦去表面的氧化膜，分别放入两支试管中，再各加 1 mol · L^{-1}盐酸 2 mL，观察发生的现象。

实验表明，镁、铝都能跟盐酸反应，置换出氢气，镁与酸的反应比铝与酸的反应剧烈。化学反应方程式如下：

$$Mg + 2HCl = MgCl_2 + H_2\uparrow$$

$$2Al + 6HCl = 2AlCl_3 + 3H_2\uparrow$$

【实验 1-9】 氢氧化镁、氢氧化铝与酸及碱的反应：取 2 支试管，各加入 0.1 mol · L^{-1}的硫酸镁 1 mL，逐滴加入 2 mol · L^{-1}的氢氧化钠，至刚析出 $Mg(OH)_2$ 沉淀为止。然后向两支试管中分别加入盐酸和氢氧化钠溶液，观察沉淀在酸和碱溶液中溶解的情况。

再用 0.1 mol · L^{-1}的硫酸铝溶液代替硫酸镁溶液做同样的实验。

实验表明，$Mg(OH)_2$ 沉淀可溶于盐酸而不溶于氢氧化钠溶液；$Al(OH)_3$ 沉淀在酸和碱溶液中都能溶解，化学反应方程式为：

$$Al_2(SO_4)_3 + 6NaOH = 2Al(OH)_3\downarrow + 3Na_2SO_4$$

$$Al(OH)_3 + 3HCl = AlCl_3 + 3H_2O$$

$$Al(OH)_3 + NaOH = NaAlO_2 + 2H_2O$$

像氢氧化铝这样，既能与酸反应，又能与碱反应的氢氧化物(hydroxide)，叫作**两性氢氧化物(amphoteric hydroxide)**。因此 $Al(OH)_3$ 也可写作 H_3AlO_3(铝酸)，失去一分子 H_2O 后叫作偏铝酸($HAlO_2$)。

以上实验说明，钠是活泼金属，镁的金属性比钠弱，而铝已表现出两性。如果继续对硅、磷、硫、氯进行研究，许多实验事实还能证明它们的非金属性依次增强，见表 1-9。

表 1-9 第三周期元素性质递变规律

原子序数	11	12	13	14	15	16	17	18
元素符号	Na	Mg	Al	Si	P	S	Cl	Ar
最外层电子数	1	2	3	4	5	6	7	8
最高正化合价	+1	+2	+3	+4	+5	+6	+7	0
负化合价				−4	−3	−2	−1	
原子半径/(1×10^{-10} m)	1.896	1.598	1.429	1.110	1.06	1.02	0.99	
最高价氧化物对应的水化物的化学式	NaOH	$Mg(OH)_2$	$Al(OH)_3$	H_4SiO_4	H_3PO_4	H_2SO_4	$HClO_4$	
最高价氧化物对应的水化物的酸碱性	从左到右碱性逐渐减弱，酸性逐渐增强							
金属性和非金属性	从左到右金属性逐渐减弱，非金属性逐渐增强							

从表 1-9 可看出，从左到右，随着原子序数的递增：

① 最外层电子数逐渐由 1 个递增到 8 个。

② 元素的金属性逐渐减弱，而非金属性逐渐增强，氢化物稳定性也逐渐增强。

③ 元素的最高价氧化物及其对应的水化物的碱性逐渐减弱，而酸性逐渐增强。

④ 元素的最高正化合价由+1 逐渐增加到+7，而负化合价从第ⅣA 族开始，由−4 增加到−1。最后一种元素最外层电子数为 8，是稀有气体元素，一般把它的化合价看成 0。

⑤ 元素的原子半径逐渐缩小。

(2) 同一族中元素性质的递变规律。

同一主族元素自上而下，由于电子层数依次增多，原子半径逐渐增大，原子核对电子的吸引力逐渐减小，失电子能力逐渐增强，得电子能力逐渐减弱，所以元素的金属性逐渐增强，而非金属性逐渐减弱。

因此，同主族从上到下随着原子序数的递增发生以下变化：

① 元素的金属性逐渐增强，而非金属性逐渐减弱。元素的最高价氧化物及其对应的水化物的碱性逐渐增强，而酸性逐渐减弱。

② 元素的原子半径逐渐增大。

(3) 元素化合价与元素在周期表中位置的关系。

元素的化合价与原子的电子层结构，特别是与最外电子层中电子的数目有密切关系。因此，元素原子的最外电子层中的电子叫作价电子。有些元素的化合价与它们原子次外层或倒数第三层的部分电子有关，这部分电子也叫价电子。在元素周期表中，主族元素的最高正化合价等于它所在的族序数，这是因为族序数与最外层电子(即价电子)数相同。非金属元素的最高正化合价等于原子所能失去或偏移的最外层上的电子数；而它的负化合价则等于使原子最外层达到 8 个电子稳定结构所需要得到的电子数。因此，非金属元素的最高正化合价和它的负化合价的绝对值之和等于 8，即：

|负化合价|+最高正化合价=8

元素周期表中ⅣA～ⅦA各族元素的常见化合价见表1-10。

表1-10　ⅣA～ⅦA各族元素的常见化合价

族	ⅣA					ⅤA					ⅥA				ⅦA			
元素	C	Si	Ge	Sn	Pb	N	P	As	Sb	Bi	O	S	Se	Te	F	Cl	Br	I
主要化合价															−1	−1	−1	−1
											−2	−2	−2	−2				
						−3	−3	−3										
	−4	−4																
						+1	+1											
	+2		+2	+2	+2	+2												
						+3	+3	+3	+3	+3						+3	+3	+3
	+4	+4	+4	+4	+4	+4						+4	+4	+4				
						+5	+5	+5	+5	+5						+5	+5	+5
												+6	+6	+6				
																+7	+7	+7

*副族和第Ⅷ族元素的化合价不仅与最外层电子数有关，而且还和次外层(甚至倒数第三层)的电子数有关。通常副族元素的最高正化合价和族的序数相等，由于它们都是金属元素，所以一般没有负化合价。以第四周期为例，常见化合价见表1-11。

表1-11　第四周期过渡元素的常见化合价

元素	Sc	Ti	V	Cr	Mn	Fe	Co	Ni	Cu	Zn
常见化合价	$\underline{+3}$	+2	+2	+2	$\underline{+2}$	$\underline{+2}$	$\underline{+2}$	$\underline{+2}$	$\underline{+1}$	$\underline{+2}$
		+3	+3	$\underline{+3}$	+3	$\underline{+3}$	+3	+3	$\underline{+2}$	
		$\underline{+4}$	+4	+4	$\underline{+4}$					
			$\underline{+5}$	+5	+6					
				$\underline{+6}$	+7					

注：有下划线的为稳定化合价。

在元素周期表中，在硼、硅、砷、碲、砹与铝、锗、锑、钋之间画一条折线，折线的左下方是金属元素区，右上方是非金属元素区。左下角Cs是金属性最强的元素，右上角F是非金属性最强的元素，最右的一个纵行是稀有气体元素。由于元素的金属性和非金属性没有严格的界限，所以位于折线两边附近的元素，具有既表现某些金属性，又表现某些非金属性的两性特点。

总之，在元素周期表中，从左到右和从上到下，各主族元素性质递变的规律，可以用表1-12清楚地表示出来。

表1-12 主族元素金属性与非金属性的递变规律

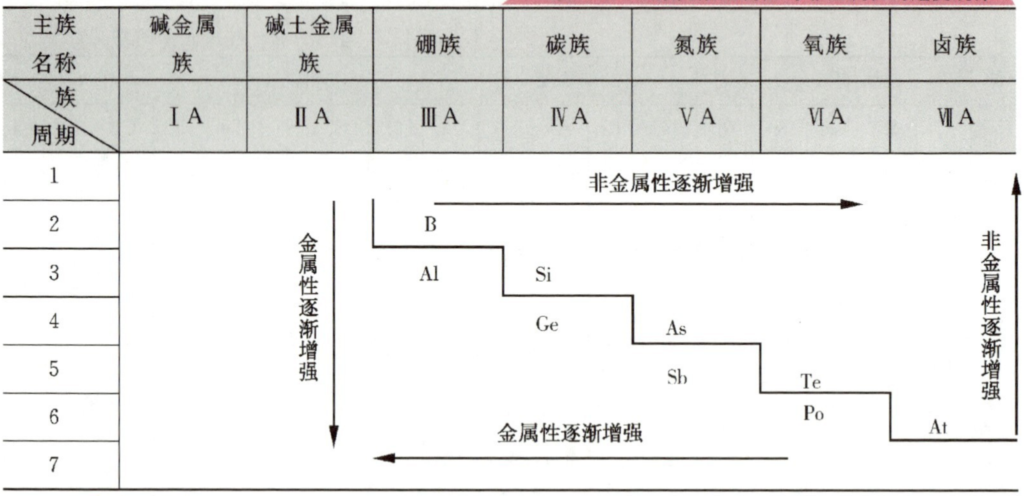

主族名称	碱金属族	碱土金属族	硼族	碳族	氮族	氧族	卤族
族 / 周期	ⅠA	ⅡA	ⅢA	ⅣA	ⅤA	ⅥA	ⅦA
1							
2			B				
3			Al	Si			
4				Ge	As		
5					Sb	Te	
6						Po	At
7							

非金属性逐渐增强（同周期从左到右）

金属性逐渐增强（同周期从右到左）

金属性逐渐增强（同主族从上到下）

非金属性逐渐增强（同主族从下到上）

三、元素周期律和元素周期表的意义

元素周期律和元素周期表对元素和化合物的性质进行了系统的总结，它推动了原子结构理论的发展，并对工农业生产和新材料的探索具有一定的指导作用。

元素在元素周期表中的位置与元素原子结构及性质有着密切关系。若知道元素的原子结构及一般性质，就能判断该元素在元素周期表中的位置；反之，如果知道元素在元素周期表中的位置，也就能判断出该元素的原子结构及一般性质。这对预言和发现新元素也起到了指导作用。例如，原子序数为 10、31、32、34、36、64 等的天然元素的发现和 61 及 95 以后的人造放射性元素的合成，都是与元素周期表的指导作用分不开的，这也使人类认识的元素从 60 多种迅速增加到现在的 118 种。

利用元素周期表中位置邻近而元素性质相近的规律，也可指导寻找新材料。例如，农药中常含有 F、Cl、As 等元素，它们都位于元素周期表的右上方，对这个区域的元素进行研究，有利于寻找和制造新的农药品种。

根据半导体材料（如 Ge、Si、Se 等）的特性，可以在元素周期表中金属与非金属分界线附近寻找，特别是用 As 和 Ga 合成的 GaAs，其优点超过了 Ge 和 Si，它使普通半导体的应用范围扩大到更高的温度和更高的频率。

高效催化剂多数是过渡元素及其化合物。例如，用 Fe、Ni 作催化剂，使石墨在高温、高压下转化为金刚石；合成氨工业用 Fe 粉作催化剂；用 V_2O_5 作催化剂，使 SO_2 与 O_2 反应生成 SO_3，这是工业制硫酸的重要工艺。近年来，还发现某些稀土元素能大大改善催化剂的性能。

此外，还可利用 W、Nb、Mo、Zr、Ti 等稀有金属制造电子管，利用 Cs、Rb 等活泼金属制造光电管；利用 W、Mo、Ta、Nb、Ti、Cr 等过渡元素制成的合金具有耐高温、耐腐蚀等特点，是制造导弹、飞船、火箭所不可缺少的优质材料。例如，含 Cr 12%以上的钢铁称为不锈钢，而在钢中加入 10%的 Ti 制成的钛钢坚韧而有弹性。在地球化学这门学科中，还可应用元素在元素周期表中的位置关系指导找矿，因为性质相近的元素往往在自然界中共生在一起，如铌（Nb）、钽（Ta）矿，锆（Zr）、铪（Hf）矿。另外，铁矿中常伴生钴（Co）和镍（Ni），铂矿中常伴生锇（Os）、铱（Ir）、铑（Rh）、钌（Ru）、钯（Pd）等。总之，元素周期律的发现和元素周期表的编制，强有力地论证了量变到质变的规律，是人类能动地认识世界的一个光辉范例，“完成了科学上的一个勋业”。

习题

一、填空题

1. X、Y、Z 3 种元素位于同周期的相邻 3 个主族，原子序数依次增大。X 的最高正化合价与负化合价的绝对值相等；Y 原子的 L 层比 K 层多 3 个电子；Z 原子最外层有 6 个电子。试求：

(1) 写出元素的名称：X ________，Y ________，Z ________。它们位于第____周期，________、________、________族。

(2) Y 的最高价氧化物对应的水化物的化学式为________。

(3) X、Z 的氢化物的化学式分别为________、________。

2. 用元素符号回答关于原子序数为 11～18 的元素的以下问题：

(1) 最高价氧化物的水化物碱性最强的是________。

(2) 最高价氧化物的水化物酸性最强的是________。

(3) 最高正化合价和负化合价的绝对值之差等于 4 的是________。

二、选择题

3. 从 11 号元素钠到 17 号元素氯的下列各项按顺序递减的是 （　　）

A. 最外层电子数　　B. 最高正化合价

C. 元素的非金属性　　D. 原子半径

4. 元素 R 的原子，它的最外电子层上有 6 个电子，它的最高价氧化物对应的水化物的化学式是 （　　）

A. HRO_3　　B. H_2RO_3　　C. H_2RO_4　　D. HRO_4

5. 下列氢化物中最稳定的是 （　　）

A. NH_3　　B. H_2O　　C. HF　　D. CH_4

6. 下列有关元素性质递变情况的说法正确的是 （　　）

A. Na、Al、Mg 原子的最外层电子数依次增多

B. Na、K、Rb 的金属性依次增大

C. Al、Si、P 的原子半径依次增大

D. Cl、Br、I 的最高正化合价依次升高

7. 下列关于元素周期表的叙述不正确的是 （　　）

A. 元素周期表中共有 7 个横行，即 7 个周期，每一周期内的元素的原子核外电子层数相同

B. 元素周期表中共有 18 个纵行，即 18 个族

C. 同一周期的主族元素，从左到右原子半径逐渐减小，非金属性逐渐增强

D. 同一主族元素，从上到下原子半径逐渐增大，金属性逐渐增强

三、综合题

8. 填表：

原子序数	原子结构示意图	元素符号	周期	族	是金属还是非金属	最高正化合价	最高价氧化物对应的水化物的化学式	酸碱性
11								
			三	ⅥA				
	(+13) 2 8 3							

9. 根据元素在元素周期表中的位置，判断下列各组化合物水溶液的酸性或碱性强弱。

(1) H_2CO_3 和 H_3BO_3(硼酸)

(2) H_3PO_4 和 HNO_3

(3) $Ca(OH)_2$ 和 $Mg(OH)_2$

(4) H_2SO_4 和 H_3PO_4

(5) $Al(OH)_3$和 $Mg(OH)_2$

10. 现有硫酸钠、硫酸镁、硫酸铝 3 种无色溶液，试用 1 种试剂区别这 3 种溶液，并写出反应的化学方程式。

11. 某元素 A，它的最高价氧化物的化学式是 A_2O_5，气态氢化物里氢的质量分数为 8.82%，又知 A 原子核内有 16 个中子。试推断，A 是什么元素？画出 A 原子的原子结构示意图，并指出 A 元素在元素周期表中的位置。

12. 搜集资料找出我国储量较大的矿产元素及地壳组成中含量前 10 种元素在元素周期表中的位置。

第四节　化学键

目前，虽然仅发现了118种元素，但已经知道和合成的物质却数以百万计。为什么仅 100 多种元素的原子能够形成这么多种物质呢？为什么原子间相互化合时有一定的比例呢？要弄清这些问题，就必须在原子结构知识的基础上，进一步研究原子在形成分子时的相互作用。

原子既然可以按一定比例相互结合成各种物质，那么原子间必然存在着相互作用。实验证明，这种相互作用不仅存在于直接相邻的原子之间，而且也存在于非直接相邻的原子之间。前一种相互作用比较强烈，是原子间相互作用的主要因素。这种相邻的两个或多个原子之间主要的、强烈的相互作用称为**化学键(chemical bond)**。

化学键的主要类型有离子键、共价键、金属键(金属键将在“化学与材料”一章中讲述)。

一、离子键

金属钠和氯气发生反应，生成氯化钠：

$$2Na + Cl_2 \xlongequal{点燃} 2NaCl$$

钠原子和氯原子核外都有 3 个电子层。钠原子最外层有 1 个电子，容易失去这个电子，形成带正电荷的钠离子(Na^+)；氯原子的最外层有 7 个电子，容易结合 1 个电子，形成带负电荷的氯离子(Cl^-)。钠离子和氯离子之间除了有静电相互吸引的作用外，还有电子与电子、原子核与原子核之间的相互排斥作用。当两种离子接近到一定距离时，吸引和排斥作用达到平衡，阴、阳离子间形成了稳定的化学键，生成氯化钠，如图 1-8 所示。这种通过阴、阳离子间的强烈的静电作用所形成的化学键叫作**离子键(ionic bond)**。

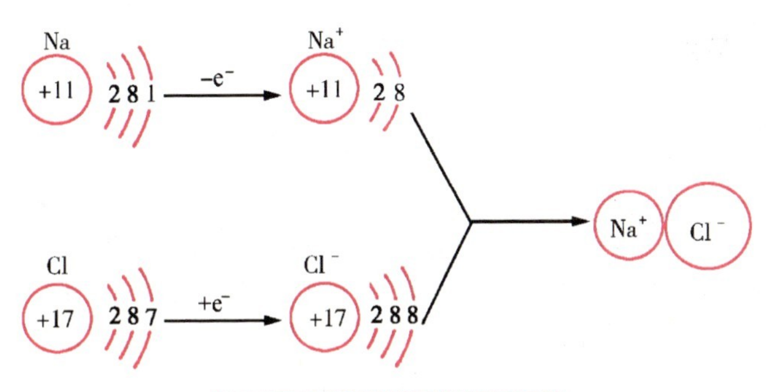

图 1-8　氯化钠的形成示意图

在化学反应中，一般是原子的最外层电子发生变化，为简便起见，可以在元素符号周围用小黑点(或×)来表示原子的最外层电子。这种式子叫作**电子式(electronic formula)**。例如：

$H\times$	$K\times$	$\times Ca\times$	$\cdot\ddot{\underset{\cdot\cdot}{O}}\cdot$	$:\dot{\underset{\cdot\cdot}{Cl}}:$
氢原子	钾原子	钙原子	氧原子	氯原子

氯化钠的形成过程可用电子式表示如下：

$$Na\times + \cdot\ddot{\underset{\cdot\cdot}{Cl}}: \longrightarrow Na^+[\overset{\times}{\cdot}\ddot{\underset{\cdot\cdot}{Cl}}:]^-$$

活泼的金属元素(如钾、钠、钙等)与活泼的非金属元素(如氯、溴、氧等)化合时，一般都是以离子键结合的。例如，溴化钙、硫化镁、氧化钠等都是以离子键结合的。它们的形成过程可用电子式表示如下：

$$\times Ca\times + 2\cdot\ddot{\underset{\cdot\cdot}{Br}}: \longrightarrow [:\ddot{\underset{\cdot\cdot}{Br}}\overset{\times}{\cdot}]^- Ca^{2+} [\overset{\times}{\cdot}\ddot{\underset{\cdot\cdot}{Br}}:]^-$$

$$\times Mg\times + \cdot\ddot{\underset{\cdot\cdot}{S}}\cdot \longrightarrow Mg^{2+} [\overset{\times}{\cdot}\ddot{\underset{\cdot\cdot}{S}}\overset{\times}{\cdot}]^{2-}$$

$$2Na\times + \cdot\ddot{\underset{\cdot\cdot}{O}}\cdot \longrightarrow Na^+ [\overset{\times}{\cdot}\ddot{\underset{\cdot\cdot}{O}}\overset{\times}{\cdot}]^{2-} Na^+$$

离子是带电荷的原子或原子团。离子所带电荷的符号和数目取决于原子成键时得、失电子及其数目。例如，钙和氯发生反应生成氯化钙，每个钙原子失去 2 个电子形成

Ca^{2+}，每个氯原子得到 1 个电子形成 Cl^-。

阳离子是由原子失去外层电子形成的，所以阳离子的半径比相应的原子半径（r）小。而阴离子的最外层电子数比相应的原子多，电子之间排斥力增大，所以阴离子的半径比相应的原子半径（r）大。例如，$r(Ca^{2+})<r(Ca)$，$r(Cl^-)>r(Cl)$。

二、共价键

在通常情况下，当一个氢原子和另一个氢原子接近时，就可相互结合生成氢分子：

$$H+H \longrightarrow H_2$$

在形成氢分子的过程中，电子不可能从一个氢原子转移到另一个氢原子上，而只能为两个氢原子所共用，形成共用电子对。这两个共用电子不是属于其中一个氢原子，而是在两个原子核周围运动，这样两个氢原子就结合为一个氢分子，每个氢原子都具有和氦原子一样的 2 个电子的稳定结构。氢分子的形成过程可用电子式表示为：

$$H\times + \cdot H \longrightarrow H\overset{\times}{\cdot}H$$

原子和原子间通过共用电子对所形成的化学键叫作**共价键（covalent bond）**。

在化学上，常用一根短线来表示一对共用电子，如 H—H。这种表示的方式称为**结构式（structural formula）**。双原子的氯气分子的形成与氢分子相似，两个氯原子共用一对电子，这样每个氯原子的最外电子层都达到了 8 个电子的稳定结构。氯分子的结构可用下列式子表示：

电子式 $:\underset{..}{\overset{..}{Cl}}:\underset{..}{\overset{..}{Cl}}:$　　　结构式　Cl—Cl

氮分子的形成与氢分子、氯分子相似，只是两个氮原子需共用 3 对共用电子对，才使每个氮原子达到 8 个电子的稳定结构。氮分子（N_2）的结构可用下列式子表示：

电子式 $:N\vdots\vdots N:$　　　结构式　N≡N

氯化氢（HCl）、水（H_2O）、氨（NH_3）等分子的结构可分别表示如下：

HCl：　电子式 $H\underset{\times}{\cdot}\underset{..}{\overset{..}{Cl}}:$　　　结构式　H—Cl

H_2O：　电子式 $H\underset{\times}{\cdot}\underset{..}{\overset{..}{O}}\underset{\times}{\cdot}H$　　　结构式

```
  O
 / \
H   H
```

NH_3：　电子式 $H\underset{\times}{\cdot}\underset{\underset{H}{\overset{\cdot}{\times}}}{\overset{..}{N}}\underset{\times}{\cdot}H$　　　结构式

```
   N
 / | \
H  H  H
```

以上所述的共价键中，电子对是由两个原子提供的。有一类特殊的共价键，电子对是由一个原子单方面提供的，与另一个离子或原子共用，这样形成的共价键叫**配位键（coordinate bond）**。

农业上常用的化肥 NH_4Cl 可由氨与盐酸反应制取，反应式可表示如下：

$$NH_3+HCl = NH_4Cl$$

$$NH_3+H^+ \longrightarrow NH_4^+$$

NH_3 与 H^+ 之间是通过配位键形成铵离子的。氨分子的电子式是 $H\overset{\times}{\cdot}\underset{..}{\overset{\overset{H}{\times\cdot}}{N}}\overset{\times}{\cdot}H$，在氮原

子上有一对没有与其他原子共用的电子，这对电子称为**孤对电子**。氢离子(H^+)的K电子层上已没有电子，形成空轨道。当氨分子与氢离子作用时，氨分子提供一孤对电子，而H^+提供空轨道，这对电子为N、H^+共有，形成配位键。配位键可以用A→B来表示。其中，A是提供孤对电子的离子或原子，B是具有空轨道能接受孤对电子的离子或原子。例如：

$$H\overset{\textstyle H}{\underset{\textstyle H}{\overset{\cdot\times}{\underset{\cdot\times}{\mathop{N}}}}}: + H^+ \longrightarrow \left[H\overset{\textstyle H}{\underset{\textstyle H}{\overset{\cdot\times}{\underset{\cdot\times}{\mathop{N}}}}}:H\right]^+ \quad 或 \quad \left[H—\overset{\textstyle H}{\underset{\textstyle H}{\overset{|}{\underset{|}{N}}}}\rightarrow H\right]^+$$

在铵离子(NH_4^+)中，虽有1个N—H键与其他3个N—H键的形成过程不同，但4个键的键长、键能、键角都一样，化学性质也完全相同。

化学键的稳定程度可以用键长与键能来衡量。在分子中，两个成键原子核间的距离叫作**键长**。键长可由实验测定。例如，H—H键的键长为0.74×10^{-10} m，Cl—Cl键的键长为1.98×10^{-10} m。一般来讲，两个原子间所形成的键越短，键就越强，分子中原子间结合得就越牢固。

拆开1摩尔(摩尔的概念在下一章介绍，摩尔的符号是mol)的某化学键所需要吸收的能量叫作**键能**。例如，H—H键的键能为436 kJ·mol^{-1}，C—C键的键能为347.7 kJ·mol^{-1}，Cl—Cl键的键能为242.7 kJ·mol^{-1}。键能越大，表示共价键越牢固，分子就越稳定。

分子中键与键之间的夹角叫作**键角**。例如，水分子中两个O—H键之间的夹角是104°30′；二氧化碳分子中两个C═O键呈直线形，夹角是180°；甲烷分子中每两个C—H键间的夹角都是109°28′；三氟化硼中每两个B—F键间的夹角都是120°。键角可以用来确定分子的空间几何形状，见图1-9。

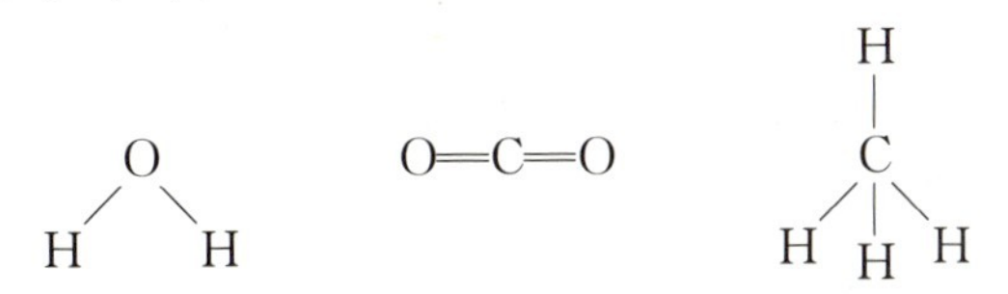

图1-9 H_2O、CO_2、CH_4分子的键角示意图

*三、非极性分子与极性分子

1. 非极性共价键和极性共价键

对单质分子(如H_2、Cl_2、N_2等)来说，由于它们是两个相同的原子之间形成共价键，所以其共用电子对不偏向任何一个原子，成键的原子都不显电性。这样的共价键叫作**非极性共价键**，简称**非极性键(non-polar bond)**，如H—H键、Cl—Cl键等。

在共价化合物分子(如HCl、H_2O、CO_2、NH_3、CH_4等)中，不同的原子之间形成共价键，由于不同原子吸引电子的能力不同，所以其共用电子对必然偏向吸引电子能力强的一方。因此，吸引电子能力强的原子就带部分负电荷，吸引电子能力弱的原子就带部分正电荷。这样的共价键叫作**极性共价键**，简称**极性键(polar bond)**。例如，在HCl分子里，Cl原子吸引电子的能力比H原子强，共用电子对偏向Cl原子，使Cl原子带部分负电荷，H原子带部分正电荷，因此H—Cl键是极性键。成键的两个原子吸引电子能力的差别越大，共用电子对偏移程度也越大，键的极性就越强。

离子键和共价键之间没有严格的界线。极性键是介于离子键和非极性键之间的过渡状态，离子键和非极性键只是极性键的两个极端罢了，如图 1-10 所示。共用电子对完全转移到吸引电子能力强的原子一方就形成了离子键，共用电子对正好处于两个成键原子中心就形成了非极性键。

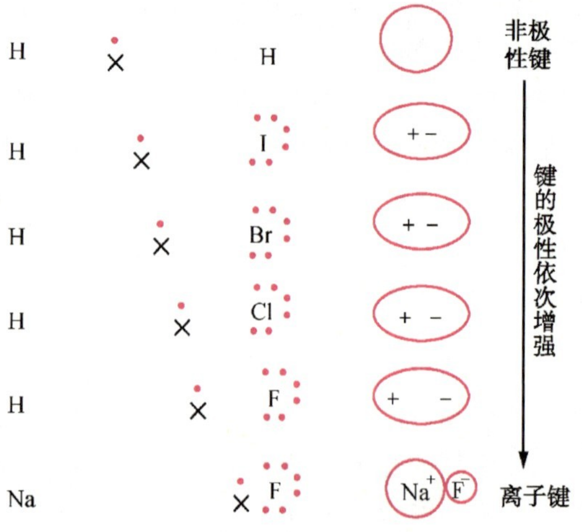

图 1-10　非极性键过渡到离子键示意图

在有些化合物里，离子键和共价键同时存在。例如：

NaOH 的电子式：$Na^+[\overset{\times}{\underset{..}{\dot{O}}}\overset{\times}{.}H]^-$

NH_4Cl 的电子式：$\left[H\overset{\times}{.}\underset{H}{\overset{H}{N}}:H\right]^+\left[:\overset{..}{\underset{..}{Cl}}:\right]^-$

2. 分子的极性

单质分子 H_2、O_2、N_2、Cl_2、I_2 都是由同种原子组成的，分子中的化学键都是非极性键，从整个分子看，分子里电荷分布是对称的，这样的分子叫作**非极性分子（non-polar molecule）**。以非极性键结合的分子几乎都是非极性分子。

像氯化氢这样的以极性键结合的双原子分子，共用电子对偏向氯原子，从整个分子看，氯原子带部分负电荷，氢原子带部分正电荷，整个分子的电荷分布不对称，这样的分子叫作**极性分子（polar molecule）**。以极性键结合的双原子分子都是极性分子。

以极性键结合的多原子分子的情况就复杂了，其可能是极性分子，也可能是非极性分子，这取决于分子中各极性键的空间排列。

在二氧化碳分子中，C═O 键是极性键，但两个极性键排列在一条直线上，两个氧原子对称排列在碳原子两侧，空间结构式为：O═C═O 。因此，从整个分子来看，由于电荷分布均匀对称，两键的极性互相抵消，整个分子没有极性，所以二氧化碳是非极性分子。

水是三原子分子，但水分子不是直线形的。两个 O—H 键的键角为 104°30′，其空间结构式为：

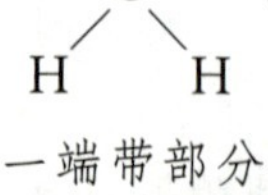

。整个分子由于电荷分布不均匀，两个 O—H 键的极性不能互相抵消，氧原子一端带部分负电荷，氢原子一端带部分正电荷，因此，水分子是一个极性分子。

氨分子是一个四原子分子，N—H 键相互间夹角是 107°18′，具有三角锥形的空间结构：

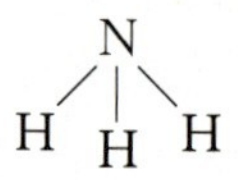

，因此它也是一个极性分子。

任何分子中都有带负电荷的电子和带正电荷的原子核，在分子内部可以取一个正电荷重心和一个负电荷重心，并以“+”“−”分别表示分子的正、负电荷重心。凡是正、负电荷重心重叠的分子为非极性分子，正、负电荷重心不重叠的为极性分子，如图 1-11 所示。

图 1-11　分子中电荷分布示意图

对于不同类型的共价化合物分子极性的判定，可简单归纳为表 1-13。

表1-13　共价化合物分子极性的判断

分子构型		空间构型(结构式)	电荷分布	分子极性	举　例
双原子分子	A—A		±	非极性	H_2、O_2、N_2
	A—B		+ −	极　性	HCl、CO
三原子分子	AB_2	线性对称 B═A═B	±	非极性	CO_2、CS_2
		曲线形(两键之间有夹角) A B　B	+ −	极　性	H_2O、H_2S、SO_2
四原子分子	AB_3	平面正三角形 B A B　B	±	非极性	BF_3
	AB_3	三角锥形 A B B B	+ −	极　性	NH_3
五原子分子	AB_4	正四面体形 B A B B B	±	非极性	CH_4、CCl_4

通过以下实验可证明分子是否具有极性。

【实验 1-10】　在酸式滴定管中注入 30 mL 蒸馏水，夹在滴定管夹上，在滴定管下端放一大烧杯。打开活塞，让水缓慢流下如线状。把摩擦带电的玻璃棒或塑料棒接近水流，观察水流的方向有没有变化(图 1-12)。

如用 CCl_4 代替水做上述实验，又有什么现象发生？

根据人们的实践经验，极性分子构成的溶质易溶于极性分子构成的溶剂，非极性分子构成的溶质易溶于非极性分子构成的溶剂（即**相似相溶原理**）。例如：

（1）氯化氢易溶于水，不易溶于汽油。

（2）碘易溶于 CCl_4、酒精，不易溶于水。

（3）石蜡（非极性）易溶于汽油，不易溶于水。

*四、晶体结构

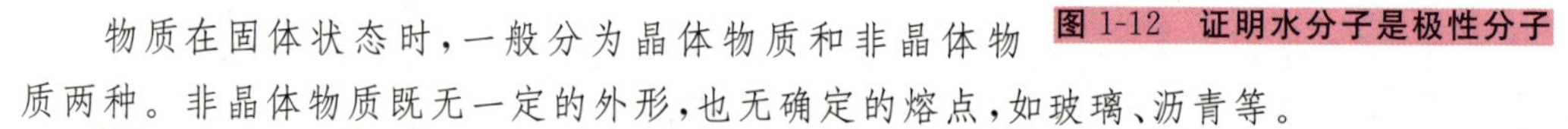

图 1-12　证明水分子是极性分子

物质在固体状态时，一般分为晶体物质和非晶体物质两种。非晶体物质既无一定的外形，也无确定的熔点，如玻璃、沥青等。

晶体(crystal)是经过结晶过程而形成的具有规则几何外形的固体。自然界中绝大多数物质在固体状态时都是以晶体形式存在的。实验证明，构成晶体的微粒如分子、原子、离子等，在晶体里都是有规则地排列在空间的一定位置上的。晶体有规则的几何外形是内部构成晶体的微粒有规则排列的反映。

根据组成晶体微粒的种类和微粒间作用力的不同，可以将晶体分为离子晶体、分子晶体、原子晶体、金属晶体等类别。这里简要介绍前三种晶体的有关知识。

1. 离子晶体

以离子键结合的化合物是离子化合物。很多盐类、碱类和金属氧化物都是离子化合物。在室温下，它们通常以晶体的形式存在。以离子键结合的晶体叫作**离子晶体(ionic crystal)**。

在离子晶体中，阴、阳离子按一定规律在空间排列，每一个离子周围等距离地排列着异号离子，被异号离子所包围，如图 1-13(a)所示。在氯化钠晶体中，每个钠离子(Na^+)被 6 个氯离子(Cl^-)包围，每个氯离子(Cl^-)也被 6 个钠离子(Na^+)包围，交替延伸为整个晶体；钠离子(Na^+)与氯离子(Cl^-)的数目比是 1∶1。严格地说，"NaCl"是表示离子晶体中离子的个数比，而不是表示分子组成的分子式。除氯化钠以外，氯化铯(CsCl)、氯化镁($MgCl_2$)等都属于离子晶体。从图 1-13(b)可看出，CsCl 晶体是每个铯离子(Cs^+)吸引 8 个氯离子(Cl^-)，每个氯离子(Cl^-)也同时吸引着 8 个铯离子(Cs^+)，两种离子的数目比仍是 1∶1。

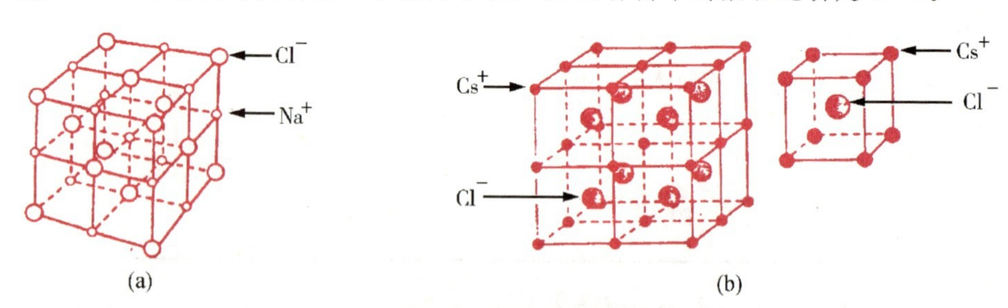

图 1-13　氯化钠与氯化铯的晶体结构

由于离子晶体中阴、阳离子间存在着较强的离子键，因此离子晶体一般硬度(hardness)较高，密度(density)较大，难于压缩，难于挥发，有较高的熔点(melting point)和沸点(boiling point)。如氯化钠的熔点是 801 ℃，沸点是 1413 ℃。

2. 原子晶体

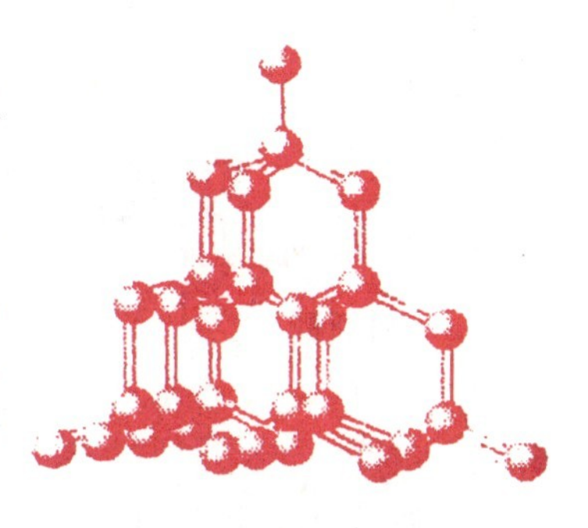

图 1-14 金刚石的晶体结构示意图

原子晶体中构成晶体的微粒是原子，原子之间通过共价键相结合。例如，金刚石是由碳原子形成的单质。在金刚石的晶体中，每个碳原子都被相邻的 4 个碳原子包围，处于 4 个碳原子的中心，以共价键与 4 个碳原子结合，成为正四面体结构。这些正四面体结构向空间发展，构成一种坚实的、彼此联结的空间网状晶体，如图 1-14 所示。这种相邻原子间以共价键相结合而形成空间网状结构的晶体叫作**原子晶体(atomic crystal)**。

一般地说，ⅣA 族元素碳、硅、锗的单质，以及与ⅢA、ⅣA、ⅤA 等族的某些元素组成的一些化合物，如碳化硅(SiC)、二氧化硅(SiO_2)、碳化硼(B_4C_3)、氮化硼(BN)和氮化铝(AlN)等都属于原子晶体。

在原子晶体中，由于原子间共价键的结合力强，因而熔点和沸点较高，硬度大，具有特殊的功用。如金刚石的熔点高于 3550 ℃，沸点为 4827 ℃，它难溶于溶剂，是已知的物质中最坚硬的一种。它可以切割玻璃、大理石；可以用在钻机上钻凿坚硬的岩层；也可用来切削非常坚硬的金属。金刚砂(碳化硅)是很好的研磨材料。碳化硼是超硬研磨材料，可以用来研磨金刚石，又是较为理想的超高温、超高压新型材料。

3. 分子晶体

首先简单介绍一下分子间的作用力。在通常状态下，氢气、氯气、二氧化碳、二氧化硫等物质是气体，但当降低温度、增大压强时能够凝结为液体和固体。也就是说，气态物质的分子能缩短彼此间的距离，并由无规则运动转变为有规则排列。这说明物质的分子之间还存在着一种作用力，这种作用力就叫作**分子间力(intermolecular force)**，也称为范德华力。

分子间力与化学键相比要弱得多。通常化学键的键能为 125～836 $kJ \cdot mol^{-1}$，而分子间力小于 100 $kJ \cdot mol^{-1}$。例如，HCl 分子的 H—Cl 键能为 431 $kJ \cdot mol^{-1}$，而 HCl 的分子间力为 21 $kJ \cdot mol^{-1}$。

分子间力的大小对物质的物理性质，如熔点、沸点、溶解度等有一定的影响。分子间力越大，克服分子间引力使物质熔化所需要消耗的能量就越高，物质的熔点、沸点就越高。一般来说，组成和结构相似的物质，随着相对分子质量的增大，分子间力增大，其熔点、沸点也升高。

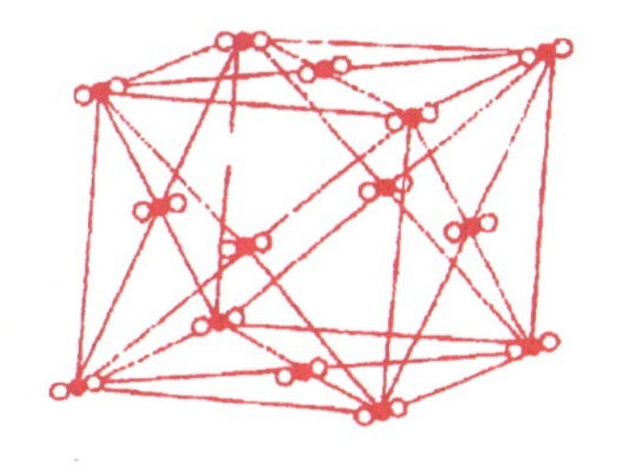

代表一个 CO_2 分子

图 1-15 CO_2 晶体的结构示意图

分子间以分子间力互相结合而成的晶体叫作**分子晶体(molecular crystal)**。图 1-15 是 CO_2 晶体(干冰)的结构示意图。大多数以共价键形成的共价型分子(极性的或非极性的)都可以形成分子晶体。例如，部分卤素单质、稀有气体、氧气、一氧化碳、二氧化碳、二氧化硫、氨、卤化氢等在常温下是气体，在降低温度、增大压强时能够凝结为液体、固体；常温下 Br_2 为液体，I_2 为固体。

习题

一、判断题

1. 阴、阳离子之间只有强烈的吸引作用，而没有排斥作用，所以离子键的核间距相当小。 （ ）

2. 硫酸分子中有 H^+ 和 SO_4^{2-} 两种离子。 （ ）

*3. 非极性分子中的化学键一定是非极性键。 （ ）

*4. 完全由极性键形成的分子不一定是极性分子，分子的极性还与它的空间构型有关。 （ ）

5. 以离子键结合的化合物是离子化合物，任何离子化合物中不可能包含共价键。 （ ）

二、选择题

6. 化学键是 （ ）
   A. 只存在于分子之间
   B. 只存在于离子之间
   C. 相邻的原子之间强烈的相互作用
   D. 相邻的分子之间强烈的相互作用

7. 根据原子序数，下列各组原子之间能以离子键结合的是 （ ）
   A. 10 与 19　　B. 6 与 16
   C. 12 与 17　　D. 12 与 26

*8. 下列物质中，既含离子键，又含极性键和配位键的是 （ ）
   A. H_2O　　B. NaOH　　C. $CaCl_2$　　D. NH_4Cl

*9. 下列物质中，不含有极性共价键的是 （ ）
   A. CCl_4　　B. NaOH　　C. NH_4Cl　　D. NaCl

*10. 下列叙述正确的是 （ ）
   A. 离子化合物中只含有离子键
   B. 共价化合物中一定不含离子键
   C. 含极性键的分子一定是极性分子
   D. 完全由非金属元素形成的化合物一定不含离子键

*11. 用绸布摩擦后的玻璃棒接近下列液体的细流时，能使细流发生偏移的是 （ ）
   A. C_6H_6　　B. CS_2　　C. CCl_4　　D. H_2O

*12. 碘容易升华是因为 （ ）
   A. 碘的化学性质较活泼　　B. 碘分子内键能较小
   C. I—I 键的键长较长　　D. 碘属分子晶体，分子间力较小

*13. 下列分子中，具有极性键的非极性分子是 （　　）

A. NH_3　　B. CO_2　　C. H_2O　　D. N_2

三、综合题

14. 与氩(Ar)原子电子排布相同的阴、阳离子所形成的4种重要化合物是(写出化学式)________________________________。

15. 由第三周期的元素形成的AB型离子化合物的电子式分别为__________和__________。

16. 用电子式表示MgF_2、NH_3的形成过程。

17. 判断下列物质中化学键的类型：

KBr______；CCl_4______；N_2______；CaO______；H_2S______。

*18. 在KCl、Cl_2和SiO_2三种物质中，熔点最高的是________，熔点最低的是________，固态时形成原子晶体的是________，形成离子晶体的是________。

*19. 下列分子中哪些是非极性分子？哪些是极性分子？

A. CS_2(直线形)　　B. H_2S

C. SO_2(键角120°)　　D. CCl_4

20. 在K_2S、NaOH、CO_2、H_2O和N_2中，只含有离子键的是__________；只含有共价键的是__________；既含有离子键，又含有共价键的是__________。

本章小结

一、原子结构

(1) 核电荷数＝核内质子数＝核外电子数。

此等式只对原子而言成立，对于阴、阳离子，因核外电子数发生了变化，而核电荷数(即质子数)没发生变化，故两者不相等。

(2) 质量数＝中子数＋质子数。

(3) 同位素是对同一种元素的不同原子而言的(即质子数相同，而中子数不同)，同一种元素的各同位素的化学性质基本相同。

(4) 电子在核外空间做高速运动，好像带负电荷的云雾笼罩在原子核的周围，我们形象地称它为“电子云”。

(5) 核外电子总是尽先占有能量最低的轨道，然后由里往外，依次排布在能量逐步升高的电子层，这就使核外电子排布的结果是最外层不超过8个电子，次外层不超过18个电子，倒数第三层不超过32个电子。

二、碱金属和卤素

(1) 碱金属的性质比较(表1-14)：

表1-14　碱金属的性质比较

元素名称和符号	核电荷数	原子结构示意图	相似性：颜色状态	相似性：最外层电子数	相似性：化学性质	递变性：熔点、沸点	递变性：核外电子层数	递变性：化学性质
锂　Li	3	(+3) 2 1	银白色，柔软	1	单质都是强还原剂，都能与氧气等非金属反应，能与水反应	逐渐降低（↓）	逐渐增多（↓）	金属性逐渐增强（↓）
钠　Na	11	(+11) 2 8 1						
钾　K	19	(+19) 2 8 8 1						
铷　Rb	37	略						
铯　Cs	55	略	略带金色，柔软					

(2) 卤素的性质比较(表 1-15)：

表1-15　卤素的性质比较

元素名称和符号	核电荷数	原子结构示意图	颜色状态	密度、熔点、沸点	化学性质
氟　F	9	(+9) 2 7	淡黄绿色气体	逐渐增大（↓）	非金属性逐渐减弱（↓）
氯　Cl	17	(+17) 2 8 7	黄绿色气体		
溴　Br	35	(+35) 2 8 18 7	深棕色液体		
碘　I	53	略	紫黑色固体		

(3) 卤素之间的置换反应和卤素离子的检验。

三、元素周期律

元素的性质随着元素原子序数的递增而呈周期性的变化，这就是元素周期律。

四、元素周期表结构

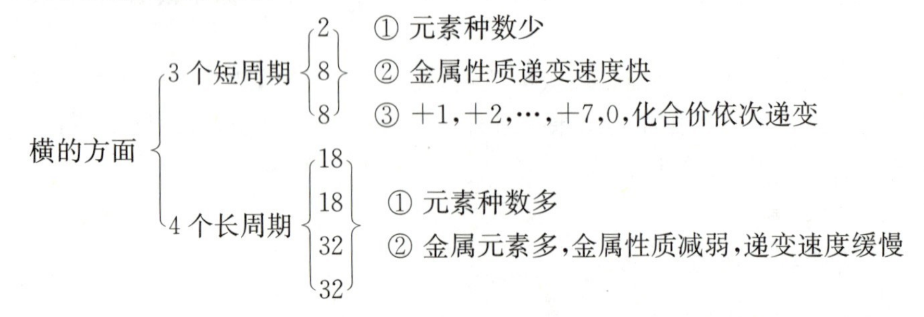

纵的方面
- 7 个主族：ⅠA，ⅡA，…，ⅦA，包括短周期元素的族
- 7 个副族：ⅠB，ⅡB，…，ⅦB，不包括短周期元素的族
- Ⅷ族：第 8、第 9、第 10 纵行
- 0 族：稀有气体一般不参加化学反应

五、元素周期表与原子结构的关系

(1) 原子序数＝核电荷数＝核外电子数。

(2) 周期数＝原子电子层数。

(3) 主族序数＝原子最外层电子数＝最高正化合价数。

六、元素性质递变规律

元素性质递变规律见表 1-16。

表1-16　元素性质递变规律

元素性质		同周期（左→右）	同主族（上→下）
原子半径		减小	增大
金属性（失去电子倾向）		渐弱	渐强
非金属性（获得电子倾向）		渐强	渐弱
化　合　价		+1，+2，…，+7，0 |负化合价|＝8－主族序数	最高正化合价相同
最高价氧化物对应的水化物	碱性	渐弱	渐强
	酸性	渐强	渐弱

七、化学键和晶体类型

(1) 化学键：在原子结合成分子的时候，相邻的两个或多个原子之间强烈的相互作用，通常叫作化学键。

(2) 化学键的主要类型有以下几种：

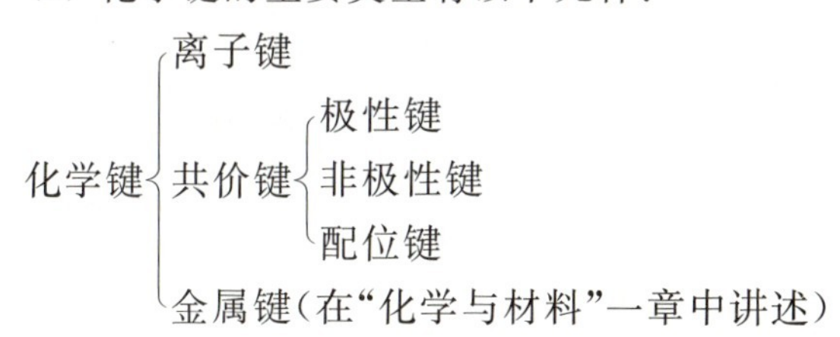

离子键：阴、阳离子间通过静电作用所形成的化学键叫作离子键。

共价键：原子间通过共用电子对所形成的化学键叫作共价键。

① 非极性键：同种原子形成共价键，共用电子对不偏向任何一个原子，这样的共价键叫作非极性键。

② 极性键：不同种原子形成共价键，共用电子对偏向吸引电子能力强的原子一方，这样的共价键叫作极性键。

③ 配位键：共用电子对由一个原子单方面提供而形成的共价键叫作配位键。

(3) 非极性分子和极性分子：以非极性键组成的分子是非极性分子。以极性键组成的分子，如果电荷的空间分布是对称的，即正、负电荷重心重叠，就是非极性分子；如果电荷的空间分布是不对称的，即正、负电荷重心不重叠，就是极性分子。

(4) 晶体：经过结晶过程而形成的具有规则几何外形的固体。

晶体
- 离子晶体：晶格结点上的微粒是离子，彼此以离子键结合
- 原子晶体：晶格结点上的微粒是原子，彼此以共价键结合
- 分子晶体：晶格结点上的微粒是分子，彼此以分子间力结合

课外阅读

原子结构模型的演变过程

德漠克利的古代原子学说→道尔顿原子模型→汤姆孙原子模型→卢瑟福原子模型→玻尔原子模型→电子云模型。

(1) 德谟克利的古代原子学说：物质由原子组成，且原子是不可再分的微粒；原子的结合和分离是万物变化的根本。

(2) 道尔顿原子模型：物质由原子组成，且原子为实心球体，不能用物理方法分割；同种原子的质量和性质相同。

(3) 汤姆孙原子模型：原子是一个平均分布着正电荷的粒子，电子镶嵌其中并中和正电荷，使原子呈电中性；原子是可以再分的。

(4) 卢瑟福原子模型：原子由原子核和核外电子组成。原子核带正电荷，位于原子中心并几乎集中了原子的全部质量；电子带负电荷，在原子核周围空间做高速运动。

(5) 玻尔原子模型：电子在原子核外一定轨道上绕核做高速运动。

(6) 电子云模型(现代原子结构学说)：现代科学家用量子力学的方法描述核外电子运动，即运用电子云模型描述核外电子的运动。电子在核外空间一定范围内出现，好像带负电荷的云雾笼罩在原子核周围，人们形象地称它为“电子云”。

门捷列夫和元素周期律

19 世纪中期，当时已经发现了 60 多种元素。这些元素间存在着怎样的内在联系呢？许多人都在探索其中的规律。俄国化学家门捷列夫对此做出了较为科学的回答。

门捷列夫(1834—1907)诞生于俄国西伯利亚托波斯一个中学校长的家庭。1855 年他以优异的成绩大学毕业，后在彼得堡大学任教。

在长期的教学实践中，他对前人研究元素的工作进行了大量的分析比较。他发现，

有些性质不同的元素，其原子量相差较小；有些性质相似的元素，其原子量反而相差较大。他在对原子量和物质性质的关系进行论证、分析和概括后，总结出了元素周期律，编制出第一张化学元素周期表。这个发现一开始并没有被科学家所重视，当时门捷列夫的导师也不支持他的观点。但是门捷列夫冲破传统思想束缚，坚定不移地探索着。1871 年，他又发表了《化学元素的周期性依赖关系》，更加透彻地研究了化学元素的分类。他果断地修正了最初发表的元素周期表，科学地预言了一些尚未被发现的元素，纠正了一些被测错的原子量。例如，他在锌与砷之间留下两个空格，预言这两种未知元素的性质分别和铝、硅相似。不久，化学家们先后发现了新元素镓、锗，证实了门捷列夫的卓越预见。门捷列夫的周期表震动了科学界，被全世界科学家所承认，从而完成了科学上的一个勋业，成为化学发展史上一个重要的里程碑。

但是晚年的门捷列夫思想僵化，无视电子、X 射线和放射性物质等科学发现，极力宣传元素不能转化等错误观点，以致做出一些唯心主义的错误结论。

龋齿的由来及预防

1916 年，美国科罗拉多州一个地区的居民都得了一种怪病，无论男女老幼，牙齿上都有许多斑点，当时人们把这种病叫作“斑状釉齿病”，现在人们一般把它称作“龋齿”。

原来，这里的水源中缺氟，而氟是人体必需的微量元素，它能使人体形成强硬的骨骼并预防龋齿。当地居民由于长期饮用缺氟的水，因而全都患了龋齿。

我们每天吃的食物大都属于多糖类，吃完饭后如果不刷牙，就会有一些食物残留在牙缝中。在酶的作用下，残留在牙缝中的食物会转化成酸，这些酸会与牙齿表面的牙釉质发生反应，形成可溶性盐，使牙齿不断受到腐蚀，从而形成龋齿。

为了预防龋齿，人们采取了许多措施，如在水中补充一些氟，这样人们在喝水时就不知不觉地吸收了一些氟。另外，人们还研制出了各种含氟牙膏，牙膏中的氟化物可以加固牙齿，使牙齿不受腐蚀。而且有些氟化物还能阻止口腔中酸的形成，这就从根本上解决了问题，效果十分明显。

变色眼镜的秘密

有一种变色眼镜，它在阳光下是一副黑墨镜，浓黑的玻璃镜片能挡住耀眼的光芒，在光线柔和的房间里，它又变得和普通的眼镜一样，透明无色。

变色眼镜的奥秘在玻璃里，这种特殊的玻璃叫作“光致变色”玻璃。在制造这种玻璃的过程中，预先掺进了对光敏感的物质，如氯化银、溴化银（统称卤化银）等，还有少量氧化铜催化剂。眼镜片从没有颜色变成浅灰、茶褐色，再从黑墨镜变回普通眼镜，都是卤化银变的“魔术”。在变色眼镜的玻璃里，有和感光胶片的曝光成像十分相似的变化过程。卤化银见光分解，变成许许多多黑色的银微粒，均匀地分布在玻璃里，玻璃镜片因此显得暗淡，阻挡光线通行，这就是黑墨镜。但是，和感光胶片上的情况不一样，卤化银分解后生成的银和卤素依旧紧紧地挨在一起，当回到稍暗一点的地方，在氧化铜催化剂的促进下，银和卤素重新化合，生成卤化银，玻璃镜片又变得透明起来。

卤化银常驻在玻璃里，分解和化合的反应反复地进行着。照相胶卷和印相纸只能用一次，变色眼镜却可以一直使用下去。变色眼镜不仅能随着光线的强弱变暗变明，还能吸收对人眼有害的紫外线，的确是眼镜中的上品。如果把窗玻璃都换上光致变色玻璃，晴天时，太阳光射不到房间里来；阴天或者早晨、黄昏时，室外的光线不被遮挡，室内依然亮堂堂的，这就仿佛在每扇窗户上挂了自动遮阳窗帘。在一些高级旅馆、饭店里，已经装上了变色玻璃。汽车的驾驶室和游览车的窗口装上这种光致变色玻璃，在直射的阳光下，连变色眼镜都不用戴，车厢里一直保持柔和的光线，避免了日光耀眼和曝晒，大伙儿该是多么欢喜啊！

元素名称的由来

化学元素的名称，往往都具有一定的含义，有的是为了纪念发现的地点，有的是为了纪念某位科学家，有的是表示这一元素的某一特性等。

以科学家的姓氏命名的化学元素有：钔 Md（Mendelevium，门捷列夫）、锔 Cm（Curium，居里夫妇）、锘 No（Nobelium，诺贝尔）、锿 Es（Einsteinium，爱因斯坦）等。

纪念发现者的故乡、祖国的化学元素有：钋 Po（Polandium，居里夫人的祖国——波兰）、镓 Ga（Gallium，镓的发现者布瓦菩德朗是法国人，家里亚是法国的古称）、锗 Ge（Germanium，德国）、钌 Ru（Ruthenium，俄罗斯）、钫 Fr（Francium，法国）等。

表示某一特性的化学元素有：氯 Cl（原意是绿色，氯是黄绿色气体）、溴 Br（原意是恶臭，溴有强烈刺激性气味）、碘 I（原意是紫色，碘蒸气是紫色的）、砹 At（原意是不稳定）、铷 Rb（原意是暗红色，铷是因为光谱线里多了一条暗红色线而被发现的）、铯 Cs（原意是天蓝色，铯的光谱线里有一条天蓝色线）、锇 Os（臭味的意思，锇的化合物有臭味）、铱 Ir（原意是虹，铱盐有美丽的色彩）、铊 Tl（原意是绿色的嫩枝，铊的光谱线里有一条嫩绿色的线）、氩 Ar（懒惰的意思，因为氩气很不活泼）、氢 H（原意是水的生成者）、氧 O（原意是酸的生成者，早期发现的酸中都有氧元素）。

以来源命名的元素，往往表示该元素最初是从什么物质里分离出来的。例如，锂 Li、钠 Na、钾 K 三种碱金属分别是从矿石、苏打和草木灰里发现的，这三种元素的原名就分别取自于岩石、苏打和草木灰；钙 Ca 的名称来源于石灰石，镁 Mg 得名于苦土，钡 Ba 来自重晶石，氟 F 来自萤石。

还有以星球命名的元素，如氦 He(Helium，原意为太阳，这是因为天文学家从观察太阳光的谱线里最早发现有氦，后来再在地球上找到氦)、碲 Te(Tellurium，原意为地球，由德国化学家克拉普罗特在 1798 年命名)、硒 Se(Selenium，原意为月亮，因为硒的性质和碲相似，由此得名)、铀 U(Uranium，天王星之意，发现铀的时候正值天王星被发现后不久)。

也有以神命名的化学元素，如钽 Ta(Tantalum，希腊神坦塔拉斯，他因为泄露天机被罚站在湖中，湖水浸到他的下巴颏，但他渴了想喝水时，湖水立即退去，以此来比喻钽浸在酸液里却丝毫不受腐蚀，好像英雄坦塔拉斯)、铌 Nb(Niobium，取自希腊女神尼奥波的名字，她是坦塔拉斯的女儿，比喻铌和钽性质相似而经常一起出现，犹如父女一样亲密)、钷 Pm(Promethium，此词来源于希腊神普罗米修斯，他从天上窃取火种送到人间，比喻从原子反应堆产物里得到的钷，标志着人类进入了原子能时代)。

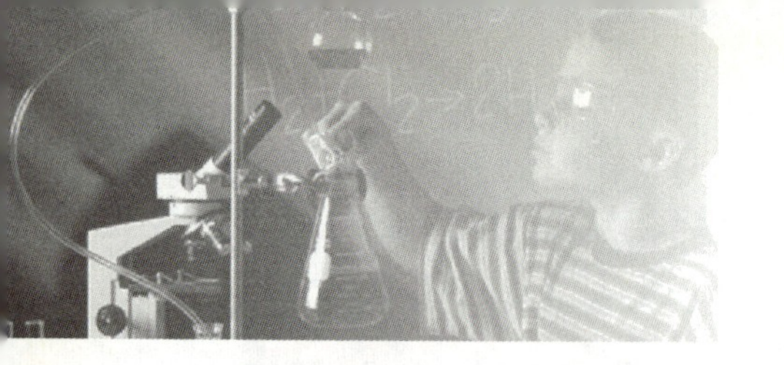

第二章 物质的量 溶液

本章在初中已学化学计量知识的基础上，介绍一个新的物理量——物质的量。物质的量及溶液的相关知识在化学及与化学相关的学科、行业都有相当重要的应用。

第一节 物质的量

一、物质的量

物质是由分子、原子或离子等微粒构成的，物质之间的反应是由分子、原子或离子之间按一定的数目比进行的。在一般实验或工农业生产中，化学反应不可能只是几个分子、几个原子参加，总是以可称量的一定质量的物质参加反应的。所以，我们需要把肉眼看不见的微粒跟宏观的可称量的物质联系起来。为此，科学上引进了一种新的物理量——**物质的量(amount of substance)**，物质的量就是科学上专门用来研究微粒数的物理量。1971年，第14届国际计量大会决定用“摩尔”作为计量原子、分子或离子等微观粒子的“物质的量”的单位。

物质的量的符号为n，它实际上表示含有一定数目微粒的集体。书写和使用物质的量时，应在n的右下方标注或以括号的形式表示出该物质的微粒符号。例如，氧原子的物质的量可表示为n_O或$n(O)$；微粒B的物质的量可表示为n_B或$n(B)$。科学实验表明，在0.012 kg ^{12}C中所含有的碳原子数约为6.02×10^{23}，如果在一定量的微粒集体中所含有的微粒数与0.012 kg ^{12}C所含有的碳原子数相同，我们就说它为1摩尔。摩尔简称摩，符号为mol。例如：

1 mol C含有6.02×10^{23}个C原子；

1 mol H_2O含有6.02×10^{23}个H_2O分子；

1 mol H^+含有6.02×10^{23}个H^+；

1 mol任何微粒集体中均含有6.02×10^{23}个微粒。因此，采用“mol”表示巨大数目的微粒时是非常方便的。

化学上将$6.02\times10^{23}\ mol^{-1}$称为**阿伏加德罗常数**，用$N_A$表示。

阿伏加德罗常数(N_A)与微粒总数(N)、物质的量(n)之间的关系可用下式表示：

$$n=\frac{N}{N_A}$$

由此可见，物质的量 n 正比于系统中微粒总数 N。

微粒集体中的微粒既可以是分子、原子，也可以是离子或电子等。我们用摩尔表示物质的量时，应该用化学式表明微粒的名称。例如，1 mol O，0.5 mol H_2，2 mol Cl^- 等。

[例题 1]　1.5 mol O_2 含有 O_2 的分子数目为多少？氧原子(O)的数目为多少？氧原子的物质的量为多少？

解：因为 $n(O_2)=1.5\ mol$　$N_A=6.02\times10^{23}\ mol^{-1}$

所以，1.5 mol O_2 含有 O_2 的分子数目为：

$$N(O_2)=N_A\cdot n(O_2)=6.02\times10^{23}\ mol^{-1}\times1.5\ mol=9.03\times10^{23}$$

由于 1 个氧分子(O_2)含有 2 个氧原子(O)，因此 1.5 mol O_2 含有氧原子的数目为：

$$N(O)=2\times N(O_2)=2\times9.03\times10^{23}=1.806\times10^{24}$$

$$n(O)=\frac{N(O)}{N_A}=\frac{1.806\times10^{24}}{6.02\times10^{23}\ mol^{-1}}=3\ mol$$

答：1.5 mol O_2 中含有 9.03×10^{23} 个氧分子(O_2)，1.806×10^{24} 个氧原子(O)，3 mol 氧原子。

二、摩尔质量

1 mol 不同物质的分子、原子或离子的数目尽管相同，但由于不同微粒本身质量各不相同，所以，1 mol 不同物质的质量也是不相同的。1 mol ^{12}C 的质量等于 0.012 kg，由此可以推知其他物质 1 mol 微粒的质量。例如，已知 1 个 ^{12}C 和 1 个 H 的质量比是 12∶1，1 mol ^{12}C 和 1 mol H 含有的原子数目相等，所以 1 mol ^{12}C 和 1 mol H 的质量比也是 12∶1，1 mol ^{12}C 的质量是 12 g，因此 1 mol H 的质量就是 1 g。同理可以推知：

1 mol 硫原子的质量是 32 g；

1 mol 铁原子的质量是 56 g；

1 mol 二氧化碳分子的质量是 44 g；

1 mol 水分子的质量是 18 g……

对于离子来说，因为电子的质量过于微小，当原子得到或失去电子变成离子时，电子的质量可略去不计，故：

1 mol 氢离子的质量是 1 g；

1 mol 氯离子的质量是 35.5 g；

1 mol 氢氧根离子的质量是 17 g；

1 mol 硫酸根离子的质量是 96 g。

通过以上分析我们可以看出，1 mol 任何粒子(或物质)的质量，以克为单位时，在数值上等于该粒子(或物质)的相对原子质量(或相对分子质量)。

通常，把单位物质的量的物质所具有的质量叫作该物质的**摩尔质量(molar mass)**，摩尔质量的符号是 M，常用单位为 $g\cdot mol^{-1}$。摩尔质量在数值上就等于该物质的相对原子质量或相对分子质量。

物质的量(n)、质量(m)和摩尔质量(M)之间的关系可以用下式表示：

$$n=\frac{m}{M}$$

［例题 2］ 49 g 硫酸的物质的量是多少？

解：硫酸的相对分子质量是 98，所以其摩尔质量是 98 g·mol^{-1}。

49 g 硫酸的物质的量为：

$$n(H_2SO_4)=\frac{m(H_2SO_4)}{M(H_2SO_4)}=\frac{49\ \text{g}}{98\ \text{g}\cdot\text{mol}^{-1}}=0.5\ \text{mol}$$

答：49 g 硫酸的物质的量是 0.5 mol。

［例题 3］ 2.5 mol 铜的质量是多少克？含有多少个铜原子？

解：铜的摩尔质量是 64 g·mol^{-1}。

2.5 mol 铜的质量为：

$$m(\text{Cu})=M(\text{Cu})\cdot n(\text{Cu})=64\ \text{g}\cdot\text{mol}^{-1}\times2.5\ \text{mol}=160\ \text{g}$$

2.5 mol 铜含有的铜原子数为：

$$N(\text{Cu})=N_A\cdot n(\text{Cu})=6.02\times10^{23}\ \text{mol}^{-1}\times2.5\ \text{mol}$$
$$=1.505\times10^{24}$$

答：2.5 mol 铜的质量是 160 g，含有 1.505×10^{24} 个铜原子。

应用“摩尔”这个单位来计量物质的量，在科学技术上带来了很大的方便。因为在化学反应中，从反应物和生成物之间的原子、分子或离子数的比值可以直接得到它们的物质的量之比，以氢气、氧气化合成水为例：

化学方程式	$2H_2$	+	O_2	$\xlongequal{点燃}$	$2H_2O$
分子数	2 个		1 个		2 个
扩大 6.02×10^{23} 倍	$2\times6.02\times10^{23}$ 个		$1\times6.02\times10^{23}$ 个		$2\times6.02\times10^{23}$ 个
物质的量	2 mol		1 mol		2 mol
质量	4 g		32 g		36 g

因此，在化学方程式中，反应物和生成物化学式前面的化学计量数之比，等于反应物和生成物的物质的量之比。如果用反应式中各组分的物质的量关系讨论化学反应和进行计算，将会更加方便。

三、气体摩尔体积

1. 气体摩尔体积的定义

前面我们已经学过，1 mol 任何物质所含的微粒数都是相同的，约为 6.02×10^{23} 个。但是 1 mol 不同物质的质量是各不相同的，那么在一定条件下 1 mol 任何物质的体积是否相同呢？首先看几种固体和液体物质，见图 2-1。

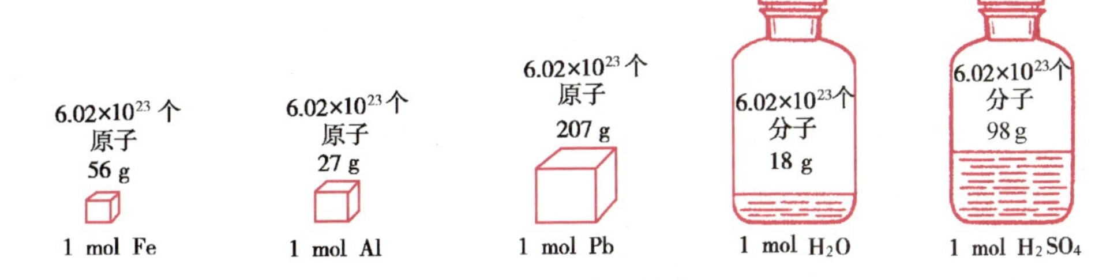

图 2-1　1 mol 几种物质的体积示意图

有关数据参考表 2-1。

表2-1　1 mol不同固态和液态物质的体积（293K）

物质名称	摩尔质量/($g\cdot mol^{-1}$)	密度/($g\cdot cm^{-3}$)	1 mol 物质的体积/cm^3
铁	55.8	7.87	7.1
铝	26.98	2.7	10
铅	207	11.3	18.32
水	18	1	18
硫酸	98	1.83	54.1

由此可见，在一定条件下，1 mol 各种固态和液态物质的体积是各不相同的。这是为什么呢？我们知道，物质体积的大小取决于构成这种物质的微粒数目、微粒大小和微粒间的距离这三个要素。对固态或液态物质来说，构成它们的微粒间的距离很小，1 mol 物质的体积主要决定于原子、分子或离子本身的大小。构成不同固态和液态物质的原子、分子或离子的大小是不同的，所以，1 mol 不同固态和液态物质的体积也有所不同。

那么，1 mol 气态物质的体积是不是也不相同呢？实验测得，在标准状况（温度为 273 K，压强为 101.325 kPa）下，1 mol 气态物质的体积都约为 22.4 L，如表 2-2 所示。

表2-2　1 mol气态物质在标准状况下的体积

物质名称	摩尔质量/($g\cdot mol^{-1}$)	密度/($g\cdot L^{-1}$)	1 mol 物质的体积/L
O_2	32	1.429	32/1.429≈22.4
H_2	2.016	0.0899	2.016/0.0899≈22.4
N_2	28.016	1.2507	28.016/1.2507≈22.4
CO_2	44	1.964	44/1.964≈22.4

由此可见，在标准状况下，以上 4 种气体各为 1 mol 时，所占的体积大体相同，约为 22.4 L。实验测得，其他气体也是这样。从而得到结论：在标准状况下，1 mol 任何气体所占的体积都约为 22.4 L，见图 2-2。

单位物质的量的气体所占的体积称为**气体摩尔体积(molar volume)**，其符号是 V_m，常用单位为 $L\cdot mol^{-1}$。在标准状况下，气体的摩尔体积约为 22.4 $L\cdot mol^{-1}$。

在使用 22.4 $L\cdot mol^{-1}$时，一定要加上“标准状况”这个条件。因为气体的体积较大地受到温度与压强的影响，只有在一定的温度和压强下，气体体积的大小才只随分子数目的多少而变化。

在相同的温度和压强下，相同体积的任何气体都含有相同数目的分子，这就是阿伏加德罗定律。

2. 关于气体摩尔体积的计算

在标准状况下，气体的物质的量(n)、气体的体积(V)和气体的摩尔体积(V_m)之间的关系为：

$$n=\frac{V}{V_m}=\frac{V}{22.4\ \text{L}\cdot\text{mol}^{-1}}$$

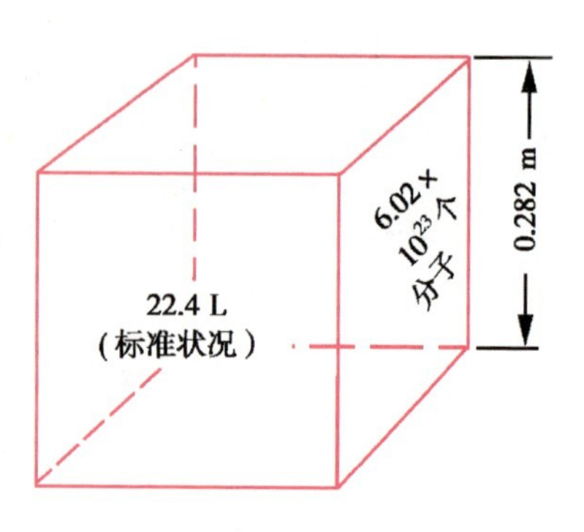

图 2-2 标准状况下气体摩尔体积示意图

[例题 4] 2 mol 氢气在标准状况下的体积是多少升？

解：标准状况下氢气的摩尔体积为 22.4 L·mol⁻¹，所以，2 mol 氢气在标准状况下的体积为：

$$V=V_m\cdot n=22.4\ \text{L}\cdot\text{mol}^{-1}\times 2\ \text{mol}=44.8\ \text{L}$$

答：2 mol 氢气在标准状况下的体积是 44.8 L。

[例题 5] 在标准状况下，11.2 L 氧气的物质的量是多少摩尔？

解：在标准状况下氧气的摩尔体积为 22.4 L·mol⁻¹，所以，标准状况下 11.2 L 氧气的物质的量为：

$$n(O_2)=\frac{V}{V_m}=\frac{11.2\ \text{L}}{22.4\ \text{L}\cdot\text{mol}^{-1}}=0.5\ \text{mol}$$

答：在标准状况下，11.2 L 氧气的物质的量是 0.5 mol。

[例题 6] 5.5 g 氨在标准状况下的体积是多少升？

解：氨的摩尔质量是 17 g·mol⁻¹，所以 5.5 g 氨的物质的量为：

$$n(NH_3)=\frac{m}{M}=\frac{5.5\ \text{g}}{17\ \text{g}\cdot\text{mol}^{-1}}=0.32\ \text{mol}$$

因此 5.5 g 氨的体积为：

$$V(NH_3)=V_m\cdot n=22.4\ \text{L}\cdot\text{mol}^{-1}\times 0.32\ \text{mol}=7.2\ \text{L}$$

答：5.5 g 氨在标准状况下的体积是 7.2 L。

习题

一、判断题

1. 32 g 氧气含有 6.02×10^{23} 个氧分子。 ( )
2. 氢气的摩尔质量就是氢气的相对分子质量。 ( )
3. 0.5 mol H_2O 所含的氧原子个数与 11 g CO_2 所含的氧原子个数相等。 ( )
4. 1 mol 气体所占的体积为 22.4 L。 ( )
5. 同温同压下，同体积气体所含有的气体的物质的量相等。 ( )

二、选择题

6. 摩尔是 ( )

A. 物质的物理量单位 B. 微粒数单位

C. 物质质量的单位 D. 物质的量的单位

7. 0.5 mol 氢气含 ( )

A. 0.5 mol 氢原子 B. 3.01×10^{23}个氢原子

C. 0.5 个氢分子 D. 3.01×10^{23}个氢分子

8. 氧气的摩尔质量是 ( )

A. 32 g B. $16\ g\cdot mL^{-1}$ C. 16 g D. $32\ g\cdot mol^{-1}$

9. 下列物质中，与 19.6 g 硫酸分子数相同的是 ( )

A. 14 g 氮气 B. 12.6 g 硝酸

C. 标准状况下 5.6 L 氯气 D. 0.1 mol 二氧化碳

10. 相同质量的气体，在标准状况下体积最大的是 ( )

A. Cl_2 B. CO C. H_2S D. H_2

11. 下列物质中，物质的量最多的是 ( )

A. 3.01×10^{23}个铜原子 B. 1 mol 氢气

C. 标准状况下 33.4 L CO_2 D. 32 g 氧气

三、填空题

12. 0.25 mol H_2SO_4 的质量是________g，其中包括________mol H，________g S，________mol O，________个氢原子。

13. 0.01 mol 某气体的质量为 0.44 g，该气体的摩尔质量为________，在标准状况下，该气体的密度是________，该气体的体积为________。

14. 19 g 某二价金属的氯化物(ACl_2)中含有 0.4 mol Cl^-，则该物质的摩尔质量是________，A 的相对原子质量是________；若 A 原子内质子数和中子数相等，则 A 是________元素，它的原子结构示意图为________，A 元素位于元素周期表的________周期________主族。

四、计算题

15. 0.4 mol H_2X 的质量是 13.6 g，则 H_2X 的摩尔质量是多少？元素 X 的名称是什么？

16. 取 5.5 g 石灰石(内含不与盐酸反应的杂质)与足量盐酸反应，在标准状况下，产生 1.12 L CO_2 气体，求石灰石中 $CaCO_3$ 的含量。

第二节 溶液组成的表示

溶液的组成是指溶液中溶质与溶液(或溶剂)间的定量关系。溶液组成可用多种方法来表示，如初中化学已学过的溶液中溶质的质量分数(w)，它是以溶质的质量与溶液的质量之比来表示溶液组成的。但是在许多场合取用溶液时，一般不去称量溶液的质量，而是量取溶液的体积。同时，物质之间在发生化学反应时，反应物与生成物的有关的量之间有一定的比例关系，如能知道一定体积溶液中含有多少溶质，计算起来就很方便。下面将介绍两种用体积来表示溶液组成的物理量。

一、质量浓度

以单位体积溶液中所含溶质B的质量来表示溶液组成的物理量叫作溶质B的**质量浓度**，用符号 ρ_B 或 $\rho(B)$ 表示，常用单位是 $g \cdot L^{-1}$，溶液较稀时也可使用 $mg \cdot L^{-1}$ 或 $\mu g \cdot L^{-1}$。

$$质量浓度\ \rho_B(g \cdot L^{-1}) = \frac{溶质的质量\ m_B(g)}{溶液的体积\ V(L)}$$

注意：质量浓度(ρ_B)与密度(ρ)不同，密度是溶液的质量与溶液的体积之比，而质量浓度是溶质的质量与溶液的体积之比。

例如，将 30 g 氯化钠配成 1 L 溶液，该溶液的质量浓度就是 $30\ g \cdot L^{-1}$，即 $\rho_{NaCl} = 30\ g \cdot L^{-1}$，切不可写作 $\rho = 30\ g \cdot L^{-1}$。

[例题7] 在 500 mL 氢氧化钠溶液中溶有 2 g 氢氧化钠，求该溶液的质量浓度。

解：已知 $m(NaOH) = 2\ g$，$V = 500\ mL = 0.5\ L$，则：

$$\rho_{NaOH} = \frac{m(NaOH)}{V} = \frac{2\ g}{0.5\ L} = 4\ g \cdot L^{-1}$$

答：该溶液的质量浓度为 $4\ g \cdot L^{-1}$。

[例题8] 配制质量浓度为 $10\ g \cdot L^{-1}$ 的 $AgNO_3$ 溶液 200 mL，需 $AgNO_3$ 多少克？

解：已知 $\rho_{AgNO_3} = 10\ g \cdot L^{-1}$，$V = 200\ mL = 0.2\ L$，则：

$$m(AgNO_3) = \rho_{AgNO_3} \cdot V = 10\ g \cdot L^{-1} \times 0.2\ L = 2\ g$$

答：需 $AgNO_3$ 2 g。

二、物质的量浓度

1. 物质的量浓度的定义

以单位体积溶液中所含溶质B的物质的量来表示溶液组成的物理量叫作溶质B的**物质的量浓度**，用符号 c_B 或 $c(B)$ 表示，常用单位为 $mol \cdot L^{-1}$。

在一定物质的量浓度的溶液里，溶质B的物质的量(n_B)、溶液的体积(V)和溶质B的物质的量浓度(c_B)之间的关系可用下式来表示：

$$c_B = \frac{n_B}{V}$$

按照物质的量浓度的定义，如果 1 L 溶液里含有 1 mol 溶质，这种溶液中溶质的物质的量浓度就是 $1\ mol \cdot L^{-1}$。例如，NaOH 的摩尔质量是 $40\ g \cdot mol^{-1}$，在 1 L 溶液中如含有 40 g NaOH，溶液中 NaOH 的物质的量浓度就是 $1\ mol \cdot L^{-1}$；1 L 溶液中含有 80 g NaOH，溶液中 NaOH 的物质的量浓度就是 $2\ mol \cdot L^{-1}$；1 L 溶液中含有 20 g NaOH，溶液中 NaOH 的物质的量浓度就是 $0.5\ mol \cdot L^{-1}$。

2. 关于物质的量浓度的计算

这类计算包括已知溶质的质量和溶液的体积，求溶质的物质的量浓度，以及配制一定物质的量浓度的溶液时所需溶质的质量和溶液体积的计算。解这类计算题时主要应用下面的公式：

$$c_B=\frac{n_B}{V}=\frac{m_B/M_B}{V}$$

(1) 已知溶质的质量和溶液的体积，计算溶液的物质的量浓度。

[例题 9] 称取 2 g 固体 NaOH，溶于水制成 250 mL 溶液。求此 NaOH 溶液的物质的量浓度。

解：NaOH 的摩尔质量是 40 g · mol^{-1}，则 NaOH 的物质的量为：

$$n(\text{NaOH})=\frac{m(\text{NaOH})}{M(\text{NaOH})}=\frac{2\ \text{g}}{40\ \text{g}\cdot\text{mol}^{-1}}=0.05\ \text{mol}$$

NaOH 溶液的物质的量浓度为：

$$c(\text{NaOH})=\frac{n(\text{NaOH})}{V}=\frac{0.05\ \text{mol}}{0.25\ \text{L}}=0.2\ \text{mol}\cdot\text{L}^{-1}$$

答：此 NaOH 溶液的物质的量浓度为 0.2 mol · L^{-1}。

(2) 已知溶液的体积和物质的量浓度，计算溶质的质量。

[例题 10] 计算配制 500 mL 0.1 mol · L^{-1}的 $CuSO_4$ 溶液所需 $CuSO_4$ 的质量。

解：$CuSO_4$ 的摩尔质量是 160 g · mol^{-1}，则：

$$n(\text{CuSO}_4)=c(\text{CuSO}_4)\times V(\text{CuSO}_4)$$
$$=0.1\ \text{mol}\cdot\text{L}^{-1}\times 0.5\ \text{L}=0.05\ \text{mol}$$
$$m(\text{CuSO}_4)=M(\text{CuSO}_4)\cdot n(\text{CuSO}_4)=160\ \text{g}\cdot\text{mol}^{-1}\times 0.05\ \text{mol}=8\ \text{g}$$

答：配制 500 mL 0.1 mol · L^{-1}的 $CuSO_4$ 溶液需 8 g $CuSO_4$。

(3) 根据化学方程式计算反应中一种溶液的体积或浓度。

[例题 11] 中和 0.2 L 0.5 mol · L^{-1}的 NaOH 溶液，需要 0.2 mol · L^{-1}的 H_2SO_4 溶液多少升？

解：设需要 0.2 mol · L^{-1}的 H_2SO_4 溶液的体积为 V。

$$2\text{NaOH} + \text{H}_2\text{SO}_4 = \text{Na}_2\text{SO}_4 + 2\text{H}_2\text{O}$$

2 mol　　　　1 mol

0.5 mol · L^{-1}×0.2 L　　0.2 mol · L^{-1}×V

$$\frac{2\ \text{mol}}{0.5\ \text{mol}\cdot\text{L}^{-1}\times 0.2\ \text{L}}=\frac{1\ \text{mol}}{0.2\ \text{mol}\cdot\text{L}^{-1}\times V}$$

$$V=\frac{0.5\ \text{mol}\cdot\text{L}^{-1}\times 0.2\ \text{L}\times 1\ \text{mol}}{0.2\ \text{mol}\cdot\text{L}^{-1}\times 2\ \text{mol}}=0.25\ \text{L}$$

答：需要 0.2 mol · L^{-1}的 H_2SO_4 溶液 0.25 L。

三、溶液的配制和稀释

1. 溶液的配制

配制一定物质的量浓度的溶液所用主要仪器之一是容量瓶。容量瓶是一种容积精确的仪器，它有各种规格(图 2-3)，常用的有容积为 1000 mL、500 mL、250 mL 和 100 mL 等几种规格的容量瓶。

配制溶液时，应先根据所需溶液的浓度和体积，计算出所需溶质的质量（或体积）；再根据所配溶液的体积，选用合适的容量瓶，然后分步进行操作。例如，配制 250 mL 0.5 mol·L^{-1}的氯化钠溶液，可按实验 2-1 中的各步骤进行。

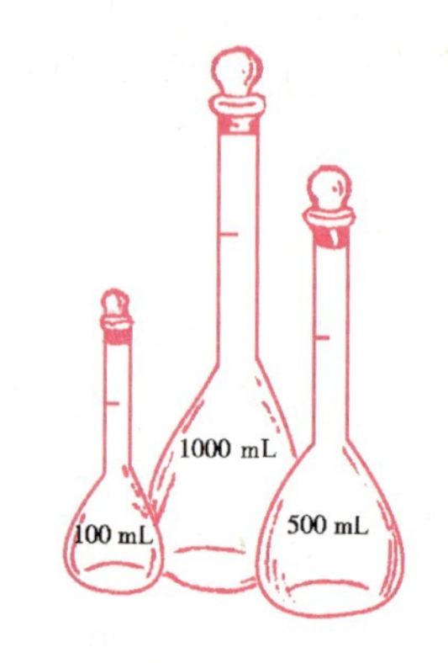

图 2-3　几种不同容积的容量瓶

【实验 2-1】　先计算出所需氯化钠的质量 $m(NaCl)=0.5\ mol \cdot L^{-1} \times 0.25\ L \times 58.5\ g \cdot mol^{-1}=7.3\ g$，再用天平称出 7.3 g 氯化钠，放在烧杯里，用适量蒸馏水使它完全溶解。再把制得的溶液小心地转移到 250 mL 的容量瓶里。用少量蒸馏水洗涤烧杯内壁2～3 次，并且把每次的洗涤液也转移到容量瓶里，初步摇匀（平摇）。然后，缓缓地把蒸馏水注入容量瓶里，至溶液的液面离容量瓶的刻度 1～2 cm 处，改用胶头滴管加水使溶液的凹液面正好跟瓶颈上的刻度线相切。把容量瓶塞盖好，反复上下颠倒，摇匀。这样配制出的溶液就是 250 mL 0.5mol·L^{-1}的氯化钠溶液。整个配制过程如图 2-4 所示。

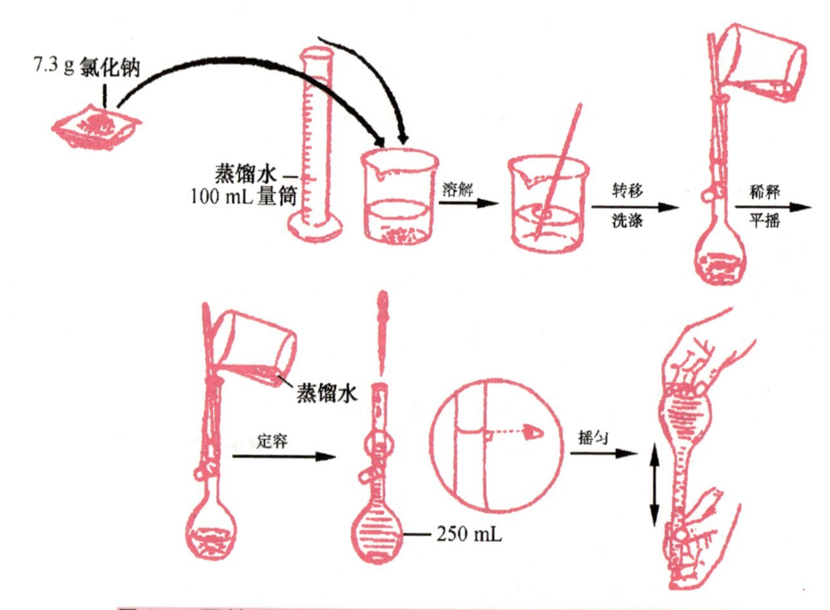

图 2-4　配制 250 mL 0.5 mol·L^{-1}氯化钠溶液的方法示意图

2. 浓溶液的稀释

用水稀释浓溶液时，只增加了溶剂，改变了溶液的体积，而稀释前后溶质的质量、物质的量不变，由此可得出溶液的稀释公式：

$$\rho_{B_1} \cdot V_1=\rho_{B_2} \cdot V_2 \qquad c_{B_1} \cdot V_1=c_{B_2} \cdot V_2$$

式中：ρ_{B_1}—浓溶液的质量浓度；

ρ_{B_2}—稀溶液的质量浓度；

c_{B_1}—浓溶液的物质的量浓度；

c_{B_2}—稀溶液的物质的量浓度；

V_1—浓溶液的体积；

V_2—稀溶液的体积。

[例题 12] 配制 1 mol·L^{-1}的稀硫酸 500 mL，需 18 mol·L^{-1}的浓硫酸多少毫升？

解：设需 18 mol·L^{-1}的浓硫酸的体积为 V_1。

$$V_1=\frac{c_2 \cdot V_2}{c_1}=\frac{1\ \text{mol}\cdot\text{L}^{-1}\times 0.5\ \text{L}}{18\ \text{mol}\cdot\text{L}^{-1}}=0.0278\ \text{L}=27.8\ \text{mL}$$

答：配制 1 mol·L^{-1}的稀硫酸 500 mL，需 18 mol·L^{-1}的浓硫酸的体积为 27.8 mL。

四、溶液组成表示方法之间的换算

1. 质量分数(w_B)与物质的量浓度(c_B)之间的换算

[例题 13] 市售浓 H_2SO_4 中 H_2SO_4 的质量分数为 98%，密度为 1.84 g·mL^{-1}。计算市售浓 H_2SO_4 的物质的量浓度。

解：先计算 1 L 市售浓 H_2SO_4 里含 H_2SO_4 的质量：

$$m(H_2SO_4)=1840\ \text{g}\cdot\text{L}^{-1}\times 1\ \text{L}\times 98\%=1803.2\ \text{g}$$

再将 1803.2 g H_2SO_4 换算成 H_2SO_4 的物质的量：

$$n(H_2SO_4)=\frac{m(H_2SO_4)}{M(H_2SO_4)}=\frac{1803.2\ \text{g}}{98\ \text{g}\cdot\text{mol}^{-1}}=18.4\ \text{mol}$$

市售浓 H_2SO_4 的物质的量浓度为：

$$c(H_2SO_4)=\frac{18.4\ \text{mol}}{1\ \text{L}}=18.4\ \text{mol}\cdot\text{L}^{-1}$$

答：市售浓 H_2SO_4 的物质的量浓度为 18.4 mol·L^{-1}。

由上述计算过程可得出物质的量浓度与质量分数之间的换算公式为：

$$c_B=\frac{\rho \cdot w_B}{M_B}$$

式中：c_B—溶液的物质的量浓度；

ρ—溶液的密度；

w_B—溶液的质量分数；

M_B—溶质的摩尔质量。

[例题 14] 配制 0.2 mol·L^{-1}的稀盐酸 500 mL 需质量分数为 37.5%、密度为 1.19 g·mL^{-1}的浓盐酸多少毫升？

解：根据 $c_B=\frac{\rho \cdot w_B}{M_B}=\frac{1190\ \text{g}\cdot\text{L}^{-1}\times 37.5\%}{36.5\ \text{g}\cdot\text{mol}^{-1}}=12.2\ \text{mol}\cdot\text{L}^{-1}$

再由 $c_{B_1}\cdot V_1=c_{B_2}\cdot V_2$，得 $V_1=\frac{c_{B_2}\cdot V_2}{c_{B_1}}=\frac{0.2\ \text{mol}\cdot\text{L}^{-1}\times 500\ \text{mL}}{12.2\ \text{mol}\cdot\text{L}^{-1}}=8.2\ \text{mL}$

答：需要质量分数为 37.5%、密度为 1.19 g·mL^{-1}的浓盐酸 8.2 mL。

2. 质量浓度(ρ_B)与物质的量浓度(c_B)之间的换算

[例题 15] 求 0.5 mol·L^{-1}的 NaOH 溶液的质量浓度。

解：$\rho(\text{NaOH})=0.5\ \text{mol}\cdot\text{L}^{-1}\times 40\ \text{g}\cdot\text{mol}^{-1}=20\ \text{g}\cdot\text{L}^{-1}$

答：0.5 mol·L^{-1}的 NaOH 溶液的质量浓度为 20 g·L^{-1}。

同样，可得出物质的量浓度(c_B)与质量浓度(ρ_B)之间的换算公式为：

$$\rho_B = c_B \cdot M_B \text{ 或 } c_B = \frac{\rho_B}{M_B}$$

习题

一、判断题

1. 质量浓度是指 100 g 水中所含溶质的克数。（　　）
2. 将 40 g NaOH 溶于 1 L 水中，所得溶液的物质的量浓度为 0.1 $mol \cdot L^{-1}$。（　　）
3. 1 mL 1 $mol \cdot L^{-1}$ 的硫酸溶液比 10 mL 1 $mol \cdot L^{-1}$ 的硫酸溶液浓度小。（　　）
4. 对同一溶液而言，溶液密度(ρ)的数值大于它的质量浓度(ρ_B)的数值。（　　）

二、选择题

5. 25 g NaCl 溶于水，配制成 500 mL 溶液，则其质量浓度为（　　）
   A. 25 $g \cdot L^{-1}$　　B. 50 $g \cdot L^{-1}$
   C. 2.5 $g \cdot L^{-1}$　　D. 5 $g \cdot L^{-1}$
6. 配制 0.1 $mol \cdot L^{-1}$ $NaHCO_3$ 溶液 200 mL，需 $NaHCO_3$ 固体的质量是（　　）
   A. 1.68 g　　B. 0.84 g
   C. 16.8 g　　D. 8.4 g
7. 将 100 mL 0.3 $mol \cdot L^{-1}$ 的 Na_2SO_4 溶液和 50 mL 0.2 $mol \cdot L^{-1}$ 的 $Al_2(SO_4)_3$ 溶液混合，溶液中 SO_4^{2-} 的物质的量浓度为（　　）
   A. 0.20 $mol \cdot L^{-1}$　　B. 0.25 $mol \cdot L^{-1}$
   C. 0.40 $mol \cdot L^{-1}$　　D. 0.50 $mol \cdot L^{-1}$
8. 由浓溶液准确稀释成稀溶液，一定不需要用到的仪器是（　　）
   A. 容量瓶　　B. 烧杯　　C. 量筒　　D. 天平

三、填空题

9. 物质的量的单位是________，物质的量浓度的常用单位是________，质量浓度的常用单位是________。

10. 100 mL 含有 0.1 mol $AlCl_3$ 的溶液中 Al^{3+} 的物质的量浓度是________ $mol \cdot L^{-1}$，Cl^- 的物质的量浓度是________ $mol \cdot L^{-1}$。

11. 把 4.48 L(标准状况下)HCl 气体溶于水，配制成 250 mL 溶液，该溶液中 HCl 的物质的量浓度为______，该溶液可与______ mL 2 $mol \cdot L^{-1}$ 的 NaOH 溶液完全中和。

12. 在下表空格中填入适当的数值。

溶液名称	溶液体积/mL	溶质的物质的量/mol	溶质的质量/g	物质的量浓度/($mol \cdot L^{-1}$)
NaCl	25		0.12	
K_2SO_4		0.1		0.5

四、计算题

13. 已知某浓盐酸的质量分数为37.5%，密度为1.19 g·mL^{-1}。

(1) 求该浓盐酸的物质的量浓度。

(2) 如配制2.44 mol·L^{-1}的稀盐酸500 mL，需这种浓盐酸多少毫升？

14. 某盐酸25 mL，加入20 mL 1 mol·L^{-1}的$Ba(OH)_2$溶液中，过量的酸需用20 mL 0.5 mol·L^{-1}的NaOH溶液才能恰好中和，求该盐酸的物质的量浓度。

15. 将30 g软锰矿石（其中MnO_2的质量分数为76.6%）与足量浓盐酸（浓度为12 mol·L^{-1}）完全反应（假设杂质不参加反应），反应式为：$4HCl(浓)+MnO_2 \xlongequal{\triangle} MnCl_2+2H_2O+Cl_2\uparrow$。试计算：

(1) 参加反应的浓盐酸的体积；

(2) 生成的氯气（Cl_2）的体积（标准状况下）。

16. 正常人体血液中葡萄糖（简称血糖）的质量分数约为0.1%，已知葡萄糖的相对分子质量为180，设血液的密度为1 g·mL^{-1}，则血糖的物质的量浓度是多少？

17. 已知75 mL 2 mol·L^{-1}NaOH溶液的质量为80 g，计算该溶液中溶质的质量分数（w_{NaOH}）和质量浓度（ρ_{NaOH}）。

*第三节　胶体溶液

一、分散系

1. 分散系的概念

在生产实践、科学实验和日常生活中，我们经常遇到一种或几种物质以极小的颗粒分散到另一种物质中的体系，我们把它称为分散系，如糖水、雾霾、有色玻璃等。分散系中被分散的物质称为分散质（或分散相），如糖水中的糖；起分散作用的物质称为分散剂（或分散介质），如糖水中的水。

2. 分散系的分类和特点

根据分散质颗粒的大小，通常把分散系分为三类：分子离子分散系、胶体分散系、粗分散系，见表2-3。

表2-3　分散系的分类

类型	分散质粒子	主要特征
分子离子分散系	分散质颗粒的直径小于10^{-9} m（小于1 nm）	能透过滤纸，如常见的溶液
胶体分散系	分散质颗粒的直径为10^{-9} m～10^{-7} m（1～100 nm）	能透过滤纸，如金溶胶、有色玻璃、烟
粗分散系	分散质颗粒的直径大于10^{-7} m（大于100 nm）	透不过滤纸，如乳浊液、泡沫

溶液是一种物质以分子、原子或离子的状态分散在另一种物质中所构成的均匀而稳

定的分散系。它具有高度的稳定性，只要外界条件不发生变化（温度不改变，溶剂不蒸发），无论放置多久，溶质都不会析出。溶液一般有三种类型：气态物质与液态物质形成的溶液、固态物质与液态物质形成的溶液及液态物质和液态物质形成的溶液。前两种情况下，我们通常把液态物质称为溶剂，把气体或固体称为溶质；后一种情况下，我们通常把含量较多的称为溶剂，含量较少的称为溶质。

粗分散系主要包括悬浊液和乳浊液。悬浊液是固体分散质以微小颗粒分散在液体物质中形成的分散系，如浑浊的泥水。乳浊液是液体分散质以微小的液滴分散在另一个液体物质中形成的分散系，如含水的原油、洗面奶。悬浊液、乳浊液与溶液的区别在于均匀性和稳定性。悬浊液和乳浊液都是浑浊、不均匀、不透明的，放置后分散质和分散剂会发生分离而使分散系遭破坏；而溶液均匀、澄清、不浑浊，而且非常稳定，能长时间放置而不析出溶质。悬浊液、乳浊液与溶液性质上的差别主要是由分散质颗粒大小不同而决定的。

胶体分散系是分散质颗粒大小介于分子离子分散系和粗分散系之间的另一类分散系。

二、胶体溶液

胶体是以分散质粒子大小为特征的，它只是物质的一种存在形式。胶体的种类很多，按照分散剂的不同分为液溶胶、气溶胶和固溶胶。分散剂为气体的是气溶胶，如雾、云、烟等。分散剂为固体的是固溶胶，如有色玻璃、珍珠和照相胶片等。分散剂为液体的是液溶胶，如 AgI、$Fe(OH)_3$ 胶体等。这里主要讨论的是以固体为分散质、液体为分散剂的液溶胶（又称溶胶或胶体溶液）。

1. 胶体的性质

胶体溶液是高度分散的体系。尽管从外观看，胶体溶液和溶液没有明显的区别，但胶体溶液有自己独特的属性。

(1) 丁达尔现象。

当太阳光透过窗户上的小孔射到屋里的时候，从入射光线的垂直方向观察，可以看到一条光亮的“通路”，这种现象叫作**光的散射**。这是因为光束在空气中前进时，遇到空气里很多灰尘的微粒，这些直径很小的微粒使光束中的部分光线偏离原来的方向而分散传播。如果让光束通过胶体溶液，从侧面可以观察到胶体溶液中也会出现一条光亮的“通路”——光柱，如图 2-5 所示。这也是由于胶体溶液中分散质微粒对光线的散射而形成的。这种现象最早由英国物理学家丁达尔所发现，因此称为**丁达尔现象**。

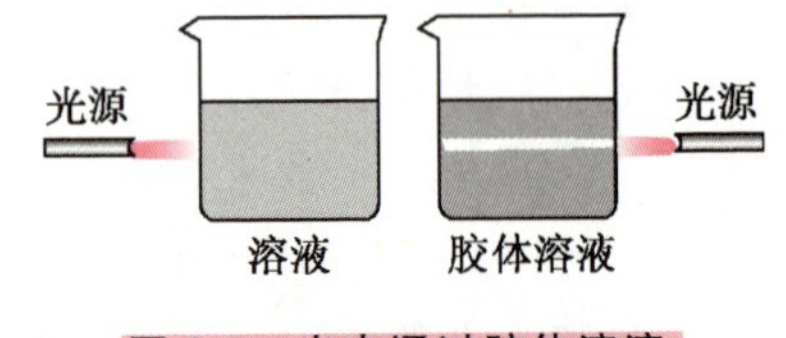

图 2-5　光束通过胶体溶液和溶液的不同现象

但光束通过溶液时是看不到这种现象的。这是因为溶液里的分散质微粒极小（小于 1×10^{-9} m），以致光的散射极弱，不为肉眼所见。因此可以利用是否产生丁达尔现象来区别胶体溶液和溶液。

(2) 布朗运动。

1827 年，英国植物学家布朗使花粉悬浮在水面上，用显微镜观察，发现花粉的小颗粒在做不停的、无秩序的运动，这种现象叫作**布朗运动**。用超显微镜观察胶体溶液，可以看到其中的胶体微粒也在做布朗运动。这是因为水分子(或其他分散剂分子)的不规则运动,从各个方向撞击胶体微粒,每一瞬间胶体微粒在不同方向上受到的力往往是不均匀的,所以胶体微粒运动的方向每一瞬间都在改变,结果形成不停的、无规则的运动,如图 2-6 所示。

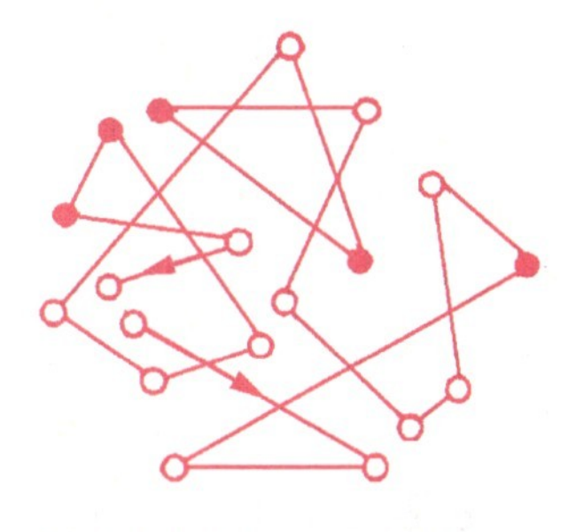

图中的折线是一个胶体微粒在某一时间间隔的运动轨迹

图 2-6 布朗运动示意图

(3) 电泳现象。

【实验 2-2】 在一个盛有红褐色 $Fe(OH)_3$ 胶体的 U 形管的两个管口各插入一个电极,接通直流电(图 2-7),经过一段时间,观察现象。

实验表明,通直流电后,阴极附近的颜色逐渐变深,阳极附近的颜色逐渐变浅。这表明胶体 $Fe(OH)_3$ 的胶体微粒带正电,在电场的作用下向阴极运动。负胶体则反之。像这样在外电场的作用下,胶体的微粒在分散剂里向阴极(或阳极)做定向运动的现象称为**电泳(electrophoresis)**。

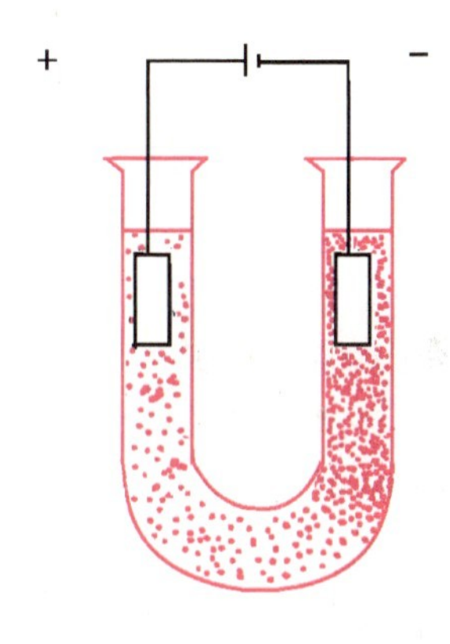

图 2-7 电泳装置示意图

(4) 吸附作用。

任何固体物质的表面都具有把其他物质吸向自己的能力,这种现象叫**吸附作用(adsorption)**。固体物质表面为什么会产生这种现象呢?固体产生吸附的原因是由于表面存在剩余力,见图 2-8。

吸附作用与物质的表面积有关,表面积越大,吸附作用越强。而物体的表面积与分散程度有关。分散程度越高,其总表面积越大。例如,边长为 1×10^{-2} m 的小立方体,其总表面积为 6×10^{-4} m^2,当把它分散成边长为 1×10^{-8} m 的小立方体时,总表面积变成 600 m^2,是原来的 100 万倍。胶体溶液是分散程度很高的体系,胶体微粒具有很大的总表面积,所以具有较强的吸附力。胶体微粒的吸附作用具有一定的选择性,通常情况下,容易吸附与它组成相类似的离子。

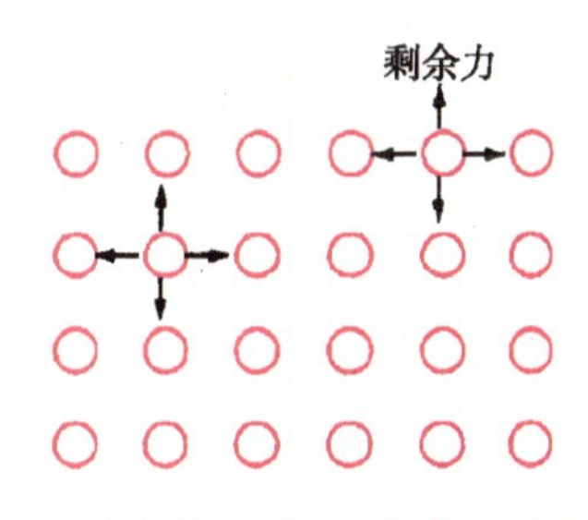

图 2-8 固体表面吸附力示意图

胶体微粒的吸附作用使它带上了电荷,这对于胶体溶液的稳定性起了重要作用。在自然界常常由于胶体微粒对某些分散元素的吸附,造成元素的迁移和富集,甚至可能富集成矿。这一现象可应用于地质上研究矿物成因。

(5) 渗析。

把不纯的胶体放进用半透膜(如动物的膀胱膜、肠衣、羊皮纸、玻璃纸等)制成的容器内(图 2-9),半透膜极小的细孔只能使水分子或离子等微粒透过。这种使离子或分子从胶体溶液中分离出来的操作叫作**渗析**。通过渗析可以达到净化、精制胶体的目的。物质粒子通过半透膜单向扩散的现象称为**渗透**。

淀粉胶体和食盐溶液
半透膜
蒸馏水

图 2-9 渗析

渗透现象与生物的生长过程和生命活动都有密切关系。例如，土壤中的水分带着溶解的盐类进入植物的根毛，食物的养分从血液中输入动物的细胞组织，都是通过渗透来进行的。

2. 溶胶的聚沉

溶胶的稳定性是相对的。在一定条件下，溶胶的胶粒会相互碰撞、聚集成较大颗粒而发生沉降析出，这个过程叫作**溶胶的聚沉**（或凝聚）。使溶胶聚沉的方法主要有下面几种。

(1) 电解质聚沉。

【实验 2-3】 在试管中加 15 mL 水，煮沸，把 $FeCl_3$ 溶液逐滴加入沸水而制得红棕色 $Fe(OH)_3$ 水溶胶。将此溶胶分装 3 支试管，分别加入浓度均为 0.5 $mol \cdot L^{-1}$ 的 NaCl、Na_2SO_4、Na_3PO_4 溶液，直至出现沉淀现象为止。

往溶胶中加入适量的电解质能发生聚沉。实验证明，任何电解质都能使溶胶聚沉，但要使溶胶发生明显的聚沉，电解质的浓度必须达到某一最低浓度值。

电解质使溶胶发生聚沉的原因是电解质电离出的阴、阳离子使溶胶中离子浓度大大增加，胶粒原来所带电荷就会被部分或完全中和，胶粒之间斥力几乎降至零，胶粒相互碰撞时就会结合成较大颗粒而聚沉。电解质中主要是与胶粒所带电荷相反的离子起聚沉作用。这种离子所带的电荷愈高，聚沉作用愈强烈。故聚沉能力：$Na_3PO_4 > Na_2SO_4 > NaCl$。

自然界里也常发生电解质使胶体聚沉的现象。例如，江河入海处形成的三角洲，主要就是由河水中携带的胶体物质在入海处遇到含盐（电解质）的海水长期聚沉而成的。

(2) 相互聚沉。

如果把两种带相反电荷的溶胶混合在一起，则会由于电荷的中和而发生聚沉，这种现象叫作相互聚沉。例如，不同的墨水相混合，有时会产生沉淀，就是因为两种墨水胶体中的胶粒带有相反的电荷，因而产生相互聚沉。又如，用明矾净化天然水，也是利用相互聚沉的原理。明矾[$KAl(SO_4)_2$]水解后形成的 $Al(OH)_3$ 溶胶为正胶体，而天然水中的杂质如 SiO_2 黏土质胶体、腐殖质胶体等为负胶体，两种带相反电荷的溶胶产生相互聚沉，从而达到除去水中杂质的目的。

(3) 加热聚沉。

将溶胶加热，也可以使溶胶聚沉。一方面是由于加热可使胶粒的运动速度加快，从而增加相互碰撞的机会；另一方面，加热可减弱胶体对离子的吸附作用，使其所带的电荷量减少，并降低吸附层中离子的水化程度，这样在胶粒碰撞时易聚集成大颗粒而聚沉。

一般情况下，溶胶发生聚沉作用时都生成沉淀，但有些胶体聚沉后，其胶粒和分散剂一起聚沉为不流动的冻状物而成为一种凝胶。例如，我们日常食用的豆腐，就是把盐卤（主要成分是 $MgCl_2 \cdot H_2O$）或石膏（$CaSO_4 \cdot 2H_2O$）溶液加入豆浆里，使豆浆中的蛋白质和水等物质一起聚沉而制成的一种凝胶。如果往偏硅酸钠溶液里加入盐酸，则生成硅酸沉淀，在减压的情况下把这种沉淀加热至 573 K 时，硅酸失去水分而变成一种网状多孔物质，它的主要成分是含水约 4% 的二氧化硅，这种物质叫**硅胶（silica-gel）**。硅胶也是凝胶。

凝胶形成以后，往往会进一步脱液收缩，导致其内部结构逐步加固而变硬。例如，自然界里从胶体状态的矿物变为由胶体晶化的矿物就经历了这种变化过程。天然的二氧化硅凝胶在长期的地质过程中，就是先形成多水蛋白石，然后形成少水石髓，再进一步转化成晶形明显的次生石英。

3. 胶体的应用

胶体在自然界尤其是生物界普遍存在，它与人类的生活及环境有着密切的联系。胶体的应用很广，且随着技术的进步其应用领域还在不断扩大。工农业生产和日常生活中的许多重要材料和现象，都在某种程度上与胶体有关。如土壤里发生的一些化学过程与胶体有关，土壤胶体有吸附化肥离子的作用，所以施入土壤中的化肥不易流失，但土壤胶体带负电荷，所以硝态氮肥易流失。在金属、陶瓷、聚合物等材料中加入固态胶体粒子，不仅可以改进材料的耐冲击性、耐断裂、抗拉强度等机械性能，也可以改进材料的光学性质，如有色玻璃就是由某些胶态金属氧化物分散于玻璃中制成的。贵金属胶体可用于下一代高性能电子产品及高效催化剂的研究开发，将成为重点开发的材料。在医学上，如今越来越多地利用高度分散的胶体来检验或治疗疾病。如胶态磁流体治癌术是将磁性物质制成胶体粒子，作为药物的载体，在磁声作用下送入病灶，从而提高疗效；另外，血液本身就是由血细胞在血浆中形成的胶体分散系，与血液有关的疾病的一些治疗、诊断方法就利用了胶体的性质，如血液透析、血清纸上电泳等；胶体金探针是最新的免疫细胞化学标识技术，已被广泛用于生物学、细胞学及医学等领域，如艾滋病抗体检测、就地检测抗原、特定蛋白质的定位及检测等。国防工业中有些火药、炸药必须制成胶体，冶金工业中的选矿，石油原油的脱水等过程都会用到胶体知识。在橡胶工业中，从橡胶树上采下的乳白色胶汁，是橡胶的胶体溶液，人们在胶乳中加入醋酸（电解质），使胶乳凝聚成胶片，然后送橡胶厂加工成各种橡胶制品。在肥皂工业中，人们先将脂肪经过皂化水解，制得肥皂的胶体溶液，然后再加入大量的电解质——食盐，发生盐析作用，使肥皂胶体溶液凝聚起来，制成块状的肥皂。在食品工业和日常生活中，也会经常接触并应用到胶体知识。如将明矾、氯化铁用作净水剂，黏土胶体用作动植物油脱色和脱臭的吸附剂等，就是利用胶体的吸附作用。食品中的牛奶、豆浆、粥等也都与胶体有关。污染环境的污水、烟雾和粉尘也是胶体，粉尘还可引起爆炸，因此在环境保护中我们也利用胶体的性质净化污水，如用混凝法净化污水（向废水中加入混凝剂使胶体状污染物沉淀分离），利用惯性沉降（改变气溶胶的流动方向与速度使胶体沉降）、超声或电场处理等方法除尘。

习题

1. 列表说明下列分散系各属于什么类型的分散系？其中哪些是分散剂？哪些是分散质？

(1) 用热水洗涤粘有油污的瓶子，经振荡后倒出来的液体。

(2) 将食盐放入水中，经搅拌溶解后得到的清液。

(3) 将极细的沙粒放入水中，经搅拌得到的液体。

(4) 往正在沸腾的水中滴加 $FeCl_3$ 溶液所得到的红棕色的溶液。

2. 指出下列溶液中哪些能发生丁达尔现象，简单说明原因。

(1) 硫酸溶液。

(2) 蔗糖溶液。

(3) $Fe(OH)_3$ 胶体溶液。

(4) 氢氧化钾溶液。

3. 如何用实验方法鉴别溶液和溶胶？

4. 豆浆里加些食盐和豆浆里加些糖有何不同的现象？为什么？

5. 几种物质的量浓度相同的电解质溶液对某溶胶的聚沉能力：$AlCl_3 > MgCl_2 > Na_2SO_4 > NaNO_3$。试判断该溶胶是正胶体还是负胶体。

6. 为什么含有泥沙胶体颗粒的河水在入海处与海水相遇，容易沉积而形成沙洲？

7. 常用的胶体聚沉方法有哪几种？$Fe(OH)_3$ 溶胶通直流电后，哪一电极附近棕色加深？为什么？

本章小结

一、物质的量　溶液组成的表示

(1) 摩尔是物质的量的单位。每摩尔物质含有 N_A 个微粒。微粒可以是分子、原子、离子、电子及其他粒子，或这些粒子的特定组合。

(2) 摩尔质量就是 N_A 个微粒的质量，常用单位是 $g \cdot mol^{-1}$。1 mol 任何原子(分子)的质量，在以 $g \cdot mol^{-1}$ 为单位时其数值与该种原子(分子)的相对原子质量(相对分子质量)相等。

(3) 标准状况是指在 273 K 和 101.325 kPa 的条件下。

(4) 气体摩尔体积是指在标准状况下，1 mol 任何气体的体积都约为 22.4 L，此体积称为气体摩尔体积。

(5) 求物质的量(n)的几种计算公式：

$$物质的量(n)=\frac{结构微粒个数(N)}{6.02\times10^{23}(N_A)} \quad 或\ N=n\cdot N_A$$

$$物质的量(n)=\frac{物质的质量(m)}{物质的摩尔质量(M)}$$

$$物质的量(n)=\frac{标准状况下气体的体积(V)}{标准状况下气体的摩尔体积(V_m)} \quad (适用于气体)$$

$$物质的量(n)=物质的量浓度(c)\times溶液的体积(V) \quad (适用于溶液)$$

物质的量浓度(c)

×溶液的体积(V) ⇅ ÷溶液的体积(V)

$$微粒数(N)\underset{\times6.02\times10^{23}\,mol^{-1}}{\overset{\div6.02\times10^{23}\,mol^{-1}}{\rightleftharpoons}}物质的量(n)\underset{\div22.4\ L\cdot mol^{-1}}{\overset{\times22.4\ L\cdot mol^{-1}}{\rightleftharpoons}}气体体积(V)$$

(标准状况)

摩尔质量(M) ÷ ⇅ ×摩尔质量(M)

物质的质量(m)

(6) 溶液组成的表示方法，重要的有质量分数$\left(w_B=\frac{m_B}{m}\right)$、质量浓度$\left(\rho_B=\frac{m_B}{V}\right)$和物质的量浓度$\left(c_B=\frac{n_B}{V}\right)$。

(7) 溶液组成的表示方法要进行换算时，公式为：

$$\rho_B=c_B\cdot M_B \qquad c_B=\frac{\rho\cdot w_B}{M_B}$$

二、胶体溶液

(1) 胶体——分散微粒是分子或离子的集合体，它的颗粒直径为 $10^{-9}\sim10^{-7}$ m。

(2) 胶体溶液的重要性质：① 丁达尔现象；② 布朗运动；③ 电泳现象；④ 吸附现象；⑤ 渗析。

(3) 胶体溶液聚沉的方法：① 电解质聚沉；② 相互聚沉；③ 加热聚沉。

课外阅读

1 mol 微粒有多少

1971 年，在第十四届国际计量大会上决定用摩尔作为计量原子、分子等微观粒子的“物质的量”的单位。摩尔一词源于拉丁文 mole，意为堆积。1 mol 任何物质含有的结构微粒数约为 6.02×10^{23} 个，那么 6.02×10^{23} 个微粒究竟有多少呢？我们做一个假设：

假如地球上 60 亿人一起来数 1 mol 微粒，每人每秒钟数 10 个，要数多少年呢？$\frac{6.02\times10^{23}}{6\times10^{9}\times365\times24\times3600\times10}\approx31.8$ 万年。通过计算可以看出，要数 31.8 万年！由此看来，表示如此庞大的微粒集体，确有必要引入一个新的单位——mol。

豆腐是怎么做出来的

许多人都爱吃以大豆为原料制成的食品。早餐中的豆浆、豆腐脑，豆制品里的豆腐丝、豆腐干、臭豆腐……花样可多呢！用豆腐做的菜式，那就更多了。

食用豆腐与直接食用大豆比较有什么好处呢？大豆起源于中国，古称“菽”。培育大豆在我国已有四五千年的历史。大豆中所含的蛋白质量多，几乎是鱼、肉中蛋白质含量的两倍，达 36%；质优，所含必需氨基酸种类比较齐全，在各种食物里遥遥领先，有“素牛肉”之称。然而大豆虽然营养丰富，却很难被人体消化吸收。炒黄豆和油炸黄豆能够被吸收的养分不到一半，煮黄豆的吸收率也只有 65.5%。而豆浆和豆腐就比较好消化，85%～95%的蛋白质都能被身体吸收。

豆腐是怎样做成的呢？把黄豆浸在水里泡软后，磨成豆浆，滤去豆渣，煮开。这时，黄豆里的蛋白质团粒被水簇拥形成了胶体。要使其变成豆腐，必须用盐卤或石膏点卤。由于盐卤（主要是氯化镁、氯化钙）和石膏（硫酸钙）都是电解质，它们在水溶液中电离出很多带电的离子，破坏了蛋白质表面的水膜，使蛋白质的溶解度降低，胶粒相互碰撞而凝聚成沉淀。这时，豆浆里就出现了许多白花花的东西，也就变成豆腐脑了。如果再挤出水分，豆腐脑就变成了豆腐。豆腐、豆腐脑就是凝聚的豆类蛋白质。经过这样的加工，大豆中的蛋白质被撕得粉碎，从而也就易于为人体所吸收了。

豆浆点卤，出现豆腐脑。豆腐脑滤去水，变成豆腐。将豆腐压紧，再榨去些水，就成了豆腐干。原来，豆浆、豆腐脑、豆腐、豆腐干，都是豆类蛋白质，只不过含的水分有多有少罢了。有人爱喝甜浆，往豆浆里加一匙白糖，豆浆没有什么变化。有人爱喝咸浆，在豆浆里倒些酱油或者加点盐，不多会儿，碗里就出现了白花花的豆腐脑。因为酱油里有盐，盐和盐卤性质相近，也能破坏豆浆的胶体状态，使蛋白质凝聚。这不和做豆腐的情形一样吗？

将豆浆做成豆腐，从化学上讲，是将胶体变成凝胶的操作过程。

虽然豆腐的营养价值很高，但也并非人人都适合。由于豆腐含嘌呤较多，因嘌呤代谢失常的痛风病人和血尿酸浓度增高的患者，不宜吃豆腐。

长江三角洲的形成也和胶体有关吗

我国的长江入海处，有面积很大的三角洲，那就是我们熟悉的长江三角洲。长江奔流入海，在万里征程中，携带了大量的泥沙。这些混在江水中的泥沙在水中形成胶体，从上游流到下游时，由于河床逐渐扩大，降差减小，在河流注入大海时，水流分散，流速骤然减小，再加上潮水不时涌入有阻滞河水的作用，特别是海水中溶有许多电解质，如氯化钠等盐类物质，它们电离产生大量的阴、阳离子，使那些悬浮在水中的泥沙粒沉淀下来。于是，泥沙就在这里越积越多，最后露出水面。这时，河流只得绕过沙堆从两边流过去。由于沙堆的迎水面直接受到河流的冲击，不断受到流水侵蚀，形成尖端状，而北方水面却比较宽大，使沙堆成为一个三角形，人们就将其命名为“三角洲”。原来“三角洲”的形成也和胶体的性质有关。世界上每年约有160亿立方米的泥沙被河流搬入海中。如果你仔细地观察世界地图，会发现在世界各大河的入海处，大都有一个三角洲。如埃及尼罗河（世界第二大河）入海处，就有一个巨大的三角洲，面积达24000 km^2；美国密西西比河（世界第四大河）入海处的三角洲，呈鸟足状，面积达26000 km^2；还有我国的黄河三角洲以及珠江三角洲；等等。

第三章　化学反应速率 化学平衡

化学反应虽然种类繁多，但都要涉及以下两个方面的问题：第一是反应进行的快慢，即化学反应速率问题；第二是反应进行的程度，即有多少反应物可以转化为生成物，这就是化学平衡问题。这两个问题不仅是以后学习化学的基础理论，也是化工生产过程中选择适宜条件时需要掌握的化学变化规律。

第一节　化学反应速率

不同的化学反应进行的快慢不一样，有的化学反应进行得很快，如炸药爆炸、照相底片感光、酸碱中和等几乎可以瞬间完成；有的化学反应进行得很慢，如金属的腐蚀、橡胶和塑料的老化、岩石的风化等，需要长年累月才能察觉到它们的变化；煤和石油在地壳内形成的过程则更慢，需要经过几十万年的变化才能实现。怎样使一个比较慢的反应变快？怎样使一个比较快的反应变慢？这些都涉及化学反应速率问题。

一、化学反应速率及其表示方法

在化学反应中，随着反应的进行，反应物浓度不断减小，生成物浓度不断增大。通常用单位时间内任一反应物或生成物浓度的变化来表示**化学反应速率（chemical reaction rate）**，常用符号 v 表示。

一般来说，化学反应速率随着反应的进行而逐渐减慢，因此某一时间间隔内的反应速率实际上是这一时间间隔内的平均速率（$\bar{v}_i$），而不是瞬时速率。

$$化学反应速率=\frac{浓度变化}{变化所需时间}，即\ \bar{v}_i=\frac{\pm\Delta c_i}{\Delta t}$$

浓度 c_i 的单位是 $mol \cdot L^{-1}$；时间 t 的单位可以根据不同的反应，分别选用 s（秒）、min（分）或 h（小时）等；则化学反应速率 $\bar{v}_i$ 的单位为 $mol \cdot L^{-1} \cdot s^{-1}$、$mol \cdot L^{-1} \cdot min^{-1}$ 或 $mol \cdot L^{-1} \cdot h^{-1}$ 等。例如，某反应的反应物浓度在 5 min 内由 6 $mol \cdot L^{-1}$ 变成了 2 $mol \cdot L^{-1}$，则以该反应物浓度的变化表示的该反应在这段时间的平均反应速率为 0.8 $mol \cdot L^{-1} \cdot min^{-1}$。

又如，在一定温度和压力下由 N_2 和 H_2 合成 NH_3 的反应：

$$N_2(g) + 3H_2(g) \rightleftharpoons 2NH_3(g)$$

	$N_2(g)$	$3H_2(g)$	$2NH_3(g)$
起始浓度 $c/(mol \cdot L^{-1})$	1.0	3.0	0
2 s 末浓度 $c/(mol \cdot L^{-1})$	0.8	2.4	0.4

以 N_2 的浓度变化表示反应的平均速率：

$$\bar{v}(N_2)=\frac{-\Delta c(N_2)}{\Delta t}=\frac{-(0.8-1.0)\ mol \cdot L^{-1}}{2\ s}=0.1\ mol \cdot L^{-1} \cdot s^{-1}$$

以 H_2 的浓度变化表示反应的平均速率：

$$\bar{v}(H_2)=\frac{-\Delta c(H_2)}{\Delta t}=\frac{-(2.4-3.0)\ mol \cdot L^{-1}}{2\ s}=0.3\ mol \cdot L^{-1} \cdot s^{-1}$$

以 NH_3 的浓度变化表示反应的平均速率：

$$\bar{v}(NH_3)=\frac{\Delta c(NH_3)}{\Delta t}=\frac{(0.4-0)\ mol \cdot L^{-1}}{2\ s}=0.2\ mol \cdot L^{-1} \cdot s^{-1}$$

从上例可以看出，当以不同物质的浓度变化来表示反应速率时，同一反应条件下的数值可能不同，但它们之间的比值恰好等于反应方程式中各物质化学式前面的系数之比：

$$\bar{v}(N_2):\bar{v}(H_2):\bar{v}(NH_3)=1:3:2$$

因此用反应体系中任一反应物或生成物的浓度变化来表示反应速率，其意义都一样，虽数值可能不同，但表示的都是同一反应在同一条件下的反应速率。

二、影响化学反应速率的因素

化学反应速率首先决定于反应物的本性。例如，氢气和氟气在低温、暗处即可发生爆炸反应；而氢气和氯气则需光照或加热才能迅速化合。除内因外，几乎所有化学反应的反应速率都受反应进行时外界条件的影响，其中主要是浓度、温度、压强、催化剂等的影响。

1. 浓度对反应速率的影响

实验证明，**当其他外界条件相同时，增大反应物的浓度会使反应速率增大，减小反应物浓度会使反应速率减小**。如稀硫酸和硫代硫酸钠溶液的反应：

$$H_2SO_4(稀)+Na_2S_2O_3 = Na_2SO_4+S\downarrow+SO_2\uparrow+H_2O$$

反应生成的单质硫不溶于水，而使溶液浑浊。通常可以利用从溶液混合到出现浑浊所需要的时间，来比较该反应在不同浓度时的反应速率。

【实验 3-1】 往试管(1)中加入 2 mL 0.1 $mol \cdot L^{-1}$的 $Na_2S_2O_3$ 溶液和 3 mL 水，往试管(2)中加入 5 mL 0.1 $mol \cdot L^{-1}$的 $Na_2S_2O_3$ 溶液，同时再往两支试管内各加入 5 mL 0.1 $mol \cdot L^{-1}$ H_2SO_4 溶液，振荡试管。记录两支试管从加入硫酸至开始出现浑浊所需的时间，见表 3-1。

表 3-1 283 K(10 ℃)下不同浓度的硫代硫酸钠溶液与稀硫酸的反应时间

试管号	0.1 $mol \cdot L^{-1}$的 H_2SO_4 /mL	0.1 $mol \cdot L^{-1}$的 $Na_2S_2O_3$ /mL	H_2O/mL	反应时间/s
(1)	5	2	3	135
(2)	5	5	—	50

由表 3-1 可以看出,(2)号试管内两物质的反应时间比(1)号试管内两物质的反应时间短,说明反应物浓度增大,反应速率就加快。

2. 压强对反应速率的影响

对于有气体参加的反应,压强的改变会引起气体体积的变化而影响反应物的浓度,因而影响反应速率。增大压强,气态反应物的体积减小,浓度随之增大,反应速率增大;反之,降低压强,气态反应物的体积增大,浓度随之减小,反应速率减小。例如:

$$N_2(g)+O_2(g)=\!=\!=2NO(g)$$

当压强增大 1 倍而其他条件不变时,气体体积减小至原来的一半,各反应物浓度增大至原来的 2 倍,则反应速率会增大;当压强减小一半而其他条件不变时,气体体积增大至原来的 2 倍,各反应物浓度减小至原来的一半,则反应速率会减小。

没有气体参加的反应,一般压强对反应物浓度的影响很小,故压强改变,其他条件不变时,反应速率变化很小,可以认为压强与反应速率无关。

3. 温度对反应速率的影响

许多化学反应都是在加热情况下发生的。例如,在常温下,煤在空气中甚至在纯氧气中也不能燃烧,只有在加热到一定温度时才能燃烧,在空气充足的情况下,越烧越旺。

温度对反应速率的影响情况很复杂。**一般化学反应在反应物浓度不变的情况下,升高反应温度,反应速率增大,降低反应温度,反应速率减小。**

范特霍夫(J. H. Van't Hoff)研究了各种反应的反应速率与温度的关系,提出了一个经验规律:对于一般化学反应来说,在反应物浓度相同的情况下,温度每升高 10 ℃,反应速率增至原来的 2～4 倍。

4. 催化剂对反应速率的影响

凡能显著地改变化学反应速率,而它本身的组成、质量和化学性质在反应前后保持不变的物质称为**催化剂(catalytic agent)**。

【实验 3-2】 在试管(1)和(2)中分别加入 1 mL 质量分数为 30%的 H_2O_2 溶液,再往试管(2)中加入少许 MnO_2 固体,立即产生大量的气泡,而试管(1)中很难见到气泡产生。

这是因为 MnO_2 加速了 H_2O_2 的分解:

$$2H_2O_2 \xlongequal{MnO_2} 2H_2O+O_2\uparrow$$

在常温下,稀的 H_2O_2 溶液较稳定,分解速率很小,不易看见有气泡生成。

在加热分解 $KClO_3$ 制 O_2 时,也常常加入催化剂 MnO_2:

$$2KClO_3 \xlongequal[\triangle]{MnO_2} 2KCl+3O_2\uparrow$$

若不加入 MnO_2,$KClO_3$ 在加热至快熔化时也见不到有 O_2 生成;而加入 MnO_2 后,稍微加热 O_2 就生成了。

有些物质能延缓某些反应的速率,如橡胶中的防老化剂、金属缓蚀剂、食品防腐剂等,这类物质称为**负催化剂**。如不加特殊说明,通常所指的催化剂都是能加快反应速率的正催化剂。

催化剂能够使化学反应速率增大是因为它能够降低反应所需要的能量,从而使化学反应速率增大。但它只能改变反应速率,而不能使原本不会发生反应的物质之间起反应。催化剂在工业生产和科学实验中具有十分重要的意义。据统计,约有 80%的化工产品在制造过程中需要使用催化剂。可见，寻找好的催化剂是化工企业发展的关键。

影响化学反应速率的主要因素可以由图 3-1 表示。

除了上述影响化学反应速率的因素以外，还有一些因素也影响化学反应速率。如有固体物质参加的反应，反应速率与固体粒子直径成反比；对于互不相溶的液体间的反应，可采用搅拌的方法以增大反应物的接触面积和机会，从而使反应速率增大；其他如光、X 射线、激光等对化学反应速率也有影响。

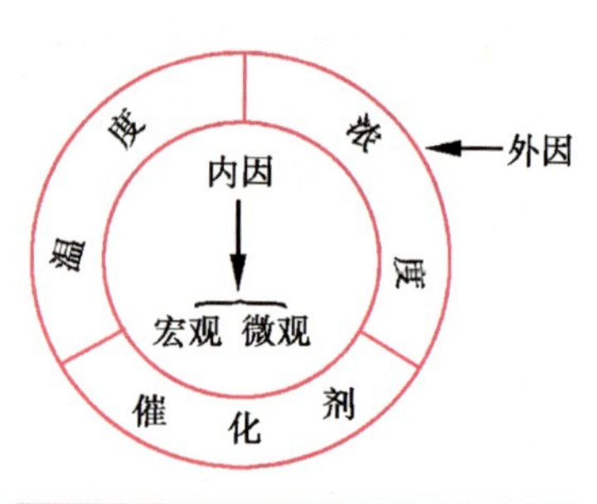

图 3-1 影响反应速率的主要因素

习题

一、填空题

1. 化学反应速率是指________________，化学反应速率的符号为________，平均反应速率的符号为________。以 A 物质的溶液变化表示的平均反应速率的表达式为____________。

2. 对于气体反应来说，增大压强实质上就是增加反应物的________，因而可以使化学反应速率________。

3. 在一个 2 L 的容器里，盛入 8.0 mol 某气态反应物，5 min 后测得这种气态反应物还剩余 6.8 mol，这种反应物的化学反应速率为________。

4. 对于一般反应来说，反应物浓度一定时，反应温度每升高 10 ℃，v 增加到原来的________倍。

5. 影响化学反应速率的外界条件主要是________、________、________和________。一般来说，当其他条件不变时，________、________或________都可以影响反应速率，而________只对有气体参加或生成气体的反应产生影响。

二、判断题

6. 化学反应速率大小只决定于外因：浓度、温度和催化剂。 (　　)

7. 化学上，通常用单位时间内任一反应物或生成物浓度的变化来表示反应速率。 (　　)

三、选择题

8. 改变化学反应速率最有效的外界条件是 (　　)

A. 温度　　B. 压强　　C. 浓度　　D. 催化剂

9. 下列说法正确的是 (　　)

A. 化学反应速率若用不同物质的浓度变化表示，则数值一定不相等

B. 增大压强，反应速率都加快

C. 化学反应平均速率是某一时间段内浓度变化的平均值

D. 根本不可能发生的反应可通过加催化剂而使反应发生

10. 决定化学反应速率的主要因素是 （ ）

A. 温度 B. 浓度 C. 催化剂 D. 反应物的本性

11. 在 2 L 的容器里有某反应物 4 mol，反应进行 2 s 后，该反应物还剩余 3.2 mol，则该反应的平均速率为（单位：$mol \cdot L^{-1} \cdot s^{-1}$） （ ）

A. 0.1 B. 0.2 C. 0.4 D. 0.8

12. 在 10 L 的密闭容器中发生反应：$4NH_3(g)+5O_2(g) \rightleftharpoons 4NO(g)+6H_2O(g)$，3 s 后水蒸气的物质的量增加了 0.45 mol，则此反应的平均速率可表示为 （ ）

A. $\bar{v}(NH_3)=0.1\ mol \cdot L^{-1} \cdot s^{-1}$

B. $\bar{v}(O_2)=0.010\ mol \cdot L^{-1} \cdot s^{-1}$

C. $\bar{v}(NO)=0.010\ mol \cdot L^{-1} \cdot s^{-1}$

D. $\bar{v}(H_2O)=0.45\ mol \cdot L^{-1} \cdot s^{-1}$

四、综合题与计算题

13. 要加快下列反应的速率，可分别采取什么措施？

(1) $C(s) + O_2(g) = CO_2(g)$

(2) $CH_4(g) + H_2O(g) = CO(g) + 3H_2(g)$

14. 试说明催化剂在化工生产中的重要作用。

15. 在化学反应 $2SO_2+O_2 = 2SO_3$ 中，如果 2 min 内 SO_2 的浓度由 6 $mol \cdot L^{-1}$ 下降到 2 $mol \cdot L^{-1}$，那么用 SO_2 浓度变化和 O_2 浓度变化来表示的化学反应速率各为多少？

第二节 化学平衡

人们在研究物质的化学变化时，不仅注意反应进行的快慢，而且十分关心化学反应进行的程度，即有多少反应物可以转化为生成物，这就是化学平衡问题。

一、可逆反应与不可逆反应

初中化学中已经学过，$KClO_3$ 在 MnO_2 的存在下，加热分解为氯化钾和氧气的反应：

$$2KClO_3 \xrightarrow[\triangle]{MnO_2} 2KCl+3O_2\uparrow$$

以及氢和氧燃烧生成水的反应：

$$2H_2+O_2 \xlongequal{点燃} 2H_2O$$

这两个反应都很容易进行，在一定条件下几乎能完全进行到底，反应物都能完全转变为生成物，而在同样条件下相反方向的反应几乎不能进行。

像这种几乎只能向一个方向进行"到底"的反应叫作**不可逆反应(non-reversible reaction)**。但是，绝大多数化学反应与上述反应不一样，反应不能进行到底，即反应物不能全部转变为生成物。例如，当压力为101.325 kPa、温度为 773 K 时，SO_2与 O_2以体积比 2∶1 在密闭的容器中进行反应，反应"终止"后，SO_2转化为 SO_3的量最多为 90%，而不是 100%。这是因为在生成 SO_3的同时，部分 SO_3在相同的条件下又分解为 SO_2和 O_2，致使 SO_2和

O_2的反应不能进行到底。这种在同一条件下同时可以向正、逆两个方向进行的反应称为**可逆反应(reversible reaction)**。通常把向右进行的反应称为正反应,把向左进行的反应称为逆反应。可逆反应通常在反应方程式中用符号"$\rightleftharpoons$"表示。如上述反应式可写为:

$$2SO_2(g)+O_2(g)\underset{\triangle}{\overset{V_2O_5}{\rightleftharpoons}}2SO_3(g)$$

可逆反应的特点是:反应不能进行到底,即在密闭容器中,反应物不能全部转化为生成物,不管反应进行多久,密闭容器中的反应物和生成物总是同时共存。

二、化学平衡

1. 化学平衡的概念

可逆反应进行的最终状态是正反应速率等于逆反应速率,即 $v_{正}=v_{逆}$。这种状态称为化学平衡状态,简称**化学平衡(chemical equilibrium)**。

可逆反应在密闭的容器中不能进行完全。例如,在一定温度下的密闭容器中进行的可逆反应:

$$2SO_2(g)+O_2(g)\rightleftharpoons 2SO_3(g)$$

反应刚开始时,体系中只有反应物而没有生成物,SO_2 和 O_2 的浓度最大,正反应速率 $v_{正}$ 最大;随着反应的进行,SO_2 和 O_2 不断减少,$v_{正}$ 逐渐减小。另一方面,刚开始反应时,由于没有 $SO_3(g)$生成,$SO_3(g)$的浓度为零,所以这时逆反应速率 $v_{逆}$ 最小;随着生成的 $SO_3(g)$量不断增多,逆反应速率 $v_{逆}$ 逐渐增大,当反应经过一段时间后,正反应速率和逆反应速率相等,即 $v_{正}=v_{逆}$,在单位时间内,$SO_3(g)$的生成的量和分解的量相等。此时,只要外界条件不发生变化,容器中各物质的浓度不再发生变化。可逆反应从反应开始到达到平衡状态,整个过程的正、逆反应速率变化情况如图 3-2 所示。

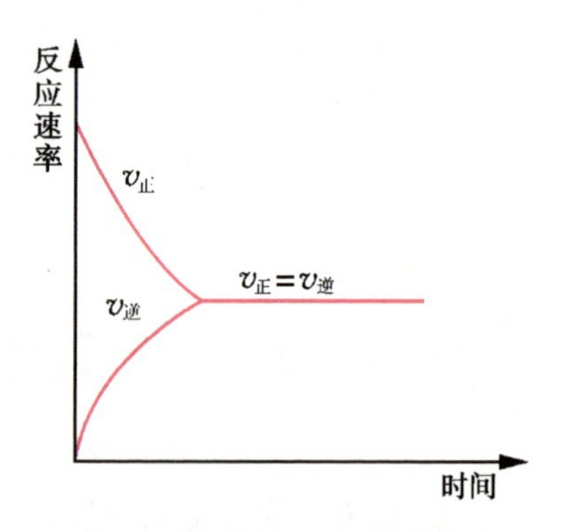

图 3-2 可逆反应的正、逆反应速率随时间变化图

平衡时,$v_{正}=v_{逆}\neq 0$,也就是说在平衡状态下反应并没有停止,而仍在继续进行,只是正、逆反应以相同的速率进行着。因此,化学平衡是一个动态平衡。只要外界条件(温度、压强等)不变,平衡体系中各物质的浓度将不随时间的推移而改变。

2. 化学平衡常数

总结许多化学平衡的实验结果,任何一个可逆反应如:

$$aA+bB\rightleftharpoons cC+dD$$

在一定温度下达到平衡时,各生成物平衡浓度幂的乘积与反应物平衡浓度幂的乘积之比为一个常数,这个常数称为**化学平衡常数(chemical equilibrium constant)**,简称平衡常数。

$$\frac{c^c(C)\cdot c^d(D)}{c^a(A)\cdot c^b(B)}=K_c$$

上式称为该反应的平衡常数表达式。式中:a、b、c、d 分别为反应式中各物质分子式前的系数。例如：

$$2SO_2(g)+O_2(g) \rightleftharpoons 2SO_3(g)$$

$$K_c=\frac{c^2(SO_3)}{c^2(SO_2)\cdot c(O_2)}$$

平衡常数的大小，可以衡量化学反应所能达到的程度。在给定条件下，某反应的 K_c 值越大，表示正向反应进行得越完全。

K_c 值的大小与温度有关，与浓度无关。同一反应在相同温度下，平衡常数 K_c 是一定值，在不同温度下，K_c 值不同。

书写平衡常数 K_c 表达式时，反应中的固体或纯液体，浓度为常数（可视为 1），不写进表达式中。例如：

$$C(s)+2H_2O(g) \rightleftharpoons CO_2(g)+2H_2(g)$$

$$K_c=\frac{c(CO_2)\cdot c^2(H_2)}{c^2(H_2O)}$$

3. 化学平衡的移动

化学平衡是相对的、暂时的、有条件的。当影响化学平衡的外界条件改变时，原来的平衡被破坏，引起体系中各物质的物质的量浓度发生改变，从而达到新的平衡状态，这种过程叫作**化学平衡的移动**。引起化学平衡移动的根本原因是外界条件的改变，使正、逆反应速率由相等变为不等，然后在新的条件下随着反应进行又重新达到相等，建立了新的平衡体系，如图 3-3 所示。

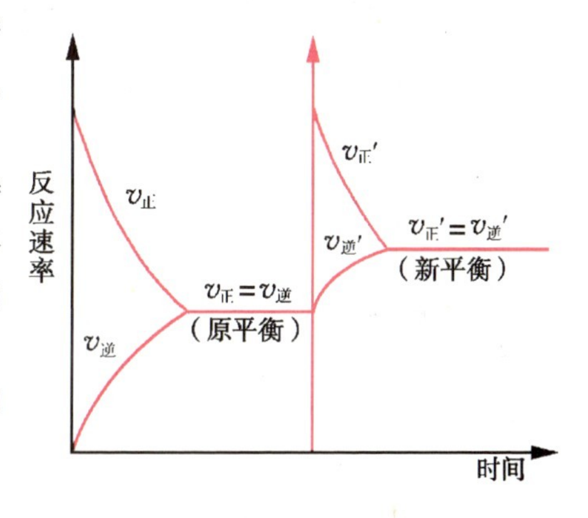

图 3-3 平衡移动示意图

人们研究化学平衡的目的，并不是希望保持某一个平衡状态不变，而是要研究如何利用外界条件的改变使旧的化学平衡被破坏，并建立新的较理想的平衡。

影响化学平衡的主要因素有浓度、压强和温度。

(1) 浓度对化学平衡的影响。

当化学反应达到平衡后，改变任何一种反应物或生成物的浓度，都会引起化学平衡的移动。现以氯化铁与硫氰化钾在不同浓度的溶液中反应为例，说明浓度对化学平衡的影响。

在溶液中氯化铁与硫氰化钾反应，存在着下列平衡：

$$FeCl_3+3KSCN \rightleftharpoons \underset{\text{(血红色)}}{Fe(SCN)_3}+3KCl$$

【实验 3-3】 在一支大试管中加入 5 滴 0.1 mol·L^{-1} $FeCl_3$ 溶液，然后滴加 5 滴 0.1 mol·L^{-1} KSCN溶液，在生成的血红色溶液中加入 10 mL 水稀释，分成 3 份。第一份溶液中加入 1 mol·L^{-1} $FeCl_3$ 溶液 0.5 mL，第二份溶液中加入 0.1 mol·L^{-1} KSCN 溶液 0.5 mL，第三份留作参比液。

由实验结果看出，在分别加入 $FeCl_3$ 和 KSCN 溶液的第一和第二支试管里，溶液的红色变深，说明溶液中 $Fe(SCN)_3$ 的浓度增大了。可见增加任何一种反应物的浓度，都会促使平衡向正反应方向移动。

由此可得出结论：**在其他条件不变的情况下，增大反应物的浓度（或降低生成物的浓度），平衡向增加生成物的方向，即正反应方向移动；增大生成物的浓度（或降低反应物的浓度），平衡向减少生成物的方向，即逆反应方向移动**。

（2）压强对化学平衡的影响。

没有气体参加的反应，恒温下改变压强，各种物质的浓度几乎不变，故平衡不被破坏、不移动。有气体参加的反应，若反应前后气体分子数相等，改变压强会引起正、逆反应同时并以同样的倍数改变，正、逆反应速率仍始终保持相等，故化学平衡也不被破坏、不移动。

恒温下，对于反应前后气体分子数不等的反应，如：

$$2NO_2(g) \rightleftharpoons N_2O_4(g)$$

（红棕色）　（无色）

这是生成物中气体的分子数小于反应物中气体的分子数的反应。在一定条件下，当反应达到平衡时（$v_{正}=v_{逆}$），若改变压强，会引起气体物质浓度改变，而正、逆反应速率以不同倍数发生改变，平衡会发生移动。

【实验 3-4】 如图 3-4 所示，用注射器（50 mL 或更大些的）吸入约 20 mL 二氧化氮和四氧化二氮的混合气体（使注射器的活塞达到Ⅰ处）。吸入气体后，将进气口用橡皮塞加以封闭，然后把注射器的活塞往外拉到Ⅱ处。观察当活塞反复地从Ⅱ到Ⅰ及从Ⅰ到Ⅱ时，管内混合气体颜色的变化。

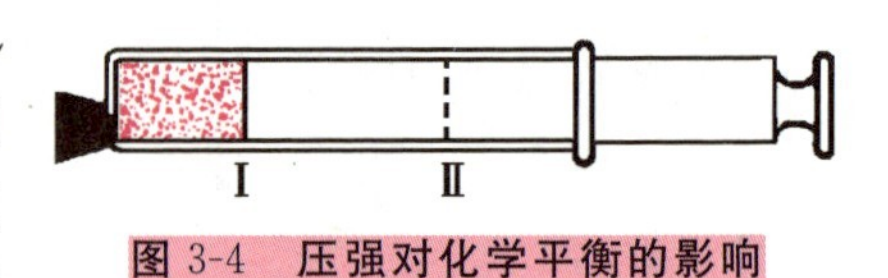

图 3-4　压强对化学平衡的影响

二氧化氮（红棕色气体）跟四氧化二氮（无色气体）在一定条件下处于化学平衡状态。在这个反应里，2 体积的 NO_2 生成 1 体积的 N_2O_4。

从实验 3-4 中可知，把注射器的活塞往外拉，管内体积增大，气体的压强减小，混合气体的颜色逐渐变深，这是因为平衡向逆反应方向，即气体分子数增多的方向移动，生成了更多的 NO_2。把注射器的活塞往里压，管内体积减小，气体的压强增大，混合气体的颜色逐渐变浅，这是因为平衡向正反应方向，即气体分子数减少的方向移动，生成了更多的 N_2O_4。

由此可知：**在其他条件不变的情况下，增大压强，平衡向气体分子总数减少的方向移动；降低压强，平衡向气体分子总数增多的方向移动**。

（3）温度对化学平衡的影响。

化学反应总是伴随着能量的变化，通常表现为反应中吸收或放出热量。吸收热量的反应称为吸热反应，放出热量的反应称为放热反应。对于可逆反应，如果正反应是放热反应，则逆反应一定是吸热的，反之亦然。反应中吸收或放出的热量称为反应热，通常用符号“Q”在化学方程式后表示反应吸收或放出的热量。放出热量用“＋”表示，吸收热量用“－”表示。例如：

$$2NO_2(g) \rightleftharpoons N_2O_4(g)+Q$$

上述可逆反应正反应是放热反应，其逆反应是吸热反应。

【实验3-5】 如图3-5所示，将充有NO_2与N_2O_4混合气体的双联玻璃球的两端分别置于盛有冷水和热水的烧杯中，观察气体颜色变化。

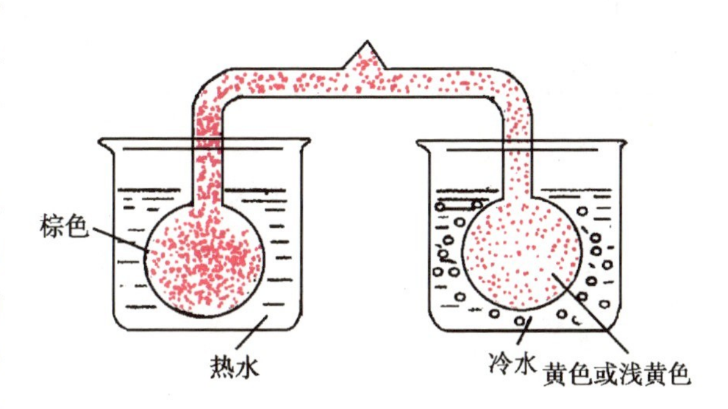

图3-5 温度对平衡移动的影响

通过实验可以看出：冷水杯中玻璃球内的气体颜色变浅，说明NO_2的浓度减小，N_2O_4的浓度增大，即平衡向正反应（放热反应）方向移动了。热水杯中玻璃球内的气体颜色变深，说明NO_2的浓度增大，N_2O_4的浓度减小，即平衡向逆反应（吸热反应）方向移动了。

由此可见：**在其他条件不变的情况下，升高温度，会使化学平衡向着吸热反应的方向移动；降低温度，会使化学平衡向着放热反应的方向移动。**

由于催化剂能够同等程度地增加正反应速率和逆反应速率，因此它对化学平衡的移动没有影响。也就是说，催化剂不能改变达到化学平衡状态的反应混合物的组成，但是使用催化剂能够改变反应达到平衡所需要的时间。

习题

一、填空题

1. 可逆反应达到平衡后，$v_{正}$________$v_{逆}$。

2. 对于同一类型的反应，在给定条件下，K_c值越大表示________________。

3. 化学平衡是________、________的平衡，一旦外界条件改变，化学平衡就会移动，影响化学平衡的主要因素有________、________和________。

4. 改变压强只对____________有影响，对________和________的影响则可忽略不计。

5. 可逆反应$2A \rightleftharpoons B+C$达到平衡后，升高温度会使平衡向正反应方向移动，这一反应是________热反应。已知B是固体，降低压强后使平衡向正反应方向移动，那么A是________态。若A是气态，增大压强，平衡不移动，那么B是______态，C是______态。

6. 在化学平衡体系中，加入催化剂，________________________，化学平衡__________移动。

7. 恒温下增大压强，平衡向____________________移动；恒容下升高温度，平衡向____________________移动。

8. 可逆反应$2SO_2+O_2 \rightleftharpoons 2SO_3+Q$在一定条件下达到平衡。当改变下列条件时，请指出平衡移动的方向（填表）。

外界条件的改变	增大体系压强	加入 O_2	使用催化剂	升高温度	延长反应时间
对化学平衡的影响					

二、选择题

9. 对于可逆反应 $2A(g)+B(g) \rightleftharpoons 2C(g)+Q$，下列说法正确的是　　（　　）

A. 由于 $K_c=\dfrac{c^2(C)}{c^2(A)\cdot c(B)}$，C 的浓度不断增大，A、B 的浓度不断减小，平衡常数不断增大

B. 升高温度使逆反应速率增大，正反应速率减小，故平衡向右移动

C. 加入催化剂，使正反应速率增大，故平衡向左移动

D. 增大 A、B 的浓度或减小 C 的浓度，都可以使平衡向正反应方向移动

10. 对于达到平衡状态的可逆反应 $N_2+3H_2 \rightleftharpoons 2NH_3+Q$，下列叙述正确的是　　（　　）

A. 反应物和生成物的浓度相等

B. 反应物和生成物的浓度不再发生变化

C. 降低温度，平衡混合物里 NH_3 的浓度减小

D. 增大压强，不利于氨的合成

11. 下列反应达到平衡后，增大压强或升高温度，平衡都向正反应方向移动的是（　　）

A. $3O_2 \rightleftharpoons 2O_3-Q$

B. $2SO_2+O_2 \rightleftharpoons 2SO_3+Q$

C. $CO+NO_2 \rightleftharpoons CO_2+NO+Q$

D. $NH_4HCO_3(s) \rightleftharpoons NH_3(g)+H_2O(g)+CO_2(g)-Q$

12. 在反应 $N_2+O_2 \rightleftharpoons 2NO-Q$ 中，所有物质都是气体，能增加 NO 的生成量的条件是　　（　　）

A. 增大 N_2 的浓度　　B. 减小 O_2 的浓度

C. 降温　　D. 加压

三、综合题

13. 写出下列可逆反应的平衡常数表达式：

(1) $2SO_2(g)+O_2(g) \rightleftharpoons 2SO_3(g)$

(2) $CO_2(g)+C(s) \rightleftharpoons 2CO(g)$

(3) $C(s)+H_2O(g) \rightleftharpoons CO(g)+H_2(g)$

14. 对于处于化学平衡状态的反应 $CO(g)+H_2O(g) \rightleftharpoons CO_2(g)+H_2(g)$：

(1) 如果降低温度有利于 H_2 的生成，那么正反应是放热反应还是吸热反应？

(2) 如果要提高 CO 的转化率，应采取哪些措施？为什么？

15. 牙齿的损坏实际是牙釉质[$Ca_5(PO_4)_3OH$]溶解的结果。在口腔中存在着如下平衡：

$$Ca_5(PO_4)_3OH \rightleftharpoons 5Ca^{2+}+3PO_4^{3-}+OH^-$$

当糖附着在牙齿上发酵时，会产生 H^+。试运用化学平衡理论说明经常吃甜食对牙齿的影响。

16. 在工业制硫酸的过程中有以下反应：

$$2SO_2+O_2 \xrightleftharpoons[400\ ℃\sim500\ ℃]{V_2O_5} 2SO_3+Q$$

为什么在生产上要用过量的空气，使用 V_2O_5 作催化剂，并在适当的温度下进行反应？

17. 在合成氨工业中($N_2+3H_2 \rightleftharpoons 2NH_3+Q$)，下列事实能否用平衡移动的有关知识来解释？简要说明理由。

(1) 向循环气体中不断补充 N_2 和 H_2，并将生成的 NH_3 及时地从混合气体中分离出去，这样做有利于合成氨的反应。

(2) 加入催化剂有利于合成氨的反应。

(3) 高压有利于合成氨的反应。

(4) 500 ℃左右比室温更有利于合成氨的反应。

本章小结

一、化学反应速率

(1) 化学反应速率：常用在单位时间内，反应物或生成物浓度的变化来表示。

$$\bar{v}_i=\frac{\pm\Delta c_i}{\Delta t}$$

对于同一化学反应的反应速率，若用不同物质浓度变化来表示，其数值可能不同。

(2) 影响化学反应速率的因素：① 浓度；② 压强(有气体参加的反应)；③ 温度；④ 催化剂。

二、化学平衡

(1) 化学平衡：研究化学反应进行的程度。在一定条件下，当 $v_{正}=v_{逆}$ 时，反应达到平衡状态。对一般可逆反应 $aA+bB \rightleftharpoons cC+dD$，达到平衡时：

$$K_c=\frac{c^c(C)\cdot c^d(D)}{c^a(A)\cdot c^b(B)}$$

式中 K_c 是该反应的平衡常数，它随温度不同而改变。

(2) 化学平衡移动原理：如果改变影响平衡的一个条件，如浓度、压强、温度，平衡就向能减弱这个改变的方向移动。

小结见表 3-2。

表 3-2　外界条件对化学反应速率和化学平衡的影响

条件改变	反应速率	化学平衡	平衡常数
恒温、恒压下增加反应物浓度	加快	向生成物方向移动	不变
恒温下增加压力	加快	向气体分子数减少的方向移动	不变
恒压下升高温度	加快	向吸热方向移动	改变
恒温、恒压、恒浓，加催化剂	加快	不变	不变

课外阅读

合成氨工业

合成氨工业对化学工业和国防工业具有重要的意义，对我国实现农业现代化起着很重要的作用。

一、合成氨条件的选择

氨的合成是一个放热、气体体积缩小的可逆反应。

$$\underset{(1\text{体积})}{N_2} + \underset{(3\text{体积})}{3H_2} \rightleftharpoons \underset{(2\text{体积})}{2NH_3} + 92.4\ \text{kJ}$$

根据有关化学反应速率的知识可知，升高温度、增大压强以及使用催化剂等，都可以使合成氨的化学反应速率增大。

从化学平衡移动原理来看，根据合成氨的反应方程式，降低温度、增大压强都会使平衡向着生成氨的方向移动，提高平衡混合物中氨的含量。

在不同温度和压强下达到平衡时混合气中氨含量的变化情况如表 3-3 所示。

表 3-3　达到平衡时混合气中氨的含量(体积百分数)

温度/℃ \ 压强/Pa	1×10^5	1×10^7	2×10^7	3×10^7	6×10^7	1×10^8
200	15.3	81.5	86.4	89.9	95.4	98.8
300	2.2	52.0	64.2	71.0	84.2	92.6
400	0.4	25.1	38.2	47.0	65.2	79.8
500	0.1	10.6	19.1	26.4	42.2	57.5
600	0.05	4.5	9.1	13.8	23.1	31.4

工业生产条件的选择，既要考虑到化学反应的速率，又要考虑到化学平衡，还要考虑设备、能量消耗及操作环境等因素。总之，反应应在最经济的条件下进行。

1. 压强

由于合成氨的反应是一个体积缩小的反应，因此，在温度一定时，增大混合气体的压强有利于氨的合成。表 3-3 中的实验数据可以证实这一点。但是反应压强越大，合成氨厂需要消耗的能量就会越大，对材料的强度和设备的制造要求也越高。一般合成氨厂采用的压强是 $2\times10^7\sim5\times10^7$ Pa。

2. 温度

由于合成氨的反应是放热反应，因此当压强一定、温度升高时，氨的平衡浓度会降低。所以，从反应的理想条件来看，氨的合成反应在较低温度下进行有利。表 3-3 中的实验数据也说明了这一点。但是，温度越低，反应速率越慢，需要很长时间才能达到平衡，这在工业上是很不经济的。所以，在实际生产中，合成氨反应是在 773 K 左右的温度下进行的（选择773 K左右的另一个原因是工业上使用的催化剂在这个温度下活性最大）。

3. 催化剂

氮跟氢是极不容易化合的，即使在高温、高压下，虽可使反应速率加快一些，但仍然是十分缓慢的。通常情况下，为了加快氮跟氢的合成反应速率，都采用加入催化剂的方法，使反应物在较低温度下能较快地进行反应。目前，在工业上比较普遍地采用以铁为主体的多成分催化剂，又称铁触媒。

在实际生产中，还需将生成的氨及时从混合气体中分离出来，并且不断地向循环气中补充氮气、氢气，以促进化学平衡向生成氨气的方向移动。

二、合成氨工业的历史与未来

以N_2和H_2为原料实现合成氨的工业化生产曾是一个十分艰巨的课题。从第一次实验室研制到工业化生产，经历了从18世纪末到20世纪初的一百多年的时间。由于化学反应速率、化学平衡、催化剂等基础理论的发展，高温、高压等工业技术条件的改善，以及许多研究工作者的反复实验，德国化学家哈伯终于在1913年实现了合成氨的工业化生产。哈伯因此在1918年获诺贝尔化学奖。之后，合成氨技术又发生了很多改进，现在科学家们仍在不断地研究并取得了一定的进展。例如，若干年前，合成氨选择的压强是$2\times10^7\sim3\times10^7$ Pa，而目前选择的压强为$2\times10^7\sim5\times10^7$ Pa，压强增大了，说明动力、材料、设备等相应条件都比以前改善了，因此，合成氨反应可以在较高的压强下进行。由此说明，合成氨条件的选择是与科技进步、动力、材料、设备等条件的改善紧密相连的，并将随之做相应的改变。目前，人们正在研究使合成氨反应在较低温度下进行的催化剂，以及研究化学模拟生物固氮等，以进一步提高合成氨的生产能力。

化学模拟生物固氮

NH_3和许多铵盐都是重要的化学肥料，这是因为N是构成植物细胞蛋白质、叶绿素的一种基本元素，也是农作物生长的主要营养元素之一。虽然空气中的N_2占78%，但不是所有生物都能直接利用它。如能将N_2变成铵态的氮，就能被植物吸收。要把H_2和空气中的N_2转变为NH_3，正如前面所介绍的那样，需要有耐高温、高压的器材和设备以及大量的动力等。那么能不能在常温、常压条件下，把空气中的N_2转变为铵态氮呢？多年来，人们曾进行了大量的努力，希望在温和条件下实现氨的合成，但一直没有成功。然而，某些豆科植物如大豆、三叶草和紫花苜蓿等的根部有根瘤菌共生。根瘤菌中含有特殊催化能力的酶，能起固氮作用，即摄取空气中的N_2并使它转化为NH_3等，为植物直接吸收利用，这就叫作生物固氮。

生物固氮是在常温、常压下进行的。实际上，地球上N_2的固定，绝大部分是通过生物固氮进行的。据不完全统计，全世界工业合成氮肥中的氮只占固氮总质量的20%。

那么，人们能不能向大自然学到这种本领呢？这就需要研究如何模拟生物的功能，把生物固氮的原理用于化学工业生产，借以改善现有的并创造崭新的化学工艺流程。如果化学模拟生物固氮成功，把实验规模的“仿生固氮”发展为工业规模的固氮，不仅可以大大提高氮肥生产工业的效率，发展农业生产，同时还会对很多化学工业产生深远的影响。无论是生物固氮还是化学模拟固氮，都将是21世纪的热点研究领域。

煤气中毒了怎么办

煤气中毒通常指的是一氧化碳(CO)中毒。CO吸入后，通过肺泡膜进入血液，与血液中的血红蛋白(Hb)进行可逆性结合，形成碳氧血红蛋白(HbCO)。由于一氧化碳与血红蛋白的亲和力要比氧气与血红蛋白的亲和力大300倍，能使红细胞失去运输氧气的机能；又由于碳氧血红蛋白的电离比氧合血红蛋白的电离慢3600倍，故HbCO较HbO_2稳定。碳氧血红蛋白的存在，使血液的携氧功能发生故障，将很快造成人的昏迷并危及生命。

这个反应可表示如下：

$$血红蛋白\text{-}O_2+CO \rightleftharpoons 血红蛋白\text{-}CO+O_2$$

下面我们运用化学平衡理论的知识，来讨论怎样抢救煤气中毒的患者。

从上式平衡可以看出，要抢救中毒病人，应通过降低CO的浓度或增加O_2的浓度，使化学平衡向逆反应方向移动。具体抢救措施是：立即打开门窗，流通空气。尽快让患者离开中毒环境，转移至空气新鲜处。解开患者领口，保持呼吸畅通并注意保温；使患者安静休息，避免活动后加重心、肺负担及增加氧的消耗量；对有自主呼吸的患者，应充分给予氧气吸入；对昏迷不醒的严重中毒者，应在通知急救中心后就地进行抢救，及时进行人工心肺复苏；争取尽早对患者进行高压氧舱治疗，以减少缺氧状态，并促使CO排出，减少后遗症。即使轻度、中度中毒者，也应进行高压氧舱治疗。

煤气中毒重在防范。我们必须加强安全教育，了解有关知识，正确安全使用煤气，防患于未然。由于CO气体无色无味，人们不易感觉到它的存在，因此在煤气管理中，按照规范一般应加一些具有臭味的气体作为警示，为我们安全用气提供保证。家庭使用煤气中，应注意避免选择质量低劣的热水器和灶具，安装时应考虑通风问题，以防止煤气中毒的发生。

总之，一旦发生煤气中毒，不要惊慌，应立即关气开窗、拨打“120”救助。

特别提醒：在煤气泄漏现场绝对禁止明火，包括开、关电器引起的电火花，以免发生煤气爆炸！

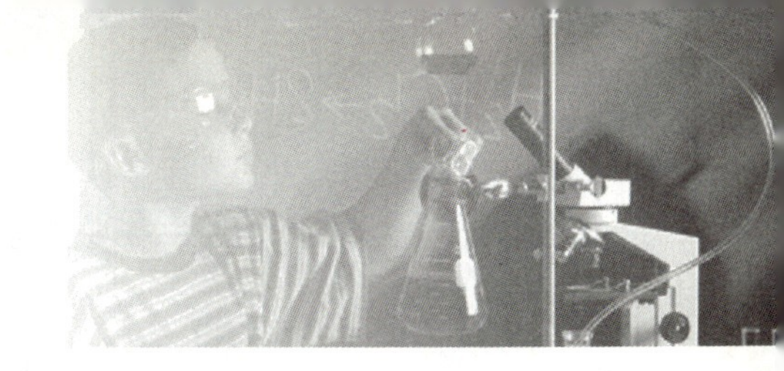

第四章 电解质溶液

本章主要运用物质结构知识和化学平衡理论，进一步讨论电解质溶液的性质，以便从本质上更好地认识酸、碱、盐在水溶液里所发生的反应，了解胶体、配合物和电化学的一些基本知识及其应用。

第一节 电解质的电离

一、电解质和非电解质

在化学上，根据化合物在水溶液中或在熔融状态下能否导电，通常将化合物分为电解质(electrolyte)和非电解质(non-electrolyte)两类。把在水溶液中或在熔融状态下能够导电的化合物称为**电解质**，把在水溶液中和在熔融状态下都不能导电的化合物称为**非电解质**。酸(acid)、碱(base)、盐(salt)都是电解质，它们在水溶液中或在熔融状态下能够导电。而像酒精、蔗糖、甘油等物质是非电解质，它们在同样条件下不能导电。

电解质的导电现象是由于带电粒子做定向移动而产生的。电解质在水溶液中或受热熔化时，在水或热的作用下，会分离为自由移动的离子，这些离子在外加电场的作用下做定向移动而产生了导电现象。电解质在水溶液中或在熔融状态下分离为自由移动离子的过程称为电解质的**电离(ionization)**。电解质之所以能电离，一方面是由其结构所决定的；另一方面，溶剂或热的作用是电解质电离不可缺少的条件之一。电解质一般是以离子键或强极性共价键结合的，它们在水和热的作用下，其化学键断裂而能电离为自由移动的离子；而非电解质在同样条件下不能电离，它仍然以分子的形式存在。

二、强电解质和弱电解质

电解质溶液虽然都能导电，但是，在相同的条件下，不同电解质溶液的导电能力是不是一样呢？

【实验 4-1】 按图 4-1 把仪器装配好，然后把等体积 0.02 $mol \cdot L^{-1}$ 的 HCl、醋酸、NaOH、NaCl、氨水等溶液分别倒入 5 个烧杯中，接通电源，观察灯泡发光的明亮程度。

实验结果表明：连接插入醋酸溶液、氨水溶液的电极上的灯泡比其他 3 个灯泡暗，可见体积和浓度相同，而种类不同的酸、碱和盐的水溶液导电能力是不相同的。HCl、NaOH、NaCl 溶液的导电能力强，醋酸、氨水溶液的导电能力弱。

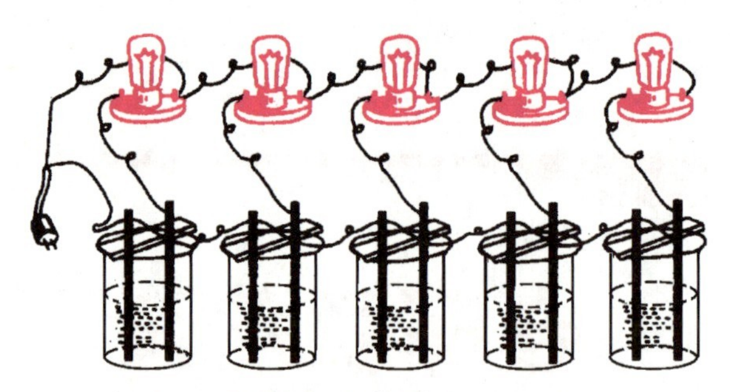

图 4-1 比较电解质溶液的导电能力

显然，电解质溶液导电能力的强弱与单位体积溶液中自由移动离子的数目有关，也就是说与电解质的电离程度有关。同浓度、同体积的各种电解质溶液，电离程度越大，电离产生的自由移动离子的数目越多，导电能力越强；反之，电离程度越小，电离产生的自由移动离子的数目越少，导电能力越弱。因此，不同类型的电解质在水中的电离程度是不相同的。

通常，把在水溶液中能完全电离成自由移动离子的电解质叫作**强电解质(strong electrolyte)**。常见的强电解质有强酸、强碱和绝大多数盐类。例如：

强酸：H_2SO_4、HNO_3、HI、HCl 等。

强碱：NaOH、KOH、$Ba(OH)_2$、$Ca(OH)_2$ 等。

大部分盐类：$BaSO_4$、Na_2SO_4、Na_2CO_3 等。

表示电解质电离过程的式子叫作电离方程式。在强电解质的电离方程式中，一般用"══"表示完全电离。例如：

$$NaCl = Na^+ + Cl^-$$

$$KOH = K^+ + OH^-$$

由于强电解质在水溶液中完全电离，自由移动的离子浓度大，所以溶液的导电性强。

某些具有弱极性键的共价化合物，如醋酸和氨溶于水时，虽然也受到水分子的作用，却只有部分分子电离成离子，而且离子在相互碰撞时又会重新结合成分子。因此，这类化合物在水中的电离过程是可逆的。它们的水溶液中既有已电离的离子，又有未电离的分子存在。

在水溶液中只有部分电离的电解质叫作**弱电解质(weak electrolyte)**。常见的弱电解质有弱酸、弱碱和水。例如：

弱酸：H_2S、CH_3COOH、H_2CO_3、H_2SO_3 等。

弱碱：$NH_3 \cdot H_2O$、$Mg(OH)_2$、$Cu(OH)_2$ 等。

在弱电解质的电离方程式中，一般用"⇌"表示可逆过程和部分电离。例如：

$$CH_3COOH \rightleftharpoons CH_3COO^- + H^+$$

$$NH_3 \cdot H_2O \rightleftharpoons NH_4^+ + OH^-$$

由于弱电解质在水溶液中仅部分电离，自由移动的离子浓度小，所以溶液的导电性弱。

多元弱酸、多元弱碱的电离是分级进行的。例如，氢硫酸的电离：

$$H_2S \rightleftharpoons H^+ + HS^-$$（一级电离）

$$HS^- \rightleftharpoons H^+ + S^{2-}$$（二级电离）

由于二级电离更弱，所以一般只考虑一级电离。

应当特别注意的是，电解质的强弱与其溶解性无关。某些难溶于水的盐，由于其溶解度很小，如果测试其溶液的导电能力，往往很小，但这种盐溶于水的部分却是完全电离的，所以它们仍然属于强电解质，如 $BaSO_4$、$CaCO_3$、AgCl 等。相反，能溶于水的盐也不完全是强电解质，少数盐尽管能溶于水，但只有部分电离，仍属于弱电解质，如 $HgCl_2$。

三、弱电解质的电离平衡

弱电解质在水溶液中的电离过程是可逆的。在一定条件（如温度、浓度）下，当电离过程进行到一定程度时，分子电离成离子的速率与离子相互结合成分子的速率相等，电离过程就达到了平衡状态。这种弱电解质在电离过程中建立的平衡称为**电离平衡（ionization equilibrium）**。

电离平衡与化学平衡一样，也是动态平衡。达到电离平衡时，溶液中离子的浓度和分子的浓度都保持不变。当外界条件改变时，弱电解质的电离平衡也会发生移动，电离平衡的移动也遵循化学平衡移动的原理。例如，醋酸（CH_3COOH，简写成 HAc）在水溶液中存在如下电离平衡：

$$HAc \rightleftharpoons H^+ + Ac^-$$

弱电解质达到电离平衡时，已电离的各离子浓度的乘积与未电离的分子浓度的比值是一个常数，这个常数称为电离常数，用 K_i 表示。例如，醋酸的电离常数表达式可写成：

$$K_i = \frac{c(H^+) \cdot c(Ac^-)}{c(HAc)}$$

电离常数的大小，可反映弱电解质的相对强弱。在一定的温度下，K_i 值大，表示该弱电解质的电离程度相对大些，电解质相对强些。影响电离常数的因素有内因和外因两种。

内因：不同的电解质，其分子结构不同，在相同条件下电离常数也不相同，见表4-1。

表4-1 常见的几种弱电解质的电离常数

弱电解质	电离方程式	电离常数 K_i	温度/K
醋　酸	$HAc \rightleftharpoons H^+ + Ac^-$	1.75×10^{-5}	298
碳　酸	$H_2CO_3 \rightleftharpoons H^+ + HCO_3^-$	4.30×10^{-7}	298
氢氟酸	$HF \rightleftharpoons H^+ + F^-$	3.53×10^{-4}	298
氢氰酸	$HCN \rightleftharpoons H^+ + CN^-$	4.93×10^{-10}	298
次氯酸	$HClO \rightleftharpoons H^+ + ClO^-$	2.95×10^{-8}	291
氢硫酸	$H_2S \rightleftharpoons H^+ + HS^-$	9.1×10^{-8}	291
氨　水	$NH_3 \cdot H_2O \rightleftharpoons NH_4^+ + OH^-$	1.77×10^{-5}	298

外因：电离常数不受浓度的影响，只受温度的影响。因为电离过程是吸热过程，所以温度升高，电离常数增大。但是在室温附近时，一般不考虑温度对 K_i 值的影响。

四、水的电离和溶液的 pH

在生产和日常生活中，水占有重要的地位。研究电解质溶液会涉及溶液的酸碱性，而溶液的酸碱性又与水的电离有直接关系。要从本质上认识溶液的酸碱性，首先应研究水的电离。

1. 水的电离

根据精确的实验，测出水有极弱的导电能力，说明水是一种极弱的电解质，它能微弱地电离，如图 4-2 所示。

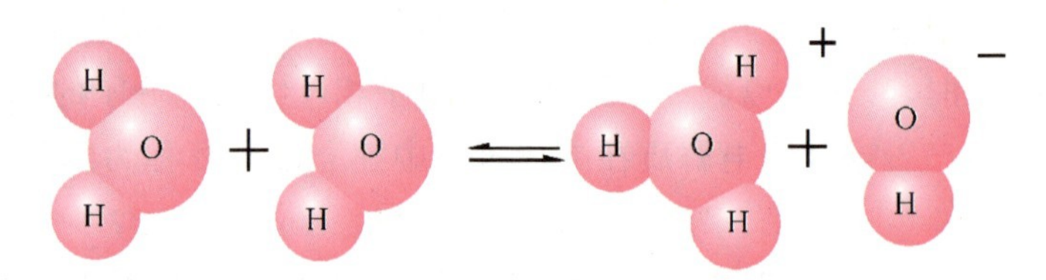

图 4-2 水的电离过程示意图

可用电离方程式表示为：

$$H_2O + H_2O \rightleftharpoons H_3O^+ + OH^- \quad 或 \quad H_2O \rightleftharpoons H^+ + OH^-$$

研究表明，一定温度下，纯水中 H^+ 浓度和 OH^- 浓度的乘积总是一个常数，即：

$$c(H^+) \times c(OH^-) = K_W$$

常数 K_W 称为**水的离子积常数**，简称水的离子积。从纯水的导电实验测得，在 298 K 时，纯水的 H^+ 和 OH^- 的浓度都等于 1×10^{-7} mol·L^{-1}，则：

$$K_W = c(H^+) \times c(OH^-) = 1\times10^{-7} \times 1\times10^{-7} = 1\times10^{-14}$$

$K_W = 1\times10^{-14}$适用于 298 K 时的纯水和任何稀溶液。K_W 随温度而变，温度升高，K_W 略有增大。例如，373 K 时，$K_W = 1\times10^{-12}$。

2. 溶液的酸碱性和 pH

在常温时，任何稀的水溶液中，$c(H^+)$和 $c(OH^-)$的乘积都等于 1×10^{-14}。在中性溶液中，$c(H^+)$和 $c(OH^-)$相等，都为 1×10^{-7} mol·L^{-1}。在酸性溶液中，由于 $c(H^+) > 1\times10^{-7}$ mol·L^{-1}，所以 $c(OH^-) < 1\times10^{-7}$ mol·L^{-1}。因此，溶液的酸碱性可用 H^+ 浓度和 OH^- 浓度的相对大小来衡量，常用 $c(H^+)$表示。同样在碱性溶液中，由于$c(OH^-) > 1\times10^{-7}$ mol·L^{-1}，必然有 $c(H^+) < 1\times10^{-7}$ mol·L^{-1}。

常温下，溶液的酸碱性与 H^+ 浓度和 OH^- 浓度的关系可以总结如下：

中性溶液：$c(H^+) = c(OH^-) = 1\times10^{-7}$ mol·L^{-1}

酸性溶液：$c(H^+) > c(OH^-)$，$c(H^+) > 1\times10^{-7}$ mol·L^{-1}

碱性溶液：$c(H^+) < c(OH^-)$，$c(H^+) < 1\times10^{-7}$ mol·L^{-1}

[例题 1] 计算下列溶液中 H^+ 和 OH^- 的浓度。

(1) 0.05 mol·L^{-1}的 $Ba(OH)_2$ 溶液。

(2) 0.01 $mol \cdot L^{-1}$的 HCl 溶液。

解：$Ba(OH)_2$ 和 HCl 都是强电解质，在溶液中完全电离。

(1) $Ba(OH)_2 \xlongequal{} Ba^{2+} + 2OH^-$

$c(OH^-) = 2c[Ba(OH)_2] = 2 \times 0.05\ mol \cdot L^{-1} = 0.1\ mol \cdot L^{-1}$

$c(H^+) = \dfrac{K_W}{c(OH^-)} = \dfrac{1 \times 10^{-14}}{0.1}\ mol \cdot L^{-1} = 1 \times 10^{-13}\ mol \cdot L^{-1}$

(2) $HCl \xlongequal{} H^+ + Cl^-$

$c(H^+) = c(HCl) = 0.01\ mol \cdot L^{-1}$

$c(OH^-) = \dfrac{K_W}{c(H^+)} = \dfrac{1 \times 10^{-14}}{0.01}\ mol \cdot L^{-1} = 1 \times 10^{-12}\ mol \cdot L^{-1}$

答：在 0.05 $mol \cdot L^{-1}$的 $Ba(OH)_2$ 溶液中，$c(OH^-)$为 0.1 $mol \cdot L^{-1}$，$c(H^+)$为 1×10^{-13} $mol \cdot L^{-1}$。在0.01 $mol \cdot L^{-1}$的 HCl 溶液中，$c(OH^-)$为 1×10^{-12} $mol \cdot L^{-1}$，$c(H^+)$为0.01 $mol \cdot L^{-1}$。

在实际工作中，常遇到某些稀溶液中的 $c(H^+)$很小，给使用和计算带来不便。为了方便起见，常采用 H^+ 浓度的负对数来表示溶液酸碱性的强弱，叫作**溶液的 pH**。

$$pH = -\lg[c(H^+)]$$

例如，$c(H^+) = 10^{-5}$ $mol \cdot L^{-1}$ 的酸性溶液，$pH = -\lg 10^{-5} = 5$；而 $c(H^+) = 10^{-9}$ $mol \cdot L^{-1}$的碱性溶液，pH=9；纯水中，$c(H^+) = 1 \times 10^{-7}$ $mol \cdot L^{-1}$，pH=7。

常温时，中性溶液的 pH=7，酸性溶液的 pH<7，碱性溶液的 pH>7。

298 K(25 ℃)时溶液的酸碱性与 $c(H^+)$、$c(OH^-)$、pH 的关系见表 4-2。

表4-2 298 K时溶液的酸碱性与 $c(H^+)$、$c(OH^-)$、pH的关系

溶液酸碱性	$c(H^+)/(mol \cdot L^{-1})$	$c(OH^-)/(mol \cdot L^{-1})$	$c(H^+)$和 $c(OH^-)$比较	pH
酸性溶液	$>10^{-7}$	$<10^{-7}$	$c(H^+)>c(OH^-)$	<7
中性溶液	$=10^{-7}$	$=10^{-7}$	$c(H^+)=c(OH^-)$	=7
碱性溶液	$<10^{-7}$	$>10^{-7}$	$c(H^+)<c(OH^-)$	>7

$c(H^+)$、pH 与溶液酸碱性的关系可用图 4-3 表示。

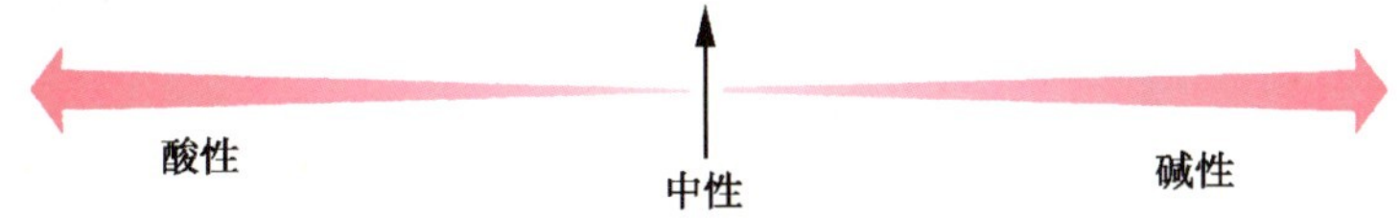

图 4-3 $c(H^+)$、pH 与溶液酸碱性的关系示意图

综上所述，溶液的酸碱性通常可用 $c(H^+)$或 pH 来表示。$c(H^+)$越大，pH 越小，表示溶液的酸性越强，碱性越弱。反之，$c(H^+)$越小，pH 越大，表示溶液的酸性越弱，碱性越强。

需要指出，当溶液中 $c(H^+)$ 或 $c(OH^-)$ 大于 1 mol · L^{-1} 时，一般不用 pH 表示溶液的酸碱性，而直接用 $c(H^+)$ 或 $c(OH^-)$ 表示。

测定 pH 在生产与日常生活中都具有重要的意义。例如，在化工生产中，许多化学反应必须在一定 pH 的溶液中进行，因此维持溶液相对稳定的 pH 是保证产品质量和数量的重要条件。如一些氧化还原反应，在酸性介质中进行或在碱性介质中进行，其产物往往不同。在农业生产中，农作物一般适宜在 pH 等于 7 或接近 7 的土壤里生长。在 pH 小于 7 的酸性土壤或 pH 大于 8 的碱性土壤里，农作物一般都难于生长，因此，需要定期测量土壤的酸碱性。一些蔬菜、水果等食物也有相对稳定的 pH 范围(表 4-3)。有关部门也需要经常测定雨水的 pH，当雨水的 pH 小于 5.6 时，就称为酸雨(acid rain)，它将对生态环境造成危害。人体体液和代谢产物也都有正常的 pH 范围，测定人体体液和代谢产物的 pH，可以帮助了解人的健康状况。例如，人体血液的 pH 正常范围是 7.35～7.45，当 pH$<$7.35 时，人体会出现酸中毒；而当 pH$>$7.45 时，人体又表现为碱中毒；血液 pH 偏离正常范围 0.4 个单位时就会危及人的生命。人体几种体液和代谢产物的正常 pH 如图 4-4所示。

表4-3　一些食物的近似pH

食　物	pH	食　物	pH	食　物	pH
醋	2.4～3.4	啤酒	4.0～5.0	卷心菜	5.2～5.4
李、梅	2.8～3.0	番茄	4.0～4.4	白薯	5.3～5.6
苹果	2.9～3.3	香蕉	4.5～4.7	面粉、小麦	5.5～6.5
草莓	3.0～3.5	辣椒	4.6～5.2	马铃薯	5.6～6.0
柑橘	3.0～4.0	南瓜	4.8～5.2	豌豆	5.8～6.4
桃	3.4～3.6	甜菜	4.9～5.5	谷物	6.0～6.5
杏	3.6～4.0	胡萝卜	4.9～5.3	牡蛎	6.1～6.6
梨	3.6～4.0	蚕豆	5.0～6.0	牛奶	6.3～6.6
葡萄	3.5～4.5	菠菜	5.1～5.7	饮用水	6.5～8.0
果酱	3.5～4.0	萝卜	5.2～5.6	虾	6.8～7.0

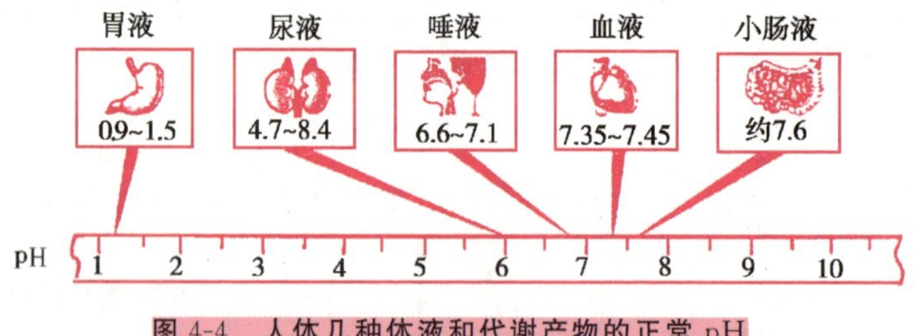

图 4-4　人体几种体液和代谢产物的正常 pH

3. 酸碱指示剂

测定溶液酸碱性(pH)的方法很多，通常可用酸碱指示剂、pH 试纸或 pH 计(酸度计)。

酸碱指示剂(acid-base indicator)是指在特定的 pH 范围内，其颜色随溶液 pH 的改变而变化的化合物，常用的有甲基橙、石蕊和酚酞等，它们的变色范围见图 4-5。在实际工作中可用 pH 试纸来测定溶液的 pH。只要把待测试液滴在 pH 试纸上，将显示的颜色与标准比色卡对照，就可以知道该溶液的 pH。这种方法既经济、快速，又相当准确。若要精确测定溶液的 pH，则需用 pH 计。

pH	1　2　3　4　5　6　7　8　9　10　11　12　13　14		
甲基橙	红色	橙色	黄色
酚酞	无色	浅红色	红色
石蕊	红色	紫色	蓝色

图 4-5　甲基橙、酚酞和石蕊的变色范围(区域)

习题

一、填空题

1. 在________中或在________状态下能够导电的化合物叫作电解质，如(写出两种物质的化学式，下同)______________。电解质在________中或在________状态下能分离成________离子的过程叫________。

2. 从电离平衡的观点来看，强电解质在水溶液中能够________电离，弱电解质在水溶液中只能________电离。从物质的类别来看，一般地说，强电解质为________、________和________，弱电解质为________、________和________。

3. 下列物质哪些是强电解质？哪些是弱电解质？(填写代号)

① NaAc　② NH_4Cl　③ KNO_3　④ HCN　⑤ H_2S　⑥ $NH_3 \cdot H_2O$　⑦ $ZnSO_4$

强电解质：________________________________；

弱电解质：________________________________。

4. NH_4Ac 的电离过程用电离方程式可表示为________________________________；NaOH 的电离方程式为____；HF 的电离方程式为________________________________。

5. 纯水是一种极弱的电解质，它能微弱地电离出________和________。在常温时，水电离出的 H^+ 和 OH^- 的浓度为________，其离子浓度的乘积为________，该乘积叫作________。

6. 在酸的稀溶液里，______浓度大于____浓度，pH __ 7；在碱的稀溶液里，____浓度大于____浓度，pH __ 7。

7. 0.01 $mol \cdot L^{-1}$ HCl 溶液的 pH 为________，向此溶液中加入几滴甲基橙，溶液呈______色；0.01 $mol \cdot L^{-1}$ NaOH 溶液的 pH 为________，向此溶液中加入几滴酚酞，溶液呈____色。

8. 根据弱酸的电离常数(参阅表 4-1)判断：① 醋酸、② 氢氟酸、③ 氢氰酸、④ 次氯酸由强到弱的顺序依次为__________________(填序号)。

二、选择题

9. 对于弱电解质溶液，下列说法正确的是 (　　)

A. 溶液中没有溶质分子，只有离子

B. 溶液中没有离子，只有溶质分子

C. 溶液中溶质分子和离子同时存在

D. 在弱电解质的电离方程式中，不能用“$=\!=\!=$”表示，可用“$\rightleftharpoons$”表示

三、综合题

10. 下列液体或溶液，哪些能够导电？为什么？

① 无水硫酸　② 稀硫酸溶液　③ 液态氯　④ 氯水　⑤ 液态氢氧化钠

11. 纯水中加入少量的酸或碱后，水的离子积有无变化？水中 $c(H^+)$ 有何变化(温度不变)？

12. 酸性溶液中有没有 OH^-？碱性溶液中有没有 H^+？为什么？

13. 什么叫溶液的 pH？溶液的 pH 和溶液的酸碱性有什么关系？

第二节　溶液中的离子反应

一、离子反应和离子方程式

电解质在溶液中全部或部分电离为离子(ion)，因此，电解质在溶液中的化学反应是离子间的反应。

有离子参加的反应称为**离子反应(ionic reaction)**。例如，在 NaCl 溶液中加入 $AgNO_3$ 溶液时，立即生成 AgCl 白色沉淀，这是 Ag^+ 与 Cl^- 发生离子反应的结果。而溶液中的 Na^+ 和 NO_3^- 没有参加反应，仍然存在于溶液中。该反应可用下式表示：

$$Ag^+ + Cl^- = AgCl\downarrow$$

这种用实际参加反应的离子符号表示化学反应的式子叫作**离子方程式(ionic equation)**。

离子方程式表示了该反应的本质，它不但表示一定物质间的某个化学反应，而且还表示了同一类化学反应。例如，KCl 溶液与 $AgNO_3$ 溶液的反应，生成 AgCl 沉淀，其离子方程式也是：

$$Ag^+ + Cl^- = AgCl\downarrow$$

只要是可溶性银盐和氯化物在溶液中反应，其实质都是 Ag^+ 和 Cl^- 结合生成 AgCl 沉淀的反应。

书写离子方程式可按如下步骤进行：

(1) 根据化学反应写出反应方程式。

(2) 将反应前后易溶的强电解质写成离子形式，难溶物、弱电解质以及气体物质等仍以化学式表示。

(3) 消去两边未参加反应的离子。

(4) 检查反应式两边各元素的原子个数和电荷总数是否相等。

例如，书写碳酸钠溶液与盐酸反应的离子方程式：

第一步：$Na_2CO_3+2HCl \xlongequal{} 2NaCl+H_2O+CO_2\uparrow$；

第二步：$2Na^++CO_3^{2-}+2H^++2Cl^- \xlongequal{} 2Na^++2Cl^-+H_2O+CO_2\uparrow$；

第三步：$CO_3^{2-}+2H^+ \xlongequal{} CO_2\uparrow+H_2O$；

第四步：检查左右两边各元素原子个数是否相等，电荷总数也应相等。

二、离子互换反应发生的条件

离子反应可分为氧化还原反应和非氧化还原反应，非氧化还原的离子反应也叫离子互换反应。离子互换反应发生的条件总结如下：

1. 生成沉淀

例如，$BaCl_2$ 溶液与 Na_2SO_4 溶液的反应：

$$BaCl_2+Na_2SO_4 \xlongequal{} BaSO_4\downarrow+2NaCl$$

$$Ba^{2+}+SO_4^{2-} \xlongequal{} BaSO_4\downarrow$$

2. 生成弱电解质

例如，硫酸与氢氧化钠的中和反应：

$$H_2SO_4+2NaOH \xlongequal{} Na_2SO_4+2H_2O$$

$$H^++OH^- \xlongequal{} H_2O$$

又如，盐酸与醋酸钠溶液的反应：

$$HCl+NaAc \xlongequal{} NaCl+HAc$$

$$H^++Ac^- \xlongequal{} HAc$$

3. 生成气体

例如，碳酸钙与盐酸的反应：

$$CaCO_3+2HCl \xlongequal{} CaCl_2+H_2O+CO_2\uparrow$$

$$CaCO_3+2H^+ \xlongequal{} Ca^{2+}+CO_2\uparrow+H_2O$$

只要具备上述三个条件之一，离子互换反应就可进行，否则便不能进行。如将 Na_2SO_4 溶液与 KCl 溶液混合，溶液中 Na^+、SO_4^{2-}、K^+ 和 Cl^- 不能相互结合，离子反应便不能进行。

习题

一、填空题

1. 有____参加的反应称为离子反应，用________________________________表示________________的式子叫作离子方程式。它表示了一个反应的________，还代表了________反应。

2. 电解质在溶液中进行的反应，实质上是________的反应。非氧化还原的离子反应也叫__________反应，只要__________、__________或__________中的一种物质生成，这类反应就能够发生。

3. 锅垢的主要成分是碳酸钙，一般用盐酸清洗除去，其化学原理用离子方程式可表示为____。

4. 与离子方程式 $H^+ + OH^- = H_2O$ 相对应的化学方程式可以是______________________________，____________________。（写 2 个）

5. 含有 Na^+、Cl^-、SO_4^{2-}、CO_3^{2-} 的溶液：

（1）在该溶液中加入适量的 H^+，迅速减少的离子是__________。

（2）在该溶液中加入适量的 Ba^{2+}，迅速减少的离子是__________。

二、选择题

6. 下列离子方程式不正确的是　　　　（　　）

A. 氢氧化铝与盐酸反应：$OH^- + H^+ = H_2O$

B. 氢氧化钡溶液与硫酸反应：$OH^- + H^+ = H_2O$

C. 氯化铵溶液与氢氧化钠溶液反应：$NH_4^+ + OH^- = NH_3\uparrow + H_2O$

D. 盐酸与硝酸银溶液反应：$Ag^+ + Cl^- = AgCl\downarrow$

三、综合题

7. 下列各组物质的溶液哪些能发生反应？写出化学反应方程式和离子方程式。

（1）氢氧化钙和碳酸钠。

（2）硝酸钾和氯化钙。

（3）盐酸和氢氧化钠。

（4）三氯化铁和氢氧化钠。

（5）盐酸和碳酸钠。

（6）硫酸钠和氯化钡。

8. 写出下列反应的离子方程式：

（1）$H_2SO_4 + Mg(OH)_2 = MgSO_4 + 2H_2O$

（2）$HAc + NaOH = NaAc + H_2O$

（3）$BaCl_2 + H_2SO_4 = BaSO_4\downarrow + 2HCl$

（4）$Al_2(SO_4)_3 + 6NH_3 \cdot H_2O = 2Al(OH)_3\downarrow + 3(NH_4)_2SO_4$

第三节　盐类水解

一、盐类水解分析

盐可视为酸碱中和的产物，根据形成盐的酸和碱的强弱不同，盐可分为强酸强碱盐、强酸弱碱盐、弱酸强碱盐和弱酸弱碱盐 4 类，如表 4-4 所示。

表4-4　盐的4种类型

盐的组成	盐的类型	实　例
强酸与弱碱	强酸弱碱盐	NH_4Cl、$CuSO_4$
弱酸与强碱	弱酸强碱盐	NaAc、K_2CO_3
弱酸与弱碱	弱酸弱碱盐	NH_4Ac
强酸与强碱	强酸强碱盐	NaCl、KNO_3

【实验 4-2】 把少量 NaAc、NH_4Cl(或 $CuSO_4$)、NaCl、NH_4Ac 的晶体分别投入 4 个盛有水的试管中，振荡试管使之溶解，然后用 pH 试纸测定其酸碱性，结果见表 4-5。

表4-5　4种盐的水溶液的pH

溶液	NaCl	NH_4Cl（或 $CuSO_4$）	NaAc	NH_4Ac
pH	7	5	9	7

试想：为什么 NH_4Cl(或 $CuSO_4$)溶液呈酸性而 NaAc 呈碱性，NaCl、NH_4Ac 都呈中性呢？

1. 强酸弱碱盐的水解

例如，NH_4Cl 在水溶液中的水解过程如图 4-6 所示。

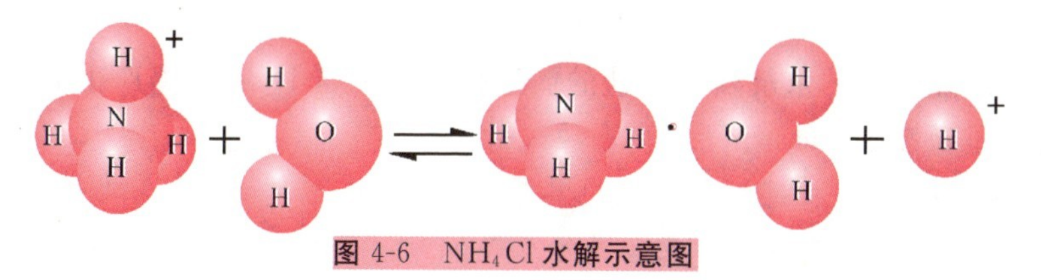

图 4-6　NH_4Cl 水解示意图

可用电离方程式表示为：

$$\begin{array}{c} NH_4Cl = NH_4^+ + Cl^- \\ + \\ H_2O \rightleftharpoons OH^- + H^+ \\ \Updownarrow \\ NH_3 \cdot H_2O \end{array}$$

NH_4Cl 在溶液中完全电离为 NH_4^+ 和 Cl^-，NH_4^+ 与 H_2O 电离生成的 OH^- 结合生成弱电解质 $NH_3 \cdot H_2O$，消耗了 OH^-，促使 H_2O 的电离平衡向电离方向移动，当 H_2O 建立新的平衡时，$NH_3 \cdot H_2O$ 也同时建立平衡。此时溶液中 $c(H^+) > c(OH^-)$，溶液呈酸性。NH_4Cl 水解的离子方程式可表示为：

$$NH_4^+ + H_2O \rightleftharpoons NH_3 \cdot H_2O + H^+$$

由此可见，强酸弱碱盐的水解实质是盐的弱碱阳离子与 H_2O 电离产生的 OH^- 结合，生成弱碱，使溶液呈酸性(acidic)。

2. 弱酸强碱盐的水解

例如，CH_3COONa(NaAc)在水溶液中的水解过程如图 4-7 所示。

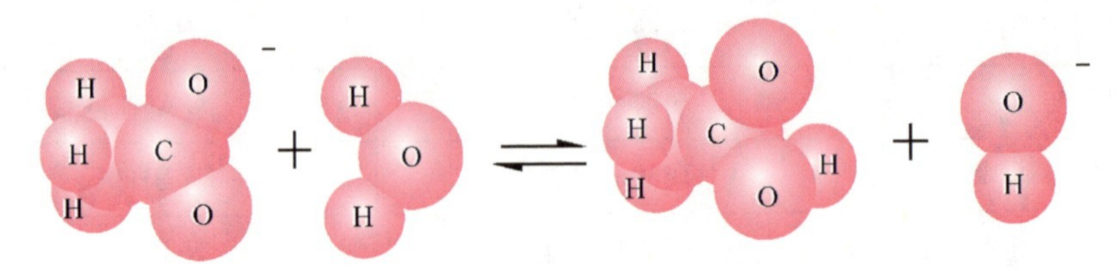

图 4-7　NaAc 水解示意图

可用电离方程式表示为：

$$
\begin{array}{l}
NaAc = Na^+ + Ac^- \\
\qquad\qquad\qquad\quad + \\
H_2O \rightleftharpoons OH^- + H^+ \\
\qquad\qquad\qquad\quad \Updownarrow \\
\qquad\qquad\qquad\quad HAc
\end{array}
$$

NaAc 完全电离成 Na^+ 和 Ac^-，Ac^- 与 H_2O 电离产生的 H^+ 结合生成弱电解质 HAc，消耗了H^+，促使 H_2O 的电离平衡向电离方向移动，当 H_2O 建立新平衡时，HAc 也同时建立平衡。此时溶液中 $c(OH^-) > c(H^+)$，溶液呈碱性。NaAc 水解的离子方程式可表示为：

$$Ac^- + H_2O \rightleftharpoons HAc + OH^-$$

同样，弱酸强碱盐的水解实质是盐的弱酸根阴离子与 H_2O 电离产生的 H^+ 结合生成弱酸，使溶液呈碱性(basic)。

*3. 弱酸弱碱盐的水解

例如，NH_4Ac 在水溶液中的水解过程可表示为：

$$
\begin{array}{l}
NH_4Ac = NH_4^+ + Ac^- \\
\qquad\qquad\quad + \qquad + \\
H_2O \rightleftharpoons OH^- + H^+ \\
\qquad\qquad \Updownarrow \qquad \Updownarrow \\
\qquad NH_3 \cdot H_2O \quad HAc
\end{array}
$$

NH_4Ac 在水溶液中完全电离为 NH_4^+ 和 Ac^-，分别与 H_2O 电离产生的 OH^- 和 H^+ 结合，生成弱电解质 $NH_3 \cdot H_2O$ 和 HAc。由于 $NH_3 \cdot H_2O$ 和 HAc 的电离常数几乎相等，因此 NH_4^+ 和 Ac^- 水解时消耗的 OH^- 和 H^+ 也几乎相等。当重新建立平衡时，溶液中 $c(H^+) = c(OH^-)$，溶液呈中性。NH_4Ac 水解的离子方程式可表示为：

$$NH_4^+ + Ac^- + H_2O \rightleftharpoons NH_3 \cdot H_2O + HAc$$

弱酸弱碱盐水解后溶液的酸碱性如何，与弱酸、弱碱的电离常数相对大小有关。用 K_a、K_b 分别表示弱酸、弱碱的电离常数，则：

当 $K_a = K_b$ 时，溶液呈中性；

当 $K_a > K_b$ 时，溶液呈酸性；

当 $K_a < K_b$ 时，溶液呈碱性。

强酸强碱盐，由于电离产生的阴、阳离子不与 H_2O 电离产生的 OH^- 或 H^+ 结合生成弱电解质，水的电离平衡不受影响，溶液呈中性。

综上所述，盐类的离子与溶液中水电离出来的 H^+ 或 OH^- 结合生成弱酸、弱碱等弱电解质的反应称为**盐类的水解(hydrolysis of salts)**。当盐类的离子能和水电离出来的 H^+ 或 OH^- 结合成弱电解质时，该盐才会水解，结果使溶液中的 $c(H^+)$ 和 $c(OH^-)$ 发生相对变化，使溶液中 OH^- 浓度与 H^+ 浓度不再相等，从而呈现酸性或碱性。

二、盐类水解的影响因素及应用

盐类水解程度的大小，主要由盐的本性所决定，也受温度、外加酸或碱等外界条件的影响。

首先，盐类水解程度的大小与盐的组成有关。组成盐的弱酸或弱碱愈弱，其水解程度愈大。

其次，盐的水解受温度的影响。盐类水解是中和反应的逆反应。由于中和反应是放热反应，盐类的水解必然是吸热反应。因此，升高温度会促进盐类的水解。例如，在日常生活中用纯碱(Na_2CO_3)溶液洗涤油污物品时，热的纯碱溶液去油污能力更强。

再者，在水解性盐的溶液中，加水可促进盐的水解；加酸或碱时，可以促进或抑制甚至阻止盐的水解。例如，实验室配制 $FeCl_3$ 溶液时，$FeCl_3$ 的水解方程式如下：

$$FeCl_3 + 3H_2O \rightleftharpoons Fe(OH)_3 + 3HCl$$

为了防止 Fe^{3+} 水解生成 $Fe(OH)_3$，通常先将 $FeCl_3$ 固体溶于一定浓度的盐酸中，然后再加水稀释至所需浓度。

反之，若要把 $FeCl_3$ 作为杂质从溶液中除去，可以在溶液中加碱以促进 $FeCl_3$ 的水解，使它以沉淀形式从溶液中除去。

在化工生产中，如钛白粉(TiO_2)的生产中，用 90%浓硫酸溶解钛铁矿石，经过除杂和分离以后，适当稀释、加热，使 $Ti(SO_4)_2$ 水解生成 $TiO(OH)_2$(偏钛酸)，$TiO(OH)_2$ 受热脱水即制成钛白粉。

建筑材料镁氧水泥是由 MgO 和 30% $MgCl_2$ 溶液的水解产物作用而制成的：

$$MgCl_2 + H_2O \rightleftharpoons Mg(OH)Cl + HCl$$

$$MgO + HCl = Mg(OH)Cl$$

碱式氯化镁逐渐硬化，结成白色坚硬固体，称为镁氧水泥。

习题

一、填空题

1. 盐的水解反应是指__________________，是__________的逆反应。

2. 强酸弱碱盐水溶液显________，弱酸强碱盐水溶液显________。弱酸弱碱盐的水溶液，当 $K_a > K_b$ 时溶液显________，当 $K_a < K_b$ 时溶液显________，当 $K_a = K_b$

时溶液显＿＿＿＿＿。

3. 判断下列盐溶液的酸碱性：

Na_2SO_4 ＿＿＿＿；Na_2CO_3 ＿＿＿＿；NH_4NO_3 ＿＿＿＿；NaAc ＿＿＿＿；$FeCl_3$ ＿＿＿＿；NH_4Cl ＿＿＿＿；NaCl ＿＿＿＿；$CuSO_4$ ＿＿＿＿。

4. 在配制 $Al_2(SO_4)_3$ 溶液时，为了防止发生水解，可以先将 $Al_2(SO_4)_3$ 固体溶于一定浓度的＿＿＿＿中，然后再加水稀释至所需浓度。

二、综合题

5. 长期使用硫铵[$(NH_4)_2SO_4$]会导致土壤的酸化，为什么？

6. 草木灰是农村常用的钾肥，它含有 K_2CO_3。为什么草木灰不宜与用作氮肥的铵盐混合使用？

*7. NaCl 和 NH_4Ac 两种盐的水溶液都呈中性，其原因一样吗？

*第四节 配位化合物

配位化合物（简称配合物）是一类组成比较复杂的化合物。它们的存在非常普遍，自然界中绝大多数无机化合物都是以配合物形式存在的。在水溶液中大多数金属离子都与水分子形成复杂配合物，如$[Cu(H_2O)_4]^{2+}$、$[Al(H_2O)_6]^{3+}$等。本节只简单讨论有关配合物的基本知识。

一、配合物的组成

1. 配合物的概念

【实验 4-3】 在(1)、(2)号试管中各加入 0.1 $mol\cdot L^{-1}$ $CuSO_4$ 溶液 2 mL。向(1)号试管中滴加几滴 0.1 $mol\cdot L^{-1}$ $BaCl_2$ 溶液，立即有白色 $BaSO_4$ 沉淀生成。向(2)号试管中滴加 6 $mol\cdot L^{-1}$ $NH_3\cdot H_2O$ 溶液，开始有浅蓝色碱式硫酸铜 $Cu_2(OH)_2SO_4$ 沉淀生成，继续加入过量氨水，沉淀溶解，形成深蓝色溶液。将此溶液分为 2 份，一份加入几滴 0.1 $mol\cdot L^{-1}$ $BaCl_2$ 溶液，仍有白色 $BaSO_4$ 沉淀生成，证明有 SO_4^{2-} 存在；另一份加入少量 1 $mol\cdot L^{-1}$ NaOH 溶液，则无 $Cu(OH)_2$ 沉淀生成，证明 Cu^{2+} 极少。

实验证明，Cu^{2+} 与 NH_3 结合生成了复杂的$[Cu(NH_3)_4]^{2+}$，反应式为：

$$Cu^{2+}+4NH_3 \longrightarrow [Cu(NH_3)_4]^{2+}（深蓝色）$$

这种复杂离子叫作**铜氨配离子**，在溶液和晶体中（如果溶液中加入酒精可得深蓝色$[Cu(NH_3)_4]SO_4$结晶）都能稳定存在。它是由 NH_3 分子内 N 原子上的孤对电子进入 Cu^{2+} 的空轨道，以 4 个配位键结合而成的，可表示为：

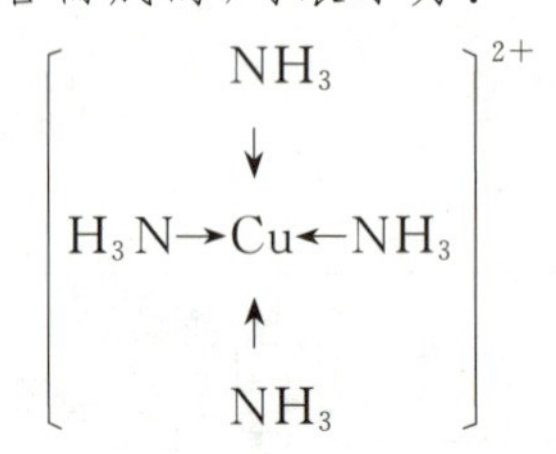

【实验 4-4】 在盛有 2 mol·L^{-1} $HgCl_2$ 溶液的试管中逐滴加入 0.1 mol·L^{-1} KI 溶液，开始有橘红色 HgI_2 沉淀生成，继续加入过量 KI，沉淀溶解，形成无色溶液。反应式为：

$$Hg^{2+} + 2I^- \longrightarrow HgI_2 \downarrow \text{（橘红色）}$$

$$HgI_2 + 2I^- \longrightarrow [HgI_4]^{2-} \text{（无色）}$$

$[HgI_4]^{2-}$ 也是一种配离子。它是由 I^- 上的孤对电子进入 Hg^{2+} 的空轨道，以 4 个配位键结合而形成的。

综上所述，凡是由可以提供孤对电子的负离子或分子，与接受孤对电子的原子或离子间，以配位键按一定的组成和空间构型所形成的复杂离子叫作**配离子**，由配离子与电荷相反的离子形成的化合物叫作**配合物(complex)**。此外，如$[Ni(CO)_4]$、$[Fe(CO)_5]$、$[PtCl_2(NH_3)_2]$等，也是配合物(称为配分子)。

2. 配合物的组成

配合物通常由内界和外界组成，内界和外界之间以离子键结合。

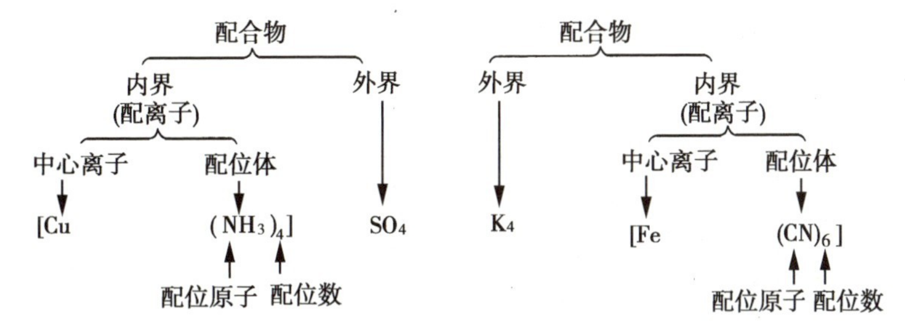

(1) 形成体(即中心离子)。

在配合物中，凡接受孤对电子的离子或原子称为**形成体**，也叫中心离子(或原子)，如上述例子中的 Cu^{2+}、Fe^{2+}，但也有中性原子作为形成体的，如$[Ni(CO)_4]$和$[Fe(CO)_6]$中的 Ni、Fe 都是中性原子。中心离子(或原子)绝大多数是金属，特别是过渡性金属，如 Cu^{2+}、Fe^{2+}、Fe^{3+}、Cr^{3+}、Ni^{2+}、Ni 等。

(2) 配位体。

在配合物中，提供孤对电子的分子或离子称为配位体(ligand)。在配位体中直接同中心离子相结合的原子叫配位原子，如上面例子中的 NH_3 中的氮原子、CN^- 中的碳原子。常见配位体、配位原子见表 4-6。

表4-6 常见配位体、配位原子

配位体	配位原子
F^-、Cl^-、Br^-、I^-	卤素原子
H_2O、OH^-(羟基)、无机含氧酸根(如 SO_4^{2-}、CO_3^{2-})	O
S^{2-}、H_2S、SCN^-(硫氰酸根)	S
NH_3、NO_2^-(硝基)、NO^-(亚硝基)、NCS^-(异硫氰酸根)	N
CN^-、CO(羰基)	C

(3) 配位数。

配位原子的数目称为形成体的配位数(coordination number)。如一个配位体只有一个配位原子,则:

配位数 = 配位原子数 = 配位体数

但是,有的配位体可含两个或两个以上配位原子,上述等式就不成立。常见中心离子的配位数见表 4-7。

表4-7 常见中心离子的配位数

中心离子	配位数	配离子(或配分子)
Ag^+、Cu^+	2	$[Ag(NH_3)_2]^+$、$[Cu(CN)_2]^-$
Pt^{2+}、Cu^{2+}、Zn^{2+}、Hg^{2+}	4	$[Pt(NH_3)_2Cl_2]$、$[Cu(NH_3)_4]^{2+}$
Fe^{2+}、Fe^{3+}、Ni^{2+}、Co^{3+}、Pt^{4+}、Cr^{3+}	6	$[PtCl_6]^{2-}$、$[Co(NH_3)_6]^{3+}$

(4) 配离子电荷。

配离子电荷等于配位体和形成体电荷的代数和,可以是配阳离子,也可以是配阴离子。

二、配合物的命名

配合物的命名遵循一般无机化合物命名原则。例如:

简单阴离子　　(读:某化某)
复杂阴离子　　(读:某酸某)
阴离子是 OH^-　　(读:氢氧化某)

配合物命名的关键在于配合物内界,命名顺序如下:

(1) 配位体数(用中文数字)—配位体的名称(不同配位体名称之间用“·”隔开)—“合”—中心离子名称—中心离子化合价(加圆括号,用罗马数字表示)。

(2) 有多种配位体时,应先命名阴离子,后命名分子;同类配位体应按配位原子元素符号的英文字母顺序命名。

表 4-8 列出了一些配合物命名示例。

表4-8 配合物命名示例

化学式	配合物名称
$H_2[PtCl_6]$	六氯合铂(Ⅳ)酸
$[Ag(NH_3)_2]OH$	氢氧化二氨合银(Ⅰ)
$[Cu(NH_3)_4]SO_4$	硫酸四氨合铜(Ⅱ)
$[CrCl_2(H_2O)_4]Cl$	氯化二氯·四水合铬(Ⅲ)
$[Co(NH_3)_5(H_2O)]Cl_3$	三氯化五氨·一水合钴(Ⅲ)
$K_4[Fe(CN)_6]$	六氰合铁(Ⅱ)酸钾
$Na_3[Ag(S_2O_3)_2]$	二(硫代硫酸根)合银(Ⅰ)酸钠

续表

化　学　式	配　合　物　名　称
$[Ni(CO)_4]$	四羰基合镍
$[PtCl_4(NH_3)_2]$	四氯·二氨合铂(Ⅳ)
$[Ni(NH_3)_4]^{2+}$	四氨合镍(Ⅱ)配离子

常见的配合物除按命名原则系统命名外，还有习惯名称。例如：

$K_4[Fe(CN)_6]$　　黄血盐或亚铁氰化钾

$K_3[Fe(CN)_6]$　　赤血盐或铁氰化钾

$H_2[PtCl_6]$　　氯铂酸

还有一类较复杂的化合物，如明矾 $KAl(SO_4)_2 \cdot 12H_2O$、光卤石 $KCl \cdot MgCl_2 \cdot 6H_2O$ 等，因无配离子而只属于复盐。复盐在水中完全电离为简单离子。

习题

填空题

1. 填表：

配合物	名　称	中心离子	配位体	配位数
$[Ag(NH_3)_2]NO_3$				
$K_4[Fe(CN)_6]$				
$K_3[Fe(CN)_6]$				
$[CoCl(NH_3)_5]Cl_2$				
$[Ag(NH_3)_2]OH$				
$H_2[PtCl_6]$				

2. 向硫酸铜溶液中加入氨水，开始生成淡蓝色__________沉淀，继续加入氨水，沉淀溶解，生成__________色__________(化学式)溶液。

3. 向 $AgNO_3$ 溶液中加入 NaCl，出现__________沉淀，加入 $NH_3 \cdot H_2O$ 则沉淀消失，生成__________溶液。

第五节　氧化还原反应

一、氧化还原反应分析

在初中化学里，学习氢气还原氧化铜时，从得氧和失氧的角度来认识氧化还原反应，知道物质与氧化合的反应叫作氧化反应，物质失去氧的反应叫作还原反应。例如：

得到氧，被氧化

$$CuO + H_2 \overset{\triangle}{=\!=\!=} Cu + H_2O$$

失去氧，被还原

像这样一种物质被氧化，同时另一种物质被还原的反应叫作氧化还原反应。但是有许多氧化还原反应（如钠和氯气反应、氢气和氯气反应等）并没有得氧和失氧的过程。

1. 氧化还原反应的特征

首先分析氧化还原反应中元素化合价的变化：

通过大量氧化还原反应实例的分析，发现氧化还原反应的特征是参加反应的物质中存在元素化合价的升降。因此，凡是反应前后元素的化合价有改变的反应，叫作氧化还原反应。其中，元素化合价升高的反应是**氧化反应（oxidation reaction）**，元素化合价降低的反应是**还原反应（reduction reaction）**。若在化学反应中，元素化合价都没有改变，则属非氧化还原反应。例如：

$$NaOH + HCl =\!=\!= NaCl + H_2O$$

2. 氧化还原反应的实质

大家知道，氯化钠是由钠离子和氯离子构成的。在钠和氯气的反应中，钠原子失去1个电子，从0价变成+1价，化合价升高；氯原子得到1个电子，从0价变成−1价，化合价降低。可见元素化合价升降的原因是它们的原子失去或得到电子。由此可知，氧化还原反应的实质是反应物之间发生了电子得失。

下面我们用线桥表明同一元素的原子在反应过程中化合价的变化情况：

化合价升高

$$2\overset{0}{Na} + \overset{0}{Cl_2} \overset{点燃}{=\!=\!=} 2\overset{+1\,-1}{NaCl}$$

化合价降低

再用“e^-”表示电子，用箭头表示反应物中不同元素之间电子转移的情况（通常指电子转移的方向和总数）：

$$\overset{2e^-}{\overbrace{2\overset{0}{Na}+\overset{0}{Cl_2}}}\xlongequal{点燃}2\overset{+1}{Na}\overset{-1}{Cl}$$

氢气和氯气反应时并不伴随电子得失，只是在生成的氯化氢分子里共用电子对靠近氯原子，偏离氢原子。氯从0价变成−1价，氢从0价变成+1价。由于共用电子对的偏移引起元素化合价发生升降变化，这也是氧化还原反应。

$$\overset{0}{H_2}+\overset{0}{Cl_2}\xlongequal{点燃}2\overset{+1}{H}\overset{-1}{Cl}$$

化合价升高（H：0→+1）；化合价降低（Cl：0→−1）

综上所述，氧化还原反应较为确切的定义为：凡是有电子得失或共用电子对偏移的化学反应叫作**氧化还原反应（oxidation-reduction reaction）**。其中，物质失去电子的反应称为氧化反应，物质得到电子的反应称为还原反应。电子得失或共用电子对的偏移是**氧化还原反应的实质**。元素化合价的升降是氧化还原反应的特征。氧化和还原必然同时发生，且反应前后元素化合价升高和降低的总数（得失电子总数）相等。

氧化还原反应中，电子转移和化合价升降的关系可以表示如下：

化合价升高，失去电子（或共用电子对偏离），被氧化 →

−4　−3　−2　−1　0　+1　+2　+3　+4　+5　+6　+7

← 化合价降低，得到电子（或共用电子对靠近），被还原

二、氧化剂和还原剂

在氧化还原反应里，失去电子（或共用电子对偏离）、化合价升高的反应物叫作**还原剂（reductant）**，因为它失去电子，能使另一物质还原，本身被氧化；得到电子（或共用电子对靠近）、化合价降低的反应物叫作**氧化剂（oxidant）**，因为它接受电子，使另一物质氧化，本身被还原。

（1）常用的氧化剂：活泼的非金属，如卤素、氧气及元素的高价化合物（$KMnO_4$、K_2CrO_4、$FeCl_3$、HNO_3、浓硫酸等）。氧化剂具有氧化性，氧化性的强弱由该物质得电子能力的大小决定。

（2）常用的还原剂：活泼金属，如Na、Al及元素的低价化合物（H_2S、$SnCl_2$、$FeSO_4$、Na_2SO_3等），还有H_2、CO、C等。还原剂具有还原性，还原性的强弱由该物质失电子能力的大小决定。

（3）既可作氧化剂，又可作还原剂的物质：化合价处于中间价态的某些元素化合物和某些非金属单质，如$FeCl_2$、H_2O_2、Na_2O_2、SO_2、S、N_2、Cl_2等。这些元素的化合价可以升高，也可以降低，故这类物质在有些反应中可以作氧化剂，在另一些反应中又可作还原剂。

（4）在有些氧化还原反应中，氧化剂和还原剂也可能是同一种物质。例如：

$$Cl_2+2NaOH═NaCl+NaClO+H_2O$$

在上述反应中，Cl_2既是氧化剂，又是还原剂。

习题

一、填空题

1. 在化学反应中，如果反应前后元素化合价发生变化，就一定有________转移，这类反应就属于________反应。元素化合价升高，表明这种物质________电子，发生________反应，这种物质是________剂；元素化合价降低，表明这种物质________电子，发生________反应，这种物质是________剂。

二、综合题

2. 分解反应、化合反应是否都是氧化还原反应？请举例说明。

3. 判断下列化学反应中哪些属于氧化还原反应。如是氧化还原反应，请指出氧化剂和还原剂（列表回答）。

（1）$2Na+2H_2O \xlongequal{} 2NaOH+H_2\uparrow$

（2）$2H_2+O_2 \xlongequal{点燃} 2H_2O$

（3）$HCl+NaOH \xlongequal{} NaCl+H_2O$

（4）$CaCO_3 \xlongequal{高温} CaO+CO_2\uparrow$

（5）$Fe+CuSO_4 \xlongequal{} FeSO_4+Cu$

（6）$2Ca(OH)_2+2Cl_2 \xlongequal{} Ca(ClO)_2+CaCl_2+2H_2O$

（7）$2FeCl_3+SnCl_2 \xlongequal{} 2FeCl_2+SnCl_4$

（8）$Ca(HCO_3)_2 \xlongequal{\triangle} CaCO_3+H_2O+CO_2\uparrow$

*第六节　原电池

一、原电池

氧化还原反应的本质是反应物之间发生了电子的转移。那么是否可以通过氧化还原反应来产生电流呢？

【实验 4-5】 如图 4-8 所示，把 1 块锌片和 1 块铜片插入盛有稀硫酸的烧杯里，观察两片金属上有何现象发生；用导线把 2 片金属连接起来，再观察铜片上有何现象；使用 1 个干电池来确定电流计指针偏转方向和电流方向的关系；再把灵敏电流计接入导线中，观察指针是否偏转。

从上述实验中观察到的现象是：

（1）锌片与酸接触的表面有气泡逸出，锌片逐渐溶解，铜片上没有气体。

（2）用导线连接后，铜片上有气泡逸出，锌片逐渐变薄。

（3）电流计指针发生偏转。

由于锌是金属活动顺序中位于氢前面的金属，可以置换出酸中的氢，产生氢气：

$$Zn + 2H^{+} = Zn^{2+} + H_2\uparrow$$

铜在氢的后面，与稀硫酸不反应。用导线将2片金属连接后，因为锌比铜活泼，容易失去电子，锌被氧化成 Zn^{2+} 进入溶液，锌片逐渐溶解变薄；电子由锌片沿着导线流向铜片，铜片上因积聚电子显负电性，吸引溶液中的 H^{+}，H^{+} 在铜片上获得电子被还原成氢原子，2个氢原子结合成氢分子，在铜片上生成氢气逸出。由于锌原子失去的电子不断地通过导线流向铜片，产生了电子的定向移动，就形成了电流，使电流计指针发生偏转。

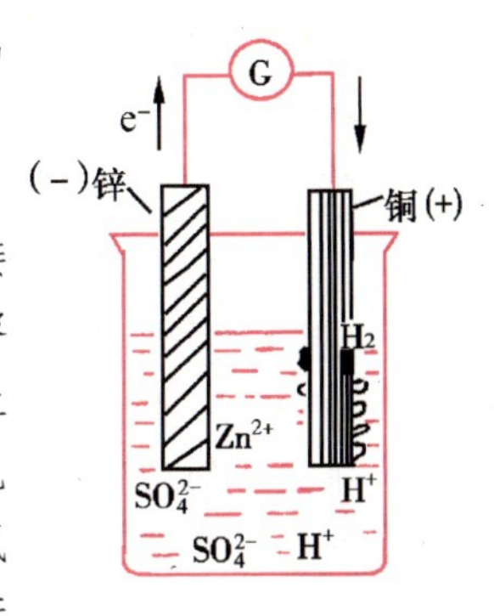

图 4-8　原电池示意图

上述过程可表示如下(电极反应式)：

Zn 片(负极)：　$Zn - 2e^{-} \longrightarrow Zn^{2+}$　　(氧化反应)

Cu 片(正极)：　$2H^{+} + 2e^{-} \longrightarrow H_2\uparrow$　　(还原反应)

总反应式：　$Zn + 2H^{+} \longrightarrow Zn^{2+} + H_2\uparrow$

借助氧化还原反应，将化学能转变为电能的装置叫作**原电池(primary battery)**。在原电池中，电子流出的电极是负极(如锌片)，发生氧化反应；电子流入的电极是正极(如铜片)，发生还原反应。

两种不同的金属或一种金属与一种可导电的非金属(如碳)在电解质溶液中形成闭合电路都可成为原电池。其中，较活泼的金属为负极，它失去电子发生氧化反应，从而逐渐溶解损耗；较不活泼的金属或能导电的非金属为正极，溶液中的阳离子(如 H^{+})在其表面获得电子发生还原反应。

原电池原理的应用：

(1) 人们应用原电池的原理，制出了各种各样的电池，如干电池、蓄电池等，它们在生产、生活和科技等方面都有广泛的用途。

(2) 判断金属的活动性。作为负极的金属的活动性总是强于作为正极的金属的活动性。

(3) 加快某些反应的速率。例如，纯 Zn 与稀 H_2SO_4 反应的速率很慢，当加入少量 $CuSO_4$ 溶液，发生如下反应：

$$Zn + CuSO_4 = ZnSO_4 + Cu$$

则产生 H_2 的速率明显加快。因为 Zn 与 Cu 接触，形成了许多微电池，Zn 作为负极迅速被腐蚀(即 $Zn - 2e^{-} \longrightarrow Zn^{2+}$)。

(4) 原电池反应又是造成金属腐蚀的主要原因，它将给生产和生活带来危害。

二、金属的腐蚀与防护

金属或合金与周围接触到的气体(空气、CO_2、SO_2 等)或液体(电解质溶液)发生化学反应而损耗的过程，叫作**金属的腐蚀(corrosion)**。

金属腐蚀的现象非常普遍，如铁和铜腐蚀产生铁锈、铜绿等。全世界每年因腐蚀报废的钢铁设备估计相当于产量的10%～20%。因此，了解金属腐蚀的原因，掌握防护方法有十分重要的意义。

1. 金属腐蚀

由于金属接触的物质不同，发生腐蚀的情况也不一样。一般可分为化学腐蚀和电化学腐蚀两种。

(1) 化学腐蚀。

金属与干燥的气体（O_2、Cl_2、SO_2 等）直接接触发生化学反应而引起的腐蚀称为**化学腐蚀（chemical corrosion）**。例如，铁在高温下与氧气反应，化工厂里的氯气与铁或其他金属反应而发生的腐蚀。

化学腐蚀只发生在金属表面，仅是金属与氧化剂之间的氧化还原反应。化学腐蚀的速率随温度升高而加快，如钢铁在常温和干燥的空气中不易受到氧的腐蚀，但在高温下就容易被氧化，所以金属的化学腐蚀在高温下是常见的。

(2) 电化学腐蚀。

不纯的金属（或合金）与电解质溶液接触，由于发生原电池反应，使比较活泼的金属原子失去电子而被腐蚀，叫作**电化学腐蚀（electrochemical corrosion）**。电化学腐蚀比化学腐蚀更普遍，危害性更大，造成了大量的金属损耗。例如，钢铁在潮湿空气里会发生电化学腐蚀。钢铁里除含铁外，还含有 C、Si 等可导电的杂质。当钢铁暴露在潮湿空气中时，它的表面会吸附水汽，形成一层极薄的水膜，这层水膜会溶解空气中的氧气、二氧化碳、二氧化硫等气体，使水膜中含有 O_2、H^+、OH^- 及其他酸根离子，形成电解质溶液。这样，铁和可导电的杂质与电解质溶液接触就构成了原电池。由于杂质很少，且分散在钢铁的各处，所以在钢铁的表面形成了无数微小的原电池。在这些微小的原电池里，铁是负极，杂质（如碳）是正极。铁作为负极失去电子发生氧化反应被腐蚀：

$$\text{负极(Fe)}：Fe - 2e^- \longrightarrow Fe^{2+}$$

Fe^{2+} 与水膜里的 OH^- 结合生成 $Fe(OH)_2$，继续被空气中的氧气氧化为 $Fe(OH)_3$，其脱水产物 Fe_2O_3 是红褐色铁锈的主要成分。正极的反应因电解质溶液成分不同而异，较为复杂，这里不做讨论。

不论是化学腐蚀还是电化学腐蚀，其本质都是金属原子失去电子变成阳离子的氧化过程（即 $M - ne^- \longrightarrow M^{n+}$）。但是电化学腐蚀过程中伴有电流产生，而化学腐蚀却没有。在一般情况下，这两种腐蚀过程往往同时发生，只是电化学腐蚀比化学腐蚀普遍得多，腐蚀的速率也快得多。

2. 防止金属腐蚀的方法

金属腐蚀主要是由金属与周围物质发生氧化还原反应而引起的，所以金属的防护应从金属本质和周围物质两方面来考虑。

(1) 改变金属的内部组织结构。

在普通的钢里加入一定量的铬、镍等，制成不锈钢，可以大大增强其抗腐蚀能力。

(2) 隔离法。

在金属表面覆盖致密的保护层，使金属与周围物质隔离开来。例如，在钢铁表面涂上矿物油（黄油）、船身涂油漆、汽车外壳喷漆、脸盆表面覆盖搪瓷。也可在钢铁表面镀上一层不易被腐蚀的金属，如锌、锡、铬、镍等，常见的有镀锌铁（俗称白铁皮）和镀锡铁（俗称马口铁）。还可用化学方法使金属表面生成致密的保护层，如钢铁“发蓝”，即把钢铁制件先经过去油、除锈等预处理，然后放入由浓 NaOH 和氧化剂 $NaNO_3$、$NaNO_2$ 配制而成的溶液中，加热到 140 ℃～150 ℃，发生一系列反应后在钢铁制件的表面就会生成一层黑色或蓝色的致密的 Fe_3O_4 薄膜，保护里面的钢铁不被腐蚀。机器零件、光学仪器和枪炮等大多采用这种“发蓝”处理。

(3) 电化学保护法。

根据原电池正极不受腐蚀的原理，将较活泼的金属或合金连接在被保护的金属上，形成原电池，如图 4-9 所示。这时，较活泼的金属或合金作为负极被氧化而腐蚀，被保护的金属作为正极而受到保护。一定时间后，活泼的金属腐蚀完了，再换上新的。一般常用铝、锌及它们的合金作负极。这种方法常用于保护船舶外壳、锅炉和海底设备等。

图 4-9 电化学保护法示意图

习题

一、填空题

1. 原电池是一种________________的装置。在原电池中，较活泼的金属为____极，发生________反应；活动性较差的金属或能导电的非金属为____极，发生________反应。

二、综合题

2. 形成原电池的条件有哪些？

3. 把镍片和锌片浸入稀硫酸里，并以导线相连组成原电池。判断原电池的正、负极，写出电极反应式。

4. 为什么用铝质铆钉铆接的铁板不易生锈，而用铜质铆钉铆接的铁板就易生锈？

5. 镀层破损后，为什么镀锌铁(白铁皮)比镀锡铁(马口铁)耐腐蚀？

6. 金属防腐蚀的方法有哪几种？请各举一些你所了解的实例。

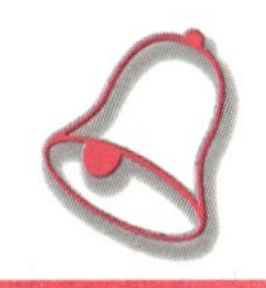

本章小结

一、电离平衡

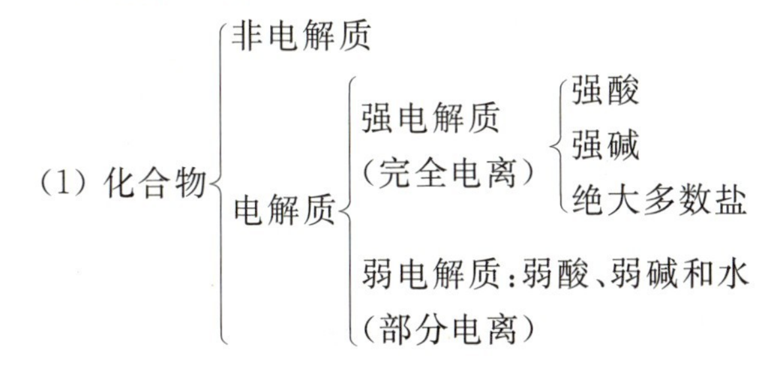

(2) 水的离子积 K_W。

常温时，$K_W=c(H^+)\cdot c(OH^-)=1\times10^{-14}$，此关系也适用于酸、碱、盐的稀溶液。

(3) 溶液的 pH：$pH=-\lg[c(H^+)]$。

(4) 溶液的酸碱性见表 4-9。

表4-9　溶液酸碱性归纳表

溶液酸碱性	$c(H^+)$	$c(OH^-)$	$c(H^+)$和$c(OH^-)$比较	$c(H^+)\cdot c(OH^-)$值(25 ℃)	pH
酸性	$>10^{-7}\ mol\cdot L^{-1}$	$<10^{-7}\ mol\cdot L^{-1}$	$c(H^+)>c(OH^-)$	1×10^{-14}	<7
中性	$=10^{-7}\ mol\cdot L^{-1}$	$=10^{-7}\ mol\cdot L^{-1}$	$c(H^+)=c(OH^-)$	1×10^{-14}	$=7$
碱性	$<10^{-7}\ mol\cdot L^{-1}$	$>10^{-7}\ mol\cdot L^{-1}$	$c(H^+)<c(OH^-)$	1×10^{-14}	>7

二、溶液中的离子反应

(1) 有离子参加的反应称为离子反应，可分为氧化还原反应和非氧化还原反应。

(2) 离子互换反应的条件：① 生成气体；② 有沉淀生成；③ 有弱电解质生成。

(3) 书写离子方程式的要点：

① 凡是易溶解的强电解质以离子表示，难溶物、气体、弱电解质以化学式表示。

② 保持方程式两边元素种类、原子个数、电荷数相等。

三、盐类水解

(1) 盐类的水解是指盐类的离子与水电离出来的 H^+ 或 OH^- 结合生成弱酸、弱碱等弱电解质的反应，是中和反应的逆反应。

强酸弱碱盐：水解呈酸性

弱酸强碱盐：水解呈碱性

弱酸弱碱盐 $\begin{cases}K_a>K_b\text{，水解呈酸性}\\K_a=K_b\text{，水解呈中性}\\K_a<K_b\text{，水解呈碱性}\end{cases}$

强酸强碱盐：不水解，呈中性

(2) 影响盐类水解的因素：

① 盐的本性。

② 盐的浓度：盐的浓度越小，水解程度越大。

③ 溶液酸度：加酸促进弱酸盐水解，加碱阻止弱酸盐水解。加碱促进弱碱盐水解，加酸阻止弱碱盐水解。

④ 温度：温度升高，有利于水解。

四、配位化合物

(1) 配合物的组成。

配合物常由内界和外界组成，内界和外界之间常以离子键结合。配位个体为配合物的内界，其余为外界。

① 形成体：配合物中接受配位体孤对电子的离子或原子称为形成体。形成体必须具有接受孤对电子的空轨道。常见形成体为过渡元素的离子或原子。

② 配位体：配合物中提供孤对电子的分子或离子称为配位体。

③ 配位数：与形成体以配位键结合的配位原子数，称为形成体的配位数。如一个配位体只有一个配位原子，则配位数＝配位体数。

（2）配合物的命名。

遵循一般无机化合物命名原则。内界命名时，配位体在形成体之前，配位体的顺序与化学式书写的先后次序一样，不同配位体之间以"·"隔开；在最后一个配位体之后缀以"合"字，再写形成体名称；配位体个数用一、二、三等数字表示。

五、氧化还原反应

氧化还原反应的概念和含义见表 4-10。

表4-10　氧化还原反应的概念和含义

概　　念	含　　义
氧化、还原	就反应的变化而言
氧化剂、还原剂	就反应的物质而言
氧化性、还原性	就反应的能力而言

物质—失电子或共用电子对偏离—化合价升高—被氧化—还原剂—还原性。

物质—得电子或共用电子对靠近—化合价降低—被还原—氧化剂—氧化性。

六、原电池

（1）应用：金属的腐蚀与防护。

（2）原电池的原理等，见表 4-11。

表4-11　原电池

名　称	电极名称	电子和电流方向	电极反应	能量转变
原电池	负极为较活泼的金属或较易失去电子的金属，正极为不活泼的金属或碳等	电子由负极流向正极；电流由正极流向负极	负极：失去电子的氧化反应；正极：得到电子的还原反应	由化学能转变为电能

课外阅读

同离子效应和缓冲溶液

弱电解质的电离平衡是有条件的。当外界条件改变时，电离平衡也会发生移动。如在 HAc 溶液中，加入 NaAc 会导致 HAc 电离平衡逆向移动：

$$HAc \rightleftharpoons H^{+} + Ac^{-}$$

←加入 NaAc，电离平衡向左移动

$$NaAc \longequal Na^+ + Ac^-$$

重新达到平衡时，溶液中 HAc 浓度比原平衡时浓度大，即 HAc 的电离度降低了。这种在弱电解质溶液中加入与其具有相同离子的易溶强电解质，使弱电解质电离度减小的现象叫作同离子效应。

能够抵抗外加少量酸、碱或稀释，而本身 pH 不发生显著变化的溶液称为缓冲溶液。弱酸及其盐（如 HAc-NaAc、H_2CO_3-$NaHCO_3$）、多元弱酸酸式盐及其次级盐（如 NaH_2PO_4-Na_2HPO_4、$NaHCO_3$-Na_2CO_3）、弱碱及其盐（如 $NH_3 \cdot H_2O$-NH_4Cl）都有缓冲作用。

缓冲溶液在工业、农业、生物学、医学、化学等方面都有很重要的用途。许多化学反应需在一定 pH 范围内才能正常进行。例如，土壤中含有 H_2CO_3-$NaHCO_3$ 和 NaH_2PO_4-Na_2HPO_4 以及其他有机酸及其盐组成的复杂的缓冲体系，使土壤维持一定的 pH，从而保证了植物正常生长。又如，人体血液中含有 H_2CO_3-$NaHCO_3$、NaH_2PO_4-Na_2HPO_4、HbO_2（氧合血红蛋白）-$KHbO_2$、Hb（血红蛋白）-KHb 等缓冲溶液，使人体血液的 pH 维持在7.35～7.45，保证了细胞代谢的正常进行和整个机体的生存。

pH 与日常生活

pH 与人们的日常生活有着密切的联系。从人体自身角度来说，正常人血液的 pH 在 7.40±0.05 范围内，当摄入少量酸性或碱性食物后，人体能够自动调节，并将多余的酸碱排出体外，保持人体酸碱平衡。在人体某些器官发生器质性病变或受到大量酸碱的侵袭时，血液的酸碱平衡将受到破坏，从而失去抵御酸碱的能力，使人体受到伤害。当 pH 减小时，医学上称为“酸中毒”；当 pH 增大时，则称为“碱中毒”。

人体皮肤是机体的第一道天然屏障，其 pH 为 5.5～6.0。在生活水平不断提高、自我保健意识不断强化的今天，人们更加注重皮肤的护理。因此，在日常生活中，应慎重选择使用各种洗涤、化妆、护肤用品，尽量减小对皮肤的刺激。如肥皂、香皂、药皂都是常用的洗涤用品，它们的 pH 各不相同。肥皂的碱性较强，适用于衣物的洗涤，若用于皮肤清洁，容易造成皮肤干燥。香皂、药皂经过化学处理，pH 相对较低，性质温和，可用于洗澡、洗脸。皮肤的美容护理，应在专业人员的指导下，根据个体皮肤特点，选择适当的护肤用品，只有科学护肤，才能达到理想的美容效果。

在人们的饮食中，许多现象也与 pH 有关。如酱油（pH 为 4.8 左右）、醋（pH 约为 3）都是常用的调味品，在食物烹调时，用它们来调节口味，实际上是调整食物的 pH。夏季，气温较高，食物容易腐败变质，这与食物的 pH 变化有着密切的关系。在食欲低下时，在食物中加少量醋，刺激胃酸分泌，可以起到开胃的作用。新鲜猪肉的 pH 为 7.0～7.4，放置一段时间后，肉中的蛋白质凝固，失去水分，pH 下降到

5.4～5.5，猪肉将失去原有的鲜味。味精在pH小于7的溶液中溶解后，游离出氨基酸，使汤味鲜美，而在碱性环境中口感则较差。面粉发酵过程中，pH会降低，因此在制作馒头的时候，一般要加少量小苏打，中和发酵过程中产生的有机酸，但不宜过量，否则蒸出的馒头会发黄。为了避免馒头发黄，我们可以在馒头出笼前，向水中加入少量醋，稍蒸片刻，以中和多余的碱，从而改善馒头等面制品的外观质量。

衣物污渍如何去除

我们都知道，一般的脏衣服用洗涤剂洗就可以了。但有些污渍却洗不掉，怎么办呢？别烦，下面教你几招。

一、氧化还原反应法

蓝黑墨水渍：新染上的蓝黑墨水渍立即用洗涤剂洗涤即可除去，陈旧的可先在2%草酸溶液中浸几分钟，使墨水中的黑色鞣酸铁还原，或用维生素C片揉擦，然后用肥皂或洗涤剂搓洗，即可除去。铁锈渍也可用同样的方法去除。

红墨水、纯蓝墨水及其他染料污渍：用0.25%高锰酸钾溶液滴上后搓洗即可除去。

二、相似相溶法

油渍：如圆珠笔油、油墨、油漆、沥青等，用软布或者棉纱蘸汽油擦拭，让油性的颜色物质溶解在汽油里，再转移到擦布上去。有时汽油溶解不了，换用溶解油脂能力更强的苯、氯仿或四氯化碳等化学药品就行。如果吃饭时不小心将少许油迹滴在了衣服上，可用液态洗涤剂如洗洁精、丝毛净等涂在污渍处，然后再放入含洗涤剂的水中洗涤即可。

三、利用胶体的吸附作用

墨汁渍：用米饭粒揉搓，把墨迹从纤维上粘下来。如果墨迹太浓，沾污的时间太长，碳粒钻到纤维深处，那就很难除净了。古代的书画墨宝保存千百年，漆黑鲜艳，永不褪色，就是这个道理。

霉斑：先用淘米水浸泡（时间稍长些），对于霉斑顽固之处可涂以5%的酒精溶液，或者用热肥皂水反复擦洗几遍，然后只要按常规搓洗，霉斑就可以完全除去了。

四、综合法

汗渍：可用1%～2%稀氨水浸泡，然后在1%的草酸溶液中洗涤。也可将衣物放在3%的盐水里浸泡几分钟，再用清水漂清后用肥皂或洗衣粉洗。

血渍：把白萝卜切成细丝，加些盐，挤出汁液，用来擦洗揉搓即可。

水果汁渍：对于新沾上的果汁，立即用食盐水揉洗，如还有痕迹，可用稀氨水（氨水与水的质量比为1∶20）滴上后揉搓，然后用洗涤剂洗净。

血渍、汗渍不能用热水洗，要先用凉水浸泡，再用加酶洗衣粉洗涤。因为如果先用热水浸泡，蛋白质受热变性凝固，就不太容易洗掉了。沾上了碘酒的衣服，却要先在热水里浸泡后再洗。沾上机器油的纺织品，在用汽油擦拭的同时，还要用熨斗熨烫，趁热把油污赶出去。

洗去污渍就像治病一样，要讲究“对症下药”。

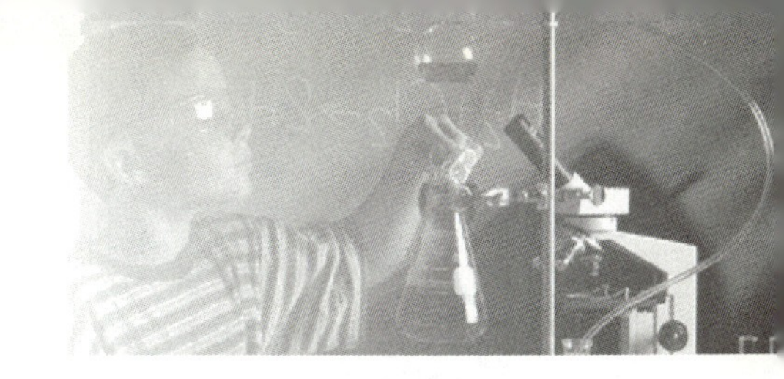

第五章　烃

化学上，通常把化合物分为两大类，如 H_2O、NH_3、H_2SO_4、NaOH 等称为无机化合物(inorganic compound)；另一类化合物，如甲烷(CH_4)、乙烯(C_2H_4)、乙炔(C_2H_2)、苯(C_6H_6)等称为**有机化合物(organic compound)**。有机化合物通常都是含碳的化合物。研究有机化合物的化学叫作**有机化学(organic chemistry)**。

有机化合物与人类的关系非常密切，在人们的衣食住行、医疗卫生、工农业生产、能源、材料和科学技术等领域都起着重要的作用。

第一节　有机化合物概述

一、有机化合物

有机化合物简称有机物，其名称来源于“有生机之物”。19 世纪初，人们把来源于无生命的矿物界的物质称为无机物，把来源于有生命的动植物体内的物质称为有机物，并且认为，有机物只有在生物体内一种特殊的“生命力”的作用下才能产生，这就是所谓的“生命力”学说。由于“生命力”学说认为有机物和无机物之间互不联系，不可能用人工方法由无机物来合成有机物，因而阻碍了有机化学的发展。

1828 年，年轻的德国化学家维勒(Wohler)在蒸发氰酸铵水溶液时意外得到了尿素。氰酸铵是无机物，而尿素是哺乳动物尿中的成分，是典型的有机物。他的实验给了“生命力”学说有力的冲击，证明人工合成有机物是完全可能的。此后不久，人们又陆续制得了乙酸、油脂等各种有机物，因而“生命力”学说最终被否定。显然，有机物的“有机”两字早已失去了它的原意，但由于习惯，一直沿用至今。

研究发现，组成有机物的主要元素是碳，此外还有氢、氧、氮、硫、磷、卤素等。一般将碳和氢看作是组成有机化合物的最基本元素，把碳氢化合物作为有机化合物的基本化合物，而把含有其他元素的有机化合物称为碳氢化合物的衍生物。因此，有机化合物包括碳氢化合物及其衍生物。

对于一些简单的含碳化合物，如一氧化碳、二氧化碳、碳酸盐等，由于它们的性质和无机物相似，通常把它们划在无机物一类。

有机物和无机物之间虽然没有绝对的界限，但在组成上有明显的不同之处。构成无机物的化学元素有 100 余种，而在有机物中只含有为数不多的几种化学元素。有机物的数目已达上千万种，而无机物却只有几万种。有机物与无机物相比，在物理性质和化学性质上的不同之处见表 5-1。

表 5-1 有机物与无机物的一些差别

化合物类别	熔点	燃烧情况	溶解情况		反应情况		化学键	种类
			水	有机溶剂	速率	副反应		
有机物	低于 400 ℃	易	难	易	慢	有	共价键	1000 万种以上
无机物	高，难熔	难	易	难	快	无	离子键 共价键	5 万种左右

表中所述的性质是一般有机物的共性，各种有机物还有其个性。例如，酒精可以与水以任意比例混溶；四氯化碳不但不能燃烧，而且能作灭火剂等。

二、有机化合物的分类

碳原子最外层有 4 个电子，可以和其他原子形成 4 个共价键。在有机化合物中，每个碳原子不仅可以和其他原子形成共价键，而且碳原子与碳原子之间也能相互形成共价键；碳原子之间不仅可以形成单键，还可以形成双键或叁键；多个碳原子可以相互结合形成长长的碳链，也可以形成碳环。含有相同组成的有机物分子又可能具有不同的结构，有多种不同的化合物。所以，有机物的种类和数目繁多。

有机化合物的分类如下：

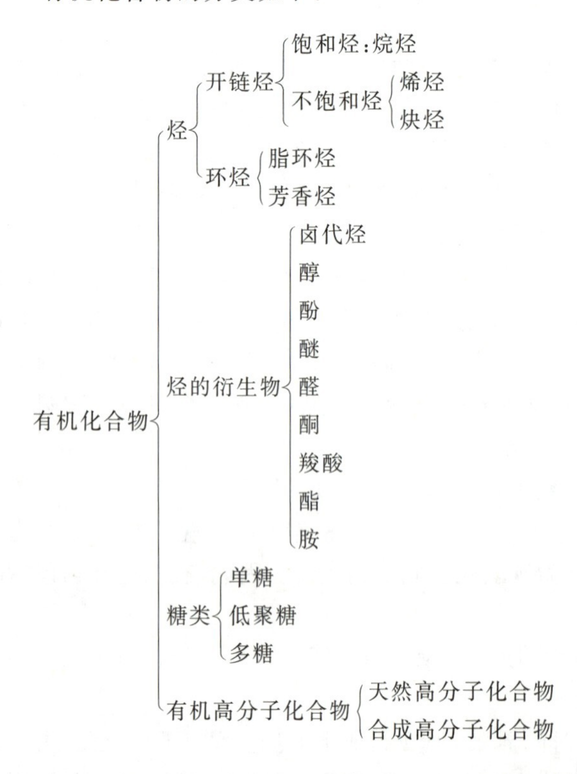

三、常见官能团介绍

在有机化合物中，有些原子或原子团决定其主要化学性质和分类，人们把这样的原子或原子团称为**官能团(functional group)**。有机物常见官能团见表 5-2。

表 5-2　有机物常见官能团

化合物类别	官　能　团	名称	实　　例	
烯　烃	$\rangle C=C\langle$	双键	$CH_2=CH_2$	乙烯
炔　烃	$-C\equiv C-$	叁键	$CH\equiv CH$	乙炔
卤代烃	$-X$	卤素	C_6H_5-Cl	氯苯
醇和酚	$-OH$	羟基	CH_3CH_2OH C_6H_5-OH	乙醇 苯酚
醚	$-O-$	醚键	$CH_3CH_2-O-CH_2CH_3$	乙醚
醛和酮	$-\overset{O}{\overset{\|}{C}}-$	羰基	$CH_3-\overset{O}{\overset{\|}{C}}-H$ $CH_3-\overset{O}{\overset{\|}{C}}-CH_3$	乙醛 丙酮
羧　酸	$-\overset{O}{\overset{\|}{C}}-OH$	羧基	$CH_3-\overset{O}{\overset{\|}{C}}-OH$	乙酸
酯	$-\overset{O}{\overset{\|}{C}}-O-R$	酯基	$CH_3-\overset{O}{\overset{\|}{C}}-OC_2H_5$	乙酸乙酯
胺	$-NH_2$	氨基	$C_6H_5-NH_2$	苯胺

习题

一、填空题

1. 有机物是指____________________。组成有机物的基本元素是

________，其他还有________________。

2. 大多数有机物具有以下特点：不易溶于________，易溶于________，________燃烧。化学反应速率________，往往用________________等方法来提高反应速率，常伴有________发生。但也有例外，如________可作灭火剂，________和________易溶于水，________能发生爆炸反应。所以有机物的这些特征是相对的，而不是绝对的。

3. 在有机化合物中，碳原子和碳原子之间不仅可以形成共价单键，还可以形成________和________；并且不仅可以形成________，而且还能形成碳环。

二、选择题

4. 组成有机物最基本的元素是（　　）

A. O　　B. C　　C. C和H　　D. C、H、O

5. 下列物质中，含羟基官能团的是（　　）

A. CH_3OCH_3　　B. CH_3CHO　　C. CH_3CH_2OH　　D. $CH_3—\overset{\overset{O}{\|}}{C}—OCH_3$

三、综合题

6. 完成下列官能团、名称、实例之间的正确连线：

官能团	名称	实例
$—OH$	双键	CH_3CH_2OH（乙醇）
$\gt C=C \lt$	羟基	$CH_2=CH_2$（乙烯）
$—COOH$	羧基	CH_3COOH（乙酸）

第二节　烷烃

在有机化合物中，仅由碳和氢两种元素组成的有机化合物称为碳氢化合物，简称**烃（hydrocarbon）**。

烃是有机化合物中最基本的一类物质，它包括开链烃和环烃，开链烃又分为饱和烃和不饱和烃，饱和烃又称为烷烃。

一、甲烷

甲烷（methane）是烃类中分子组成最简单的物质。甲烷是无色、无臭的气体，密度是 $0.717\ g \cdot L^{-1}$（标准状况），比空气轻，极难溶于水，很容易燃烧，是天然气和沼气的主要成分。

1. 甲烷的结构

甲烷的分子式是 CH_4，在甲烷分子中碳原子的4个价电子分别与4个氢原子的电子形成 4 个共价键。甲烷的电子式可以表示为 $H\overset{\times}{\cdot}\underset{\overset{\times}{\cdot}H}{\overset{H}{\overset{\times}{\cdot}C}}\overset{\times}{\cdot}H$。甲烷分子的结构可以表示为

$$\begin{array}{c} H \\ | \\ H—C—H \\ | \\ H \end{array}$$

，这种用短线来代表一对共用电子的图式叫作结构式。

甲烷的结构式仅能说明甲烷分子中碳原子与氢原子之间的成键情况，并不能说明分子中各原子在空间分布的情况。科学实验证明，甲烷分子是一个正四面体的立体结构，碳原子位于正四面体的中心，4 个氢原子分别位于正四面体的四个顶点上。图 5-1 是甲烷分子常见的两种模型。

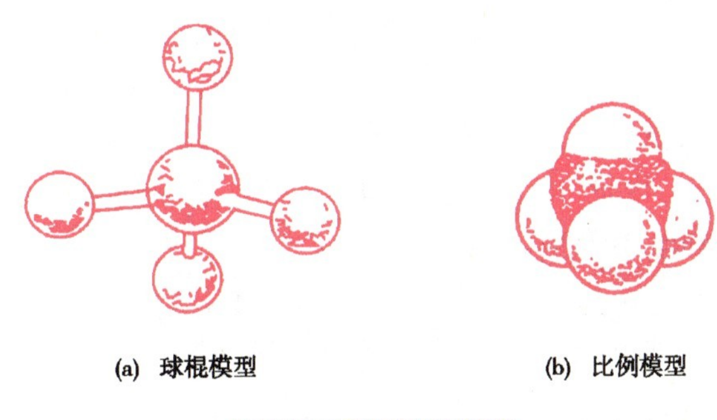

(a) 球棍模型　　(b) 比例模型

图 5-1　甲烷分子模型

*2. 甲烷的制法

在实验室里，甲烷是用无水醋酸钠（CH_3COONa）和碱石灰混合加热来制取的。碱石灰是适量的氢氧化钠和氧化钙的混合物。氢氧化钠与醋酸钠进行反应，生成甲烷和碳酸钠：

$$CH_3COONa + NaOH \xrightarrow{\triangle} Na_2CO_3 + CH_4\uparrow$$

【实验 5-1】 取 1 匙研细的无水醋酸钠和 3 匙研细的碱石灰，充分混合后，迅速装进干燥的试管里，加热，用排水集气法收集甲烷（图 5-2）。

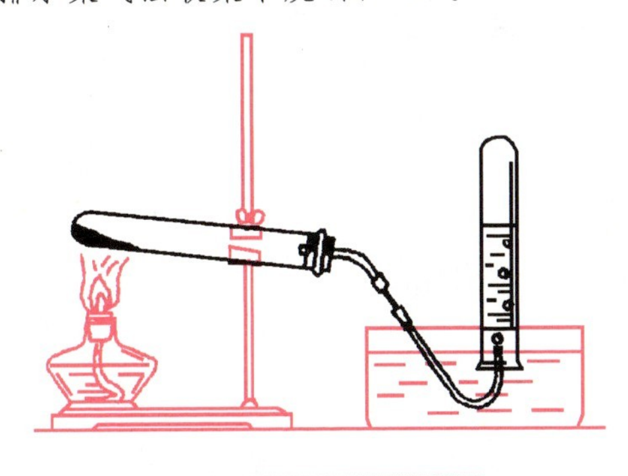

图 5-2　制取甲烷的装置

也可以用无水醋酸钠、氢氧化钠和二氧化锰混合加热制取甲烷（无水醋酸钠 4 g，NaOH 2.4 g，MnO_2 1.4 g）。

3. 甲烷的化学性质和用途

在通常情况下，甲烷的化学性质比较稳定，不能和强酸、强碱、强氧化剂（如 $KMnO_4$）反应。这是由于甲烷分子中 4 个碳氢共价键比较牢固，这一类共价键称为 σ 键。σ 键具有相对稳定性，比较牢固。

在某些特殊的条件下，甲烷也可发生氧化、卤代、裂化等反应。

(1) 氧化反应。

在有机化学中，把引进氧或脱去氢的反应称为**氧化反应**，而把引进氢或脱去氧的反应称为**还原反应**。甲烷虽不能使高锰酸钾溶液褪色，但可以燃烧。甲烷完全燃烧发出淡蓝色的火焰，生成二氧化碳和水，同时放出大量的热。

$$CH_4 + 2O_2 \xrightarrow{\text{点燃}} CO_2 + 2H_2O(l) + 889.5\ kJ$$

甲烷（又名瓦斯）是一种很好的气体燃料，甲烷（浓度为 5%～16%）与空气（或氧气浓度高于 12%）的混合气体点燃或遇 650 ℃～750 ℃的高温火源（煤矿井下所能遇到的绝大多数火源，如明火、煤炭自燃、电气火花、赤热的金属表面、吸烟、撞击或摩擦产生的火花等）就会立即发生爆炸。因此，在煤矿的开采中，必须采取安全措施（如通风、严禁烟火等），以防止瓦斯爆炸事故的发生。

(2) 加热分解。

甲烷在隔绝空气条件下加强热，分解生成碳和氢气。

$$CH_4 \xrightarrow{1000℃～1500℃} C + 2H_2\uparrow$$

工业上可利用此反应制取炭黑。炭黑大量用作橡胶填充剂、黑色颜料、油墨和墨汁的原料。

(3) 取代反应。

甲烷和氯气混合，在光照或加热条件下，可发生反应，甲烷分子中的氢原子逐个地被氯原子取代，生成一系列的取代产物。反应是分步进行的：

$$H-\overset{\displaystyle H}{\underset{\displaystyle H}{\overset{|}{\underset{|}{C}}}}-H + Cl-Cl \xrightarrow{\text{光照}} H-\overset{\displaystyle H}{\underset{\displaystyle H}{\overset{|}{\underset{|}{C}}}}-Cl + HCl$$

一氯甲烷

$$H-\overset{\displaystyle H}{\underset{\displaystyle Cl}{\overset{|}{\underset{|}{C}}}}-H + Cl-Cl \xrightarrow{\text{光照}} H-\overset{\displaystyle H}{\underset{\displaystyle Cl}{\overset{|}{\underset{|}{C}}}}-Cl + HCl$$

二氯甲烷

$$Cl-\overset{\displaystyle H}{\underset{\displaystyle Cl}{\overset{|}{\underset{|}{C}}}}-H + Cl-Cl \xrightarrow{\text{光照}} Cl-\overset{\displaystyle H}{\underset{\displaystyle Cl}{\overset{|}{\underset{|}{C}}}}-Cl + HCl$$

三氯甲烷（氯仿）

$$CCl_3—H + Cl—Cl \xrightarrow{光照} CCl_4 + HCl$$

（结构式：三氯甲烷中C—H键的H与Cl—Cl中的Cl取代，生成四氯甲烷）

四氯甲烷（四氯化碳）

一般情况下，反应可得到 4 种产物的混合物。有机物分子中的某些原子或原子团被其他原子或原子团所取代的反应，称为**取代反应（substitution reaction）**。上述甲烷的 4 种取代产物称为甲烷的衍生物。

二、烷烃

1. 烷烃的结构

除甲烷外，还有一系列结构和性质跟甲烷很相似的烃。例如，乙烷（C_2H_6）、丙烷（C_3H_8）、丁烷（C_4H_{10}）、戊烷（C_5H_{12}）、己烷（C_6H_{14}）等。乙烷、丙烷、丁烷的结构式分别如下：

```
 H  H          H  H  H           H  H  H  H
 |  |          |  |  |           |  |  |  |
H—C—C—H      H—C—C—C—H       H—C—C—C—C—H
 |  |          |  |  |           |  |  |  |
 H  H          H  H  H           H  H  H  H
 乙烷           丙烷              丁烷
```

在这些烃的分子里，碳原子之间都是以单键结合成链状，碳原子剩余的价键全部与氢原子相结合，这样的现象称为被氢原子所饱和，具有这种结构的链烃叫作**饱和烃（saturated hydrocarbon）**，也称**烷烃（alkane）**。

为了书写方便，有机物除用结构式表示外，还可以用结构简式表示，如上述乙烷、丙烷、丁烷的结构简式可分别表示如下：

$CH_3—CH_3$ 或 CH_3CH_3 乙烷

$CH_3—CH_2—CH_3$ 或 $CH_3CH_2CH_3$ 丙烷

$CH_3—CH_2—CH_2—CH_3$ 或 $CH_3CH_2CH_2CH_3$ 丁烷

烃分子失去一个氢原子所剩余的部分叫作**烃基（hydrocarbonyl）**。烷烃分子失去一个氢原子后剩余的原子团叫作**烷基（alkyl）**。例如，$—CH_3$ 叫作甲基，$—CH_2CH_3$（或 $—C_2H_5$）叫作乙基，$—CH_2CH_2CH_3$ 叫作正丙基，$CH_3—\underset{}{CH}(CH_3)—$ 叫作异丙基等。烃基一般可用“—R”表示。

烷烃的种类很多，大量来源于石油和天然气。越来越多的烷烃被用于生产和日常生活中，在利用它们时，应注意各自的性质，否则就会产生不良后果。例如，在不通风的场所大量使用以正己烷作溶剂的黏胶（如广东南光树脂 108 胶）会引起中毒，导致四肢瘫痪。

其实正己烷的毒性并不大，但在体内长期积存后，就会麻痹人的中枢神经（其空间的安全值是 300 mg·m^{-3}，但有的工厂的车间里竟高达 1300 mg·m^{-3}）。

2. 烷烃的同系物

分析表 5-3 中烷烃的结构简式可以发现，相邻两个烷烃在组成上都相差一个“$-CH_2-$”原子团。人们把结构相似，分子组成上相差一个或若干个“$-CH_2-$”原子团的一系列化合物称为同系列，同系列中的各种物质之间互称为**同系物(homolog)**。

表 5-3 几种烷烃的物理性质

烷烃名称	结构简式	常温下的状态	熔点/℃	沸点/℃	液态时的密度/(g·cm^{-3})
甲烷	CH_4	气	−182.5	−164	0.4660*
乙烷	CH_3CH_3	气	−183.3	−88.63	0.5720**
丙烷	$CH_3CH_2CH_3$	气	−189.7	−42.07	0.5005
丁烷	$CH_3(CH_2)_2CH_3$	气	−138.4	−0.5	0.5788
戊烷	$CH_3(CH_2)_3CH_3$	液	−129.7	36.07	0.6262
庚烷	$CH_3(CH_2)_5CH_3$	液	−90.61	98.42	0.6838
辛烷	$CH_3(CH_2)_6CH_3$	液	−56.79	125.7	0.7205
癸烷	$CH_3(CH_2)_8CH_3$	液	−29.7	174.1	0.7300
十七烷	$CH_3(CH_2)_{15}CH_3$	固	22	301.8	0.7780(固态)
二十四烷	$CH_3(CH_2)_{22}CH_3$	固	54	391.3	0.7991(固态)

注：* 是−164 ℃时的值，** 是−108 ℃时的值，其余是 20 ℃时的值。

同系物的化学性质相似，所以一般只需了解典型化合物的结构、性质，就能推知这一系列中其他化合物的结构和性质。

同系物的分子式通常可用通式来表示。如果把烷烃中的碳原子数定为 n，则氢原子数就是 $2n+2$，所以烷烃的分子式可以用通式 C_nH_{2n+2} 来表示。如己烷的分子式为 C_6H_{14}。

3. 烷烃的同分异构现象

人们在研究物质的分子组成和性质时发现，有很多物质的分子组成相同，但性质却有差异。如丁烷(C_4H_{10})有两种不同的结构，其结构简式表示如下，性质比较见表 5-4。

$CH_3-CH_2-CH_2-CH_3$

正丁烷

$$\begin{array}{c} CH_3 \\ | \\ CH_3-CH-CH_3 \end{array}$$

异丁烷

表 5-4 正丁烷与异丁烷性质比较

物理性质	正丁烷	异丁烷
熔点/℃	−138.4	−159.6
沸点/℃	−0.5	−11.7
液态时的密度/(g·cm^{-3})	0.5788	0.557

由此可见，烃分子中碳原子既能形成直链的碳链（如正丁烷），又能形成带有支链的碳链（如异丁烷）。有机化合物具有相同的分子式，但具有不同结构的现象叫作**同分异构现象**。具有同分异构现象的化合物互称为**同分异构体（isomer）**。正丁烷和异丁烷就是丁烷的两种同分异构体。

在烷烃中，随着碳原子数目的增多，碳原子间的连接方式越来越复杂，同分异构体的数目就越多。例如，戊烷（C_5H_{12}）的同分异构体有 3 种（图 5-3），己烷（C_6H_{14}）有 5 种，庚烷（C_7H_{16}）有 9 种，癸烷（$C_{10}H_{22}$）有 75 种，十五烷有 4347 种，而二十烷有366319种。有机化合物的同分异构现象是有机化合物数目繁多的主要原因。

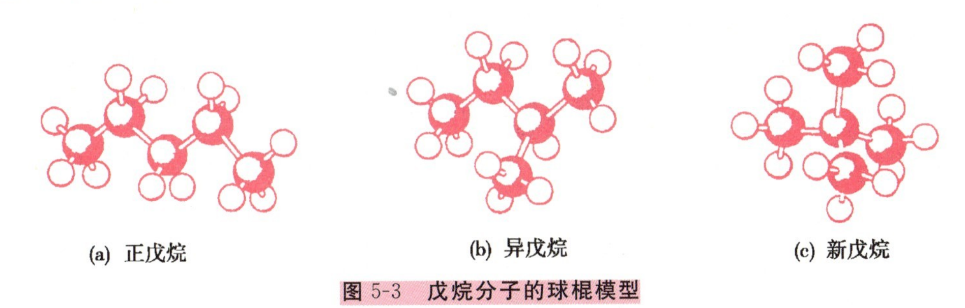

(a) 正戊烷　　(b) 异戊烷　　(c) 新戊烷

图 5-3　戊烷分子的球棍模型

4. 烷烃的命名

烷烃命名的方法主要有两种：普通命名法和系统命名法。

（1）普通命名法（也称习惯命名法）。

根据烷烃分子中所含碳原子的数目称为“某烷”。碳原子数在 10 以下的，用天干（甲、乙、丙、丁、戊、己、庚、辛、壬、癸）来表示；碳原子数在 11 以上的，就用中文数字（如十一、十二等）来表示。为了区别同分异构体，常在烷烃名称前加前缀“正”“异”“新”等。例如：

$$CH_3—CH_2—CH_2—CH_3$$

正丁烷

$$\begin{array}{c} CH_3 \\ | \\ CH_3—CH—CH_3 \end{array}$$

异丁烷

$$CH_3CH_2CH_2CH_2CH_3$$

正戊烷

$$\begin{array}{l} \quad\quad\;\; CH_3 \\ \quad\quad\;\;\; | \\ CH_3—CH—CH_2—CH_3 \end{array}$$

异戊烷

$$\begin{array}{c} CH_3 \\ | \\ CH_3—C—CH_3 \\ | \\ CH_3 \end{array}$$

新戊烷

普通命名法只适用于少数低级烷烃，即含碳原子数目较少的烷烃的命名。如果烷烃分子中的碳原子数目再多一些，用这样的命名方法就不能满足需要。如己烷有 5 种同分异构体，用普通命名法已很困难。

（2）系统命名法（IUPAC 法）。

直链烷烃的系统命名法，根据烷烃分子中所含碳原子的数目称为“某烷”（同普通命名法），但不用“正”字。例如：

CH_3CH_3　　$CH_3CH_2CH_2CH_3$　　$CH_3(CH_2)_4CH_3$

乙烷　　丁烷　　己烷

$CH_3(CH_2)_{10}CH_3$　　　　$CH_3(CH_2)_{13}CH_3$

十二烷　　　　十五烷

带支链烷烃的命名可按下列步骤进行：

① 选择分子中最长的碳链作为主链，并按主链碳原子数目称为“某烷”。

② 把每个支链看成是取代基，称“某烷基”，如—CH_3（甲基）、—C_2H_5（乙基）等，并从靠近取代基的一端开始用1、2、3等数字给主链上的碳原子编号，以确定取代基的位号。如有多个取代基，编号的原则是选用使取代基具有最低系列*的方法编号。

③ 命名先后次序是：取代基的位号→取代基名称→主链名称。

④ 如有2种以上的取代基，应遵循先简后繁的原则，并且在数字与取代基名称之间用短线“-”隔开；对于相同的多个取代基，要用二、三、四等数字表明取代基的个数，每个取代基都应有一个位置号，用于表示取代基位置的阿拉伯数字之间要用逗号“,”隔开。例如：

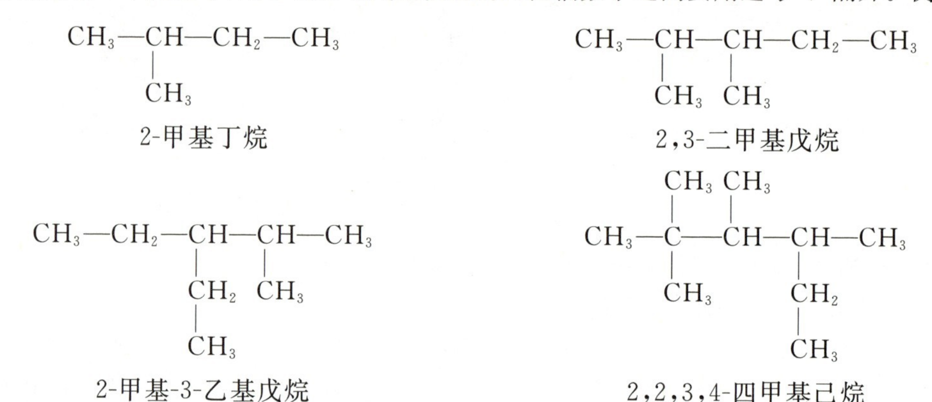

现以2,3-二甲基己烷为例，对一般有机物的命名分析如下：

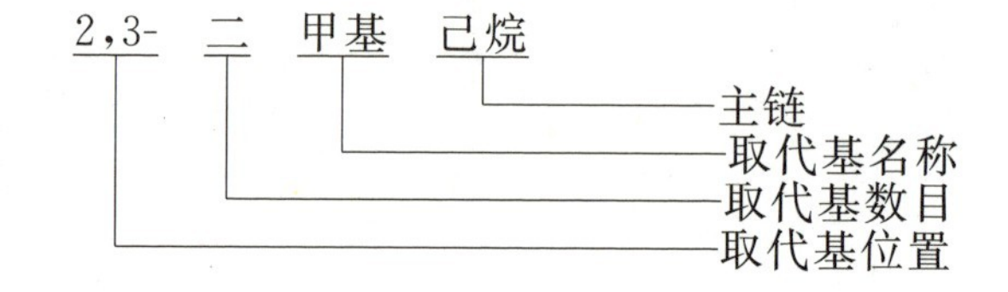

习题

一、填空题

1. 烃仅由________和________两种元素组成。烃分子中，碳原子相互连接成链状的烃叫________，碳原子互相连接成环状的烃叫________。

2. 甲烷的分子式是________，电子式是________，结构式是________。

---

* 所谓“最低系列”，指的是碳链以不同的方向编号，得到两种不同编号的系列，则顺次逐项比较各系列的不同位次，最先遇到的位次最小者，定为“最低系列”。

3. 在光照下，甲烷与氯气的反应属________反应。在该反应中，甲烷分子中的________原子逐步被氯原子________。

4. 烷烃的通式是________。烷烃分子中的碳原子数目每增加1个，其相对分子质量就增加________。

5. 烷基是指烷烃分子中失去1个________后所剩余的部分，如$—CH_2CH_3$是________，丙基的结构是________。

6. 下列结构简式代表了________种不同的烷烃。

$$\begin{array}{ccccc} CH_3 & — & CH & — & CH_2 \\ & & | & & | \\ & & CH_3 & & CH_3 \end{array} \qquad \begin{array}{ccccc} CH_3 & — & CH_2 & — & CH_2 \\ & & & & | \\ & & CH_3 & — & CH_2 \end{array} \qquad \begin{array}{ccccccc} CH_3 & — & CH_2 & — & CH & — & CH_3 \\ & & & & | & & \\ & & & & CH_3 & & \end{array}$$

$$\begin{array}{ccccc} CH_2 & — & CH_2 & — & CH_2 \\ | & & & & | \\ CH_3 & & & & CH_3 \end{array} \qquad \begin{array}{ccc} CH_3 & & CH_3 \\ | & & | \\ CH & — & CH \\ | & & | \\ CH_3 & & CH_3 \end{array}$$

二、选择题

7. 为减少“废物”对环境的污染，可将秸秆、垃圾、粪便等“废物”在隔绝空气的条件下发酵，这样就能产生大量的可燃性气体，可以作为生活燃料。这种可燃性气体的主要成分是（　　）

A. CO　　B. H_2　　C. CH_4　　D. H_2S

8. 下列各对物质中，互为同系物的是（　　）

A. CH_4、$C_{10}H_{22}$　　B. CH_4、C_2H_5OH

C. C_2H_6、C_4H_{10}　　D. CH_3COOH、C_3H_8

9. 异戊烷和新戊烷互为同分异构体的依据是（　　）

A. 具有相似的化学性质　　B. 具有相同的物理性质

C. 分子具有相同的空间结构　　D. 分子式相同，但分子内碳原子的连接方式不同

10. 有机物 $\begin{array}{ccccccccc} CH_3 & — & CH & — & CH & — & CH_2 & — & CH_3 \\ & & | & & | & & & & \\ & & CH_3 & & CH_3 & & & & \end{array}$ 的名称是（　　）

A. 2-甲基-3-乙基丁烷　　B. 2-乙基-3-甲基丁烷

C. 2,3-二甲基戊烷　　D. 3,4-二甲基戊烷

三、综合题

11. 用系统命名法命名下列化合物：

(1) $\begin{array}{ccccccc} CH_3 & — & CH_2 & — & CH & — & CH_3 \\ & & & & | & & \\ & & & & CH_3 & & \end{array}$　　(2) $\begin{array}{ccccccc} CH_3 & — & CH_2 & — & CH & — & CH_3 \\ & & & & | & & \\ & & & & CH_2 & — & CH_3 \end{array}$

(3) $\begin{array}{ccccccccccc} & & & & CH_3 & & & & & & \\ & & & & | & & & & & & \\ CH_3 & — & CH_2 & — & C & — & CH & — & CH_2 & — & CH_3 \\ & & & & | & & | & & & & \\ & & & & CH_3 & & CH_2 & & & & \\ & & & & & & | & & & & \\ & & & & & & CH_3 & & & & \end{array}$　　(4) $\begin{array}{ccccccc} CH_3 & — & CH & — & CH & — & CH_3 \\ & & | & & | & & \\ & & CH_3 & & CH_3 & & \end{array}$

12. 根据名称写出下列化合物的结构简式：

(1) 2,2-二甲基丁烷　　　　(2) 2-甲基-3-乙基戊烷

(3) 2,3-二甲基戊烷　　　　(4) 2-甲基-3-乙基己烷

第三节　烯烃和炔烃

一、烯烃

分子中含有碳碳双键(C═C)的开链烃称为**烯烃(alkene)**。由于烯烃比碳原子数相同的烷烃少两个氢原子，因此烯烃属**不饱和烃(unsaturated hydrocarbon)**。乙烯(ethene)是最简单的烯烃。

1. 乙烯

乙烯是无色的气体，稍有气味，密度是 1.25 $g \cdot L^{-1}$(标准状况)，比空气略轻，难溶于水。

(1) 乙烯的结构。

乙烯的分子式是 C_2H_4，结构简式是 $CH_2═CH_2$ 。乙烯的分子模型如图 5-4 所示。

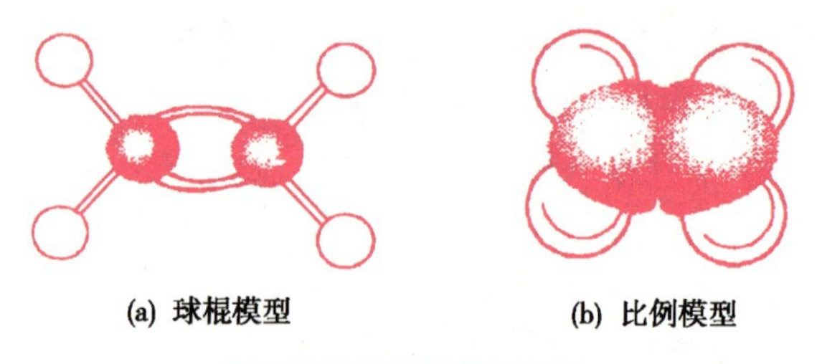

(a) 球棍模型　　(b) 比例模型

图 5-4　乙烯的分子模型

*(2) 乙烯的制法。

工业上所用的乙烯是从石油裂解气中分离得到的。实验室制备乙烯的方法是把浓硫酸和乙醇混合后加热到 170 ℃，使乙醇脱水而制得乙烯。

$$\underset{\text{H}\quad\ \text{OH}}{CH_2—CH_2} \xrightarrow[170\ ℃]{浓\ H_2SO_4} CH_2═CH_2\uparrow + H_2O$$

乙醇(酒精)

【实验 5-2】 实验装置如图 5-5 所示。烧瓶里注入酒精和浓硫酸(体积比约为 1∶3)的混合液约 20 mL，并放入几片碎瓷片，以防溶液暴沸。加热使液体温度迅速上升到 170 ℃，生成的乙烯气体可用排水集气法收集。

图 5-5　乙烯的实验室制法

(3) 乙烯的化学性质和用途。

经科学测定，乙烯分子中的碳碳双键(C═C)，其中之一是 σ 键，比较牢固；另一键较易断裂发生反应，称为 π 键。由于 π 键的存在，乙烯的化学性质比

较活泼。

① 加成反应。

【实验 5-3】 把乙烯通入盛有溴水的试管中，可观察到溴水的红棕色褪去。

$$CH_2{=}CH_2 + Br{-}Br \xrightarrow{H_2O} \underset{Br}{\underset{|}{CH_2}}{-}\underset{Br}{\underset{|}{CH_2}}$$

从以上反应式可知，生成了无色的 1,2-二溴乙烷。

这个反应的实质是乙烯分子双键中的 π 键断裂，2 个溴原子分别加在原来构成双键的 2 个碳原子上，生成 1,2-二溴乙烷。有机物分子中的不饱和键断裂，两个“价键不饱和”的碳原子直接结合其他原子或原子团，生成新的化合物的反应称为**加成反应(addition reaction)**。

乙烯除能与溴发生加成反应外，还能在适当的条件下与卤素、氢气、卤化氢、水等物质发生加成反应。例如：

$$CH_2{=}CH_2 + H_2 \xrightarrow{Ni\text{或}Pt} CH_3{-}CH_3$$

$$CH_2{=}CH_2 + HBr \longrightarrow CH_3{-}CH_2{-}Br\text{(溴乙烷)}$$

$$CH_2{=}CH_2 + H_2O \xrightarrow{H^+} CH_3{-}CH_2{-}OH\text{(乙醇)}$$

在通常条件下，乙烯能使溴水褪色，而甲烷不能使溴水褪色，利用这一性质的差异可区别乙烯与甲烷两种气体。

② 氧化反应。

【实验 5-4】 把乙烯通入盛有酸性高锰酸钾溶液的试管中，可观察到溶液的紫红色褪去，见图 5-6。

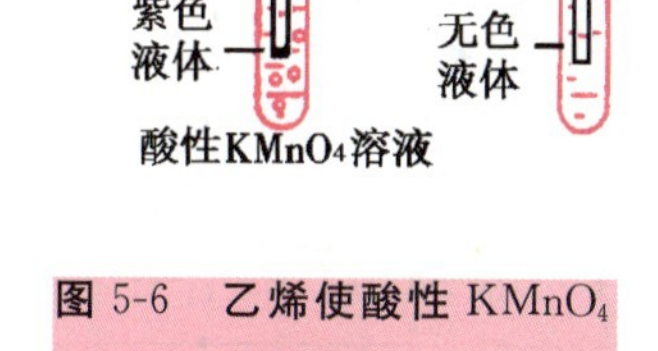

图 5-6 乙烯使酸性 $KMnO_4$ 溶液褪色

这个实验说明，乙烯能被酸性高锰酸钾溶液氧化。如在中性溶液中反应，可得到棕色的 MnO_2 沉淀，反应式如下：

$$3CH_2{=}CH_2 + 2KMnO_4 + 4H_2O \longrightarrow 3\underset{OH}{\underset{|}{CH_2}}{-}\underset{OH}{\underset{|}{CH_2}} + 2KOH + 2MnO_2$$

此外，乙烯燃烧时可产生比甲烷燃烧更为明亮的火焰：

$$CH_2{=}CH_2 + 3O_2 \xrightarrow{\text{点燃}} 2CO_2 + 2H_2O$$

2. 烯烃

除乙烯外，还有丙烯、丁烯等同系物，它们的分子中均含有碳碳双键，同属于烯烃。“$>C{=}C<$”是烯烃的官能团。由于烯烃比相应的烷烃少两个氢原子，所以烯烃的通式为 C_nH_{2n}。

(1) 烯烃系统命名法。

烯烃系统命名法的要点是：

① 选择含碳碳双键在内的最长碳链为主链，根据主链中的碳原子数目称为“某烯”。

② 从靠近双键的一端开始给主链的碳原子编号，以确定双键和取代基的位置。

③ 用较小的位号表示双键的位置，写在“某烯”的前面。

例如：$CH_3—CH_2—CH═CH_2$　　1-丁烯

$CH_3—CH═CH—CH_3$　　2-丁烯

$CH_3—CH═CH—CH(CH_3)—CH_3$　　4-甲基-2-戊烯

$CH_3—C(CH_3)═CH—CH(CH_2CH_3)—CH(CH_3)—CH_3$　　2,5-二甲基-4-乙基-2-己烯

(2) 烯烃的性质。

烯烃一般是无色、不溶于水、易溶于有机溶剂的有机物，熔、沸点随相对分子质量的增大而升高，见表 5-5。

表 5-5　几种烯烃的物理性质

烯烃名称	结构简式	常温下的状态	熔点/℃	沸点/℃	液态时密度/(g·cm^{-3})
乙烯	$CH_2═CH_2$	气	−169.2	−103.7	0.3840*
丙烯	$CH_3CH═CH_2$	气	−185.3	−47.4	0.5193
1-丁烯	$CH_3CH_2CH═CH_2$	气	−185.4	−6.3	0.5951
1-戊烯	$CH_3(CH_2)_2CH═CH_2$	液	−138	29.97	0.6405
1-己烯	$CH_3(CH_2)_3CH═CH_2$	液	−139.8	63.35	0.6731
1-庚烯	$CH_3(CH_2)_4CH═CH_2$	液	−119	93.64	0.6970

注：* 是指 −10 ℃时的值，其余是指 20 ℃时的值。

与乙烯的化学性质类似，其余烯烃也能发生加成、氧化、聚合等反应。

*3. 丁二烯简介

分子中含两个碳碳双键的不饱和烃称为二烯烃。

二烯烃中最重要的是 1,3-丁二烯，其结构简式如下：

$$CH_2═CH—CH═CH_2$$

1,3-丁二烯有两种加成方法：

$$CH_2═CH—CH═CH_2 + Br_2 \xrightarrow{1,2\text{ 加成}} CH_2Br—CHBr—CH═CH_2$$

$$CH_2═CH—CH═CH_2 + Br_2 \xrightarrow{1,4\text{ 加成}} CH_2Br—CH═CH—CH_2Br$$

1,2 加成和 1,4 加成同时发生，但两种产物的比例取决于反应条件。其中，1,4 加成在生产中有重要意义。例如：

$$nCH_2{=}CH{-}CH{=}CH_2 \xrightarrow[\triangle]{Na} {+}CH_2{-}CH{=}CH{-}CH_2{+}_n$$

聚丁二烯
（丁钠橡胶）

1，3-丁二烯是合成橡胶的重要原料。

二、炔烃

分子中含有碳碳叁键（C≡C）的开链烃称为**炔烃(alkyne)**。它们的不饱和程度比烯烃更大。乙炔(ethyne)是最简单的炔烃。

1. 乙炔

乙炔俗称电石气。纯净的乙炔是无色、无臭的气体，微溶于水，易溶于丙酮。工业上由电石（CaC_2）制得的乙炔因混有少量硫化氢、磷化氢等气体，所以气味较难闻。

（1）乙炔的结构。

乙炔的分子式是 C_2H_2，结构简式是 CH≡CH。乙炔的分子模型如图 5-7 所示。

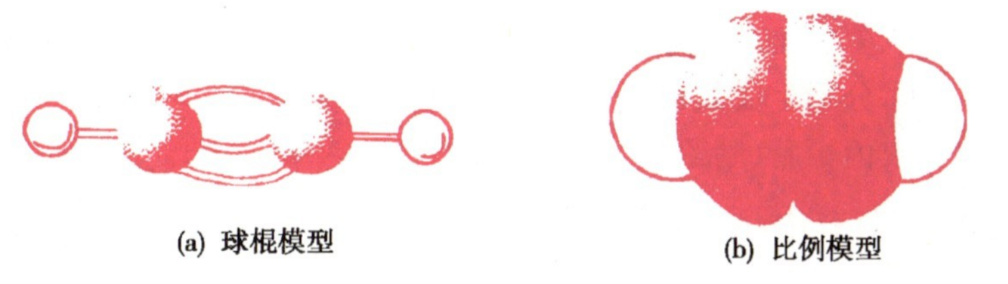

图 5-7 乙炔的分子模型

*（2）乙炔的制法。

实验室常用碳化钙（电石）与水反应制备乙炔：

$$CaC_2+2H_2O \longrightarrow Ca(OH)_2+CH{\equiv}CH\uparrow$$

【实验 5-5】 在一支底部穿孔的干燥试管底部放少许玻璃丝，其上放碳化钙 2～3 g。如图 5-8 所示装好仪器，试管放入盛有饱和食盐水的锥形瓶中（用饱和食盐水比单纯的水可以得到更平稳的气流），水经试管底部的孔流入管中与碳化钙作用，生成乙炔。若将试管提出水面，反应即能停止。

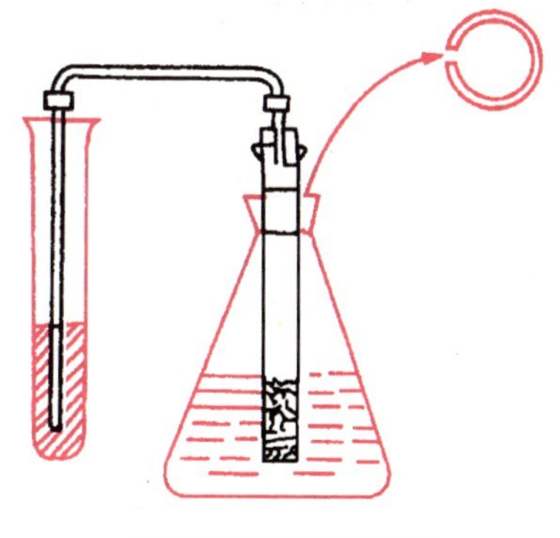

图 5-8 乙炔的制取

（3）乙炔的化学性质和用途。

经科学测定，乙炔分子中的碳碳叁键（C≡C），其中一个是 σ 键，另外两个都是 π 键，所以乙炔的化学性质很活泼。

① 加成反应。

【实验 5-6】 把乙炔通入盛有溴的四氯化碳溶液的试管中，可观察到含溴的四氯化碳溶液的红棕色褪去，见图 5-9。

$$CH\equiv CH + Br_2 \longrightarrow \underset{1,2\text{-二溴乙烯}}{\underset{\substack{| \quad | \\ Br \quad Br}}{H-C=C-H}} \xrightarrow{Br_2} \underset{1,1,2,2\text{-四溴乙烷}}{\overset{\substack{Br \quad Br \\ | \quad |}}{\underset{\substack{| \quad | \\ Br \quad Br}}{H-C-C-H}}}$$

从上述反应可以看出，乙炔的加成反应是分步进行的。此反应可用于乙炔的检验。

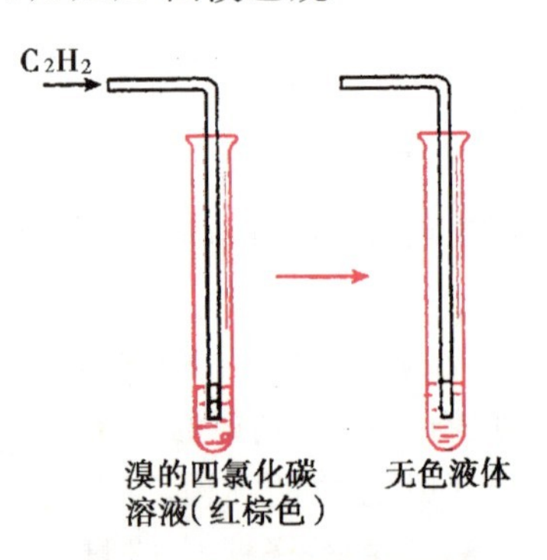

图 5-9　乙炔使溴的四氯化碳溶液褪色

在镍或铂等催化剂存在下，乙炔能催化加氢，生成乙烷，反应式如下：

$$CH\equiv CH + H_2 \xrightarrow{Ni} CH_2=CH_2 \xrightarrow[Ni]{+H_2} CH_3-CH_3$$

乙炔能和溴化氢作用，加 1 分子溴化氢生成溴乙烯，再加 1 分子溴化氢，生成 1,1-二溴乙烷(符合马氏规则)。

$$CH\equiv CH + HBr \longrightarrow CH_2=CHBr \xrightarrow{HBr} CH_3CHBr_2$$

乙炔与氯化氢、氢氰酸在催化剂存在下进行加成反应可停留在第一步，分别生成氯乙烯和丙烯腈，它们分别是生产聚氯乙烯、聚丙烯腈(腈纶)的原料。

$$CH\equiv CH + HCl \xrightarrow{\text{催化剂}} CH_2=CHCl$$

$$CH\equiv CH + HCN \xrightarrow{\text{催化剂}} CH_2=CHCN$$

② 氧化反应。

【实验 5-7】 将乙炔通入酸性高锰酸钾溶液，可以观察到高锰酸钾溶液的紫红色褪去。说明乙炔和乙烯一样，能被高锰酸钾等强氧化剂氧化。

$$CH\equiv CH \xrightarrow[H^+]{KMnO_4} CO_2\uparrow + H_2O$$

乙炔在空气中燃烧时，产生光亮而带有浓烟的火焰，这是因为乙炔含碳量高，在空气中燃烧不完全。乙炔在氧气中燃烧产生的火焰称为氧炔焰，其温度可达 3000 ℃以上，常用来切割和焊接金属。乙炔中若混有一定量的空气，遇火会发生爆炸，所以在生产和使用乙炔时要注意安全。

③ 金属炔化物的生成。

【实验 5-8】 将乙炔通入硝酸银的氨溶液中，可观察到有白色的乙炔银沉淀产生。

因为叁键碳原子上的氢原子比双键碳原子上的氢原子更活泼，可被某些金属原子取代生成金属炔化物，而乙烯没有这个反应，所以这一反应常用于乙炔和乙烯的鉴别。

$$CH\equiv CH + \underset{\text{硝酸二氨合银}}{2Ag(NH_3)_2NO_3} \longrightarrow \underset{\text{乙炔银(白色)}}{AgC\equiv CAg\downarrow} + 2NH_4NO_3 + 2NH_3\uparrow$$

乙炔银在潮湿时比较稳定，但在干燥或受热撞击时容易发生爆炸，生成金属银和碳。

$$AgC\equiv CAg \xrightarrow{\triangle} 2Ag + 2C$$

2. 炔烃

炔烃的通式是 C_nH_{2n-2}，“ —C≡C— ”是炔烃的官能团。

炔烃的命名与烯烃相似，只需将“烯”字改为“炔”字，并注明叁键的位置即可。例如：

$CH_3—CH_2—C≡CH$　　1-丁炔

$CH_3—C≡C—CH_3$　　2-丁炔

$CH_3—CH(CH_3)—C≡C—CH_3$　　4-甲基-2-戊炔

几种常见炔烃的物理性质见表 5-6。

表 5-6　几种炔烃的物理性质

炔烃名称	结构简式	常温下的状态	熔点/℃	沸点/℃	液态时的密度/(g·cm^{-3})
乙炔	CH≡CH	气	−80.8（加压）	−84.0	0.6181*
丙炔	CH_3—C≡CH	气	−101.5	−23.2	0.66**
1-丁炔	CH_3—CH_2—C≡CH	气	−125.7	8.1	0.6784***
1-戊炔	CH_3—$(CH_2)_2$—C≡CH	液	−90	40.18	0.6901

注：* 是−32 ℃时的值，** 是−13 ℃时的值，*** 是 0 ℃时的值，其余是 20 ℃时的值。

与乙炔的化学性质类似，其余炔烃也能发生加成、氧化、金属炔化物的生成等反应。

习题

一、填空题

1. 烯烃是指分子中含________的开链烃，烯烃属________烃。烯烃的通式是________，官能团是________，烯烃比碳原子相同的烷烃________原子（二烯烃除外）。

2. 烯烃能使酸性高锰酸钾溶液和溴的四氯化碳溶液褪色。其中，与高锰酸钾发生的反应是________反应，与溴发生的反应是________反应。

3. 炔烃是指分子中含________的开链烃，炔烃也属________烃，炔烃的通式为________，官能团是________。

4. 现有 6 种链烃：① C_8H_{16}、② C_9H_{16}、③ $C_{15}H_{32}$、④ $C_{17}H_{34}$、⑤ C_7H_{14} 和⑥ C_8H_{14}，它们分别属于烷烃、烯烃和炔烃，其中属于烷烃的是________，属于烯烃的是________，属于炔烃的是________。

二、选择题

5. 下列各组物质间：

(1) 互为同系物的是　　　　　　　　　　　　　　　　　　　（　　）

(2) 互为同分异构体的是　　　　　　　　　　　　　　　　　（　　）

(3) 为同一物质的是　　　　　　　　　　　　　　　　　　　（　　）

A. $$\begin{array}{l}CH_3—CH—CH_3\\ \qquad\quad |\\ CH_3—CH—CH_3\end{array} \text{ 和 } \begin{array}{l}CH_3—CH—CH—CH_3\\ \qquad\quad |\qquad\ \ |\\ \qquad\ CH_3\quad CH_3\end{array}$$

B. $$\begin{array}{l}CH_3—CH—CH_3\\ \qquad\quad |\\ \qquad\ CH_3\end{array} \text{ 和 } CH_3—CH_2—CH_2—CH_2—CH_3$$

C. $$\begin{array}{l}CH_3—CH—CH—CH_3\\ \qquad\quad |\qquad\ \ |\\ \qquad\ CH_3\quad CH_3\end{array} \text{ 和 } \begin{array}{l}CH_3—CH—CH_2—CH_2\\ \qquad\quad |\qquad\qquad\quad |\\ \qquad\ CH_3\qquad\quad\ CH_3\end{array}$$

D. $CH_3—CH=CH—CH_3$ 和 $CH_3—CH_2—CH_2—CH_3$

6. 下列开链烃中，不能使溴水和酸性高锰酸钾溶液褪色的是　　　（　　）

A. C_7H_{14}　　B. C_3H_6　　C. C_5H_{12}　　D. C_4H_6

7. 下列各对物质中，互为同系物的是　　　　　　　　　　　　（　　）

A. $CH_3—CH_3$ 和 $CH_3—CH=CH_2$

B. $CH_3—CH=CH_2$ 和 $CH_3—CH_2CH=CH_2$

C. $CH_3—CH_2—CH_3$ 和 $CH_3—CH=CH_2$

D. $CH_3—CH_2CH_2—CH_3$ 和 $CH_3—CH_2CH_3$

8. 下列各对物质中，互为同分异构体的是　　　　　　　　　　（　　）

A. $CH_3—CH_2—CH_2—CH_3$ 和 $CH_3—CH=CH—CH_3$

B. $CH_3—CH=CH—CH_3$ 和 $$\begin{array}{l}CH_3—CH=C—CH_3\\ \qquad\qquad\quad\ \ |\\ \qquad\qquad\ \ CH_3\end{array}$$

C. $CH_3—CH=CH—CH_3$ 和 $$\begin{array}{l}CH_3—C=CH_2\\ \qquad\quad |\\ \qquad\ CH_3\end{array}$$

D. $CH_3—CH=CH—CH_3$ 和 $CH_3—CH_2—CH=CH_2$

9. 下列物质中，不能与溴水发生加成反应的是　　　　　　　　（　　）

A. 乙烷　　B. 乙烯　　C. 乙炔　　D. 1,3-丁二烯

三、综合题

10. 完成下列反应：

(1) $CH_3—CH=CH_2 + Br_2 \longrightarrow$

(2) $CH_2=CH_2 + H_2O \xrightarrow{H^+}$

(3) $CH\equiv CH + HCl \xrightarrow{\text{催化剂}}$

11. 用系统命名法命名下列化合物：

$$CH_3-\underset{\underset{CH_3}{|}}{CH}-CH=CH-CH_3 \qquad CH_3-\underset{\underset{CH_3}{|}}{C}=CH-\underset{\underset{CH_3}{|}}{CH}-CH_3$$

$$CH_3-C\equiv C-\underset{\underset{CH_3}{|}}{CH}-CH_3 \qquad CH_3-C\equiv C-\underset{\underset{CH_3}{|}}{CH}-\underset{\underset{CH_3}{|}}{CH}-CH_3$$

12. 写出下列化合物的结构简式：

丙烯　　丙炔　　2-甲基-1-戊烯　　4-甲基-2-戊炔

13. 用化学方法鉴别下列物质：

乙烷　　乙烯　　乙炔

第四节　脂环烃和芳香烃

烃类除链状分子外，还有一类环状化合物，这一类烃叫作环烃。根据它们的结构和性质的不同，又可分为脂环烃和芳香烃。

一、脂环烃

脂环烃的性质与链状的脂肪烃相似，它们按碳原子的饱和程度又分为环烷烃、环烯烃等。例如：

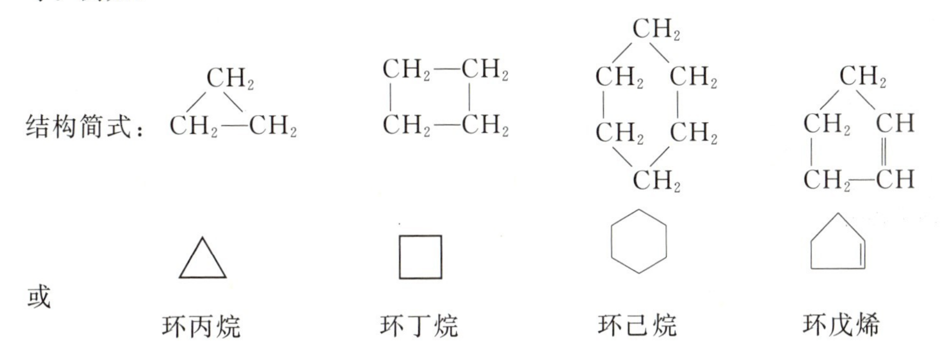

二、芳香烃

芳香烃(arene)简称芳烃，一般是指分子中含有苯环结构的烃。苯(benzene)是芳香烃中最简单和最重要的物质。

1. 苯

苯是无色液体，熔点为 5.5 ℃，沸点为 80.1 ℃，有毒(空气中允许的含量是 0.1 $mg \cdot L^{-1}$)，具有特殊气味，比水轻，不溶于水，溶于有机溶剂。

(1) 苯分子的结构。

苯的分子式是 C_6H_6。从苯的分子式看，它是远没有达到饱和的烃。苯的化学性质似乎应当显示出烯烃、炔烃等不饱和烃的性质，但是苯在常温下不与溴水和酸性高锰酸钾溶液反应，说明苯的不饱和性质很不显著，这与苯的特殊结构有关。

近代的物理化学研究已经证明，苯分子中的 6 个碳原子和 6 个氢原子在同一平面上，6 个碳原子形成正六边形的环状结构，各个键之间的夹角都是 120°，6 个碳碳键都是相同的。它既不同于一般的单键，也不同于一般的双键，而是一种介于两者之间的特殊的键。

1865 年，德国化学家凯库勒(F. A. Kekule，1829—1896)首先提出苯的分子结构，这种结构式称为凯库勒式，可表示如下，其分子模型如图 5-10 所示。

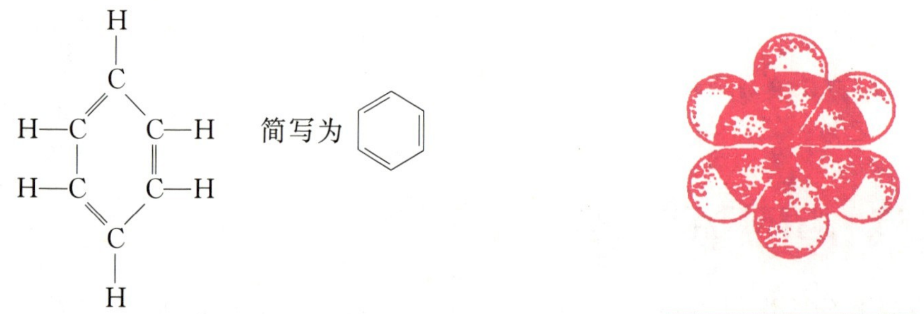

图 5-10　苯分子的模型

上述凯库勒式不能正确反映苯的真实结构及特点，后来有人主张用 表示。目前，两种表示方式通用。本书由于习惯仍采用凯库勒式，但是绝不能因此认为苯环是单、双键交替组成的环状结构。

(2) 苯的化学性质和用途。

① 取代反应。

苯较易发生取代反应。例如：

$$C_6H_6 + Cl_2 \xrightarrow[\triangle]{FeCl_3} C_6H_5Cl + HCl$$　　(卤代反应)

氯苯

$$C_6H_6 + Br_2 \xrightarrow[\triangle]{FeBr_3} C_6H_5Br + HBr$$　　(卤代反应)

溴苯

$$C_6H_6 + HNO_3(浓) \xrightarrow[50\ ℃]{浓\ H_2SO_4} C_6H_5NO_2 + H_2O$$　　(硝化反应)

硝基苯

$$C_6H_6 + H_2SO_4(浓) \xrightarrow{70\ ℃\sim 80\ ℃} C_6H_5SO_3H + H_2O$$　　(磺化反应)

苯磺酸

硝基苯是无色的油状液体，具有苦杏仁味，比水重，难溶于水，易溶于乙醇和乙醚，有毒，是制造染料的重要原料。

硝基苯可以继续硝化，主要生成间二硝基苯，它是制造间苯二胺和染料的原料。

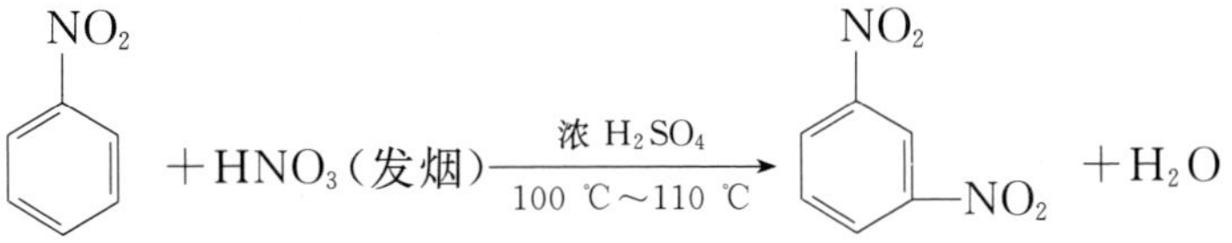

$$C_6H_5NO_2 + HNO_3(发烟) \xrightarrow[100\ ℃\sim110\ ℃]{浓\ H_2SO_4} C_6H_4(NO_2)_2 + H_2O$$

② 加成反应。

苯环一般难以发生加成反应,但在特殊条件下也可进行加成反应。例如:

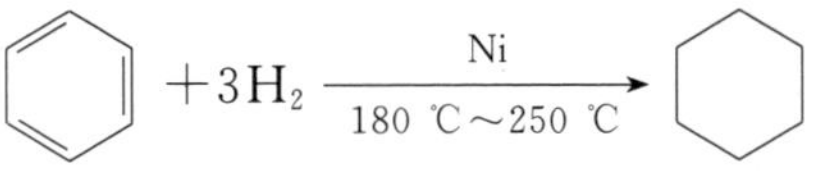

$$C_6H_6 + 3H_2 \xrightarrow[180\ ℃\sim250\ ℃]{Ni} C_6H_{12}$$

环己烷

③ 氧化反应。

苯在空气中燃烧生成二氧化碳和水,并发出明亮和带有浓烟的火焰。

$$2C_6H_6 + 15O_2 \xrightarrow{点燃} 12CO_2 + 6H_2O + 186.5\ kJ$$

由于苯具有特殊的环状结构,化学性质比较稳定,故不能使酸性 $KMnO_4$ 溶液褪色。

苯是一种很重要的有机化工原料,它被大量用来生产合成纤维、合成橡胶、塑料等。苯也常用作有机溶剂。

2. 苯的同系物和多环芳烃

苯和苯的同系物都属于芳香烃,其通式为 C_nH_{2n-6}($n \geqslant 6$)。例如:

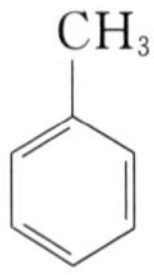

甲苯 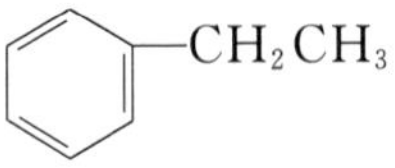　　乙苯 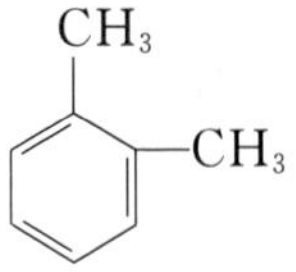　　邻二甲苯(1,2-二甲苯)

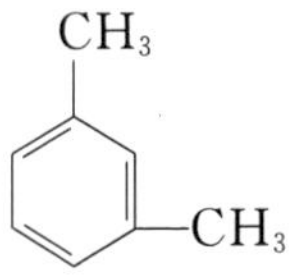

间二甲苯(1,3-二甲苯)　　对二甲苯(1,4-二甲苯)　　1,2,4-三甲苯

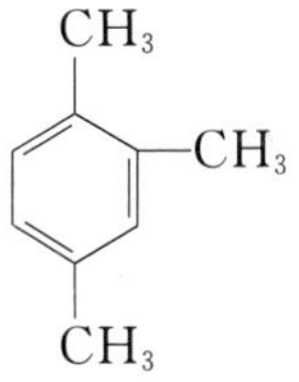

芳香烃中除苯的同系物外,还包括萘、蒽等物质。

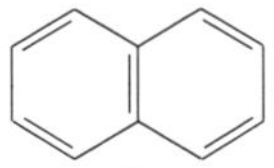

萘 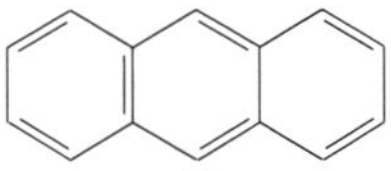　　蒽

苯的同系物的化学性质同苯有许多相似之处,如在苯环上发生的取代反应等。

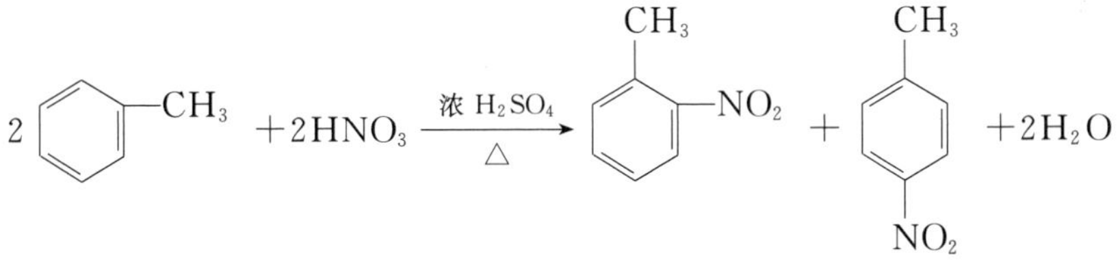

$$2C_6H_5CH_3 + 2HNO_3 \xrightarrow[\triangle]{浓\ H_2SO_4} o\text{-}CH_3C_6H_4NO_2 + p\text{-}CH_3C_6H_4NO_2 + 2H_2O$$

邻硝基甲苯　　对硝基甲苯

但由于苯环和侧链的相互影响，苯的同系物也有一些化学性质跟苯不同，如苯的同系物能使酸性高锰酸钾溶液褪色。

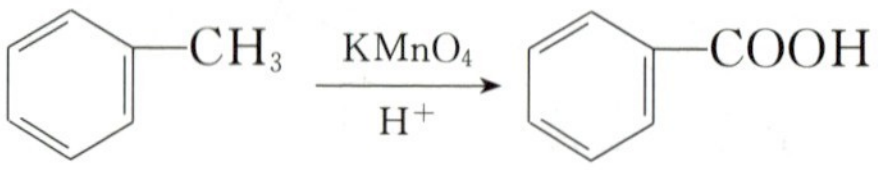

$$C_6H_5-CH_3 \xrightarrow[H^+]{KMnO_4} C_6H_5-COOH$$

苯甲酸

$$CH_3-C_6H_4-CH_3 \xrightarrow[H^+]{KMnO_4} HOOC-C_6H_4-COOH$$

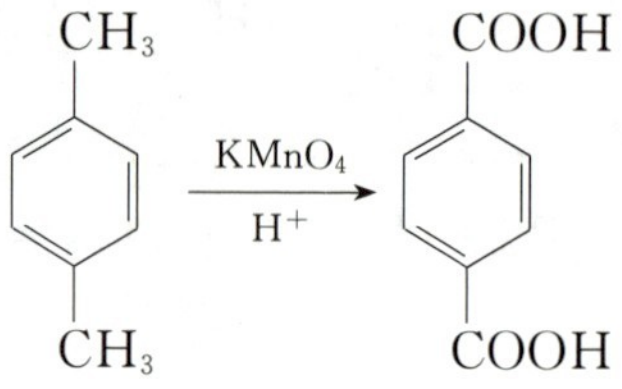

对苯二甲酸

苯的同系物被氧化时，不论其侧链长短如何，氧化反应一般都发生在与苯环直接相连的碳原子(称为 α-碳原子)上。

习题

一、填空题

1. 苯的结构式是________，苯分子中的________个碳碳键是一种介于__________的特殊的化学键。

2. 芳香族烃一般是指________。

3. 邻、间、对二甲苯互为________体，(邻二氯苯，Cl 位于 1,2 位)与(间二氯苯，Cl 位于 1,3 位)则为________。

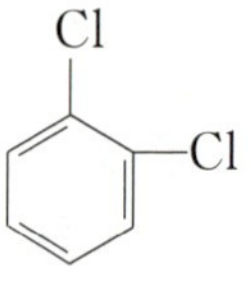

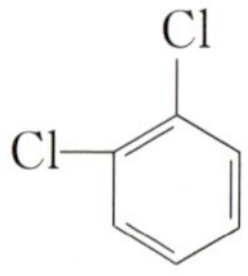

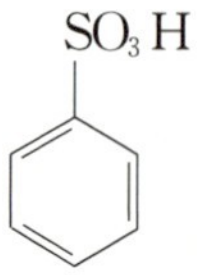

4. 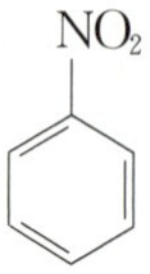 (硝基苯，$C_6H_5-NO_2$)的名称是________；(苯磺酸，$C_6H_5-SO_3H$)的名称是________；(2,4,6-三硝基甲苯，CH_3、O_2N、NO_2、NO_2)的名称是________，俗名为梯恩梯(TNT)，它是一种黄色的晶体，不溶于水。TNT 是一种烈性炸药，它广泛应用于国防、开矿、筑路、兴修水利等。

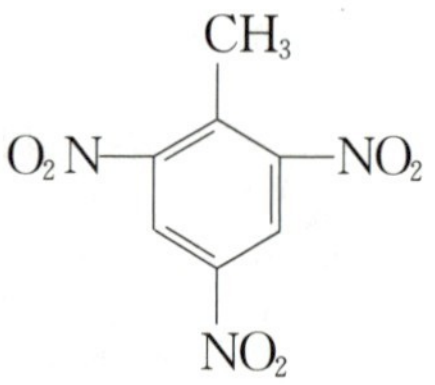

二、选择题

5. 下列物质中，在一定条件下既能发生加成反应，也能发生取代反应，但不能使酸性 $KMnO_4$ 溶液褪色的是 (　　)

A. C_2H_6　　B. C_6H_6　　C. C_2H_4　　D. C_2H_2

6. 甲苯和苯相比较，下列叙述不正确的是 (　　)

A. 常温下都是液体　　B. 都能使酸性 $KMnO_4$ 溶液褪色

C. 都能燃烧生成 CO_2 和 H_2O　　D. 都能发生取代反应

7. 甲苯分子中的氢原子有 1 个被氯原子取代后，可能形成的同分异构体共有 (　　)

A. 3 个　　B. 4 个　　C. 5 个　　D. 6 个

三、综合题

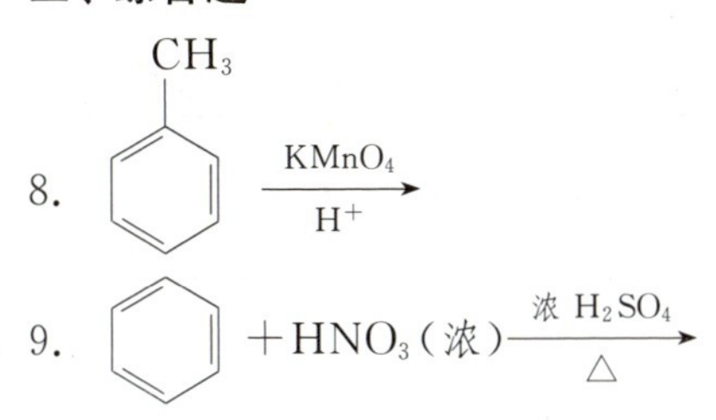

10. 用化学方法鉴别下列各组物质:

(1) 苯、苯乙烯和苯乙炔。

(2) 苯、甲苯和丙烯。

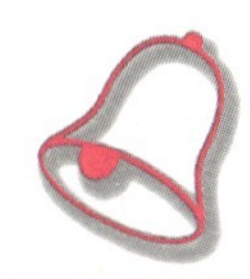

本章小结

一、有机化合物的特点

有机化合物是指含碳的化合物,研究有机物的化学称为有机化学。有机物与无机物的比较见表5-7。

表5-7 有机物与无机物的比较

性质 \ 类别	有机物	无机物
溶解性	一般难溶于水,易溶于有机溶剂	一般易溶于水,难溶于有机溶剂
燃烧难易	受热易分解,易燃烧	一般不易燃烧
熔点高低	一般较低	一般较高
反应快慢	一般较慢,副反应多	通常较快
种类多少	1000万种以上	5万种左右
导电性	一般难导电	一般熔融或溶液状态时能导电

二、烃

烃是仅含碳、氢两种元素的有机物。

(1) 烃的分类:

- 烃
  - 开链烃
    - 饱和烃:烷烃 $C_nH_{2n+2}(n\geqslant1)$
    - 不饱和烃
      - 烯烃 $C_nH_{2n}(n\geqslant2)$
      - 炔烃 $C_nH_{2n-2}(n\geqslant2)$
  - 环烃
    - 脂环烃
    - 芳香烃[苯及苯的同系物 $C_nH_{2n-6}(n\geqslant6)$]

(2) 各类烃的结构特点及主要化学性质如表 5-8 所示。

表 5-8 烃的结构与性质

结构与性质 / 烃类	结构特点	主要化学性质
烷烃	仅含 C—C 单键	取代反应；热分解
烯烃（附 1,3-丁二烯）	含 C═C 双键	加成反应（马氏规则）；与 $KMnO_4$ 等氧化剂发生氧化反应；聚合反应；1,3-丁二烯的 1,4 加成反应
炔烃	含 C≡C 叁键	加成反应；与 $KMnO_4$ 等氧化剂的氧化反应；生成金属炔化物的反应
苯及其同系物	含（苯环）结构	取代反应（卤代、硝化、磺化）；与 H_2 的加成反应；苯的同系物侧链上的氧化反应

课外阅读

从无机化学到有机化学的故事

从 1754 年英国的布莱克用加热或加酸的方法使石灰石放出 CO_2 气体后，人们对原子、分子开始有了认识。到 19 世纪初，人们已经认识了几十种元素，对于矿物质或无生命的物质，已经能熟练地将它们分解，然后又重新组成新的化合物，也就是现在我们熟知的各种无机反应。

人们可以把 H_2O 分解成 H_2 和 O_2，然后用 H_2 和 O_2 再合成水，但却无法将木材烧成的灰烬再复原成木材。因此，科学家们当时相信动植物体内存在着某种神秘的活力，认为"无机化学"和"有机化学"之间存在不可逾越的鸿沟。也就是说，有机物有"活力"，无机物没有"活力"，用无机物不可能合成有机物。直到 1828 年，一位年轻的德国化学家维勒终于证明，这道鸿沟是可以逾越的。

当维勒对氰酸铵溶液再加热进行浓缩时，生成了一种无色晶体，这种晶体不是氰酸铵，而与有机物尿素的化学成分完全相同。而当时尿素是不能合成的，人们只能从动物的尿中提取。他兴奋地写信告诉他的老师："我既不需要肾脏或动物，也不需要人或者狗就能制造尿素。"现在大家都知道氰酸铵和尿素是同分异构体，加热能使其中一种变为另一种。这是人类合成的第一种有机化合物，是化学发展史上的一个重要里程碑。

很快，人们合成了醋酸、油脂类等物质，特别是英国科学家克库莱解释了链状和环状有机化合物中碳原子相连接的独特结构以后，有机化学就完全建立起来了。这时，化学家可以熟练地合成和提纯小分子有机物，并分析它们的组成，准确地测定它们的熔点、沸点和相对分子质量等。

一个甲烷气泡引发的灾难

2010年4月20日墨西哥湾发生的漏油事故导致该地区面临前所未有的生态灾难。现已查清，墨西哥“深水地平线”钻井平台爆炸是由一个甲烷气泡引发的。

出事前，工人在钻井底部设置并测试一处水泥封口，随后降低钻杆内部压力，试图再设置一封口。这时，设置封口时引起的化学反应产生热量，促成一个甲烷气泡生成。这个甲烷气泡从钻杆底部高压处上升到低压处，突破数处安全屏障和原油突然朝工人们喷射而来，一直喷到高达70多米的高空。当甲烷气体遇到附近的石油工人的宿舍处的火源时即刻爆炸，并燃起大火。“深水地平线”沉入墨西哥湾，大量原油泄漏，周边生态环境被破坏。

甲烷这类密度很小的气体，在深海的巨大水压作用下可能成为固态。当这些固态甲烷由于某些原因而破裂后，可能成为气体而迅速上升，在上升过程中水压不断减小，因而形成了越来越大并且急速上升的巨大气泡。你可别小看了这个甲烷气泡，澳大利亚墨尔本市蒙纳什大学的计算数学教授约瑟夫·莫纳翰通过计算机建模分析得，当巨大的甲烷气泡上升到水面而爆炸的时候，形成了一个巨大的空腔，轮船会瞬间坠入其中。这可能是导致百慕大三角地区和北海海域内海轮神秘失事的罪魁祸首。

气象学家一直担忧，全球气候变暖将导致北极永冻地区冰层融化，释放出永冻层封住的大量甲烷。研究人员在北极地区的西斯匹次卑尔根海域使用声呐探测到，从海底升起的甲烷气泡串数量超过250个。分析显示，这一海域的水温在过去30年里上升了1 ℃，30年以前甲烷可以在海平面下360 m处稳定存在，而现在要到400多米深处才能稳定存在。如果全北极海域都出现类似情况，那么每年将会释放出数千万吨甲烷。甲烷这种温室气体，放热能力是二氧化碳的30倍。这可能使全球变暖加剧，并陷入恶性循环。

也就是说，美国墨西哥湾的事故是天灾也是人祸，而且如果我们再不注意环保，类似的事故还将会继续产生，将来引发地球爆炸的可能性也是有的。

植物激素——乙烯

在古代，人们把青的梨子采摘下来，放在屋子里熏香，梨子就会很快变甜变熟；采了生的猕猴桃，老人们也会说，把它们跟苹果放在一起，会软得更快。几千年前，古埃及人在无花果结果之后，会在树上划出一些口子，认为这样可以让果实更大、成熟更快。而在中国的农村，许多核桃树上布满了伤痕，都是人们故意砍的，人们甚至不知道为什么要这么做。

到了近代，科学家们发现，古人或许是"歪打正着"了。这些做法是合理的，而其中的原因竟然都是为了得到乙烯，也就是后来人们所说的"植物激素"中的一种。

最先对此进行系统研究的是俄国一位名叫奈留波夫的植物生理学研究生。1901年，他在种豌豆的时候发现，室内的豌豆会长得更短、更粗，而且横向生长。经过大量的实验后他发现，是照明气体中的乙烯刺激了豌豆苗的生长。十几年后，另一位科学家发现，乙烯可以使果实提前落下，于是它"催熟"的能力从此得以确认。又过了十几年，一位英国科学家在成熟的苹果中分离出了乙烯。从此，乙烯作为一种"植物激素"引起人们的巨大兴趣。

随着乙烯的面纱被揭开，那些"传统智慧"也就得到了合理的解释。熏香时能产生一定量的乙烯，从而促进青梨的成熟；成熟的苹果会不断释放乙烯，也就能促进猕猴桃的软化；砍伤无花果树和核桃树促进结果的原因，竟然是伤害会让无花果树或者核桃树释放出大量乙烯。

划伤果树是为了让它自己产生乙烯，用外加的乙烯处理也能促进植物的生长。这就是"植物激素"促进生长的原理。在现代农业中，使用的是一种叫作乙烯利的东西，它被植物吸收之后转化成乙烯，从而产生"激素"效应。这种方式得到了广泛的应用。所以，当你听说"激素催熟果实"的时候，不要以为那是"黑心农民"的非法操作，实际上，世界上许多国家都用它来提高作物产量、缩短生产周期。

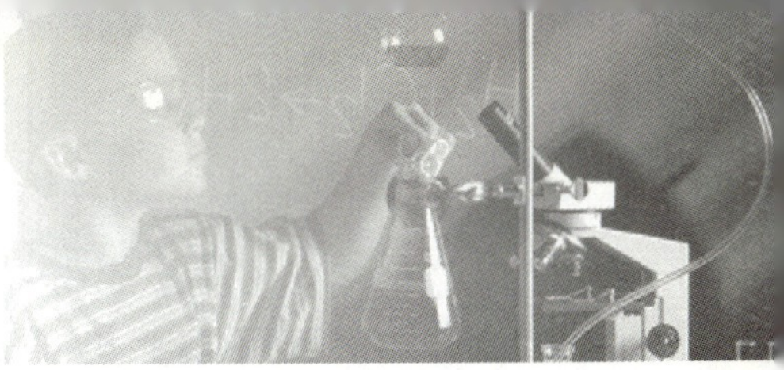

第六章　烃的衍生物

烃分子中的氢原子被其他原子或原子团取代后的生成物叫作**烃的衍生物(derivative of hydrocarbon)**。

烃的衍生物的种类很多，本章将分别讨论烃的卤素衍生物——卤代烃，烃的含氧衍生物——醇、酚、醚、醛、酮、羧酸和酯，烃的含氮衍生物——胺类等。

第一节　卤代烃

烃分子中的一个或几个氢原子被卤原子取代后的生成物称为**卤代烃**，其官能团为“**—X**”，一卤代烃常用 **R—X** 表示。

卤代烃中，最重要的是饱和卤代烃，通常称为卤代烷。

一、卤代烃的命名

卤代烃的命名原则是把卤素也看作取代基，其余和烃类相似。例如：

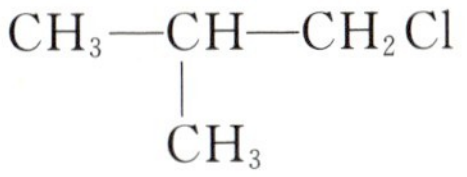

$CH_3—CH(CH_3)—CH_2Cl$　2-甲基-1-氯丙烷

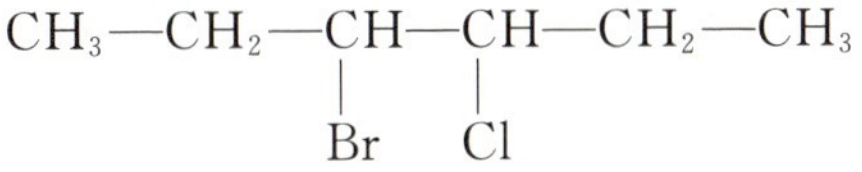

$CH_3—CH_2—CH(Br)—CH(Cl)—CH_2—CH_3$　3-氯-4-溴己烷

$CH_2═CHCl$　氯乙烯

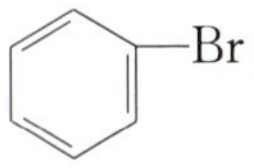

$C_6H_5—Br$　溴苯

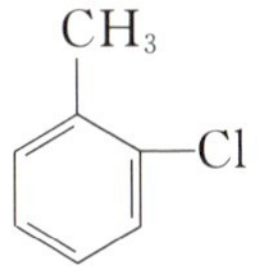

邻氯甲苯（或 2-氯甲苯）（苯环上 CH_3 与 Cl 处于邻位）

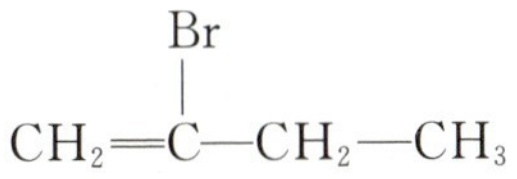

$CH_2═C(Br)—CH_2—CH_3$　2-溴-1-丁烯

有些卤代烃常用俗名。例如：

$CHCl_3$　氯仿

CHI_3　碘仿

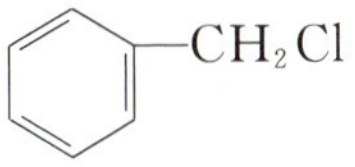

$C_6H_5—CH_2Cl$　氯化苄

二、卤代烷的物理性质

在常温常压下，除氯甲烷、氯乙烷、溴甲烷是气体外，其余的卤代烷都是液体或固体。一卤代烷的沸点随着碳原子数目的增加而升高。同一烷基的卤代烷，以碘烷的沸点最高，其次是溴烷、氯烷。在卤代烷的异构体中，直链异构体的沸点最高，支链越多则沸点越低。

卤代烷都不溶于水，可溶于醇、醚、烷烃等有机溶剂。

一卤代烷的密度大于同数碳原子的烷烃。同一烷基的卤代烷，氯烷的密度最小，碘烷的密度最大。

纯净的一卤代烷都是无色的。但碘烷容易分解产生游离碘，故久置后逐渐会变为红棕色。因此碘烷应储存在避光的容器或棕色瓶中。

不少卤代烷带有香味，但其蒸气有毒，特别是碘烷应尽量避免吸入体内。

三、卤代烷的化学性质

这里主要介绍一卤代烷的化学性质。

1. 取代反应

卤代烷分子中的卤原子可以被羟基（—OH）、氨基（$—NH_2$）等基团所取代。

卤代烷在碱性溶液中水解，卤原子被羟基取代，生成相应的醇。例如：

$$CH_3—CH_2—Br+NaOH \xrightarrow{H_2O} \underset{\text{乙醇}}{CH_3—CH_2—OH}+NaBr$$

2. 消去反应

卤代烷与强碱的醇溶液共热，分子中脱去卤化氢生成烯烃。例如：

$$\underset{}{CH_3—\underset{|}{\overset{}{CH}}—\underset{|}{CH_2}} \quad \text{(H on CH, Br on } CH_2\text{)} +NaOH \xrightarrow[\triangle]{\text{乙醇}} CH_3—CH{=}CH_2+NaBr+H_2O$$

有机化合物在适当条件下，从分子中相邻两个碳原子上各脱去一个原子或原子团（结合生成一个简单分子，如水、卤化氢等），生成不饱和化合物的反应叫作**消去反应（elimination reaction）**。卤代烷脱去卤化氢的反应属于消去反应。

四、重要的卤代烃

1. 氯乙烯

氯乙烯是无色气体，它是工业上生产聚氯乙烯的原料。

2. 三氯甲烷

三氯甲烷（氯仿）是无色而有甜味的液体，它是一种常用的有机溶剂，能溶解油脂、有机玻璃、橡胶等。

3. 四氯化碳

四氯化碳（CCl_4）是一种无色透明而有愉快气味的液体，由于其蒸气比空气重，不能燃烧，且不导电，常用作灭火剂，还可以用它作溶剂、萃取剂和干洗剂，但四氯化碳对人体有害，会灼伤皮肤，损伤肝脏，应避免吸入体内。

4. 二氟二氯甲烷

二氟二氯甲烷（CCl_2F_2）的商品名称为“氟利昂”，是无色无臭、不易燃烧的气体，无毒，无腐蚀性，化学性质稳定，由于它易压缩成为液体，汽化后会吸收大量的热，常作为冰箱、空调等设备中的制冷剂。但由于“氟利昂”泄漏到大气中后会破坏大气中的臭氧层，导致大量紫外线透射到地面，对人类和地球上的生命产生极大威胁，因此它已引起世界各国政府的高度重视。各国都在积极研制“氟利昂”的替代品，并制定减少“氟利昂”生产直到取消使用的时间表。

5. 氯苯

氯苯为无色透明的挥发性液体，主要用于制造硝基氯苯、苦味酸、苯胺等，还可用作油漆的溶剂。

习题

一、填空题

1. 从结构上看，烃的衍生物是________分子中的________原子被________的产物。决定烃的衍生物化学特性的________叫作官能团。例如，决定乙醇、乙酸和溴乙烷化学特性的官能团分别是________、________和________。

2. 卤代烃都________溶于水，________溶于大多数有机溶剂。

3. 溴乙烷与 NaOH 水溶液共热，主要产物是________，化学方程式是____________________，该反应属于________反应。溴乙烷与 NaOH 乙醇溶液共热，主要产物是________，化学方程式是____________________，该反应属于________。

二、选择题

4. 下列有机物中，不属于烃的衍生物的是 （　　）

A. 氯丁烷　　B. 甲苯　　C. 硝基苯　　D. 氯仿

5. 在 1-氯丙烷和 2-氯丙烷分别与 NaOH 的醇溶液共热的反应中，两反应 （　　）

A. 产物相同　　B. 产物不同

C. 碳氢键断裂的位置相同　　D. 反应类型不同

6. 下列有关氟氯烃的说法不正确的是 （　　）

A. 氟氯烃是一类含氟和氯的卤代烃

B. 氟氯烃化学性质稳定，有毒

C. 氟氯烃大多无色、无臭、无毒

D. 在平流层中，氟氯烃在紫外线照射下，分解产生的氯原子可引发损耗臭氧层的循环反应

7. 下列化合物中，既能发生消去反应，又能发生水解反应的是 （　　）

A. 氯仿　　B. 氯甲烷　　C. 乙醇　　D. 氯乙烷

三、综合题

8. 写出下列化合物的名称：

(1) $CH_2=CH-Cl$

(2) $CH_3-C(Br)=CH_2$（Br 连在中间碳上）

(3) $CH_3-CH(Cl)-CH(CH_3)-CH_3$

(4) 苯环对位分别连有 CH_3 和 Br（对溴甲苯结构式）

9. 写出下列化合物的结构式：

(1) 氯仿　(2) 2-甲基-1-氯丁烷　(3) 2-氯-2-丁烯　(4) 间溴甲苯

10. 完成下列反应：

(1) $CH_3CH_2I + NaOH \xrightarrow{H_2O}$

(2) $CH_3-\underset{\displaystyle Br}{\underset{|}{CH}}-CH_3 + NaOH \xrightarrow[\triangle]{乙醇}$

第二节　醇酚醚

一、醇

醇(alcohol)是分子中含有与链烃基或苯环侧链上的碳原子相连的**羟基(hydroxyl group)**的一类化合物。“**—OH**”是醇的官能团，饱和一元醇常用 **R—OH** 表示。最常见的醇就是乙醇(ethanol)。

1. 乙醇

纯净的乙醇常温下是无色透明、具有特殊香味的液体，20 ℃时的密度是 0.7893 $g \cdot cm^{-3}$，沸点是 78.4 ℃，易挥发，能跟水以任意比例互溶。

(1) 乙醇的结构。

乙醇俗称酒精，它可以看作是乙烷分子中的一个氢原子被羟基取代后的产物，其结构简式是 CH_3CH_2OH，可简写为 C_2H_5OH。

(2) 乙醇的化学性质。

① 与活泼金属的反应。

乙醇分子中的羟基比较活泼，其羟基上的氢原子可以被活泼金属取代。

【实验 6-1】 在试管中注入约 3 mL 无水乙醇，再投入一小块新切的、用滤纸吸干的金属钠，迅速用一配有导管的单孔塞塞住试管口，并用一小试管倒扣在导管上，收集反应中放出的氢气并检验纯度，然后在导管口点燃，见图 6-1。再用水代替乙醇和钠反应，比较两者反应的异同点。

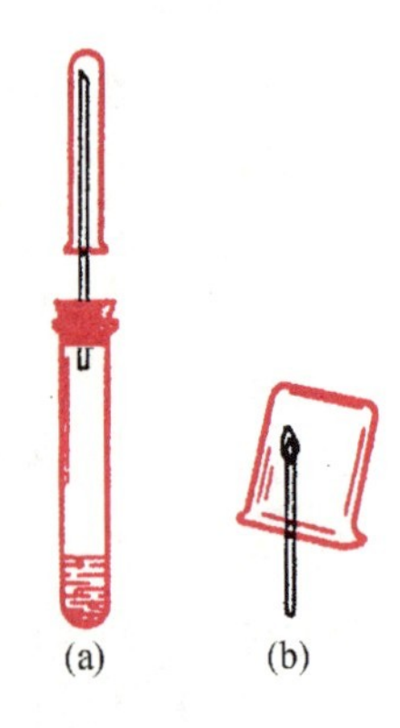

(a) 乙醇与钠反应产生氢气，用试管收集并检验纯度
(b) 点燃

图 6-1　乙醇与金属钠的反应

乙醇与金属钠的反应和水相似，反应生成乙醇钠和氢气，但反应比水缓慢得多。

$$2H_2O + 2Na = 2NaOH + H_2\uparrow \text{(剧烈)}$$

$$2CH_3CH_2OH + 2Na \longrightarrow \underset{乙醇钠}{2CH_3CH_2ONa} + H_2\uparrow \text{(缓慢)}$$

除金属钠外，其他活泼金属如 K、Mg、Al 等也能与乙醇反应放出氢气。

② 与氢卤酸的反应。

乙醇与氢卤酸反应时，乙醇分子中的碳氧键断裂，分子中的羟基被卤原子取代，生成卤代烷和水。例如：

$$CH_3CH_2OH + HBr \xrightarrow{\triangle} \underset{\text{溴乙烷}}{CH_3CH_2Br} + H_2O$$

③ 氧化反应。

乙醇在空气中燃烧，发出淡蓝色的火焰，同时放出大量的热。

$$CH_3CH_2OH + 3O_2 \xrightarrow{\text{点燃}} 2CO_2 + 3H_2O + 1366.5\ kJ$$

乙醇在加热和催化剂(Cu 或 Ag)存在下，能够被空气氧化，生成乙醛。

$$2CH_3CH_2OH + O_2 \xrightarrow[\triangle]{\text{Cu 或 Ag}} \underset{\text{乙醛}}{2CH_3CHO} + 2H_2O$$

工业上常用这个反应制取乙醛。

【实验 6-2】 在试管中加入 2 mL 乙醇，并把一端弯成螺旋状的铜丝放在酒精灯外焰中加热(使铜丝表面生成一薄层黑色的氧化铜)，然后立即把它插入盛有乙醇的试管中(图 6-2)，这样反复操作几次，注意闻生成物的气味，并观察铜丝表面的变化。

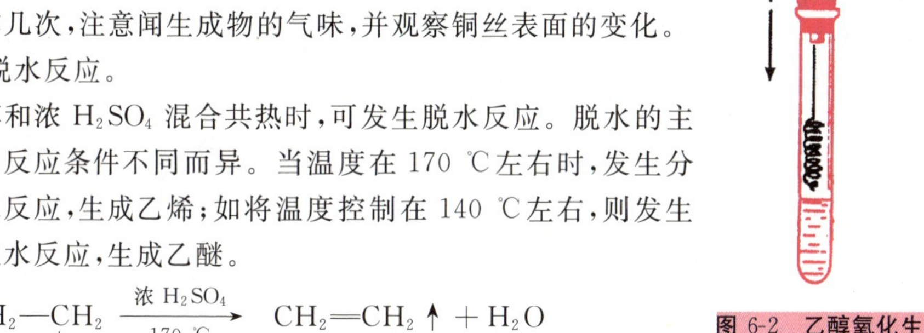

图 6-2 乙醇氧化生成乙醛

④ 脱水反应。

乙醇和浓 H_2SO_4 混合共热时，可发生脱水反应。脱水的主要产物因反应条件不同而异。当温度在 170 ℃左右时，发生分子内脱水反应，生成乙烯；如将温度控制在 140 ℃左右，则发生分子间脱水反应，生成乙醚。

$$\underset{\text{H}\qquad\text{OH}}{CH_2-CH_2} \xrightarrow[170\ ℃]{\text{浓 }H_2SO_4} \underset{\text{乙烯}}{CH_2=CH_2}\uparrow + H_2O$$

(分子内脱水)

$$CH_3-CH_2-\boxed{OH+H}O-CH_2-CH_3 \xrightarrow[140\ ℃]{\text{浓 }H_2SO_4} \underset{\text{乙醚}}{CH_3-CH_2-O-CH_2-CH_3} + H_2O$$

(分子间脱水)

⑤ 酯化反应。

醇与酸作用，生成酯和水的反应称为**酯化反应(esterification)**。如乙醇与乙酸在少量催化剂浓硫酸存在下，可生成具有特殊香味的乙酸乙酯。

【实验 6-3】 在一支试管中加入乙醇、乙酸各 2 mL，再慢慢滴入浓硫酸 0.5 mL，在另一支试管中加入 3 mL Na_2CO_3 饱和溶液，并按图 6-3 连接好装置。用小火对试管加热，并使产生的蒸气经导管通到饱和

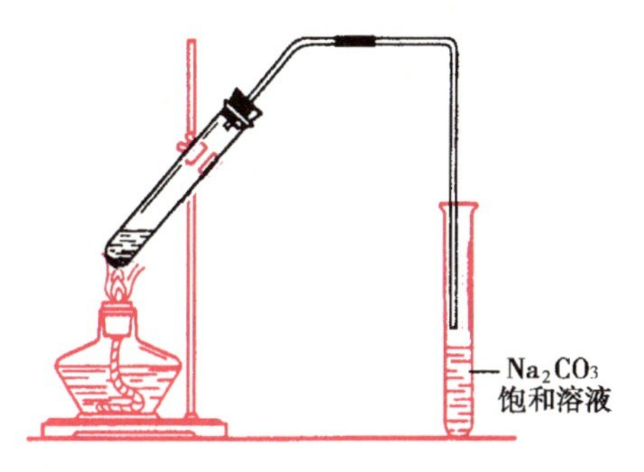

图 6-3 乙酸乙酯的制备

Na_2CO_3 溶液的上方约 0.5 cm 处，注意观察液面的变化。取下盛有 Na_2CO_3 溶液的试管，并停止加热。振荡盛有 Na_2CO_3 溶液的试管，静置，待溶液分层后，观察上层油状的乙酸乙酯，并注意闻其气味。

$$\underset{\text{乙醇}}{CH_3-CH_2-O-H} + \underset{\text{乙酸}}{HO-\overset{\overset{\large O}{\|}}{C}-CH_3} \underset{\triangle}{\overset{\text{浓硫酸}}{\rightleftharpoons}} \underset{\text{乙酸乙酯}}{CH_3-\overset{\overset{\large O}{\|}}{C}-O-CH_2-CH_3} + H_2O$$

(3) 乙醇的工业制法。

工业上以乙烯为原料，通过直接水合法大量生产乙醇。

$$CH_2=CH_2 + H_2O \xrightarrow[\text{加热、加压}]{H_3PO_4} CH_3CH_2OH$$

但是，传统的淀粉发酵法仍然是生产乙醇的重要方法。发酵法所采用的原料为谷类、甘薯的淀粉或制糖工业的副产物——糖蜜。发酵是一个复杂的生物化学过程。其简单工艺流程如下：

$$\underset{\text{淀粉}}{(C_6H_{10}O_5)_n} + H_2O \xrightarrow{\text{糖化酶}} \underset{\text{麦芽糖}}{C_{12}H_{22}O_{11}} \xrightarrow[H_2O]{\text{糖化酶}} \underset{\text{葡萄糖}}{C_6H_{12}O_6} \xrightarrow{\text{酒化酶}} \underset{\text{乙醇}}{C_2H_5OH} + CO_2$$

一般发酵液中仅含 10%的乙醇，经蒸馏后可得到 95.6%的乙醇。此法一般用于食用酒类的制作。几种主要酒类中的乙醇含量见表 6-1。

表6-1 各种酒中的乙醇含量(体积分数)

白　酒	葡　萄　酒	黄　酒	啤　酒
40%～60%	6%～20%	8%～15%	3%～5%

2. 醇类

(1) 醇的命名。

醇的系统命名法：通常选择含有羟基的最长碳链作为主链，其余支链当作取代基，按照主链碳原子个数称为“某醇”；主链碳原子的编号从靠近羟基的一端开始；在“某醇”的前面标上羟基所在碳原子的位号。例如：

$CH_3CH_2CH_2CH_2OH$　　1-丁醇

$CH_3-\underset{\underset{CH_3}{|}}{CH}-CH_2-OH$　　2-甲基-1-丙醇

$CH_3-CH_2-\underset{\underset{OH}{|}}{CH}-CH_3$　　2-丁醇

$CH_3-\underset{\underset{CH_3}{|}}{\overset{\overset{CH_3}{|}}{C}}-OH$　　2-甲基-2-丙醇

$C_6H_5-CH_2OH$　　苯甲醇(苄醇)

(2) 重要的醇。

① 甲醇(CH_3OH)。甲醇是重要的有机溶剂，也是重要的化工原料，大量用于生产甲醛。甲醇也是合成氯甲烷、甲胺、有机玻璃等产品的原料。甲醇具有酒的香味，但有剧毒，不慎饮用后，轻则双目失明，重则死亡。有的不法商贩为追逐利润，将甲醇溶液或工业酒精(含甲醇)冒充白酒销售，致使发生多起人员伤亡的惨案。

② 乙醇。乙醇除了作为燃料和饮用酒类外，还是重要的化工原料，可用来合成橡胶和药物。乙醇也是化学工业中重要的溶剂，医疗卫生工作中常用75%左右的酒精溶液作消毒剂。

③ 乙二醇$\left(\begin{array}{l} CH_2OH \\ | \\ CH_2OH \end{array}\right)$。乙二醇是无色黏稠且有甜味的液体，故又称甘醇，沸点为197.4 ℃，凝固点为−13 ℃。乙二醇可与水以任何比例混溶，混溶后使水溶液的凝固点下降到−34 ℃，常用作汽车水箱的防冻剂。乙二醇主要用于生产人们所熟悉的“的确良”，即聚酯纤维。乙二醇还可作内燃机抗冻剂，舞台上常用它制造烟雾效果。

④ 丙三醇$\left(\begin{array}{ccccc} CH_2 & — & CH & — & CH_2 \\ | & & | & & | \\ OH & & OH & & OH \end{array}\right)$。丙三醇俗称甘油(glycerol)，为无色有甜味的黏稠液体，沸点是290 ℃。甘油具有很强的吸湿性，能与水、酒精以任意比例混溶。丙三醇常用作化妆品、皮革、烟草、食品以及纺织品等的吸湿剂，还可以与硝酸反应制造硝酸甘油炸药。微量硝酸甘油可作药用，抢救心肌梗死病人。

⑤ 苯甲醇。苯甲醇具有轻微的麻醉作用，在医药上常用于配制青霉素等的注射液，以减轻注射时的疼痛，由它生成的酯则可用作香料。

二、酚

羟基直接与芳环相连接的化合物叫作酚(phenol)，可表示为 **Ar—OH**(Ar为芳基的代号)。显然，酚的官能团和醇一样，也是羟基(—OH)。苯酚是最简单也是最重要的酚。例如：

1. 苯酚

纯净的苯酚是无色、具有特殊气味的针状晶体，熔点为43 ℃，沸点为182 ℃，长时间露置在空气中因部分被氧化而呈粉红色。苯酚在常温下难溶于水，温度升高溶解度增加，65 ℃以上时能与水以任意比例混溶，苯酚易溶于乙醇、乙醚等有机溶剂。苯酚有毒，它的浓溶液对皮肤有强烈的腐蚀作用，使用时要特别小心，如果不慎沾到皮肤上，应立即用酒精擦拭并用水洗去。

(1) 苯酚的化学性质。

苯酚的化学性质比较活泼，它具有苯环的各种反应，又具有羟基的一些特征反应。

① 弱酸性。

在苯酚的分子中，因羟基与苯环直接相连而发生相互影响，使苯酚具有弱酸性。

【实验6-4】 向一个盛有少量苯酚晶体的试管中加入少量蒸馏水，振荡试管，溶液浑浊。再逐滴加入5%的NaOH溶液，并振荡试管，溶液由浑浊变为澄清透明，见图6-4。实验证明，苯酚与碱发生反应，生成易溶于水的苯酚钠。

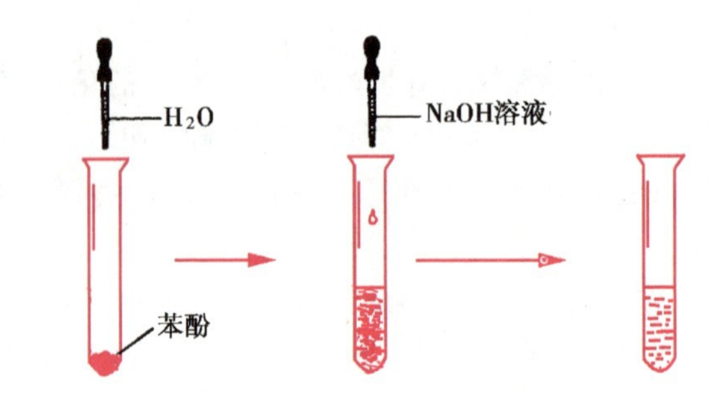

图 6-4　苯酚与 NaOH 溶液反应

$$C_6H_5\text{—}OH + NaOH \longrightarrow C_6H_5\text{—}ONa + H_2O$$

苯酚钠

在这个反应中苯酚显示了酸性，所以苯酚俗称“石炭酸”。苯酚的酸性比碳酸还弱，在水溶液中只能电离出极少量的 H^+。

如果向苯酚钠的水溶液里通入 CO_2，就会有苯酚游离出来，澄清溶液又变浑浊。

$$C_6H_5\text{—}ONa + CO_2 + H_2O \longrightarrow C_6H_5\text{—}OH + NaHCO_3$$

② 苯环上的取代反应。

【实验 6-5】　在盛有少量饱和溴水的试管中滴入适量的苯酚稀溶液，可以观察到有白色沉淀产生，见图 6-5。

图 6-5　苯酚与 Br_2 的反应

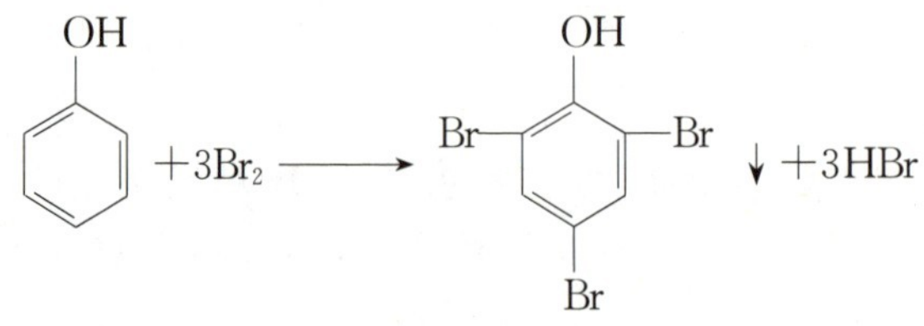

2,4,6-三溴苯酚(简称三溴苯酚)

此反应十分灵敏，常用来检验苯酚的存在。

③ 显色反应。

【实验 6-6】　在盛有少量苯酚溶液的试管中，滴入几滴 3%的 $FeCl_3$ 溶液，振荡，溶液呈紫色，见图 6-6。

这是酚类与 $FeCl_3$ 特有的显色反应，所显的颜色因酚的不同而异。苯酚与 $FeCl_3$ 溶液作用显紫色，常利用这一反应来检验苯酚的存在。

(2) 苯酚的用途。

苯酚是一种重要的化工原料。苯酚可以用来制造酚醛塑料(俗称电木)、合成纤维(如锦纶)、染料、炸药、医药(如阿司匹林)、农药(如植物生长调节剂)等；粗制苯酚可用于环境消毒，如 3%～5%的苯酚溶

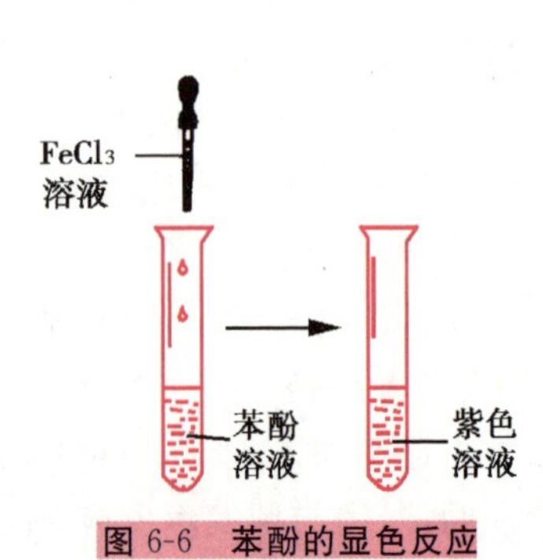

图 6-6　苯酚的显色反应

液可用于外科器械的消毒；纯净的苯酚可配成洗涤剂和软膏，有杀菌和止痛作用，如药皂中也掺有少量苯酚。

2. 酚类

几种常见的酚的结构简式如下：

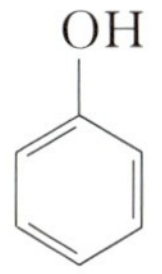

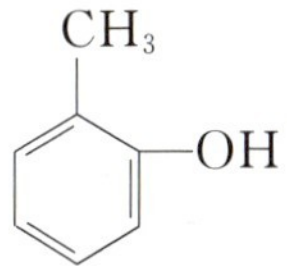

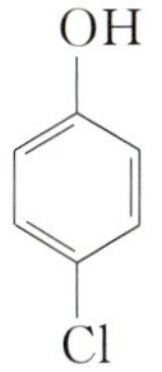

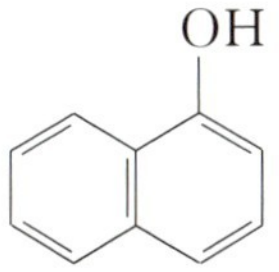

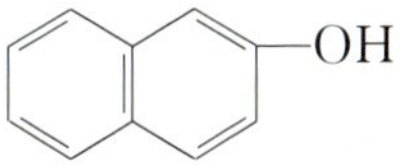

苯酚　邻甲苯酚　对氯苯酚　对苯二酚　α-萘酚　β-萘酚

三、醚

醚(ether)的分子由**醚键(—O—)**和两个烃基结合而成，可用通式 R—O—R′表示，其中 R 和 R′可以相同，也可以不同。醚的官能团是醚键(—O—)，醚键两边的烃基相同的醚称为单醚，两边烃基不同的醚称为混醚。

醚类中最重要的是乙醚。

1. 乙醚

乙醚(ethyl ether)是二乙醚的简称，结构简式为 $CH_3CH_2—O—CH_2CH_3$。

乙醚在常温下为无色透明的液体，具有特殊的气味。乙醚的沸点很低(34.5 ℃)，容易着火，使用时要特别注意安全。

乙醚比水轻，微溶于水，能溶解多种有机化合物，所以它是良好的有机溶剂。工业上制作火棉胶和人造丝时，都要大量使用乙醚。

吸入乙醚蒸气可以导致人失去知觉，所以它是外科手术中常用的麻醉剂。

乙醚暴露在空气中久置，会发生缓慢的氧化，生成过氧化物。过氧化物不稳定，受热易分解而发生爆炸。因此，醚类应尽量避免暴露在空气中。其在使用之前，特别是在蒸馏以前，应当检验是否有过氧化物存在，若有应把它除去。

2. 醚类

简单的醚一般都用习惯命名法，即在“醚”字前冠以两个烃基的名称。例如：

$CH_3—O—CH_3$　　$CH_3—O—CH_2CH_3$　　$C_6H_5—O—CH_3$

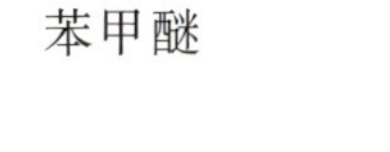

二甲醚(甲醚)　　甲乙醚　　苯甲醚

大多数的醚比水轻，常温下是液体，不溶于水。

醚是一类较稳定的化合物，一般情况下，不和活泼金属、碱以及大多数酸发生反应。

习题

一、填空题

1. 乙醇的结构简式是________。饱和一元醇的通式是________。

2. 在甲醇、乙醇、丙三醇这几种物质中，属于新的可再生能源的是________，是饮用酒主要成分的是________，俗称甘油的是________，有毒的是________。

3. 乙醇与浓硫酸共热到170 ℃，发生________反应，生成________，浓硫酸的作用是________，反应的化学方程式是________________________。

4. 芳香烃苯环上的氢原子被________取代后的生成物叫作酚，________是酚的官能团。

5. 现有① 苯、② 甲苯、③ 乙烯、④ 乙醇、⑤ 1-氯丁烷、⑥ 苯酚等几种有机物。其中，常温下能与 NaOH 溶液反应的有________；常温下能与溴水反应的有________；能与金属钠反应放出氢气的有________；能与 $FeCl_3$ 溶液反应使溶液呈现紫色的是________。(填写代号)

6. 凡是有两个烃基通过一个________连接起来的化合物叫作醚。醚类的通式是________。

7. 乙醚常温下为________的液体，具有特殊的气味，易挥发，是________有机溶剂，在外科手术中常用作________剂。乙醚在使用前，应检验是否有________存在，若有应把它除去。

二、选择题

8. 下列物质中，不能用分子式 $C_4H_{10}O$ 表示的是 ( )

A. $CH_3CH_2CH_2CH_2OH$　　B. $CH_2{=}CHCH_2CH_2OH$

C. $CH_3-\underset{OH}{\overset{CH_3}{\underset{|}{\overset{|}{C}}}}-CH_3$　　D. $CH_3CH_2\underset{CH_3}{\underset{|}{C}}HOH$

9. 下列物质中，不属于醇类的是 ( )

A. C_3H_7OH　　B. $C_6H_5CH_2OH$

C. C_6H_5OH　　D. $\underset{OH}{\underset{|}{H_2C}}-\underset{OH}{\underset{|}{CH}}-\underset{OH}{\underset{|}{CH_2}}$

10. 除去苯中混有的少量苯酚应选用的试剂是 ( )

A. NaOH 溶液　　B. 溴水

C. 酒精　　D. 稀盐酸

三、综合题

11. 写出下列化合物的名称：

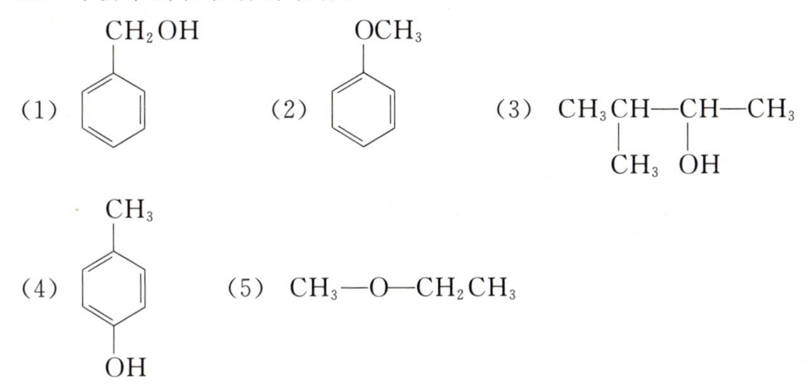

12. 写出下列化合物的结构式：

(1) 甘油　(2) 乙醚　(3) 2-甲基丁醇　(4) 邻苯二酚　(5) 苯甲醚

13. 完成下列反应：

(1) $C_2H_5OH + O_2 \xrightarrow[\triangle]{Ag}$

(2) $CH_3CH_2OH \xrightarrow[140\ ℃]{浓\ H_2SO_4}$

(3) $CH_3—\overset{\overset{O}{\|}}{C}—OH + C_2H_5OH \xrightarrow{浓\ H_2SO_4}$

(4) $C_6H_5ONa + CO_2 + H_2O \longrightarrow$ （苯环上连 ONa）

(5) $C_6H_5OH + Br_2 \longrightarrow$ （苯环上连 OH）

14. 鉴别下列各组化合物：

(1) 乙醇和苯酚。

(2) 乙醇和乙醚。

第三节　醛酮

一、醛

醛(aldehyde)分子中含有羰基（$—\overset{\overset{O}{\|}}{C}—$），若羰基的碳原子连着一个氢原子，就是**醛**

基（$-\overset{\overset{\displaystyle O}{\|}}{C}-H$）。醛基是醛的官能团，它总是位于碳链的一端。醛的通式是 (H)R$-\overset{\overset{\displaystyle O}{\|}}{C}-H$（或 RCHO）。

1. 乙醛

乙醛为无色、具有刺激性气味的液体，比水轻，沸点为 21 ℃。乙醛易挥发，易燃烧，能与水、乙醇、乙醚、氯仿等互溶。

(1) 乙醛的结构。

乙醛(ethanal)是醛类中较重要的化合物之一。它的化学式为 C_2H_4O，结构简式为 $CH_3-\overset{\overset{\displaystyle O}{\|}}{C}-H$，简写为 CH_3CHO。

(2) 乙醛的化学性质。

① 加成反应。

乙醛分子中含有碳氧双键，能够发生加成反应。例如，乙醛蒸气与氢气的混合物在加热的条件下通过镍粉，乙醛便可还原成乙醇。

$$CH_3-\overset{\overset{\displaystyle O}{\|}}{C}-H + H_2 \xrightarrow[\triangle]{\text{Ni 粉}} CH_3-CH_2-OH$$

② 氧化反应。

乙醛在一定温度和催化剂存在下，能够被空气氧化成乙酸。

$$2CH_3CHO + O_2 \xrightarrow[\triangle]{\text{醋酸锰}} \underset{\text{乙酸}}{2CH_3COOH}$$

乙醛不仅能被氧气氧化，也能被弱氧化剂氧化。

A. 银镜反应。

【实验 6-7】 在洁净的试管中加入 2% 的 $AgNO_3$ 溶液 1 mL，然后边振荡边逐滴滴入 2% 的稀氨水，直到最初生成的沉淀恰好消失为止。上述配好的溶液通常叫作银氨溶液，也称托伦试剂。在银氨溶液中加入几滴乙醛，将试管稍加振荡，放在热水浴中加热片刻，可以观察到试管内壁上附着了一层金属银，见图 6-7。

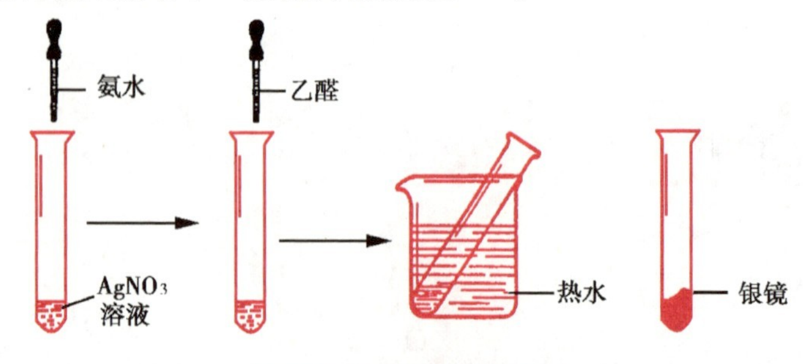

图 6-7 乙醛的银镜反应

在这个反应里，硝酸银跟氨水生成的银氨溶液中含有 $Ag(NH_3)_2OH$（氢氧化二氨合银)，这是一种弱氧化剂。

$$CH_3CHO+2Ag(NH_3)_2OH \longrightarrow \underset{\text{乙酸铵}}{CH_3COONH_4}+2Ag\downarrow+3NH_3+H_2O$$

由于生成的金属银光亮如镜，所以这个反应也称**银镜反应(silver mirror reaction)**。

含有醛基的化合物都能发生银镜反应，因此银镜反应常用来检验醛基的存在。工业上常用葡萄糖(含醛基)作还原剂进行银镜反应，把银均匀地涂在玻璃上制成镜子或保温瓶胆。

B. 斐林反应。

图 6-8　乙醛与 $Cu(OH)_2$ 的反应

【实验 6-8】 在试管中加入 10%的 NaOH 溶液 2 mL，滴入 2%的 $CuSO_4$ 溶液 2 滴，摇匀后，加入乙醛 10 滴，并加热至沸，可以观察到溶液中有红色沉淀产生，见图 6-8。

反应中乙醛被氧化成乙酸，氢氧化铜被还原为红色的氧化亚铜沉淀。这个反应习惯上称为**斐林反应**，也可用来检验醛基(芳香醛除外)的存在。

$$CH_3CHO+2Cu(OH)_2 \xrightarrow{\triangle} CH_3COOH+Cu_2O\downarrow+2H_2O$$

(3) 乙醛的制法和用途。

工业上常用乙烯催化氧化法制取乙醛。

$$2CH_2{=}CH_2+O_2 \xrightarrow[\text{加热、加压}]{PdCl_2、CuCl_2} 2CH_3CHO$$

乙醛是有机合成的重要原料，主要用于制取乙酸、丁醇、乙酸乙酯及其他化工产品。

2. 醛类

醛类可以用系统命名法命名。例如：

$$\underset{\text{甲醛}}{H-\overset{\overset{O}{\|}}{C}-H} \qquad \underset{\text{丙醛}}{CH_3-CH_2-\overset{\overset{O}{\|}}{C}-H} \qquad \underset{\text{3-甲基丁醛}}{CH_3-\overset{\overset{CH_3}{|}}{CH}-CH_2-\overset{\overset{O}{\|}}{C}-H} \qquad \underset{\text{苯甲醛}}{C_6H_5-CHO}$$

醛类能被还原为醇，或被氧化为酸，并都能发生银镜反应等。

甲醛又名蚁醛，是最简单的醛。甲醛在常温下是无色、具有强烈刺激性气味的气体，沸点为−21 ℃，易溶于水，一般以水溶液保存。37%～40%的甲醛溶液俗称“福尔马林”，具有杀菌和防腐能力，是一种良好的杀菌剂。福尔马林常用于浸泡动物尸体，制作生物标本。在农业上用稀的甲醛溶液(0.1%～0.5%)浸泡种子，以达到杀菌的目的。甲醛还大量用于制造酚醛树脂、脲醛树脂和其他热固性树脂。在维尼纶生产中也需要大量甲醛。甲醛也是室内装饰主要污染物之一，空气中的甲醛气体将严重影响人体健康。

二、酮

羰基的两端连有烃基的化合物叫作**酮(ketone)**。酮的羰基也称为酮基，它是酮的官能团。酮的通式是 $R-\overset{\overset{O}{\|}}{C}-R'$，R 与 R′可以相同，也可以不同。

1. 丙酮

丙酮(acetone)是具有特殊香味的无色液体,沸点为 56 ℃,易挥发,易燃烧,能与水、酒精、乙醚、氯仿等以任意比例混溶。丙酮的分子式为 C_3H_6O,结构简式为 $CH_3-\overset{\overset{O}{\|}}{C}-CH_3$。

实验室可用无水醋酸钙加热分解制取丙酮。

$$(CH_3COO)_2Ca \xrightarrow{\triangle} CH_3-\overset{\overset{O}{\|}}{C}-CH_3 + CaCO_3$$

工业生产丙酮,较成熟的方法是丙烯直接氧化法。

$$2CH_3-CH=CH_2 + O_2 \xrightarrow{\text{催化剂}} 2CH_3-\overset{\overset{O}{\|}}{C}-CH_3$$

我国目前主要采用异丙苯氧化法,在生产苯酚的同时得到丙酮。

丙酮是一种良好的有机溶剂,能溶解脂肪、树脂、橡胶等很多有机物,并广泛用于油漆、电影胶片、化学纤维等工业中。它也是重要的有机合成原料。

2. 酮类

酮可用系统命名法命名。例如:

$$CH_3-\overset{\overset{O}{\|}}{C}-CH_2-CH_3$$

丁酮

$$CH_3-\underset{}{\overset{\overset{CH_3}{|}}{CH}}-\overset{\overset{O}{\|}}{C}-CH_2-CH_3$$

2-甲基-3-戊酮

低级酮和中级酮是液体,可溶于水;高级酮是固体,不溶于水。低级酮有特殊气味,中级酮具有香味。

酮与醛都含有羰基,化学性质有相似之处。但酮没有醛活泼,它不能被弱氧化剂氧化,即不能进行银镜反应和斐林反应,因此常用上述反应来区别醛和酮。

习题

一、填空题

1. 醛类的通式是________,其官能团是________,叫作________基。醛类都能被还原成________,被氧化成________,能起________反应。

2. 甲醛又叫________,常用于浸制生物标本的是质量分数为________的甲醛溶液,俗名是________;质量分数为________的甲醛溶液可浸泡种子,进行________。

3. 醛分子中的________键,能与 H_2 发生________反应,该反应又属于________反应,反应的产物是________。工业上利用乙醛的________反应制取乙酸。

4. 在硫酸铜溶液中加入适量氢氧化钠溶液后,溶液出现________沉淀;再滴入适量福尔马林,加热,可观察到的现象是______________________________;反应的化学方程式是______________________________。此反应可用于检验________基的存在。

二、选择题

5. 乙醛蒸气跟氢气的混合物，通过热的镍时，就发生反应生成乙醇，此反应属于 （　　）

A. 取代反应　　B. 消去反应　　C. 加成反应　　D. 加聚反应

6. 下列试剂中，可用来清洗做过银镜反应实验的试管的是 （　　）

A. 稀盐酸　　B. 稀硝酸　　C. 烧碱溶液　　D. 蒸馏水

7. 糖尿病患者的尿样中含有葡萄糖，在与新制的氢氧化铜悬浊液共热时，能产生红色沉淀，说明葡萄糖分子中含有 （　　）

A. 苯基　　B. 甲基　　C. 羟基　　D. 醛基

三、综合题

8. 写出下列化合物的名称：

(1) 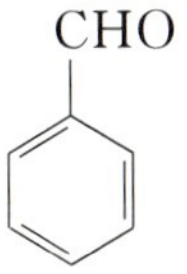 C_6H_5-CHO（苯环上连 CHO）　　(2) CH_3CH_2CHO

(3) $CH_3-\underset{\displaystyle CH_3}{\underset{|}{CH}}-CHO$　　(4) $CH_3-\underset{\displaystyle CH_3}{\underset{|}{CH}}-\overset{\displaystyle O}{\overset{\|}{C}}-CH_2CH_3$

9. 写出下列化合物的结构式：

(1) 丙酮　　(2) 甲醛　　(3) 2-甲基丁醛　　(4) 2-甲基-3-己酮

10. 完成下列反应：

(1) $CH_3-CH_2-CHO+H_2 \xrightarrow[\triangle]{Ni}$

(2) $CH_3-CH_2-CHO+Ag(NH_3)_2OH \longrightarrow$

11. 鉴别下列各组化合物

(1) 乙醛和丙酮。

(2) 甲醛和甲醇。

第四节　羧酸　酯

一、羧酸

烃基跟**羧基(carboxyl group)**相连的有机化合物称为**羧酸(carboxylic acid)**。羧酸的官能团是**羧基($-\overset{\displaystyle O}{\overset{\|}{C}}-OH$ 或 $-COOH$)**。

1. 乙酸

乙酸(acetic acid)是一种重要的有机酸，食醋中含 3%～5%的乙酸，所以乙酸又叫醋

酸。乙酸的分子式为$C_2H_4O_2$，结构简式为 $CH_3—\overset{\overset{O}{\|}}{C}—OH$ ，简写为CH_3COOH。

（1）乙酸的物理性质。

乙酸是一种有强烈刺激性气味的无色液体，沸点为117.9 ℃，熔点为16.6 ℃。当低于16.6 ℃时，乙酸就凝结成冰一样的晶体，所以无水乙酸又叫作冰醋酸。乙酸与水能以任意比例混溶，也能溶于乙醇等其他有机溶剂中。

（2）乙酸的化学性质和用途。

① 酸性。

乙酸具有明显的酸性，在水溶液中能部分电离出氢离子，可使紫色的石蕊试液变红。

$$CH_3COOH \rightleftharpoons CH_3COO^- + H^+$$

乙酸能与活泼金属、碱、碱性氧化物等发生化学反应。例如：

$$2CH_3COOH + Mg \longrightarrow \underset{\text{乙酸镁}}{(CH_3COO)_2Mg} + H_2\uparrow$$

$$CH_3COOH + NaOH \longrightarrow \underset{\text{乙酸钠}}{CH_3COONa} + H_2O$$

乙酸溶液

Na_2CO_3

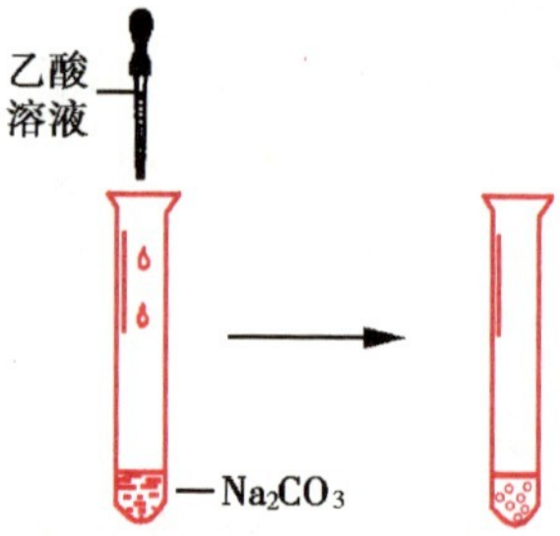

图 6-9　乙酸与 Na_2CO_3 的反应

乙酸是一种弱酸，但它比碳酸的酸性强（醋酸 $K_a = 1.77\times10^{-5}$，碳酸 $K_1 = 4.30\times10^{-7}$），所以能与碳酸钠发生反应（图 6-9）。

$$2CH_3COOH + Na_2CO_3 \longrightarrow \underset{\text{乙酸钠}}{2CH_3COONa} + H_2O + CO_2\uparrow$$

② 酯化反应。

乙酸能与乙醇发生酯化反应，生成乙酸乙酯。

$$\underset{\text{乙酸}}{CH_3—\overset{\overset{O}{\|}}{C}—}\boxed{OH + H}\,OCH_2CH_3 \underset{\triangle}{\overset{\text{浓硫酸}}{\rightleftharpoons}} \underset{\text{乙酸乙酯}}{CH_3—\overset{\overset{O}{\|}}{C}—OCH_2CH_3} + H_2O$$

③ 酰胺的生成。

乙酸与氨反应生成的铵盐经加热脱水可得到乙酰胺。

$$CH_3—\overset{\overset{O}{\|}}{C}—OH \xrightarrow{NH_3} \underset{\text{乙酸铵}}{CH_3—\overset{\overset{O}{\|}}{C}—ONH_4} \xrightarrow[\triangle]{-H_2O} \underset{\text{乙酰胺}}{CH_3—\overset{\overset{O}{\|}}{C}—NH_2}$$

聚酰胺常作为纺织上的合成纤维，其商品名称为锦纶或尼龙。

乙酸是重要的化工原料，目前工业上主要用乙醛氧化法制得。乙酸可以用于合成酸酐、酯、酰胺等，是染料工业、制药工业、塑料工业和香料工业不可缺少的原料，也可用于生产醋酸纤维和维尼纶。乙酸还是一种重要的有机溶剂。

2. 羧酸

羧酸的命名和醛的命名方法相似。例如：

$$HCOOH \qquad CH_3-\underset{\displaystyle CH_3}{\underset{|}{CH}}-CH_2-COOH \qquad CH_3CH_2CH_2\underset{\displaystyle Br}{\underset{|}{CH}}COOH$$

甲酸　　3-甲基丁酸　　2-溴戊酸

$$\begin{array}{c} COOH \\ | \\ COOH \end{array} \qquad C_6H_5-COOH \qquad C_6H_4(COOH)_2$$

乙二酸　　苯甲酸　　邻苯二甲酸

除乙酸外，重要的羧酸还有甲酸、乙二酸(草酸)、高级脂肪酸、苯甲酸等。

(1) 甲酸。

甲酸(HCOOH)俗称蚁酸，它是无色、有刺激性气味的液体，有毒，易溶于水，对皮肤有刺激性。蚂蚁和蜂的分泌液中都含有这种酸。当被蜂、蚁叮咬后，涂上一些小苏打稀溶液或肥皂水，可以中和甲酸，止疼、止痒。

甲酸的结构比较特殊，分子中既有羧基也有醛基。

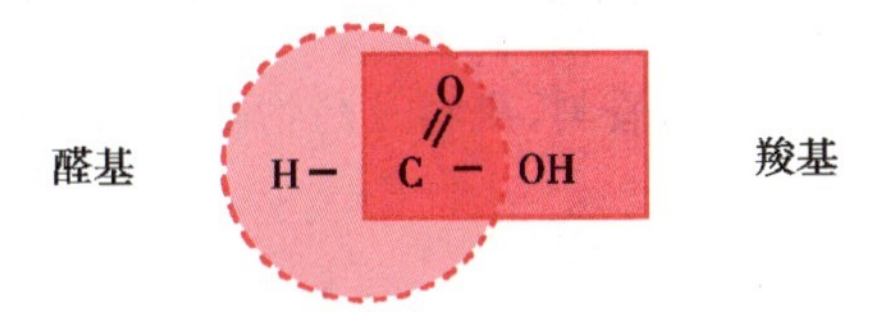

甲酸具有酸的通性，比乙酸的酸性强；分子里含有醛基，所以又具有还原性，甲酸不仅能使 $KMnO_4$ 溶液褪色，还能发生银镜反应和斐林反应，常用于甲酸和其他羧酸的鉴别。

甲酸与浓硫酸共热，分解生成一氧化碳和水，它是实验室制取一氧化碳的常用方法。

$$HCOOH \xrightarrow[60\ ℃\sim80\ ℃]{浓\ H_2SO_4} CO\uparrow + H_2O$$

工业上，通常用一氧化碳和氢氧化钠反应来制取甲酸。

$$CO + NaOH \xrightarrow[0.6\sim1.01\ MPa]{210\ ℃} HCOONa \xrightarrow{H^+} HCOOH$$

甲酸在工业上用作还原剂和橡胶的凝聚剂。此外，甲酸还在印染工业上用作媒染剂，医药上用作消毒剂等。

(2) 草酸。

草酸(HOOC—COOH)是最简单的二元羧酸，也称乙二酸。它是无色透明的晶体，常含有 2 分子结晶水，熔点为 101.5 ℃，能溶于水、乙醇等溶剂中。

在自然界，草酸常以盐的形式存在于多种植物体内，如大黄、草莓、菠菜、竹笋、茭白中含有一定量的草酸。豆腐与菠菜不宜同食，就是因为豆腐中的钙盐与菠菜中的草酸作用生成草酸钙沉淀，难以消化。草酸和它的盐类对人都有一定的毒性。

在化学分析中，草酸常作为还原剂，可用于高锰酸钾溶液的标定。

$$5\begin{array}{c} COOH \\ | \\ COOH \end{array} + 2KMnO_4 + 3H_2SO_4 \longrightarrow K_2SO_4 + 2MnSO_4 + 10CO_2 + 8H_2O$$

草酸常用作草制品的漂白剂，也可用来除去衣服上的铁锈和墨水痕迹。它的铅盐和锑盐可作为印染工业的媒染剂。大量的草酸还可用来提取稀有元素。

(3) 高级脂肪酸。

在一元羧酸中，有些酸分子的烃基含有较多的碳原子，常把这一类脂肪酸叫作高级脂肪酸。例如：

硬脂酸(十八酸)	软脂酸(十六酸)	油酸(十八烯-9-酸)
$CH_3(CH_2)_{16}COOH$	$CH_3(CH_2)_{14}COOH$	$CH_3(CH_2)_7CH{=}CH(CH_2)_7COOH$
(或 $C_{17}H_{35}COOH$)	(或 $C_{15}H_{31}COOH$)	(或 $C_{17}H_{33}COOH$)

油酸的烃基中含有一个双键，是不饱和脂肪酸，常温下呈液态。硬脂酸、软脂酸属饱和脂肪酸，常温下呈固态。高级脂肪酸不溶于水，易溶于乙醚、汽油和酒精等有机溶剂。

高级脂肪酸具有酸的通性，如能与碱反应生成盐和水。高级脂肪酸的钠盐就是普通肥皂中的有效成分。工业上常用它们作滑润剂、防水剂和光泽剂。矿蜡就是在石蜡中掺入硬脂酸制成的。

(4) 苯甲酸。

苯甲酸($C_6H_5{-}COOH$)俗名安息香酸，是一种白色针状晶体，熔点为 122.4 ℃，易升华，微溶于水。苯甲酸可用来制造香料、染料及药物等，它的钠盐常作为食物的防腐剂。

二、酯

酸和醇脱水生成的化合物叫作**酯(ester)**，如果其中的酸是有机酸，生成的酯叫作羧酸酯。它的一般通式为：$R{-}\overset{O}{\overset{\|}{C}}{-}O{-}R'$ 或 $RCOOR'$。

1. 乙酸乙酯

乙酸乙酯(ethyl acetate)的分子式为 $C_4H_8O_2$，结构简式是 $CH_3{-}\overset{O}{\overset{\|}{C}}{-}O{-}CH_2CH_3$。

乙酸乙酯在常温下是无色的液体，沸点为 77.1 ℃，比水略轻，难溶于水，易溶于有机溶剂，具有香味。

(1) 水解反应。

乙酸乙酯在酸或碱作为催化剂的条件下可发生水解反应。在有酸存在的条件下水解是可逆反应，而在有碱存在的条件下水解是不可逆反应，这是由于羧酸与碱作用生成了羧酸盐，能使水解反应趋于完全。

$$CH_3{-}\overset{O}{\overset{\|}{C}}{-}O{-}CH_2CH_3 + H_2O \xrightleftharpoons{H_2SO_4} CH_3COOH + CH_3CH_2OH$$

$$CH_3{-}\overset{O}{\overset{\|}{C}}{-}O{-}CH_2CH_3 + H_2O \xrightarrow{NaOH} CH_3COONa + CH_3CH_2OH$$

酯在碱性条件下的水解反应称为**皂化反应**。

*(2) 醇解反应。

$$CH_3{-}\overset{O}{\overset{\|}{C}}{-}O{-}CH_2CH_3 + CH_3OH \xrightarrow{H^+} \underset{\text{乙酸甲酯}}{CH_3{-}\overset{O}{\overset{\|}{C}}{-}O{-}CH_3} + CH_3CH_2OH$$

醇解反应生成了另一种酯和醇，所以此反应也叫作**酯交换反应**。工业上，合成聚酯纤维中就应用了此反应。

2. 酯类

酯类以形成它的酸和醇来命名，叫作“某酸某酯”。例如：

$$H-\overset{\overset{\displaystyle O}{\|}}{C}-O-CH_3$$

甲酸甲酯

$$CH_3CH_2-\overset{\overset{\displaystyle O}{\|}}{C}-O-CH_2CH_3$$

丙酸乙酯

$$CH_3-\overset{\overset{\displaystyle O}{\|}}{C}-O-CH_2CH_2\overset{\overset{\displaystyle CH_3}{|}}{C}HCH_3$$

乙酸异戊酯

$$C_6H_5-\overset{\overset{\displaystyle O}{\|}}{C}-O-CH_3$$

苯甲酸甲酯

酯类广泛存在于自然界，低级酯是无色的液体，高级酯多为蜡状固体。酯在水中的溶解度较小，但能溶于乙醇和乙醚等有机溶剂。挥发性的酯具有芳香的气味，许多花果的香味就是由各种低级酯引起的，如乙酸丁酯具有梨香味，乙酸异戊酯具有香蕉香味，戊酸异戊酯具有苹果香味，丁酸甲酯具有菠萝香味，乙酸辛酯具有橘子香味，丁酸乙酯具有杏子香味，苯甲酸甲酯具有茉莉香味等。高级酯没有香味。酯类常用作溶剂、某些饮料及糖果的香料。避蚊油的主要成分是邻苯二甲酸二甲酯及邻苯二甲酸二丁酯。邻苯二甲酸二丁酯及邻苯二甲酸二辛酯在塑料工业中常作为增塑剂使用。

其他酯类的化学性质与乙酸乙酯类似，以水解反应最为重要。

(1) 肥皂的制取。

油脂是一种特殊的酯(将在第七章中介绍)，油脂水解后生成的酸是高级脂肪酸，生成的醇是丙三醇(甘油)。如果将油脂在碱性溶液($NaOH$ 或 KOH 溶液)中水解，即生成高级脂肪酸盐和甘油，其中高级脂肪酸的钠盐(或钾盐)就是肥皂。

【实验 6-9】 在一个干燥的蒸发皿中加入 8 mL 植物油、8 mL 乙醇和 4 mL $NaOH$ 溶液。在不断搅拌下，给蒸发皿中的液体微微加热(图 6-10)，直到混合物变稠，观察现象。继续加热，直到取出一滴混合物加到水中时，在液体表面不再形成油滴(或者直到油脂全部消失)为止。把盛有混合物的蒸发皿放在冷水浴中冷却。稍待片刻，向混合物中加入 20 mL热蒸馏水，再放在冷水浴中冷却。然后加入 25 mL $NaCl$ 饱和溶液，充分搅拌，观察现象。用纱布滤出固态物质，弃去含有甘油的滤液。把固态物质挤干(可向其中加入 1～2滴香料)，并把它压制成条状，晾干，即制得肥皂。

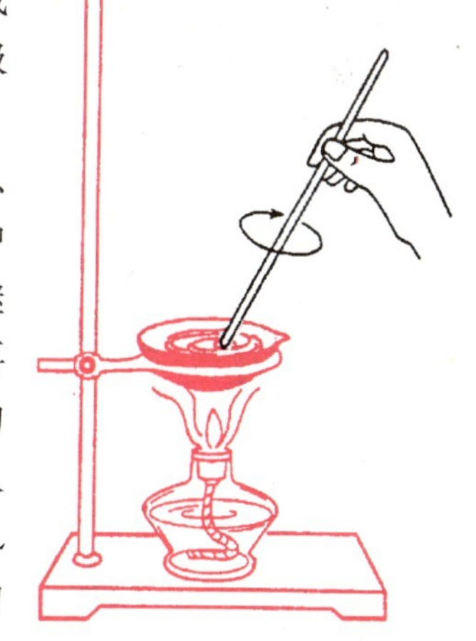

图 6-10 油脂的水解

制皂厂用动物脂肪(如羊脂、牛脂)或植物油(如棉籽油、豆油等)和氢氧化钠溶液共煮进行皂化反应制取肥皂。反应完成后，生成高级脂肪酸钠、甘油和水的混合液。为了使甘油和肥皂分离，常加入一定量食盐，静置一段时间后，溶液便分为上下两层。上层是肥皂，下层是甘油、食盐的混合液。取出上层物质，加入填充剂（如松香和硅酸钠），有的还要加香料、染料等，然后进行压滤、干燥、成型，就制成了肥皂。下层溶液经分离提纯后，便可得到甘油。

（2）肥皂的去污原理。

肥皂能去污，主要是高级脂肪酸盐起作用。如高级脂肪酸钠的分子（R—COONa）由两个部分组成：一部分是极性的—COONa，可溶于水，称为**亲水基**；另一部分是非极性的链状烃基（—R），不溶于水，称为**憎水基**。憎水基有亲油的性质。在洗涤过程中，憎水基能插入油污中，而亲水基在油滴外伸入水中，这样油污就被肥皂分子包围，再经摩擦、加热或外力冲击就可变成细小的油珠，最后进入水中，形成乳浊液，从而达到了去污的目的。其作用过程如图 6-11 所示。

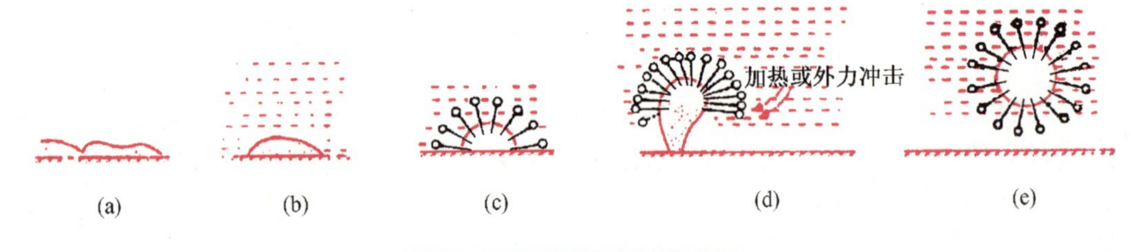

图 6-11　肥皂去污作用示意图

（3）合成洗涤剂。

合成洗涤剂的结构与肥皂有相似之处，其分子的一端是亲水基，另一端是憎水基。目前常用的合成洗涤剂有烷基苯磺酸钠（ $R-C_6H_4-SO_3Na$ ）和烷基磺酸钠（$R-SO_3Na$），其中亲水基都是$-SO_3Na$，憎水基分别是 $R-C_6H_4-$ 和 R— ，式中 R—是含 10 个碳原子以上的烃基（图 6-12）。

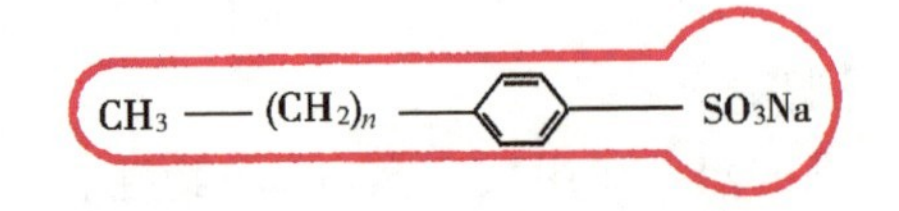

图 6-12　对烷基苯磺酸钠分子示意图

一般来说，R—中含碳原子太少时，憎水作用太弱，使憎水基跟油的结合力不强；相反，如 R—中含碳原子太多，就不易溶于水。以上两种情况都不能很好地达到去污目的。

（4）表面活性剂。

表面活性剂是指一些在很低浓度下，能显著降低液体表面张力或两相界面张力的物质。这些分子的特点是都具有亲水基和憎水基。上述肥皂和合成洗涤剂都属于表面活性剂。

表面活性剂可分为阴离子表面活性剂、阳离子表面活性剂、两性表面活性剂和非离子表面活性剂等。

表面活性剂是一种泛称，按照用途和作用原理还有多种称呼，如洗涤剂、润湿剂、浸透剂、分散剂、乳化剂、柔软剂、匀染剂、起泡剂和消泡剂等。在纺织、制革、药品、日用化工等工业中，表面活性剂已被广泛应用。

习题

一、填空题

1. 甲酸（ $H-\overset{\overset{O}{\|}}{C}-OH$ ）分子中既有________基，又有________基，所以它既具有________性质，又具有________性质，可以发生银镜反应。草酸也称为________，其结构简式为________，分子式为________。

2. 羧酸的________反应的逆反应是________的水解反应。在无机酸存在下，该水解反应的产物为________；在碱存在下，该水解反应的产物为________。酸存在下水解反应的程度________碱存在下水解反应的程度，这是因为________________________________。

3. 写出乙酸与下列物质反应的化学反应方程：

(1) NaOH 溶液。

(2) 镁粉。

二、选择题

4. 下列说法不正确的是　　（　　）

A. 烃基与羧基相连的化合物叫作羧酸

B. 饱和链状一元羧酸的组成符合 $C_nH_{2n}O_2$

C. 羧酸是强酸

D. 羧酸的官能团是—COOH

5. 具有下列结构的化合物中，不属于羧酸的是　　（　　）

A. HOOC—COOH　　B. $CH_2=CH-COOH$

C. 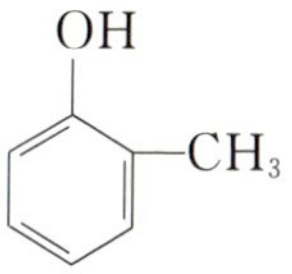 OH —CH_3　　D. 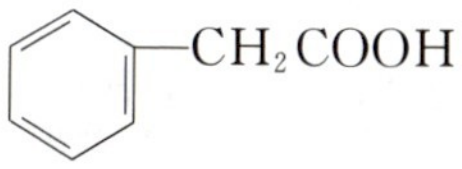 —CH_2COOH

6. 下列化合物中，属于酯类的是　　（　　）

A. $CH_3-O-\overset{\overset{O}{\|}}{C}-H$　　B. $CH_3-\overset{\overset{O}{\|}}{C}-CH_3$

C. CH_3-O-CH_3　　D. $CH_3-\overset{\overset{O}{\|}}{C}-OH$

7. 醋酸乙酯在 KOH 溶液催化下水解，得到的产物是　　（　　）

A. 乙酸钾　　B. 甲醇　　C. 乙醇　　D. 乙酸

三、综合题

8. 写出下列化合物的名称：

(3) $CH_3CHCH_2CH_2COOH$（3位碳上连有 CH_3）

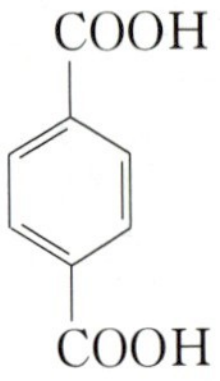

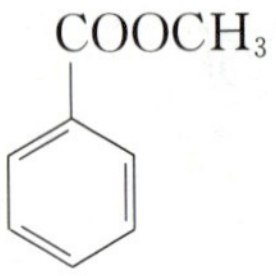

(4) 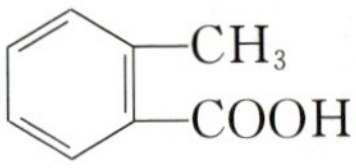 邻位 $-CH_3$、$-COOH$ 苯环

(5) $CH_3-\overset{O}{\overset{\|}{C}}-O-CH_3$

9. 写出下列化合物的结构式：

(1) 苯甲酸　(2) 草酸　(3) 乙酸乙酯

10. 完成下列反应：

(1) $HCOOH + CH_3CH_2OH \underset{\triangle}{\overset{浓\ H_2SO_4}{\rightleftharpoons}}$

(2) $C_{15}H_{31}COOH + NaOH \longrightarrow$

11. 鉴别下列各组化合物：

(1) 甲酸和甲醛。

(2) 甲酸和乙酸。

12. 写出用乙烯作原料制取乙酸乙酯的各步化学反应方程式。

13. 将下列化合物按其酸性从强到弱的顺序进行排列。

H_2CO_3　　CH_3CH_2OH　　CH_3COOH　　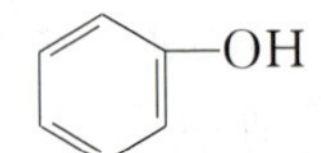

第五节　胺类化合物

胺(amine)可以看作是氨分子中的氢原子被烃基取代后的生成物。氨基($-NH_2$)是胺的官能团。根据烃基的不同，可分为脂肪胺和芳香胺。

一、苯胺

1. 苯胺(aniline)的物理性质

苯胺(苯环$-NH_2$)为无色油状液体，具有特殊气味，有毒，熔点为-6 ℃，沸点为184.4 ℃，密度为1.022 g·cm^{-3}，微溶于水，易溶于有机溶剂，在空气中极易被氧化而变为黄色甚至红褐色。

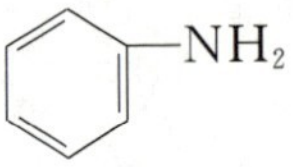

2. 苯胺的化学性质和用途

(1)弱碱性。

苯胺和氨相似,水溶液呈碱性,能与无机酸作用生成盐。

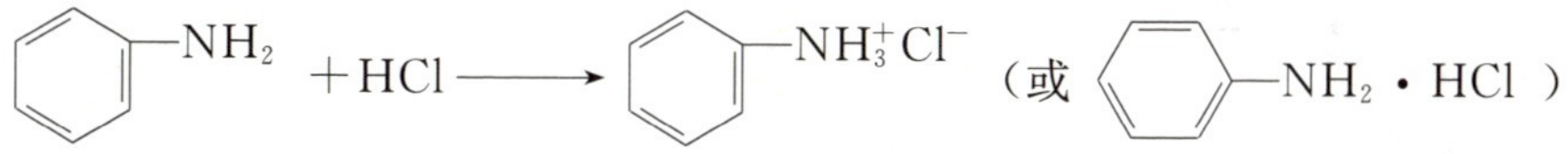

$$C_6H_5-NH_2 + HCl \longrightarrow C_6H_5-NH_3^+Cl^- \quad (\text{或}\ C_6H_5-NH_2 \cdot HCl\ )$$

氯化苯铵　　盐酸苯胺

如果在氯化苯铵中加入碱,又能使苯胺游离出来。

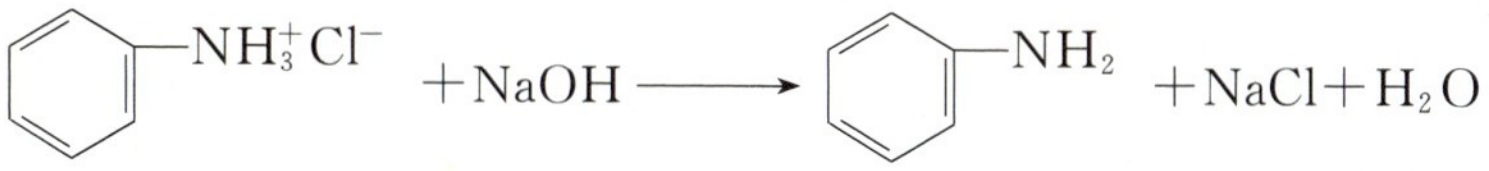

$$C_6H_5-NH_3^+Cl^- + NaOH \longrightarrow C_6H_5-NH_2 + NaCl + H_2O$$

(2) 苯环上的取代反应。

【实验 6-10】 在盛有 10 mL 水的大试管中,加入数滴苯胺,用力振荡后加入 1 mL 饱和溴水,观察沉淀的生成。

生成的白色沉淀是 2,4,6-三溴苯胺(简称三溴苯胺)。

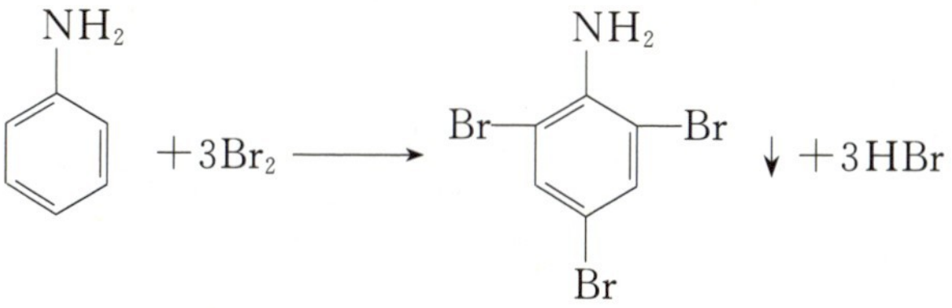

$$C_6H_5NH_2 + 3Br_2 \longrightarrow C_6H_2Br_3NH_2 \downarrow + 3HBr$$

可利用这一反应检验苯胺,但不能用于苯胺与苯酚的鉴别。

苯胺是合成染料的基本原料,也是制造炸药、药物和香料的原料。

二、胺类

简单的胺一般都用习惯命名法命名,即在“胺”字前冠以烃基的名称。例如:

CH_3-NH_2 甲胺　　$C_2H_5-NH_2$ 乙胺　　$CH_3-NH-C_2H_5$ 甲乙胺　　$H_2NCH_2CH_2NH_2$ 乙二胺

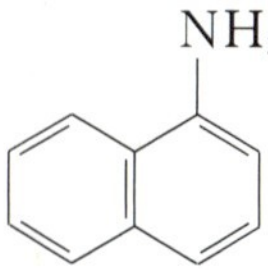

α-萘胺 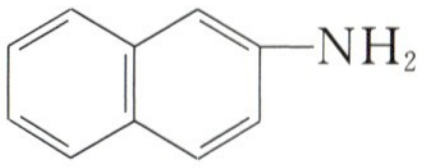　　β-萘胺　　$H_2N-C_6H_4-NH_2$ 对苯二胺　　$H_2NCH_2(CH_2)_4CH_2NH_2$ 己二胺

低级脂肪胺是气体或液体,具有氨或鱼腥气味,易溶于水,十二碳以上的胺是固体,溶解度和气味均减小。芳香胺多为液体或固体,也有特殊气味,微溶或不溶于水。

胺类的主要性质为碱性,但苯胺的碱性较弱,脂肪胺的碱性比苯胺强得多。

同苯胺一样,其他胺也有广泛的用途。如 α-萘胺和 β-萘胺都是合成染料的原料;对苯二胺是常用染发剂的原料;乙二胺是制备药物、乳化剂和杀虫剂的原料,又可作为环氧树脂的固化剂;己二胺是聚酰胺(尼龙 66)的重要单体等。

习题

一、填空题

1. 胺可以看作是 NH_3 分子中的________原子被________取代而成的化合物。$R—NH_2$ 称为________，$Ar—NH_2$ 称为________，$—NH_2$ 称为________。

2. 苯胺的结构简式是________，它具有________性，能与无机酸发生反应，和 HCl 反应的化学方程式为________________。

二、选择题

3. 下列化合物中，能与氢氧化钠溶液反应的是 (　　)

A. 苯胺　　B. 乙烷

C. 盐酸苯胺　　D. 乙醇

4. 下列官能团中，显碱性的是 (　　)

A. 醛基　　B. 羧基

C. 羟基　　D. 氨基

三、综合题

5. 写出下列化合物的名称：

(1) CH_3NH_2　　(2) $CH_3CH_2NH_2$

(3) $CH_3—NH—CH_3$　　(4) （苯环邻位两个 $—NH_2$）

6. 写出下列化合物的结构式：

(1) 苯胺　　(2) 丙胺　　(3) 甲乙胺　　(4) 乙二胺

7. 鉴别下列各组化合物：

(1) 苯酚和苯胺（两种方法）。

(2) 甲胺和甲酸。

本章小结

烃分子里的氢原子被其他原子或原子团取代后的生成物叫作烃的衍生物。它们的化学性质主要取决于取代氢原子的原子或原子团。这种决定化合物主要化学特性的原子或原子团叫作官能团。

烃的衍生物的结构特点及主要化学性质如表 6-2 所示。

表6-2　烃的衍生物的结构特点及主要化学性质

类别	通　式	官能团及结构特点	代表性物质	主要化学性质
卤代烃	R—X	—X	CH_3CH_2Cl 氯乙烷	①与 NaOH 水溶液、NH_3 等发生取代反应； ② 消去反应
醇	R—OH	—OH 羟基直接与脂肪烃基相连	CH_3CH_2OH 乙　醇	① 与活泼金属反应； ② 与 HX 反应； ③ 脱水反应(两种)； ④ 氧化反应； ⑤ 酯化反应
酚	Ar—OH	—OH 羟基直接连在苯环上	C_6H_5OH 苯酚	① 弱酸性； ② 苯环上的取代反应； ③ 与 $FeCl_3$ 的显色反应
醚	R—O—R′	—O— 醚键两端连有烃基	$CH_3CH_2—O—CH_2CH_3$ 乙　醚	性质较稳定，一般不和活泼金属、碱及大多数酸反应
醛	RCHO	—C(=O)—H	CH_3CHO 乙　醛	① 加成反应； ② 氧化反应（银镜反应、斐林反应）
酮	R—C(=O)—R′	—C(=O)— 两边连有烃基	$CH_3—C(=O)—CH_3$ 丙　酮	① 加成反应； ② 不能进行银镜反应和斐林反应
羧酸	RCOOH	—C(=O)—OH	$CH_3—C(=O)—OH$ 乙　酸	① 具有酸类通性(酸性)； ② 酯化反应； ③ 酰胺的生成
酯	RCOOR′	—C(=O)—OR′	$CH_3—C(=O)—OC_2H_5$ 乙酸乙酯	① 水解反应； ② 醇解反应
胺	$R—NH_2$	$—NH_2$	$C_6H_5—NH_2$ 苯　胺	① 弱碱性； ② 取代反应

表面活性剂分子中有一个亲水基和一个憎水基，肥皂、合成洗涤剂的去污作用仅仅是表面活性剂的一种作用，表面活性剂的用途相当广泛。

课外阅读

镜子小史

在古代，人们要想看看自己的模样，只好站到水池边或者拿一盆水来照一下。我们的祖先就这样过了不知多少万年。

进入了青铜时代以后，诞生了铜镜，但它只能使人看到一个不是很清晰的影像。如保存不当，铜镜还会因腐蚀而变暗，那就什么也看不出来了。

人类使用青铜镜的历史达两三千年之久。以后，人们又尝试过用铁、银来磨制镜子，但都有一个缺点，日子稍久，就会变暗。

13 世纪后半期，威尼斯人制得了平板玻璃。人们在平板玻璃后面粘上一块金属板，才制得了较为理想的镜子。物以稀为贵，当时的镜子贵得出奇。法国女王玛丽·麦迪奇结婚时，威尼斯共和国赠送给她的礼物——只有一本书那样大的镜子，却价值 15 万法郎。

后来人们想出办法，用锡的汞齐代替金属板制镜，将汞蒸去后留下了一薄层锡，这种镜子光亮度很好，成本又低，一般老百姓都用得起。可是水银蒸气有毒，工人在制镜时常常发生水银中毒的事故，每年要夺去不少制镜工人的生命。

一直到 100 多年前，“银镜反应”问世后，制镜工业才开创了新纪元。

酒的小常识

酒通常是以高粱、米、麦、葡萄或其他水果为主要原料，经糖化、发酵等制作而成的一种饮料，含有食用酒精等成分。

酒的分类方法很多，按酿酒方法可分为蒸馏酒、发酵酒和配制酒；按酒精含量可分为高度酒（40°以上）、中度酒（20°～40°）和低度酒（20°以下）；按商业习惯可分为白酒、黄酒、葡萄酒、啤酒和药酒。

白酒是以谷物及其他含有丰富淀粉的农副产品为原料，以酒曲为发酵剂，经糖化发酵后，用蒸馏法制成的 40°～65°的高度酒。白酒有酱香型、窖香型、清香型、米香型和兼香型等。

黄酒多以糯米或粳米、黍米和玉米为原料，蒸熟后加入专门的酒曲和酒药，再经糖化、发酵、压榨而成。黄酒度数较低，一般为 15°～18°，含有糖、氨基酸、维生素等多种成分，具有相当高的热量和营养价值。

葡萄酒品种很多，按葡萄酒的颜色可分为红葡萄酒、玫瑰红葡萄酒和白葡萄酒；按葡萄酒的含糖量可分为干葡萄酒（小于0.5%，口感无甜味）、半干葡萄酒（0.5%～1.2%，有极微弱甜味）、半甜葡萄酒（1.2%～5%，口感较甜）和甜葡萄酒（大于5%，口感很甜）；按酿造方法可分为酿造葡萄酒（原汁葡萄酒）、加香葡萄酒、起泡葡萄酒和蒸馏葡萄酒。

啤酒是以大麦芽和啤酒花为主要原料，加水、淀粉、酵母等辅料，经酵母发酵制成的一种含有二氧化碳的低度酒精饮料，含有丰富的氨基酸和维生素等营养物质，被誉为“液体面包”。啤酒按加工过程中是否杀菌可分为鲜啤酒（生啤酒）和熟啤酒；按麦芽汁浓度和酒精含量可分为低浓度啤酒（糖分7°～8°，酒精2%，下同）、中度啤酒（11°～12°，3.1%～3.8%）和高度啤酒（14°～20°，4.9%～5.6%）。

配制酒是以发酵酒或蒸馏酒，如白酒、黄酒或葡萄酒等作为酒基，经添加中药材、芳香原料和糖等辅料，再制作加工而成的酒。

醋的妙用

醋的主要成分是醋酸，还含有少量氨基酸、有机酸、糖类、维生素B_1、维生素B_2等。

醋有多种功能：

它能杀菌、消毒、解腥。在浸泡腌制生鱼时加少量的醋可以防止腐败变质。在处理生食水产品牡蛎、海蟹时用醋作调料，10 min可以达到解腥、杀菌的目的。

醋还能溶解营养素，如无机盐中的钙、铁等；也能保护蔬菜中的维生素C，使其在加热时减少损坏；在烧煮糖醋排骨、骨头汤、河鱼、糖醋芥菜、酸辣白菜等时用糖醋调味，既有独特的甜酸味，又可使钙、磷、铁溶入汤汁中，以便于被人体吸收；用少量醋加水浸泡海带，可缩短涨发时间；煨牛肉前加点醋，可使牛肉容易酥烂；烧煮羊肉时加少量醋能除膻味。

另外，醋还有保健与食疗的作用，如具有降血压，防止动脉硬化和治疗冠心病及高血压的效果。用醋的蒸气熏蒸居室也能杀灭病毒与病菌，防止感冒与传染病。酒醉时喝一点醋可以醒酒。在食用大量油腻荤腥食品后可用醋做成羹汤来解除油腻，帮助消化。

躲开身边的隐形杀手

近年来，水发食品中毒、免烫衬衫甲醛超标、装饰材料甲醛中毒等事件引起了人们对甲醛的普遍关注。

甲醛为有毒化学物质，人摄入 10～20 mL 即可致死。误服甲醛中毒者，有上腹痛、过敏、呕血、心悸、意识不清、昏迷等症状。长期接触甲醛，还有致癌的危险。

一、家具与装饰材料

甲醛大量存在于黏合剂、油漆、涂料、清洁剂、壁纸和化纤地毯等中，这些看起来毫不起眼的东西，很容易散发出甲醛。在家庭装饰材料中，复合地板、部分家具、厨具的背板和面板等使用的是密度板，密度板中甲醛的含量较高。据报道，涂在木地板或家具表面的漆料，在上漆之后散发甲醛的浓度几乎是正常值的 1000 倍，即使是 24 h 过后，甲醛散发浓度还比正常值高出 10 倍之多。更糟糕的是，木材散发甲醛的速度很慢，因此只要是一二年之内的新家具或新装潢，都会一直散发这种致癌物。在一般情况下，装修 7 个月后，甲醛的浓度可降至 $0.08 mg/m^3$ 以下，这样的室内环境就属于正常的。可一些家庭装修时使用了比较劣质的材料，在装修近一年后室内的甲醛浓度仍然很高，这给健康带来了威胁。

为了防止室内空气由于装修造成甲醛污染，请注意：一是在选择装饰材料（中密度板、黏合剂、涂料、油漆等）时，一定要选择正规生产厂家的产品，因为正规厂家的产品一般都要经过国家有关部门的批准和检测，方能投放市场；二是在居室装修完成后，千万不能急于搬进新居，要经过充分的干燥和通风，使未参与反应的甲醛得到充分的挥发。一般来说，要经过 30 天左右的挥发、干燥后，再考虑搬家。

二、食品

在食品中加入含甲醛的“吊白块”，主要是利用它的漂白和防腐作用，以改善食品外观。现在已发现存在“吊白块”残留物的食品主要有面粉、米粉、腐竹、豆制品、粉丝、银耳、白糖、罐头、水发产品等。它不仅可以破坏食品的营养成分，还会引起过敏、肠道刺激、食物中毒等疾患。因此，在选购食品的时候，应注意鉴别。如豆腐、银耳、腐竹等本身含有自然颜色的食品，若呈现出特别的雪白颜色，则有可能是掺入了“吊白块”。对于水产品，在购买时可以通过看、闻、捏来鉴别，正常的新鲜水产品应该带有一些海腥味，加了“吊白块”的水产品则会有轻微的福尔马林的刺激味。

三、服装

为了防止服装皱缩，常在棉纤维布料服装中加入甲醛树脂涂料，这种布料的表面就带有甲醛。一般新的免烫衣料在几小时或几天后就不会再散发甲醛了。但是，目前已查出市场上有甲醛超标的服装（如免烫衬衫、童装等）出售。因此在选购免烫衬衫或童装时，应注意鉴别：一是闻闻衬衫上是否有股特别浓重的类似家具商场的刺激性气味；二是甲醛往往比较容易溶解于水中，回家后最好先用清水充分漂洗，以免危害身体健康；三是穿上后，如出现皮肤过敏、情绪不安、饮食不佳、连续咳嗽等症状，应考虑可能是甲醛惹的祸，要尽快到医院诊治；四是在选童装时，尽量选择素色和无印花图案的，因为童装中的甲醛主要来自保持颜色鲜艳的染料和助剂，因此颜色浓艳和多印花的服装一般甲醛含量较高。

劣质的家具、家庭装饰材料、食品、服装中，甲醛无处不在，请注意躲开身边的隐形杀手。

芳香杀手——苯

苯及其同系物甲苯和二甲苯常被用作涂料、防水材料、黏胶和漆等装饰、装修材料中的有机溶剂。它们是一种价格适度，同时性能优良的有机溶剂。通过掺加该类溶剂，可以降低涂料等建筑化学产品中乳液（如化学分散剂或树脂等）的最低成膜温度，同时也有利于相应的高分子聚合物颗粒均匀分散成膜，这样既能改善膜的性能，同时由于苯的迅速挥发而缩短了相应的成膜时间。但是，使用苯化合物含量较高的建筑材料，由于室内通风条件有限，苯挥发到空气中后，被人体吸入极易引起施工人员或用户中毒，轻者引起身体不适，重者则可能引发人体生理功能紊乱乃至死亡，也容易引起火灾。

作为强烈致癌物，一些国家早已全面禁止在各种建筑化学产品中使用苯作为溶剂或稀释剂，苯的同系物甲苯及二甲苯也早已被列为不予推荐使用的化工产品。那么，能否在各类装饰装修材料中尽量不用或少用苯化合物来作为溶剂或稀释剂呢？答案是肯定的。在生产室内涂料时，可以尽量使用环保型的水性材料作为胶凝材料，可以通过对水泥等材料进行改性后将其作为防水材料；在生产各类黏胶及油漆时，可使用醇类或者沸点较高的碳氢化合物来代替苯及其化合物作为相应的有机溶剂或稀释剂，并尽可能地降低该类有机溶剂的掺和量。据报道，国外已掌握了大量建筑化学材料研制、开发和生产及应用的技术，如博克（BauChem）系列建筑化学材料、各种环保型防水材料、室内外装饰装修材料（如柔性外墙贴面砖、彩色内外墙砂浆和涂料、瓷砖黏接系统、古建筑物和混凝土建筑物的保护、墙体隔热保温系统）等。这些技术和产品都是国际先进的、符合环保要求的新型建筑化学材料。这些材料在欧洲乃至世界都是经久不衰的产品。我们应该逐步引进国外水剂型的装饰装修材料的先进技术，不应该再生产那些对环境和人体有害的产品，千万不要给我们的子孙后代留下环境后遗症。

警惕染发的潜在危害

当前染发盛行，年轻人把染发当成时尚，将黑发染成金发、绿发、红发、黄发、白发，却不知其中暗藏“杀机”，染发与健康的关系应当引起人们的重视。

各类染发剂均可能存在严重的健康隐患。目前大多数染发剂中都含有过敏源——对苯二胺。对苯二胺可能造成头皮红肿、发痒甚至湿疹等过敏症状。尽管迄今为止尚无研究证实对苯二胺在人体内积聚多少会致癌，但它却会破坏血细胞、阻碍代谢，更有可能造成贫血等。有的染发剂中含有大量的有害化学成分，会对皮肤的软组织造成很大伤害，对皮肤过敏者的危害更大。

染发剂一般说来偶尔使用还是安全的，但是若使用不当，可能会招致不必要的烦恼，甚至产生潜在的危及生命的危险，应予以警惕。

一、染发的危害

(1) 导致皮肤过敏反应是染发最常见的不良反应。一些人染发初期可能不会发生过敏反应，经过数次染发之后，就可能发生过敏反应。患者的头皮会出现瘙痒，严重者会起泡、出水。

(2) 导致发质的改变。染发会引起头发中水分失衡，大量蛋白质变性和减少等，从而导致头发变脆，纤维断裂，失去自然的柔软、韧性和光泽。染发次数越多，损伤也越严重。

(3) 导致头发脱落。染发剂的急、慢性刺激会引起头皮和毛囊的炎症，久而久之会导致毛囊的萎缩，头发由粗变细，最后脱落。

(4) 吸收有毒物质，损伤肝、肾功能。多见于含金属化合物的染发剂，以及某些合成的有机类染发剂，如含有醋酸铅、硝酸银类的染发剂以及苯、萘、酚类等染发剂。

二、染发注意事项

预防染发的潜在危害应注意以下几点：

(1) 尽量减少染发的次数。

(2) 选择好的染发剂。不用劣质染发剂，由化学合成染料制成的彩色染发剂最好少用。

(3) 染发时不要将染发剂涂在皮肤上。为防止染发剂涂到皮肤上，应先在皮肤上涂一层凡士林作防护。

(4) 在头皮有炎症和损伤时不要染发，因为受损皮肤更易于吸收染发剂。

(5) 染发前最好做皮肤过敏测试。

(6) 对特异体质的人，再安全的染发剂对他们也可能是有潜在危害的，定期检查健康是必要的。

医疗专家提出忠告：从健康角度看，染彩发不值得鼓励。

选学篇

第七章 化学与营养

人类的生存需要空气、水和食物。其中在食物上人类曾经花费了最大的精力，所谓“民以食为天”的说法就充分体现了食物对于人类的重要性。

为了维持生命活动，人类必须不断地从外界摄取食物，以维持人体正常的生理、生化和免疫等功能，以及生长发育、新陈代谢等生命活动。人类从外界摄取食物满足自身生理需要的过程叫作营养(nutrition)。营养是维持人体健康的最重要因素之一。食物好比身体的燃料，它为我们提供热量，以维持我们的体温，使我们有能力进行生产劳动、体育活动和其他正常的活动，它也为我们身体的各种组织生长和修复提供各种不可缺少的物质。因此，我们必须重视食物的质和量。营养不良会影响人体的生长发育，降低劳动能力，并且容易得病。

食物中含有的能维持生命活动、促进机体生长发育和健康的物质称为营养素(nutrient)。凡是能够作为食物的东西，必须含有充分的营养素。就目前所知，人体需要的营养素有 40 多种，通常把这些营养素概括为水、矿物质、糖类、油脂、蛋白质和维生素六大类。它们和通过呼吸进入人体的氧气一起，经过新陈代谢过程转化为构成人体的物质和维持生命活动的能量。所以，它们是组成人体和维持人体正常生理和机能不可缺少的物质基础。

人体内主要物质含量可参阅表 7-1。

表 7-1 人体内主要物质含量

物质类别	占人体质量的百分数
蛋白质	15%～18%
油脂	10%～15%
糖类	1%～2%
矿物质	3%～4%
水	55%～67%
其他	1%

本章将从化学角度分别阐述六大类营养素在食品中的存在、化学结构、性质，以及对人体的营养功能。

第一节 水和矿物质

一、水

水(water)是无色、无味、透明的液体,是人类及一切生物生存不可缺少的物质基础。人体平均含水 65%,血液中含水 80%。水能溶解许多物质,是人体内最重要的溶剂。没有水,生命就不可能继续存在。

1. 水的化学性质

水能发生分解反应,能与金属、非金属、金属氧化物、非金属氧化物反应,还能发生水解反应。

① 分解反应。水是非常稳定的物质,但在高温下(或电解)可以发生分解。

$$2H_2O \xlongequal[\text{或通电}]{2727\ ℃} 2H_2\uparrow + O_2\uparrow$$

② 与金属的反应。活泼金属能与水发生置换反应。

$$2Na + 2H_2O \xlongequal{} 2NaOH + H_2\uparrow$$

$$Mg + 2H_2O \xlongequal{\triangle} Mg(OH)_2 + H_2\uparrow$$

$$3Fe + 4H_2O(g) \xlongequal{\text{高温}} Fe_3O_4 + 4H_2\uparrow$$

③ 与非金属的反应。水能与 F_2、Cl_2、Br_2、C 等非金属单质反应。

$$2F_2 + 2H_2O \xlongequal{} 4HF + O_2$$

$$Cl_2 + H_2O \xlongequal{} HCl + HClO$$

$$C(\text{炽热}) + H_2O \xlongequal{} CO\uparrow + H_2\uparrow$$

④ 与金属氧化物的反应。水能与某些可溶性碱性氧化物反应生成碱。

$$Na_2O + H_2O \xlongequal{} 2NaOH$$

$$2Na_2O_2 + 2H_2O \xlongequal{} 4NaOH + O_2\uparrow$$

$$CaO + H_2O \xlongequal{} Ca(OH)_2$$

⑤ 与非金属氧化物的反应。水能与某些酸性氧化物反应生成相应的酸。

$$SO_2 + H_2O \xlongequal{} H_2SO_3$$

$$3NO_2 + H_2O \xlongequal{} 2HNO_3 + NO\uparrow$$

⑥ 水解反应。无机盐类、有机酸的酯、二糖、多糖、蛋白质等物质遇水能发生水解反应。

$$NH_4Cl + H_2O \rightleftharpoons NH_3\cdot H_2O + HCl$$

$$CH_3COOCH_2CH_3 + H_2O \overset{H^+}{\rightleftharpoons} CH_3COOH + CH_3CH_2OH$$

2. 食品中的水分含量

动植物食品中都含有水分,许多鲜活食品中水是含量最高的成分,一些食品的含水量如表 7-2 所示。从表中可以看出,多数食品中水的含量为 60%~90%,贮藏中干燥的谷类、大豆等还含有 13%~15%的水分。

表7-2 主要食品的水分含量

食品种类	含水量	食品种类	含水量
谷类	13%～15%	牛奶	88%～89%
大豆	13%～16%	鱼	70%～80%
面包	30%～37%	肉	60%～70%
面条	72%	鸡蛋	75%
米饭	65%	蔬菜	90%～96%
豆腐	80%～90%	水果	76%～89%

为了保证人体的功能正常，水的“收支”必须平衡。人体每天通过呼吸、皮肤蒸发和大小便至少要损失 2500 mL 水。体内物质代谢能够产生约 300 mL 水，三餐食物约供给 1000 mL 水，剩下的 1200 mL 左右水就要靠喝水、喝饮料、吃水果等来补充了。所以人体应该在感到口渴之前就喝水，出汗多时要多喝，还要注意喝水应“少量多次”。

3. 水在人体内的重要生理功能

(1) 帮助消化。我们日常所吃的食物，须经牙齿的咀嚼和唾液的润湿，经食道到肠胃，才能完全消化而被吸收，这些过程都需要水来帮忙。如果缺少了水，消化功能便无法实现。

(2)排泄废物。食物经消化和吸收以后所剩余的残渣废物必须经由汗液、呼吸和大小便来排出体外，排泄方法虽有不同，但都需要水才能顺利进行。

(3) 润滑关节。人体的关节如果没有润滑液，骨与骨之间发生摩擦就会活动不灵活，水就是关节润滑液的来源。

(4) 平衡体温。水与体温的关系非常密切。冬天，血管收缩，血液流到皮肤的量减少，水分也不容易排出，体温才能保持平衡。夏天，血管膨胀，血液流到皮肤的量增加，这时，水分也随着血液流到皮肤，再由汗腺排出皮肤表面。汗液蒸发时从皮肤吸收热量，体温就可以保持平衡了。

(5) 维持细胞功能。人体是由无数的细胞组成的，这些细胞的成分大部分是水，只有水才能维持细胞的新陈代谢。

二、矿物质

食品中除水分以外的无机物统称为**矿物质(mineral substance)**。在人和动物体内矿物质的总量占体重的 4%～5%，它是人和动物不可缺少的物质。矿物质在人体内不能自然生成，但每天都有一定量矿物质通过各种途径排出体外，因此必须每天补充一定量矿物质营养。

1. 矿物质元素的分类

食品中的矿物质元素按其含量多少分为两大类。

(1) 常量元素。含量在 0.01%以上的矿物质元素称为**常量元素**。人体必需的常量元素有钙(Ca)、镁(Mg)、钾(K)、钠(Na)、磷(P)、氯(Cl)、硫(S)7 种。

(2) 微量元素。含量低于 0.01%的元素称为**微量元素**。目前已知有 14 种微量元素是人体营养所必需的，它们是铁(Fe)、锌(Zn)、铜(Cu)、碘(I)、锰(Mn)、钼(Mo)、钴(Co)、硒(Se)、铬(Cr)、镍(Ni)、锡(Sn)、硅(Si)、氟(F)、钒(V)。

另外，还有一些重金属元素对人体健康是有害的，如铅(Pb)、汞(Hg)、镉(Cd)等。

某些元素在人体组织、体液中的分布情况见图 7-1。

2. 食品中矿物质营养元素的存在

人体营养所需的矿物质元素，一部分来自食物中的动植物组织，一部分来自饮水和食盐。食物中的矿物质含量以肉类较高，含量一般为 0.8%～1.2%，其中钠、钾、铁的含量较高，其次是磷和铁。当肉中的液体流失后，钠、钾损失较多，而磷、铁损失较少，故肉类是饮食中磷、铁的主要来源。此外，肉类中尚有微量的锰、铜、钴、锌、镍等，其含量常与饲料有关。

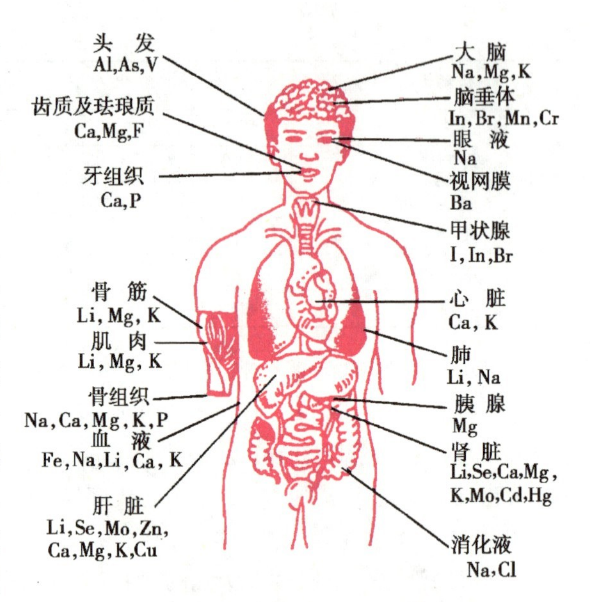

图 7-1 某些元素在人体组织、体液中分布情况示意图

植物中的矿物质含量与土壤有关，而且矿物质在植物体内的分布是不均匀的。以谷类为例，其壳、皮中矿物质含量较高，而胚乳中含量较低。例如，全麦粉的矿物质含量为 2.0%，标准粉为1.1%，精白粉为 0.5%。

3. 矿物质元素的营养功能

(1) 构成人体组织。如钙、磷、镁是骨骼和牙齿的主要成分，骨骼的基本矿物质结构是羟基磷灰石[$Ca_3(PO_4)_2 \cdot 3Ca(OH)_2$]。硫、磷也是构成蛋白质的重要成分，铁是血红蛋白和细胞色素的组成成分，胰岛素中含有锌，碘是甲状腺素的重要元素。

(2) 维持体液的渗透压。如钠、钾、氯与蛋白质一同在维持组织细胞的渗透压以及体液流动等方面具有重要作用。

(3) 维持体液的酸碱平衡。尽管我们的饮食、呼吸和排泄物中不断地有酸和碱的进入和输出，可是我们的血液 pH 大体上总是保持在 7.35～7.45。这主要靠血浆中的碳酸(由二氧化碳溶于水形成)和碳酸氢根离子来共同维持，这种弱酸(碳酸)和它的盐(碳酸氢盐)在血液里组成了缓冲溶液，它既能抗少量酸，又能抗少量碱，从而维持了血浆的酸碱平衡。在新陈代谢过程中，人体内的碳酸和碳酸氢根的浓度会不断改变，主要靠人体呼出二氧化碳气体和肾脏调节碳酸氢根的办法来使血浆 pH 保持稳定。而碳酸氢根的调节主要靠钠离子，所以钠离子的摄入及排出与维持血浆的酸碱平衡有密切关系。

此外，有一些矿物质营养元素还具有特别的功能。如硒(Se)可以使组织免受某些有毒物质(汞和镉等)的毒害作用，还能与维生素 E 一起对人体具有抗衰老作用。缺铁可以引起贫血，缺铜也能引起贫血。这是因为没有铜，铁就不能合成血红素，也不能进一步制造血红蛋白。

部分矿物质在人体内的主要生理功能、缺乏引起的常见病症与食物来源见表 7-3，常量和微量元素的推荐摄入量(RNIs)或适宜摄入量(AIs)见表 7-4。

表7-3 部分矿物质在人体内的主要生理功能、缺乏引起的常见病症与食物来源

名称	主要生理功能	缺乏引起的常见病症	食物来源
Ca	构成骨骼和牙齿的成分,维持肌肉、神经的兴奋性,参与血凝和多种酶的作用	骨、齿生长不良,影响肌肉或神经正常活动等	虾米、海带、乳制品、豆制品、骨头汤
P	骨骼、牙齿的主要成分,是细胞核及各种酶的成分,帮助糖类、脂肪的代谢,维持渗透压和酸碱平衡	骨骼、牙齿发育不正常,骨质疏松,软骨病,食欲缺乏	豆类、蛋类、乳、肉、绿色蔬菜类
Fe	参与血红蛋白对氧的转运、交换和组织呼吸作用	缺铁性贫血,主要症状:面色苍白、口唇和眼黏膜无血色、疲倦乏力、思想不集中等	动物血、肝、蛋黄、豆类
I	甲状腺素的重要成分,甲状腺素有调节人体热能、蛋白质、脂肪代谢的功能,促进生长发育的作用	影响儿童生长发育,产生智力障碍,患“大脖子”病	海带、紫菜等海产品,加碘盐
Zn	多种酶的组成成分,对蛋白质、脂肪、糖的代谢有重要作用,促进食欲,参与免疫功能	影响儿童生长发育,味觉异常,免疫力下降	牡蛎、鲜虾、牛、羊肉、乳制品、蛋黄
Cu	金属酶的成分,促进结缔组织形成和骨骼发育正常,维持中枢神经系统的健康	贫血,生长迟缓,情绪易激动	谷类、豆类、坚果、肉类、海产品
Cr	激活胰岛素,维持体内正常的葡萄糖代谢,三价铬为人体必需,六价铬有毒	葡萄糖耐量异常,导致糖尿病	动物蛋白、豌豆、胡萝卜
Co	维生素 B_{12} 的重要组成成分,但自身不能直接用钴来合成维生素 B_{12}	恶性贫血	动物肝、奶、肉类等
F	牙齿和骨骼的成分,可预防龋齿和老年人的骨质疏松症	儿童生长缓慢(摄入量过多可引起氟斑牙)	食物中较少,主要通过饮水获取
Se	对金属有解毒作用,维护心脏健康,促进儿童生长发育,抗肿瘤	克山病,大骨节病	动物肝、肾脏、肉类及海产品

表7-4 常量和微量元素的RNIs或AIs

年龄/岁	钙 Ca AI/(mg·d^{-1})	磷 P AI/(mg·d^{-1})	钾 K AI/(mg·d^{-1})	钠 Na AI/(mg·d^{-1})	镁 Mg AI/(mg·d^{-1})	铁 Fe AI/(mg·d^{-1})	碘 I RNI/(μg·d^{-1})	锌 Zn RNI/(mg·d^{-1})	硒 Se RNI/(μg·d^{-1})	铜 Cu AI/(mg·d^{-1})	氟 F AI/(mg·d^{-1})	铬 Cr AI/(μg·d^{-1})	锰 Mn AI/(mg·d^{-1})	钼 Mo AI/(μg·d^{-1})
0～	300	150	500	200	30	0.3	50	1.5	15(AI)	0.4	0.1	10		
0.5～	400	300	700	500	70	10	50	8.0	20(AI)	0.6	0.4	15		
1～	600	450	1000	650	100	12	50	9.0	20	0.8	0.6	20		15
4～	800	500	1500	900	150	12	90	12.0	25	1.0	0.8	30		20
7～	800	700	1500	1000	250	12	90	13.5	35	1.2	1.0	30		30
						男 女		男 女						
11～	1000	1000	1500	1200	350	16 18	120	18.0 15.0	45	1.8	1.2	40		50
14～	1000	1000	2000	1800	350	20 25	150	19.0 15.5	50	2.0	1.4	40		50
18～	800	700	2000	2200	350	15 20	150	15.0 11.5	50	2.0	1.5	50	3.5	60
50～	1000	700	2000	2200	350	15	150	11.5	50	2.0	1.5	50	3.5	60
孕妇														
早期	800	700	2500	2200	400	15	200	11.5	50					
中期	1000	700	2500	2200	400	25	200	16.5	50					
晚期	1200	700	2500	2200	400	35	200	16.5	50					
乳母	1200	700	2500	2200	400	25	200	21.5	65					

注:凡表中数字空缺之处表示未制定参考值。

习题

一、判断题

1. 人体所需的营养素不包含水和矿物质。 ( )
2. 水能溶解许多物质，是人体内最重要的溶剂。 ( )
3. 钙、镁、磷是骨骼和牙齿的主要组成成分。 ( )
4. 铜元素是人体营养所必需的微量元素之一。 ( )
5. 海带含钙、磷、碘元素较高，常吃有益健康。 ( )

二、选择题

6. 下列元素中，属于常量元素的是 ( )
   A. Zn　B. Mg　C. Mn　D. Co
7. 下列情况下，水的生理功能属于润滑作用的是 ( )
   A. 通过皮肤蒸发的水　B. 体内生化反应需要的水
   C. 吞咽食物时唾液中的水　D. 输液中的水
8. 微量元素的含量应在 ( )
   A. 1%以上　B. 0.1%以上　C. 0.01%以下　D. 0.001%以下
9. 下列对人体健康有害的一组元素是 ( )
   A. Pb、Hg、As、Cd　B. V、Si、Sn、Ni
   C. Cu、Fe、Zn、Mn　D. Mo、Se、Cr、Co
10. 下列能维持体液酸碱平衡的矿物质是 ( )
   A. $NaHCO_3$　B. $CaCO_3$　C. $Ca_3(PO_4)_2$　D. $Ca(OH)_2$
11. 因体内缺乏而引起贫血的矿物质营养元素是 ( )
   A. Se　B. Fe　C. Cu 和 Fe　D. Zn 和 Fe

三、连线题

12. 矿物质是人和动物不可缺少的物质，请将以下矿物质元素与缺乏后易导致的病症和用于补充的食物用线连接起来。

元素名称	缺乏后导致的病症	补充的食物来源
P	食欲缺乏、生长停滞	海带、紫菜及海产品
Zn	缺铁性贫血	动物肝脏、动物全血、肉类等
I	骨骼、牙齿发育不正常、骨质疏松、软骨病	猪、牛、羊肉，鱼类和各种海产品
Fe	甲状腺组织增生和肿大（“大脖子”病），儿童智力低下	虾皮、奶及奶制品、豆类
Ca	婴幼儿的佝偻病，成年人骨质软化、疏松症，腰酸背痛、腿脚抽筋等	豆类、蛋类、乳、肉、绿色蔬菜类
F	儿童生长缓慢	食物中较少，主要通过饮水获取

第二节　糖类

光合作用是地球上最重要的化学反应。在太阳光的作用下，绿色植物将二氧化碳和水转化为糖类，把太阳能转化为化学能贮存起来。光合作用为地球上的生物提供了维持生命活动所需要的能量。

糖类物质是自然界分布最广泛、数量最多的有机化合物，普遍存在于各种生物体中。在植物中，糖类含量占植物干重的 85%～90%。糖类是一切生物体维持生命活动所需能量的主要来源。

糖类是指多羟基醛或多羟基酮及它们的脱水缩合产物。糖类可以分为单糖、低聚糖和多糖。低聚糖和多糖在一定条件下可以水解成单糖。

一、单糖

单糖一般为多羟基醛或多羟基酮，不能进一步水解。单糖中，常见的有葡萄糖、果糖、核糖和脱氧核糖等。

1. *葡萄糖*

葡萄糖(glucose)是自然界中分布最广的单糖，由于它最初是从葡萄汁中分离得到的，故名葡萄糖。它广泛存在于生物体中，血液中的葡萄糖称为血糖。正常人的血糖含量为 3.9～6.0 mmol·L^{-1}。

葡萄糖的分子式为 $C_6H_{12}O_6$，是己醛糖。它的结构常用开链结构和环状结构表示。葡萄糖的开链结构见图 7-2。

```
        CHO
         |
     H—C—OH
         |
    HO—C—H
         |
     H—C—OH
         |
     H—C—OH
         |
        CH2OH
```

图 7-2　葡萄糖的开链结构

葡萄糖分子中含有醛基，容易被弱氧化剂氧化，能够发生银镜反应。

葡萄糖是一种重要的营养物质，在人体细胞内彻底氧化 1 g 葡萄糖可释放出 16.6 kJ 能量。

$$C_6H_{12}O_6+6O_2 \longrightarrow 6CO_2+6H_2O+Q$$

而且葡萄糖不需消化就可直接被人体吸收，所以是婴儿和体弱病人的良好营养品。在工业上，葡萄糖是制镜业、糖果制造业、医药工业的原料，如用葡萄糖合成维生素 C 和制造葡萄糖酸钙等药物。

2. *果糖*

果糖(fructose)是天然糖类中最甜的糖。游离的果糖存在于蜂蜜和水果浆汁中。大量的果糖则以结合状态存在于蔗糖分子之中。

果糖的分子式是 $C_6H_{12}O_6$，是己酮糖，它是葡萄糖的同分异构体。果糖的开链结构见图 7-3。

```
        CH2OH
         |
         C=O
         |
    HO—C—H
         |
     H—C—OH
         |
     H—C—OH
         |
        CH2OH
```

图 7-3　果糖的开链结构

果糖的酮基因受相邻碳原子上羟基的影响而变得活泼，其性质与葡萄糖相似，具有还原性，能与托伦试剂发生银镜反应。

一般能被托伦试剂等碱性弱氧化剂氧化的糖又叫**还原糖**。所有的单糖都是还原糖。

二、低聚糖

通常把由不到20个单糖缩合形成的糖类化合物称为低聚糖，低聚糖彻底水解后将得到单糖。低聚糖中以二糖最常见，二糖中又以蔗糖、麦芽糖、乳糖、纤维二糖等最普遍。蔗糖、麦芽糖、乳糖、纤维二糖互为同分异构体，分子式都为$C_{12}H_{22}O_{11}$。

1．蔗糖

蔗糖(sucrose)主要存在于甘蔗和甜菜中，平时食用的红糖、白糖、冰糖的主要成分都是蔗糖，其甜度仅次于果糖。它是重要的食品调味剂，医药上常用它制造糖浆。

蔗糖在弱酸或酶的作用下，水解生成等物质的量的葡萄糖和果糖的混合物，它比蔗糖更甜，俗称“人造蜜”。

$$\underset{\text{蔗糖}}{C_{12}H_{22}O_{11}} + H_2O \xrightarrow{H^+\text{或酶}} \underset{\text{葡萄糖}}{C_6H_{12}O_6} + \underset{\text{果糖}}{C_6H_{12}O_6}$$

2．麦芽糖

麦芽糖(maltose)主要存在于发芽的谷粒，特别是麦芽中，饴糖就是麦芽糖的粗制品。麦芽糖一般是在淀粉酶的作用下，由淀粉水解产生，所以麦芽糖是淀粉在消化过程中的一个中间产物。

在弱酸或酶的作用下，1 mol麦芽糖能水解生成2 mol葡萄糖。

$$\underset{\text{麦芽糖}}{C_{12}H_{22}O_{11}} + H_2O \xrightarrow{H^+\text{或酶}} \underset{\text{葡萄糖}}{2C_6H_{12}O_6}$$

二糖是由两个单糖分子脱去一分子水形成的，结构比较复杂。麦芽糖、纤维二糖和乳糖都能发生银镜反应，蔗糖不能发生银镜反应。麦芽糖和纤维二糖水解后都只能得到葡萄糖，乳糖水解后则得到半乳糖和葡萄糖。麦芽糖和纤维二糖在结构上仅存在微小差异，但是它们的性质却存在明显的不同，如麦芽糖有甜味且能被人体水解，而纤维二糖无甜味且不能被人体水解。

三、多糖

多糖在自然界分布最广，是生物体的重要组成部分。自然界中最常见的多糖是纤维素和淀粉。纤维素是构成植物细胞壁的基础物质，淀粉则是植物贮存能量的主要形式。

多糖是水解以后能够产生多个单糖分子的糖类，其分子式可用通式$(C_6H_{10}O_5)_n$表示。多糖的相对分子质量很大，属天然高分子化合物。多糖无甜味，大多不溶于水，且无还原性，是非还原糖。多糖在自然界分布很广，如植物中的纤维素、淀粉，动物体内的糖原等。

1．淀粉

淀粉(starch)是绿色植物进行光合作用的贮存产物，大量的淀粉存在于植物的种子和块茎等部位。如大米约含淀粉80%，小麦约含淀粉70%，玉米约含淀粉50%，马铃薯约含淀粉20%，许多水果里也含有淀粉。

淀粉分为直链淀粉和支链淀粉两种，天然淀粉大都是两种淀粉的混合物。直链淀粉不溶于冷水而溶于热水；支链淀粉不溶于冷水，在热水里会吸水膨胀，形成胶状淀粉糊。淀粉在稀酸或淀粉酶的作用下水解，最终生成葡萄糖。

$$\underset{\text{淀粉}}{(C_6H_{10}O_5)_n} + nH_2O \xrightarrow{\text{淀粉酶}} \underset{\text{葡萄糖}}{nC_6H_{12}O_6}$$

人们吃含淀粉的食物时，在嘴里咀嚼时间长了，就会感到有甜味。这是因为淀粉在唾液淀粉酶的作用下水解生成了麦芽糖和葡萄糖。细嚼慢咽有利于食物的消化和人体健康。

淀粉有一种特性，就是能跟碘作用呈现深蓝色。这是检验淀粉的特效反应。

淀粉是食物的一种重要成分，也是人体必需的营养成分，它是人体的主要能源物质。

2. 纤维素

纤维素(cellulose)在自然界的储量最大。纤维素不溶于水，也不溶于一般的有机溶剂。纯净的纤维素是一种白色、无臭、无味的固体。纤维素在强酸和一定的压力下，经长时间煮沸发生水解，最终产物是葡萄糖。这说明纤维素分子里含有很多个葡萄糖单元。

$$\underset{\text{纤维素}}{(C_6H_{10}O_5)_n} + nH_2O \xrightarrow{\text{催化剂}} \underset{\text{葡萄糖}}{nC_6H_{12}O_6}$$

一些食草的动物由于胃内存在纤维素酶，因此可以消化纤维素。人体则不能利用食物中的纤维素，所以纤维素没有营养功能。但是，近年来的研究表明，食物中的纤维素能促进消化液的分泌，增强肠道蠕动，吸收肠内有毒物质，并能有效地预防便秘、痔疮及直肠癌。科学家们认为纤维素是膳食中不可缺少的重要成分，它还能抑制人体对脂肪、胆固醇的吸收，对糖尿病、心脏病等有一定的预防与治疗效果。足够的纤维素可延缓胃的排空，增加饱腹感，减少其他食物的摄入量，有利于减轻体重和控制肥胖。在日常生活中选用适量的粗杂粮，经常吃一些水果、蔬菜，少吃精制米面，粗细搭配，合理烹调，保持食物纤维的供应量，有利于健康。因此，食物纤维(包括纤维素、半纤维素和果胶等)被誉为"第七营养素"。

3. 糖原

糖原(glycogen)是人和动物体内储存葡萄糖的一种形式，是葡萄糖在体内缩合而成的一种多糖。糖原主要存在于肝脏和肌肉中，因此又有肝糖原和肌糖原之分。

糖原在人体代谢中对维持血液中的血糖浓度起着重要的作用。当血糖浓度增高时，在胰岛素的作用下，肝脏就把多余的葡萄糖变成糖原储存起来；当血液中的葡萄糖浓度降低时，在高血糖素的作用下，肝糖原就分解为葡萄糖而进入血液，以保持血糖浓度正常。

四、糖类的营养功能

糖类的营养功能如下：

(1) 供给能量(参阅表7-5)。糖类是人体热能的主要来源，人体由糖供给的热能约占每日膳食所供总热能的70%。食物中糖类主要以淀粉形式提供。淀粉需经过消化为单糖后才能被人体吸收利用。

(2) 参与构成重要的生命物质，如核糖核酸(RNA)和脱氧核糖核酸(DNA)中的核糖和脱氧核糖。

(3) 糖类对体内的蛋白质有保护作用。

(4) 有些糖类衍生物参与机体的解毒护肝作用，如糖醛酸。

膳食中糖类的来源主要是谷类和根茎类食品，如各种粮食和薯类，它们含有大量淀粉和少量的单糖和二糖。蔬菜、水果中除含少量单糖外，也是食物中纤维素的主要来源。人的膳食中，摄入的糖类应以淀粉为主，尽量避免摄入过多的单糖和二糖。

表7-5　中国居民膳食能量需要量(EER)

人群	能量/(MJ/d)					
	身体活动水平(轻)		身体活动水平(中)		身体活动水平(重)	
	男	女	男	女	男	女
0岁～	—[a]	—	0.38 MJ/(kg·d)	0.38 MJ/(kg·d)	—	—
0.5岁～	—	—	0.33 MJ/(kg·d)	0.33 MJ/(kg·d)	—	—
1岁～	—	—	3.77	3.35	—	—
2岁～	—	—	4.60	4.18	—	—
3岁～	—	—	5.23	5.02	—	—
4岁～	—	—	5.44	5.23	—	—
5岁～	—	—	5.86	5.44	—	—
6岁～	5.86	5.23	6.69	6.07	7.53	6.90
7岁～	6.28	5.65	7.11	6.49	7.95	7.32
8岁～	6.90	6.07	7.74	7.11	8.79	7.95
9岁～	7.32	6.49	8.37	7.53	9.41	8.37
10岁～	7.53	6.90	8.58	7.95	9.62	9.00
11岁～	8.58	7.53	9.83	8.58	10.88	9.62
14岁～	10.46	8.37	11.92	9.62	13.39	10.67
18岁～	9.41	7.53	10.88	8.79	12.55	10.04
50岁～	8.79	7.32	10.25	8.58	10.88	9.62
65岁～	8.58	7.11	9.83	8.16	—	—
80岁～	7.95	6.28	9.20	7.32	—	—
孕妇(早)	—	+0	—	+0[b]	—	+0

续表

人群	能量/(MJ/d)					
	身体活动水平(轻)		身体活动水平(中)		身体活动水平(重)	
	男	女	男	女	男	女
孕妇(中)	—	+1.26	—	+1.26	—	+1.26
孕妇(晚)	—	+1.88	—	+1.88	—	+1.88
乳母	—	+2.09	—	+2.09	—	+2.09

[a] 未制定参考值者用"—"表示。

[b] "+"表示在同龄人群参考值基础上额外增加量。

来源：中国营养学会《中国居民膳食营养素参考摄入量》(2013 版)。

习题

一、判断题

1. 能被人体直接吸收并迅速分解释放能量的物质是葡萄糖。（　）

2. 食品中的纤维素不属于营养素，故人体不需要摄入。（　）

3. 未成熟的苹果遇碘显蓝色。（　）

4. 蔗糖具有还原性，能与托伦试剂发生银镜反应。（　）

5. 刚出土的山芋不甜，放置一段时间后变甜。这是淀粉水解成麦芽糖、葡萄糖所致。（　）

6. 糖原能够在胰岛素的作用下维持血糖水平正常，是储存于人和动物体内的一种多糖。（　）

二、选择题

7. 葡萄糖是人类生命活动所需能量的重要来源之一，它在人体组织中的主要作用是（　）

A. 相互连接合成蛋白质　　B. 相互连接合成淀粉

C. 与水反应，同时放出能量　　D. 氧化提供能量和有用中间产物

8. 下列物质属于还原糖的是（　）

A. 葡萄糖　　B. 蔗糖　　C. 淀粉　　D. 纤维素

9. 淀粉彻底水解的产物是（　）

A. 葡萄糖　　B. 葡萄糖和果糖

C. 二氧化碳和水　　D. 麦芽糖和葡萄糖

10. 下列说法正确的是（　）

A. 葡萄糖和蔗糖都属于低聚糖

B. 蔗糖分子中含有醛基，容易被弱氧化剂所氧化

C. 淀粉、糖原、纤维素等多糖均无还原性

D. 纤维素是人体必需的营养素

11. 下列各组物质中，属于天然高分子化合物的是 (　　)

A. 油脂　　B. 蔗糖

C. 淀粉　　D. 麦芽糖

12. 木糖醇在人体内代谢后不会提高血糖的浓度，因而成为糖尿病患者的理想甜味剂。据此信息结合你学过的生物学知识，分析木糖醇在人体内的代谢作用与下列各项肯定无关的是 (　　)

A. 甲状腺激素　　B. 性激素　　C. 生长激素　　D. 胰岛素

三、填空题

13. 从结构上看，糖类是________或________及它们的______________。根据结构和水解性能，糖类一般分为________、________和________ 3 类。

14. 多糖是由很多个________分子按照一定的方式，通过在分子间脱去________而成的。多糖在性质上跟单糖、二糖不同，一般________溶于水，没有________味，没有________性，不能和________试剂发生银镜反应。

15. 没有成熟的苹果遇碘变蓝色，说明其中含有________；成熟的苹果汁能还原银氨溶液，说明其中含有________。

第三节　氨基酸　蛋白质

蛋白质(protein)是构成生命的基础物质，它是由多种不同的氨基酸(amino acid)构成的，而核酸对蛋白质的生物合成又起着决定作用。因此，研究这些基本的生命物质的结构和性质，有助于人类揭开生命现象的本质。

一、氨基酸

氨基酸是羧酸分子中烃基上的氢原子被氨基(—NH_2)取代后的产物。从生物样品中分离出的氨基酸有许多种，但是构成人体蛋白质的氨基酸主要是其中的 20 种，而且绝大多数是 α-氨基酸，即氨基取代的是 α-碳原子(就是与官能团羧基直接相连的碳原子)上的氢原子，它的通式是：

$$\begin{array}{c} \text{H} \\ | \\ \text{R—C—COOH} \\ | \\ \text{NH}_2 \end{array}$$

氨基酸一般能溶于水。由于其分子中既有酸性基团羧基，又有碱性基团氨基，因而具有两性性质。

组成蛋白质的氨基酸，按其结构不同，可分为脂肪族氨基酸、芳香族氨基酸和杂环族氨基酸三大类。脂肪族氨基酸又可分为一氨基一羧基氨基酸(中性氨基酸)、一氨基二羧基氨基酸(酸性氨基酸)、二氨基一羧基氨基酸(碱性氨基酸)、含硫氨基酸及酰胺型氨基酸。现将组成蛋

白质的 20 种主要氨基酸的俗名、化学名称、中文符号、英文符号及结构简式列于表 7-6。

表 7-6　组成蛋白质的20种主要氨基酸一览表

类别		俗名	化学名称	中文符号	英文符号	结构简式
脂肪族氨基酸	中性氨基酸	甘氨酸	α-氨基乙酸	甘	Gly	$\underset{NH_2}{\underset{\mid}{CH_2}}—COOH$
		丙氨酸	α-氨基丙酸	丙	Ala	$CH_3—\underset{NH_2}{\underset{\mid}{CH}}—COOH$
		缬氨酸	α-氨基异戊酸	缬	Val	$CH_3—\underset{CH_3}{\underset{\mid}{CH}}—\underset{NH_2}{\underset{\mid}{CH}}—COOH$
		亮氨酸	α-氨基异己酸	亮	Leu	$CH_3—\underset{CH_3}{\underset{\mid}{CH}}—CH_2—\underset{NH_2}{\underset{\mid}{CH}}—COOH$
		异亮氨酸	α-氨基-β-甲基戊酸	异亮	Ile	$CH_3—CH_2—\underset{CH_3}{\underset{\mid}{CH}}—\underset{NH_2}{\underset{\mid}{CH}}—COOH$
		丝氨酸	α-氨基-β-羟基丙酸	丝	Ser	$HO—CH_2—\underset{NH_2}{\underset{\mid}{CH}}—COOH$
		苏氨酸	α-氨基-β-羟基丁酸	苏	Thr	$H_3C—\underset{OH}{\underset{\mid}{CH}}—\underset{NH_2}{\underset{\mid}{CH}}—COOH$
	酸性氨基酸	天门冬氨酸	α-氨基丁二酸	天冬	Asp	$HOOC—CH_2—\underset{NH_2}{\underset{\mid}{CH}}—COOH$
		谷氨酸	α-氨基戊二酸	谷	Glu	$HOOC—CH_2—CH_2—\underset{NH_2}{\underset{\mid}{CH}}—COOH$
	碱性氨基酸	精氨酸	α-氨基-δ-胍基戊酸	精	Arg	$H_2N—\underset{NH}{\underset{\Vert}{C}}—NH—CH_2—CH_2—CH_2—\underset{NH_2}{\underset{\mid}{CH}}—COOH$
		赖氨酸	α，ε-二氨基己酸	赖	Lys	$H_2N—CH_2—(CH_2)_3—\underset{NH_2}{\underset{\mid}{CH}}—COOH$
	含硫氨基酸	蛋氨酸（甲硫氨酸）	α-氨基-γ-甲硫基丁酸	蛋	Met	$CH_3—S—CH_2—CH_2—\underset{NH_2}{\underset{\mid}{CH}}—COOH$
		半胱氨酸	α-氨基-β-巯基丙酸	半胱	Cys	$\underset{SH}{\underset{\mid}{CH_2}}—\underset{NH_2}{\underset{\mid}{CH}}—COOH$
	酰胺型氨基酸	天门冬酰胺	α-氨基丁酰胺酸	天酰	Asn	$H_2N—\underset{O}{\underset{\Vert}{C}}—CH_2—\underset{NH_2}{\underset{\mid}{CH}}—COOH$
		谷氨酰胺	α-氨基戊酰胺酸	谷酰	Gln	$H_2N—\underset{O}{\underset{\Vert}{C}}—CH_2—CH_2—\underset{NH_2}{\underset{\mid}{CH}}—COOH$

续表

类别	俗名	化学名称	中文符号	英文符号	结构简式
芳香族氨基酸	苯丙氨酸	α-氨基-β-苯基丙酸	苯丙	Phe	$C_6H_5-CH_2-CH(NH_2)-COOH$
	酪氨酸	α-氨基-β-对羟苯基丙酸	酪	Tyr	$HO-C_6H_4-CH_2-CH(NH_2)-COOH$
杂环族氨基酸	组氨酸	α-氨基-β-(5′-咪唑基)丙酸	组	His	(咪唑环,N、NH)$-CH_2-CH(NH_2)-COOH$
	色氨酸	α-氨基-β-(3′-吲哚)丙酸	色	Try	(吲哚环,NH)$-CH_2-CH(NH_2)-COOH$
	脯氨酸	2-四氢吡咯甲酸	脯	Pro	(四氢吡咯环,NH)$-COOH$

在上述20种合成蛋白质的氨基酸中,赖氨酸、异亮氨酸、缬氨酸、色氨酸、苯丙氨酸、蛋氨酸、苏氨酸、亮氨酸8种是动物体内不能自己合成而必须从食物中摄取的,所以这些氨基酸称为必需氨基酸。精氨酸与组氨酸在动物体内虽能合成,但幼年动物往往合成量很少,不能满足正常生长和发育的需求,故有些文献中也将它们归于必需氨基酸。食物中缺乏以上这些氨基酸,就会影响动物的生长和发育。

二、蛋白质

蛋白质是由氨基酸通过肽键等相互连接而形成的一类具有特定结构和一定生物学功能的生物大分子。组成蛋白质的元素除了碳、氢、氧、氮之外,多数蛋白质还含有少量的硫,有些蛋白质还含有磷,若干特殊的蛋白质还含有铁、铜、锰、锌和碘等。经元素分析,蛋白质一般含碳50%~55%,氢6%~8%,氧20%~23%,氮15%~17%,硫0%~4%。

蛋白质是细胞和组织结构的最重要组成部分,它存在于一切生物体中。整个生物界有10^{10}~10^{12}种蛋白质,其结构十分复杂,目前为人们所认识的非常少。

蛋白质的性质与它们的分子大小、结构和作为它们基本组成的氨基酸的性质密切相关。另外,蛋白质的相对分子质量比氨基酸的大得多,结构也较之复杂,因此,蛋白质与氨基酸的性质也存在很大区别。

1. 蛋白质的两性性质

在蛋白质分子中,仍含有氨基和羧基,所以既能进行酸性电离,也能进行碱性电离。

如果以 $Pr\begin{matrix}/COOH\\ \backslash NH_2\end{matrix}$ 表示蛋白质分子,它在溶液中电离的情况可表示如下:

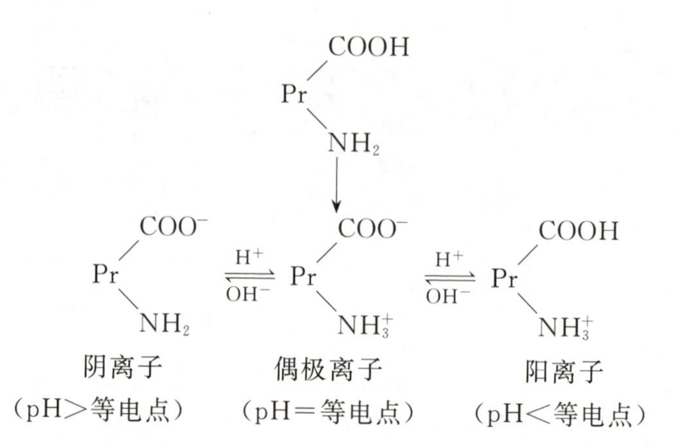

调节溶液的酸碱度，使蛋白质分子的净电荷为零，此时溶液的 pH 叫作该蛋白质的**等电点(isoelectric points)**，习惯上用符号 pI 表示。

溶液的 pH＜pI 时，蛋白质主要以阳离子形式存在。

溶液的 pH＞pI 时，蛋白质主要以阴离子形式存在。

溶液的 pH＝pI 时，蛋白质主要以两性离子(偶极离子)形式存在，由于此时蛋白质分子所带正、负电荷相等，净电荷为零，因而蛋白质分子间容易发生聚集。所以等电点时，蛋白质的溶解度最小。利用这一性质，可以从蛋白质的混合物中把各种蛋白质彼此分离。

2. 蛋白质的胶体性质

有的蛋白质能溶于水，如鸡蛋清蛋白、血红蛋白等；有的蛋白质难溶于水，如角蛋白。能溶于水的蛋白质，由于分子较大，形成的高分子溶液具有胶体的性质，称为**蛋白质溶胶**。由于蛋白质分子有许多极性基团，水化作用比较强，所以是比较稳定的亲水胶体。

蛋白质溶胶在一定条件下，可以转变成具有弹性的半固体物质，称为凝胶。例如，用肉皮熬的汤，在一定条件下可凝结成胶冻，就是形成了凝胶。凝胶中的水分并没有流失，而是均匀地分散在蛋白质颗粒之间。

蛋白质在生物体内以溶胶和凝胶两种状态存在。例如，肌肉中的蛋白质主要以凝胶状态存在，使肌肉保持大量的水分，所以在很高的压力下都不能把鲜肉中的水分挤出来。肉类食物中蛋白质的持水能力还影响食物的口感。植物体内蛋白质以溶胶状态存在，使植物具有一定的耐旱、抗寒的能力。

3. 蛋白质的盐析

在蛋白质溶液中，加入某些无机盐类，使蛋白质凝聚而从溶液中析出，这种现象称为**盐析(salting-out)**。盐析析出的蛋白质一般结构未被破坏，仍可以溶解在水里而不影响蛋白质的性质，所以盐析是可逆的。因此，盐析常常可用于蛋白质的分离和提纯。盐析中常用的盐类有硫酸铵、硫酸钠、氯化钠等。

4. 蛋白质的变性

天然蛋白质在某些物理和化学因素的作用下，空间结构发生改变，导致蛋白质的某些理化性质发生变化以及生物学功能丧失，这种现象称为蛋白质的**变性(denaturation)**。蛋白质变性以后，溶解度降低，甚至凝结或产生沉淀。如将鸡蛋清蛋白加热到一定温度时它就凝结，凝结后的蛋白质不能再溶解在水中。组成酶的蛋白质变性后也就失去了催化功能。

加热、强烈的搅拌、紫外线照射等都可以使蛋白质变性；强酸、强碱、重金属离子(Cu^{2+}、Pb^{2+}等)、某些有机溶剂(如乙醇)等也可以使蛋白质变性。重金属离子中毒就是由于误食的重金属盐使体内的酶等蛋白质变性而造成的。因此，当人体误食了重金属盐时，可以饮用大量的牛奶、蛋清或豆浆等帮助解毒。而另外一些蛋白质的变性则对人类来说是有利的。如肉类、鸡蛋加热后，其中蛋白质变性后更容易水解为氨基酸被人体吸收；高温蒸煮、紫外线照射可以消毒杀菌，其机制就是使组成细菌、病毒的蛋白质变性。

5. 蛋白质的显色反应

(1) 与水合茚三酮的反应。

蛋白质和氨基酸都能与水合茚三酮作用，生成蓝紫色物质。此法可用于检验蛋白质或氨基酸。

(2) 缩二脲反应。

在蛋白质溶液中加入碱和稀的硫酸铜溶液可生成一种紫色或紫红色的物质。该反应可用于蛋白质的定性或定量测定。

(3) 黄蛋白反应。

蛋白质分子中，含苯环的氨基酸与浓硝酸共热时可生成黄色的硝基苯，所以此反应是检验蛋白质存在的常用方法。如皮肤、丝毛织物遇浓 HNO_3 变黄就是黄蛋白反应的结果。

此外，蛋白质被灼烧时常产生特殊的焦煳气味。

三、膳食中的蛋白质及营养功能

膳食中的蛋白质来自动物性食品和植物性食品。肉类、鱼类、禽类、蛋类、乳类等动物性食品是蛋白质的重要来源。各种蔬菜、瓜茄、鲜果、谷类等食品中也含有蛋白质，其中食用菌、油料作物种子(如大豆、花生)、坚果(如核桃)等植物性食品具有较高的蛋白质含量。常见食品中蛋白质的含量见表7-7。

表7-7 常见食品中蛋白质的含量

食品	蛋白质含量/%	蛋白质的营养性
牛奶	3.3	优良
鸡蛋	12.3	优良
牛肉(瘦)	20.3	优良
猪肉(半肥瘦)	9.5	优良
猪肉(瘦)	16.7	优良
米(整粒)	8.5	非优良
麦(整粒)	12.4	非优良
黄豆(干)	69.2	优良
豌豆(鲜)	6.4	非优良
玉米	8.6	非优良

就蛋白质的营养性而言，动物性食品要优于植物性食品，因为动物性蛋白质中所含的必需氨基酸在组成和比例方面都较合乎人体的需要。当然，作为人们膳食中最主要的植物性蛋白质来源的豆类蛋白，所含必需氨基酸也较齐全，营养价值也较高。日常膳食中，提倡荤素杂吃、粮菜兼食、粮豆混食、粗粮细作，从营养角度看都是非常必要的。

蛋白质是人类膳食中非常重要的一种营养成分，对人体而言，其营养功能主要有以下几个方面：

1. 构造机体，修补组织

蛋白质是构成生物机体组织不可缺少的物质，人体的细胞主要由蛋白质组成。儿童、少年必须食用蛋白质比较丰富的膳食，才能满足其生长发育的需要；成年人必须摄入足够的蛋白质，才能维持其组织在新陈代谢过程中的更新。人的机体组织有创伤时，也需要蛋白质作为修补原料。食物蛋白质最重要的营养作用就是为机体合成蛋白质提供所需要的氨基酸。蛋白质作为机体的氮素来源，是其他营养物质不能代替的。

2. 调节生理功能

机体内的各种酶能调节新陈代谢，蛋白质激素能调节生理机能，免疫蛋白能增强人体对感染的抵抗力，血浆蛋白能维持血液胶体渗透压。此外，血红蛋白参与体内氧的转运，肌球蛋白促进肌肉收缩运动，核蛋白是重要的遗传物质等，都体现出蛋白质是调节生理功能不可缺少的物质。

3. 提供能量

蛋白质虽然不是人体新陈代谢所需能量的主要来源，但是氨基酸的碳骨架同样可以进行氧化供给能量，支持人体的生理活动，促进体内生物化学反应。因此，当糖类和脂肪供应不足时，常需要消耗蛋白质提供能量，其生理能值为 1.7×10^{4} kJ · kg^{-1}。

4. 维持机体的酸碱平衡

由于氨基酸和蛋白质具有酸、碱两性性质，因而可以和无机缓冲体系一起维持机体的酸碱平衡。

蛋白质是如此的重要，因此在人类的膳食中必须保持一定的含量，一般成人每日需要量为 80～90 g。中国居民膳食蛋白质推荐摄入量见表 7-8。蛋白质摄取不足或过量，对人体健康都不利。当蛋白质摄取不足时，将严重影响人的生长发育及身体健康，轻者表现为疲乏、体重减轻、机体抵抗力下降等，重者表现为生长发育停滞、贫血、智力发育受阻，十分严重时可发生“干瘦型”蛋白缺乏症或“水肿型”蛋白缺乏症。如果长期大量摄入蛋白质，超出人体维持氮平衡的需要，那么过量的蛋白质不但不能被吸收利用，而且会增加消化道、肝脏和肾脏的负担，反而对健康不利。

表 7-8 中国居民膳食蛋白质参考摄入量（DRIs）

人群	EAR/(g/d)		RNI/(g/d)	
	男	女	男	女
0 岁～	—①	—	9(AI)	9(AI)
0.5 岁～	15	15	20	20

续表

人群	EAR/(g/d)		RNI/(g/d)	
	男	女	男	女
1 岁～	20	20	25	25
2 岁～	20	20	25	25
3 岁～	25	25	30	30
4 岁～	25	25	30	30
5 岁～	25	25	30	30
6 岁～	25	25	35	35
7 岁～	30	30	40	40
8 岁～	30	30	40	40
9 岁～	40	40	45	45
10 岁～	40	40	50	50
11 岁～	50	45	60	55
14 岁～	60	50	75	60
18 岁～	60	50	65	55
50 岁～	60	50	65	55
65 岁～	60	50	65	55
80 岁～	60	50	65	55
孕妇(早)	—	+0②	—	+0
孕妇(中)	—	+10	—	+15
孕妇(晚)	—	+25	—	+30
乳母	—	+20	—	+25

注：① 未制定参考值者用“—”表示。
② “+”表示在同龄人群参考值基础上额外增加量。
来源：中国营养学会《中国居民膳食营养素参考摄入量》(2013 版)。

四、酶

酶(enzyme)是生物新陈代谢的催化剂，它的催化作用非常复杂。科学家研究发现，酶催化的机理经历下列四个步骤：反应物与酶结合形成配合物，反应物变成激活状态，产物在酶表面形成，产物从酶表面释放。科学家们认为，酶分子中真正起催化作用的是酶的活性部位(active site)。不同的酶除了具有不同的一级结构外，还具有特殊的空间结构。酶分子中的肽链通过折叠、螺旋或缠绕形成了活性空间，即酶的活性部位。反应过程中，反应物就结合在活性部位上。活性部位的形状是特别为有关反应物而设计的。酶的这种特性可以用“锁钥理论”来解释：只有反应物与酶的活性部位吻合，就像锁和它的钥匙那样，酶才有催化作用（图 7-4）。

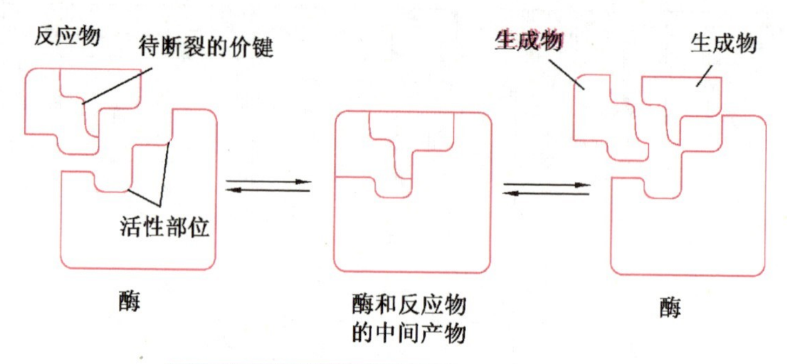

图 7-4　酶催化作用的"锁钥理论"示意图

在生命活动中，几乎所有的化学变化都是在酶的催化作用下完成的。酶是活细胞产生的一类具有催化功能的生物分子，绝大多数的酶是蛋白质。酶催化反应具有条件温和、效率高、高度专一等特点。在人的消化液中，蛋白酶只能催化蛋白质水解，脂肪酶只能催化脂肪水解。假如人的消化液中没有酶，完全消化一顿饭则需要漫长的 50 年！

目前，人们已经知道的酶有数千种。工业上大量使用的酶多数是通过微生物发酵制得的，并且有许多种酶已制成了结晶。酶技术已得到广泛的应用，如淀粉酶应用于食品、发酵、纺织、制药等工业，蛋白酶用于医药、制革等工业，脂肪酶用于脂肪水解、羊毛脱脂等方面。许多酶还可用于疾病的诊断，如血中转氨酶大幅度升高是病毒性肝炎的诊断依据之一。

五、核酸

核酸（nucleic acid）存在于一切生物体中，最早从细胞核中提取得到。核酸包括核糖核酸（RNA）和脱氧核糖核酸（DNA）两大类，它们对遗传信息的储存、蛋白质的生物合成起着决定性作用。核酸研究是近年来生物化学、有机化学以及医学中最活跃的领域。迄今为止，已有近 40 位科学家因为研究内容涉及核酸而荣获诺贝尔奖。

在生物体内，核酸主要以与蛋白质结合成核蛋白的形式存在于细胞中。核蛋白水解后能得到核酸，核酸是核蛋白的非蛋白部分。核酸可以进一步水解得到核苷酸，核苷酸则由碱基、戊糖及磷酸组成。核酸中的戊糖可以为核糖或脱氧核糖，对应的核酸分别为 RNA 和 DNA。

DNA 主要存在于细胞核中，是遗传信息的储存和携带者。DNA 的结构决定了生物合成蛋白质的特定结构，并保证把这种特性遗传给下一代。RNA 主要存在于细胞质中，它们以 DNA 为模板而形成，将 DNA 的遗传信息翻译并表达成具有特定功能的蛋白质。

习题

一、判断题

1. 蛋白质是一种重要的营养物质，膳食中蛋白质含量越高越好。（　　）

2. 蛋白质是饮食中提供机体新陈代谢能量的主要来源。 (　　)

3. 蛋白质是高分子化合物，都能溶于水，形成溶胶。 (　　)

4. 蛋白质具有酸碱两性性质，能帮助维持体液的酸碱平衡。 (　　)

5. 组成人体蛋白质的氨基酸都必须从食物中摄取。 (　　)

6. 谷类是人们摄取植物性蛋白的最好来源。 (　　)

7. 酶是活细胞产生的一类具有催化功能的生物分子，绝大多数的酶是蛋白质。

(　　)

二、选择题

8. 蛋白质的基本组成单位是 (　　)

A. 甘氨酸　B. 赖氨酸　C. α-氨基酸　D. 氮元素

9. 下列不属于人体必需氨基酸的是 (　　)

A. 苏氨酸　B. 亮氨酸　C. 缬氨酸　D. 丙氨酸

10. 医院里常用高温蒸煮的方法对一些医疗器具进行消毒，其原理是使蛋白质发生 (　　)

A. 盐析　B. 变性　C. 氧化　D. 分解

11. 在鸡蛋清溶液中加入硝酸铅溶液后，会使蛋白质凝聚沉淀，补充水分后此沉淀将

(　　)

A. 溶解　B. 不溶解

C. 与原来的蛋白质性质完全一样　D. 蛋白质的性质完全改变

12. 当蛋白质与其他物质共存于溶液中，从中分离提纯蛋白质可用的方法是 (　　)

A. 加$(NH_4)_2SO_4$　B. 加$Pb(NO_3)_2$　C. 加热　D. 加$CuSO_4$

13. 使蛋白质从水中析出并保持其生理活性，可以加入下列溶液中的 (　　)

A. 硫酸铜溶液　B. 浓硫酸　C. 福尔马林　D. 饱和硫酸钠溶液

14. 下列关于酶的叙述错误的是 (　　)

A. 酶是一种氨基酸　B. 酶的催化条件通常较温和

C. 酶是生物体中重要的催化剂　D. 酶在重金属盐作用下会失去活性

15. 人误食了铜、汞、铅等重金属盐而发生中毒时，可采取的急救措施是 (　　)

A. 大量饮水　B. 吞吃煮鸡蛋　C. 吞吃生鸡蛋清　D. 饮葡萄糖水

16. 下列物质中，不能使蛋白质变性的是 (　　)

A. 紫外线照射　B. 福尔马林

C. 重金属盐　D. $(NH_4)_2SO_4$浓溶液

17. 构成动物的肌肉、皮肤、血液、乳汁、毛发、蹄、角等物质的主要成分是 (　　)

A. 糖类　B. 脂肪　C. 蛋白质　D. 淀粉

三、填空题

18. 蛋白质在________作用下，发生________反应，最终生成________。它们的通式是________________。其分子中含有________基和________基，它们既能和________反应，又能和________反应，表现为两性。

19. 在蛋白质溶液中加入饱和食盐水，可使蛋白质从溶液中析出，这种作用叫作________。蛋白质溶液中如加入$HgCl_2$溶液，可使蛋白质发生________，这种变化叫作

蛋白质________。

四、简答题

20. 家中煮肉时为什么不能先加入盐？

21. 为什么医院里用高温蒸煮、紫外线照射、在伤口处涂抹酒精溶液等方法来消毒杀菌？

第四节　油脂和维生素

一、油脂

油脂（lipid）是生物维持正常生命活动不可缺少的物质，是生物体内存贮能量的物质，在生物体内它能被氧化而提供能量。油脂主要贮存在动物的脂肪细胞和某些植物的种子、果实细胞中。油脂在人体内氧化时能够产生大量热能，是食物中能量最高的营养素，相等质量的脂肪在体内氧化所产生的热量大约是糖类或蛋白质的两倍。

我们日常饮食中摄入的油脂可分为两种情形：一种是“可见”油脂，如菜籽油、豆油、麻油、花生油、猪油、牛油等，它们是从动植物中分离提取出来的；另一种是存在于一些食品中的油脂，如乳中含脂肪 3%～4%，鱼肉中含脂肪 1%～2%，谷类中含脂肪 0.2%～5.4%，核桃仁中含油脂 63%，西瓜子中含油脂 53.4%。

1. 油脂的组成和结构

由动植物组织中提取的油脂是多种物质的混合物，其主要成分是高级脂肪酸和甘油生成的甘油三酯。甘油三酯的通式可表示如下：

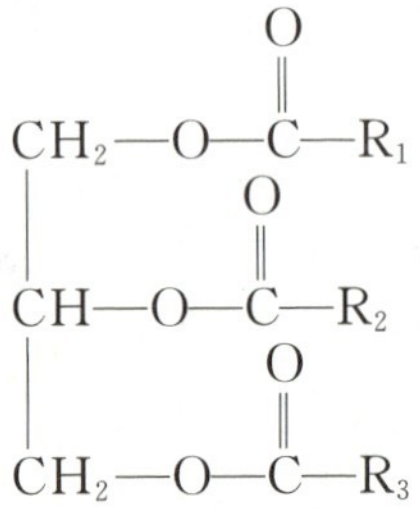

$$\begin{array}{l}
\qquad\qquad\ \ O \\
\qquad\qquad\ \ \| \\
CH_2-O-C-R_1 \\
|\qquad\qquad\ O \\
|\qquad\qquad\ \| \\
CH-O-C-R_2 \\
|\qquad\qquad\ O \\
|\qquad\qquad\ \| \\
CH_2-O-C-R_3
\end{array}$$

通式中 R_1、R_2、R_3 分别表示脂肪酸中的烃基部分。如果 R_1、R_2、R_3 相同，这样的油脂称为单纯甘油三酯，如三硬脂酸甘油酯；如果 R_1、R_2、R_3 不相同，则为混合甘油三酯，如 α-油酸-β-软脂酸-α′-硬脂酸甘油酯。

$$\begin{array}{l}
\qquad\qquad\ \ O \\
\qquad\qquad\ \ \| \\
CH_2-O-C-C_{17}H_{35} \\
|\qquad\qquad\ O \\
|\qquad\qquad\ \| \\
CH-O-C-C_{17}H_{35} \\
|\qquad\qquad\ O \\
|\qquad\qquad\ \| \\
CH_2-O-C-C_{17}H_{35}
\end{array}
\qquad\qquad
\begin{array}{l}
\qquad\qquad\ \ O \\
\qquad\qquad\ \ \| \\
CH_2-O-C-C_{17}H_{33} \\
|\qquad\qquad\ O \\
|\qquad\qquad\ \| \\
CH-O-C-C_{15}H_{31} \\
|\qquad\qquad\ O \\
|\qquad\qquad\ \| \\
CH_2-O-C-C_{17}H_{35}
\end{array}$$

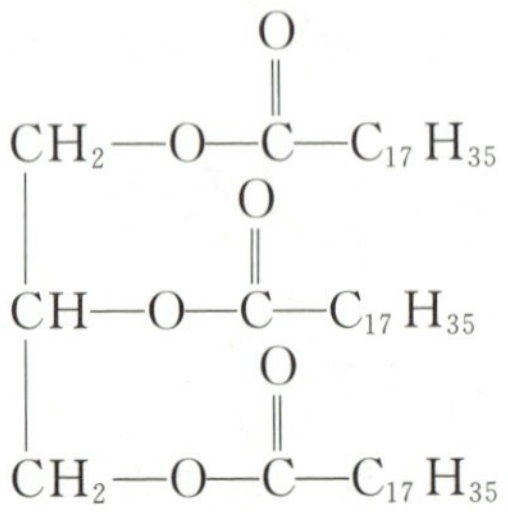

三硬脂酸甘油酯 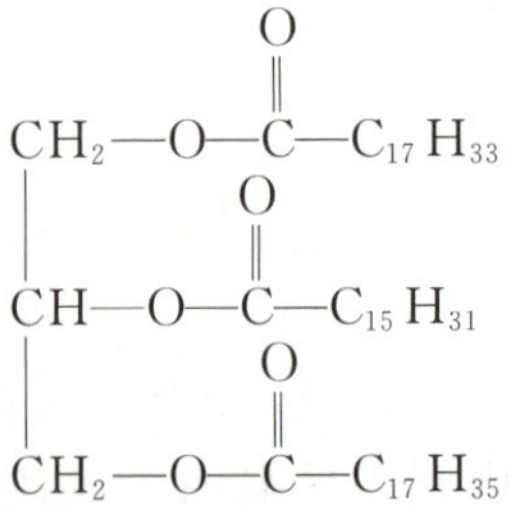　　　　α-油酸-β-软脂酸-α′-硬脂酸甘油酯

天然油脂中，单纯甘油三酯很少，一般都是各种混合甘油三酯的混合物。

组成油脂的各种脂肪酸绝大多数是含偶数碳原子的高级脂肪酸。高级脂肪酸有饱和脂肪酸和不饱和脂肪酸之分。在饱和脂肪酸中以软脂酸最多，其次是硬脂酸(stearic acid)。在不饱和脂肪酸中以油酸、亚油酸、亚麻油酸、花生四烯酸等较为重要。现将油脂中所含的主要脂肪酸列于表7-9。

表7-9 油脂中所含的主要脂肪酸

类别	名称	结构简式
饱和脂肪酸	月桂酸(十二碳酸)	$CH_3(CH_2)_{10}COOH$
	豆蔻酸(十四碳酸)	$CH_3(CH_2)_{12}COOH$
	软脂酸(十六碳酸)	$CH_3(CH_2)_{14}COOH$
	硬脂酸(十八碳酸)	$CH_3(CH_2)_{16}COOH$
不饱和脂肪酸	鳖酸(9-十六碳烯酸)	$CH_3(CH_2)_5CH{=}CH(CH_2)_7COOH$
	油酸(9-十八碳烯酸)	$CH_3(CH_2)_7CH{=}CH(CH_2)_7COOH$
	亚油酸(9,12-十八碳二烯酸)	$CH_3(CH_2)_4(CH{=}CHCH_2)_2(CH_2)_6COOH$
	亚麻酸(9,12,15-十八碳三烯酸)	$CH_3(CH_2CH{=}CH)_3(CH_2)_7COOH$
	花生四烯酸(5,8,11,14-二十碳四烯酸)	$CH_3(CH_2)_4(CH{=}CHCH_2)_4(CH_2)_2COOH$

多数脂肪酸在人体内能够自行合成，只有某些多双键不饱和脂肪酸如亚油酸、亚麻酸等不能在人体内合成，人体对它们的需要量不多，但它们具有特殊和不可取代的营养价值，故必须由食物供给，营养学上称为**必需脂肪酸(essential fatty acid, EFA)**。必需脂肪酸的含量也是衡量油脂营养价值的重要指标之一。近年来，从海洋鱼类及甲壳类动物体内所含的油脂中分离出的二十碳五烯酸(EPA)和二十二碳六烯酸(DHA)，据实验证实具有降低血脂、抗血栓等作用，它们既可防治心脑血管疾病，也是大脑所需要的营养物质，因此被誉为“脑黄金”。

2. 油脂的性质

(1) 油脂的物理性质及用途。

纯净的油脂无色无味，天然的油脂因溶有胡萝卜素、叶绿素、维生素等物质而带有一定的颜色和气味。油脂中的杂质越多，颜色越深，透明度越差，质量也越低劣。

天然油脂由于是甘油酯的混合物，同时或多或少混杂有其他的物质，所以各种油脂的熔点是不固定的，通常有一定的熔点范围。油脂的熔点与组成中的脂肪酸有关。含不饱和脂肪酸较多的油脂，熔点较低，常温下呈液态；含饱和脂肪酸较多的油脂，熔点较高，常温下通常呈固态。油脂的熔点与油脂的消化吸收率有关，一般熔点低的植物油如豆油、芝麻油等比较容易被人体消化吸收，营养价值较高。

油脂比水轻，不溶于水，易溶于汽油、乙醇、乙醚、苯等多种有机溶剂。根据这一性质，工业上可利用有机溶剂提取植物种子里的油，实验室中可用有机溶剂提取油脂的方法测定食品中的油脂含量，日常生活中也常用汽油擦洗衣服上的油渍。油脂也是食物中一些维生素、色素的良好溶剂。

(2) 油脂的化学性质。

① 油脂的水解。

在人体内，油脂主要是在小肠中被由胰腺分泌出的脂肪酶水解，并被吸收。当生命体能量供应不足以及对能量有特殊需求时，储存在体内的脂肪将被动用，在肝脏、肌肉等组织内发生氧化，最终转变为水和二氧化碳，给机体提供能量。

在酸性条件下，油脂水解是一个可逆反应，水解产物是高级脂肪酸和甘油。例如：

$$\begin{array}{l} CH_2-O-\overset{\overset{O}{\|}}{C}-C_{17}H_{35} \\ | \\ CH-O-\overset{\overset{O}{\|}}{C}-C_{17}H_{35} \\ | \\ CH_2-O-\overset{\overset{O}{\|}}{C}-C_{17}H_{35} \end{array} + 3H_2O \underset{\triangle}{\overset{H_2SO_4}{\rightleftharpoons}} \begin{array}{l} CH_2-OH \\ | \\ CH-OH \\ | \\ CH_2-OH \end{array} + 3C_{17}H_{35}COOH$$

如果油脂的水解反应在碱性条件下进行，那么生成的高级脂肪酸便可进一步与碱反应生成高级脂肪酸盐。高级脂肪酸的钠盐是肥皂的主要成分，所以把油脂的碱性水解叫作**皂化反应(saponification)**。工业上就是利用油脂通过皂化反应来制取肥皂(soap)的。

$$\begin{array}{l} CH_2-O-\overset{\overset{O}{\|}}{C}-R_1 \\ | \\ CH-O-\overset{\overset{O}{\|}}{C}-R_2 \\ | \\ CH_2-O-\overset{\overset{O}{\|}}{C}-R_3 \end{array} + 3NaOH \xrightarrow{\triangle} \begin{array}{l} CH_2-OH \\ | \\ CH-OH \\ | \\ CH_2-OH \end{array} + \begin{array}{l} R_1COONa \\ R_2COONa \\ R_3COONa \end{array}$$

使 1 g 油脂完全皂化所需氢氧化钾的毫克数称为**皂化值**，这是油脂性质的重要参数。脂肪酸的相对分子质量越小，脂肪酸结合氢氧化钾的毫克数就越大。因此，根据油脂皂化值的大小，可以判断油脂相对分子质量的大小，也就可以判断油脂中脂肪酸碳链的大体长度。皂化值较大的食用油脂，熔点较低，消化率则较高。

油脂在贮存期间如果发生水解反应，则会发生变质，品质会下降。

② 油脂的加成。

组成油脂的不饱和脂肪酸含有双键，所以油脂可以与氢、碘等试剂发生加成反应。油脂在催化剂存在并加热、加压的情况下，可以与氢气发生加成反应，提高油脂的饱和程度，使油脂的熔点升高，由液态变成固态或半固态。这个过程叫作**油脂的氢化**，也叫作油脂的硬化。

$$\begin{array}{l} CH_2-O-\overset{\overset{O}{\|}}{C}-C_{17}H_{33} \\ | \\ CH-O-\overset{\overset{O}{\|}}{C}-C_{17}H_{33} \\ | \\ CH_2-O-\overset{\overset{O}{\|}}{C}-C_{17}H_{33} \end{array} + 3H_2 \xrightarrow[\text{加热、加压}]{Ni} \begin{array}{l} CH_2-O-\overset{\overset{O}{\|}}{C}-C_{17}H_{35} \\ | \\ CH-O-\overset{\overset{O}{\|}}{C}-C_{17}H_{35} \\ | \\ CH_2-O-\overset{\overset{O}{\|}}{C}-C_{17}H_{35} \end{array}$$

工业上利用油脂的氢化反应把植物油转变成硬化油(氢化油)。硬化油的饱和度高，性质比较稳定，不易变质，便于运输，可用于制造肥皂、硬脂酸、甘油、人造奶油等。

不同油脂含双键数目不同，所以一定质量的油脂与碘发生加成反应时，消耗的碘的数量也不相同，通常把 100 g 油脂所能加碘的质量（单位为 g）称为**油脂的碘值**。碘值越大，表示油脂的不饱和程度越高。

3. 油脂的营养功能

（1）供给能量。

脂肪是体内贮存能量和供给能量的重要物质。脂肪的生理热能值高达 3.8×10^{4} kJ·kg^{-1}，约是糖和蛋白质的两倍。当机体内糖和蛋白质供应不足时，贮存的脂肪可提供能量。

（2）提供必需脂肪酸，调节生理机能。

必需脂肪酸对维持正常机体的生理功能有重要作用。如果缺乏必需脂肪酸，往往表现为上皮功能不正常，发生皮炎，对疾病的抵抗力降低，生长停滞等。因此，饮食中必须注意多从植物中摄取必需脂肪酸。

（3）促进脂溶性维生素的吸收。

维生素 A、D、E、K 和胡萝卜素等营养物质是脂溶性的，它们溶于食物的油脂中，可促进这些物质的吸收利用。

（4）组成机体细胞，保护组织。

脂肪也是人体的重要组成成分。体表脂肪可隔热保温。柔软的脂肪组织存在于器官之间，使器官与器官间减少摩擦，免受损伤。

膳食中的脂肪应保持一定的比例。目前，随着人们生活水平的提高，脂肪摄入量逐渐增多。但是，膳食中过高比例的脂肪，易造成肥胖症，进而引起高血压、高血脂等心血管疾病，即所谓的“富贵病”。因此，从健康着想，不宜摄入过多脂肪。

二、维生素

维生素（vitamin）又称维他命，是维持生物体正常的生理功能而必须从食物中获得的一类微量有机物质，也是保持生物体健康的重要活性物质。维生素在体内的含量很少，但不可或缺。如果长期缺乏某种维生素，就会引起生理机能障碍而发生某种疾病。维生素一般由食物中取得，现在发现的有几十种，如维生素 A、维生素 B、维生素 C 等。

1. 维生素的特点

维生素的化学结构各不相同，生理功能也各有所异，但都具有 3 个特点：① 维生素是天然食物中的一种成分，部分维生素也可以通过人工进行化学合成。② 维生素在食物中含量不高，人体每日需要量也甚少，但它们都是人体必需的营养素。人体对各种维生素的需要量也各不相同。③ 维生素是维持机体正常生长发育和生理功能所必需的，缺乏时，会引起物质代谢失调，发生特殊的疾病，称为“维生素缺乏症”。如缺乏维生素 A 易患夜盲症、眼干燥症等；缺乏维生素 D，儿童易患佝偻病，成人易患软骨病。但某些维生素的摄入量也不能过多，如果长期过量摄入维生素 A、D，则易引起中毒症状，严重的可致死。

2. 维生素的分类

根据维生素的溶解性，一般将其分为两大类，即脂溶性维生素和水溶性维生素。人体对各种维生素的需要量可参见表 7-10。

表7-10 中国居民膳食维生素参考摄入量

年龄/岁	维生素A /μg RE①	维生素D /μg	维生素 B_1 /mg	维生素C /mg	叶酸 /μg DFE②	烟酸 /mg NE③	胆碱 /mg
0～				400			600
0.5～				500			800
1～			50	600	300	10	1000
4～	2000	20	50	700	400	15	1500
7～	2000	20	50	800	400	20	2000
11～	2000	20	50	900	600	30	2500
14～	2000	20	50	1000	800	30	3000
18～	3000	20	50	1000	1000	35	3500
50～	3000	20	50	1000	1000	35	3500
孕妇	2400	20		1000	1000		3500
乳母		20		1000	1000		3500

注：① RE为视黄醇当量(Retinol Equivalent)。

② DFE为膳食叶酸当量(Dietary Folate Equivalent)。

③ NE为烟酸当量(Niacin Equivalent)。

④ 凡表中数字空缺之处表示未制定参考值。

(1) 脂溶性维生素。

此类维生素不溶于水，可溶于脂肪以及乙醚、苯、氯仿等有机溶剂，其吸收与脂肪的存在有密切关系，吸收以后可在体内储存。脂溶性维生素包括维生素A、D、E、K等。

维生素A又名视黄醇，分子结构中含醇羟基以及多个双键，化学性质比较活泼，容易被空气中的氧气以及其他氧化剂氧化而失去生理活性，紫外线照射也可破坏其分子结构，但对热和酸、碱比较稳定。

动物性食品含维生素A比较多，如肝、奶、奶油、蛋黄、鱼肝油等；植物性食品含维生素A较少，但在菠菜、辣椒等绿色蔬菜以及胡萝卜中含有胡萝卜素，人体吸收以后，可在体内转变成维生素A。为了在膳食中摄取足够的维生素A，应注意多进食此类食品。

(2) 水溶性维生素。

此类维生素能溶于水，不溶于脂肪，主要包括B族维生素(维生素 B_1、B_2、B_6、B_{12}、PP，叶酸，生物素等)和维生素C。水溶性维生素吸收后在体内储存量很少，过量的水溶性维生素大多从尿中排出。

维生素C因为能防治坏血病，故又称抗坏血酸。维生素C具有酸性，在酸性溶液中比较稳定，遇热、遇碱均容易被破坏；维生素C具有还原性，是构成机体生理氧化还原过程的重要成分，但在空气中容易被氧化，失去功效，与某些金属特别是与铜接触破坏更快。

由于这些特性，食物原料中的维生素C在贮存、加工、烹调过程中很容易损失。

维生素C广泛存在于新鲜蔬菜和水果中，尤其是绿叶蔬菜、酸性水果中。如橘子、酸枣、番茄、猕猴桃中维生素C含量丰富。这也是经常食用新鲜果蔬有益健康的一个原因。

3. 几种重要的维生素

维生素的种类很多，其来源、性质及营养功能也各有特点。一般而言，米、面等各类食品及肉类中含维生素B_1、B_2较多，蔬菜、水果中含维生素C较多，动物性食品中含维生素A、D较多。现将几种重要维生素的食物来源、营养功能等列于表7-11。

表7-11 几种重要维生素的来源及功能简介

名　称	主要食物来源	重要功能	缺乏维生素易引起的常见病症
维生素B_1（硫胺素）	各种谷物，豆，动物的肝、脑、心、肾脏	组成TPP（与柠檬酸循环有关的辅酶）	脚气病，心力衰竭，精神失常
维生素B_2（核黄素）	牛奶、鸡蛋、肝、酵母、阔叶蔬菜	组成FMN、FAD（电子传递的辅酶）	皮肤皲裂，视觉失调
维生素B_6（吡哆醇）	各种谷物、豆、猪肉、动物内脏	组成氨基酸和脂肪酸代谢的辅酶	幼儿惊厥，成人皮肤病
维生素B_{12}（氰钴胺）	动物的肝、肾、脑，或由肠内细菌合成	组成转甲基及变位反应辅酶	恶性贫血
烟酸（抗癞皮病维生素）	酵母、瘦肉、动物的肝、各种谷物	组成NAD、NADP（氢转移的辅酶）	糙皮病，皮损伤，腹泻，痴呆
维生素C（抗坏血酸）	柑橘类水果、绿色蔬菜	氧化还原作用，组成脯氨酸羟化酶辅酶	坏血病，牙龈出血，牙齿松动，关节肿大
叶酸	酵母、动物内脏、麦芽	组成THFA（一碳基团转移辅酶）	贫血症，抑制细胞的分裂
泛酸	酵母，动物肝脏、肾，蛋黄	组成辅酶A（CoA）	运动神经元失调，消化不良，心血管功能紊乱
生物素（维生素H）	动物肝脏、蛋清、干豌豆，或由肠内细菌合成	CO_2的固定，组成氨基转移辅酶	皮肤病
维生素A（维生素A_1即视黄醇，维生素A_2即脱氢视黄醇）	鱼肝油、动物肝、绿色和黄色蔬菜及水果	形成视色素，并使上皮结构保持正常	夜盲症，皮损伤，眼病；摄入过量维生素A可引起中毒
维生素D（维生素D_2即骨化固醇，维生素D_3即胆钙固醇）	鱼油、肝，阳光下促进皮肤中维生素原合成维生素D	使从肠吸收的Ca^{2+}增加，促进牙和骨的正常发育	佝偻病、软骨病（骨发育不良）
维生素E（生育酚）	绿色阔叶菜	保持红细胞的抗溶血能力	增加红细胞的脆性，不能生育
维生素K（凝血维生素）	由肠道细菌合成	促成肝内凝血酶原的合成	血液凝固作用不良

习题

一、判断题

1. 天然油脂的主要成分就是甘油三酯。 (　　)

2. 油脂在碱性条件下发生的水解反应都叫皂化反应。 (　　)

3. 必需脂肪酸就是不饱和脂肪酸，植物油中含量较高。 (　　)

4. 脂肪会使人肥胖，所以膳食中脂肪越少越好。 (　　)

5. 儿童缺乏维生素 D 易患佝偻病。 (　　)

6. 胡萝卜素在人体内能转变成维生素 A，故含胡萝卜素多的食品也是维生素 A 的良好来源。 (　　)

7. 维生素是维持人体健康所必需的，所以人体摄入维生素越多越好。 (　　)

8. 新鲜果蔬是维生素 C 的良好来源。 (　　)

二、选择题

9. 下列物质中，属于单纯甘油三酯的是 (　　)

A. 花生油　　B. 硬脂酸甘油三酯

C. 奶油　　D. α-硬脂酸-β-软脂酸-α′-油酸甘油酯

10. 由植物油形成硬化油，其间发生的化学反应是 (　　)

A. 加成反应　　B. 取代反应　　C. 水解反应　　D. 皂化反应

11. 下列有关油脂的叙述不正确的是 (　　)

A. 油脂没有固定的熔点和沸点，所以油脂是混合物

B. 油脂是由高级脂肪酸和甘油所生成的酯

C. 油脂是酯的一种

D. 油脂都不能使溴水褪色

12. 天然油脂水解后的共同产物是 (　　)

A. 硬脂酸　　B. 油酸

C. 软脂酸　　D. 甘油

13. 柑橘中含量较高的维生素是 (　　)

A. 维生素 A　　B. 维生素 C

C. 维生素 E　　D. B 族维生素

14. 下列食品中，含维生素 D 最多的是 (　　)

A. 苹果　　B. 肝脏

C. 植物油　　D. 牛奶

15. 油脂可以促进下列哪种维生素在人体内的吸收 (　　)

A. 维生素 C　　B. 维生素 B_1

C. 维生素 A　　D. 维生素 B_2

三、填空题

16. 油脂是________和________的通称，它是________和________生成的酯，油脂的结构通式为____________________。

17. 按照中国人的饮食习惯，________提供的能量最多，等质量的糖类、油脂、蛋白质提供能量最多的是________。

18. 人类的生命活动需要糖类、________、________、维生素、水和矿物质六大类营养素。

19. 某种食品的配料标签如右图所示。

该配料中，富含蛋白质的物质是________________，富含油脂的物质是________________。

配料：
小麦粉
淀粉
鸡蛋
棕榈油
碳酸氢钠
苯甲酸钠等

四、连线题

20. 维生素是维持机体正常生长发育和生理功能所必需的，缺乏时，可以引起物质代谢失调，发生特殊的疾病。请将下面列举的一些疾病与可能缺乏的维生素及建议选择补充的食品用线连接起来。

疾　病	可能缺乏的维生素	建议选择补充的食品
脚气病，心力衰竭，神经炎	维生素 C	绿色和黄色蔬菜及水果、鳕鱼肝油
坏血病，牙龈出血，牙齿松动，关节肿大	维生素 D	各种谷物，豆，动物肝、肾、脑、心
佝偻病（骨发育不良），软骨病（成人）	维生素 A	柑橘类水果、绿色蔬菜
夜盲症，皮损伤，眼病	维生素 B_1	鱼油、肝

第五节　合理营养和食品安全

合理营养是指要向人们提供感官良好、容易消化吸收、营养素平衡的食物，并要求食物安全，无毒无害，符合国家的卫生标准。合理营养可以提高各类人群的健康水平和抗病能力。

一、合理营养的要求

1. 平衡膳食

除了母乳对婴儿以外，世界上没有任何一种单一的天然食物能够满足人体的需要，也没有任何一种食物含有人体所需要的几十种营养素，而且在数量上和比例上适合人体的需要。而平衡膳食就是现代营养学总结出来的最佳膳食结构。平衡膳食要求人体所摄入的营养素在品种和数量、比例上适合人体正常代谢和生长发育的需要。这种膳食结构对人体健康最有利。不同年龄、不同性别、不同生理状况、不同劳动强度对营养素的需求并不相同。

我国从 20 世纪 50 年代到 90 年代，曾出现过几次膳食构成的演变，我国人民的体质也发生了意想不到的变化，最明显的是新一代比上一代身体长高了，体质更强健了，头脑更聪明了，而且平均寿命也从新中国成立初的 35 岁提高到 70 岁。这与膳食营养不断得到提高是密不可分的。1993年6月13日经国务院批准正式颁布实施的《九十年代中国食物结构改革与发展纲要》是一个指导我国食物生产和消费向科学、卫生、营养合理方向发展的纲领性文件，对“在吃饱的基础上如何吃得营养、吃得合理”做了筹划，提出建立科学、合理的膳食与营养结构，宣传和推广营养科学，具体地说就是“食物要多样，粗细要搭配，三餐要合理，饥饱要适当，甜食不宜多，油脂要适量，饮酒要节制，食盐要限量”。这些要求对于设计食谱、科学用餐、平衡膳食具有极为现实的指导意义。平衡膳食并不是每天、每顿饭的膳食平衡，而是要求根据自身的经济条件和生活习惯，尽量做到平衡膳食的要求，并且养成习惯，长期坚持。

2. 合理加工与烹调

食物在加工烹调过程中，营养成分会发生一定的变化，从而有利于消化吸收，如蛋白质变性、纤维素的软化和溶解、淀粉分解等。烹调加工还赋予了食品风味，改善了食品的感官性状，增进了人们的食欲，另外还能杀灭病原微生物，保证食用安全。但是不合理的加工、烹调方法会导致食物中营养素不同程度地丢失，使之不能被充分利用。如大米淘洗2～3次后，维生素B_1损失29%～60%，维生素B_2和烟酸损失23%～25%，无机盐损失约70%。因此，科学烹调加工十分重要，它可以尽可能减少食物中各种营养素的损失，也能提高其消化吸收率。做饭时，应尽量减少淘米的次数，淘米时不要用力搓洗，水温不要过高。煮饭时不要丢弃米汤。油炸面食会破坏面粉中的多种维生素，应尽量少吃。蔬菜应先洗后切，急火快炒。煮汤时应在水开后再下菜，烹煮时间不宜过长。有些传统菜肴烹调方法过分讲究食物的风味和感官性状，不太注意营养成分的保存，故应适当选择使用。

3. 制定合理膳食制度

合理膳食制度是指根据劳动特点、生理状况等的需要，将全天的食物定质、定量、定时地分配食用的一种制度。在一天的不同时间，人们需要的能量和各种营养素的数量不完全相同，并且大脑兴奋、抑制过程和胃肠道对食物排空也是互相适应的，并有一定的规律性。针对人们不同的生活规律，制定适合各自生理需要的合理膳食制度极为重要。

4. 保证食物安全

食物具有两重性，一是为我们提供所需的营养素；二是可能存在对人体有害的物质，这些有害的物质，可以是食物自身的，但更多的情况下是由环境中进入的，即食品污染。为了保证食品安全，国家对食物中的有害物质制定了各种标准，以保证食用者的安全。

二、中国居民膳食指南

膳食结构是指各类人群消费的食物种类及数量的相对组成，它是衡量一个国家或地区经济发展水平、社会文明程度和膳食质量的重要标志。

我国的第一个膳食指南是1989年制定的，1997年、2007年、2016年分别进行了修订。《中国居民膳食指南(2016)》提出了适用于我国2岁以上健康人群膳食指南的六条核心推荐：

(1) 食物多样，谷类为主。

平衡膳食模式是最大程度上保障人体营养需要和健康的基础，食物多样是平衡膳食模式的基本原则。每天的膳食应包括谷薯类、蔬菜水果类、畜禽鱼蛋奶类、大豆坚果类等食物。建议平均每天摄入12种以上食物，每周25种以上。谷类为主是平衡膳食模式的重要特征，每天摄入谷薯类食物250～400 g，其中全谷物和杂豆类50～150 g，薯类50～100 g。膳食中碳水化合物提供的能量应占总能量的50%以上。

（2）吃动平衡，健康体重。

体重是评价人体营养和健康状况的重要指标，吃和动是保持健康体重的关键。各个年龄段人群都应该坚持天天运动，维持能量平衡，保持健康体重。体重过低和过高均易增加疾病的发生风险。推荐每周应至少进行5天中等强度身体活动，累计150 min以上；坚持日常身体活动，平均每天主动身体活动6000步；尽量减少久坐时间，每小时起来动一动，动则有益。

（3）多吃蔬果、奶类、大豆。

蔬菜、水果、奶类和大豆及其制品是平衡膳食的重要组成部分，坚果是膳食的有益补充。蔬菜和水果是维生素、矿物质、膳食纤维和植物化学物质的重要来源；奶类和大豆富含钙、优质蛋白质和B族维生素，对降低慢性病的发病风险具有重要作用。提倡餐餐有蔬菜，推荐每天摄入300～500 g蔬菜，深色蔬菜应占1/2；天天吃水果，推荐每天摄入200～350 g的新鲜水果，果汁不能代替鲜果；经常吃各种奶制品，摄入量相当于每天液态奶300 g；经常吃豆制品，摄入量相当于每天大豆25 g以上；适量吃坚果。

（4）适量吃鱼、禽、蛋、瘦肉。

鱼、禽、蛋和瘦肉可提供人体所需要的优质蛋白质、维生素A和B等，有些也含有较高的脂肪和胆固醇。动物性食物优选鱼和禽类，鱼和禽类的脂肪含量相对较低，鱼类含有较多的不饱和脂肪酸；蛋类的各种营养成分齐全；吃畜肉应选择瘦肉，瘦肉的脂肪含量较低。过多食用烟熏和腌制肉类可增加肿瘤的发生风险，应当少吃。推荐每周吃鱼类280～525 g、畜禽肉280～525 g、蛋类280～350 g，平均每天摄入鱼、禽、蛋和瘦肉总量120～200 g。

（5）少盐少油，控糖限酒。

我国多数居民目前食盐、烹调油和脂肪摄入过多，这是高血压、肥胖和心脑血管疾病等慢性病发病率居高不下的重要因素。因此应当培养清淡饮食习惯，成人每天食盐摄入量不超过6 g，烹调油摄入量25～30 g。过多摄入添加糖可增加龋齿和超重发生的风险，推荐每天摄入糖不超过50 g，最好控制在25 g以下。水在生命活动中发挥着重要作用，应当足量饮水。建议成年人每天饮水7～8杯(1500～1700 mL)，提倡饮用白开水和茶水，不喝或少喝含糖饮料。儿童、青少年、孕妇、乳母不应饮酒；成人如饮酒，一天饮酒的酒精量男性不超过25 g，女性不超过15 g。

（6）杜绝浪费，兴新食尚。

勤俭节约、珍惜食物、杜绝浪费是中华民族的美德。提倡按需选购食物，按需备餐，分餐不浪费；选择新鲜卫生的食物和适宜的烹调方式，保障饮食卫生；学会阅读食品标签，合理选择食品。创造和支持文明饮食新风的社会环境和条件，应该从每个人做起，回家吃饭，享受食物和亲情，传承优良饮食文化，树健康饮食新风。

三、中国居民平衡膳食模式和图示

1. 中国居民平衡膳食宝塔

所谓平衡膳食，是指按照不同年龄、身体活动和能量的需要设置的膳食模式。这个模式推荐的食物种类、数量和比例能最大限度地满足不同年龄阶段、不同能量水平的健康人群的营养与健康需要。平衡膳食是各国膳食指南的核心观点，“平衡”是指人体对食物和营养素需要的平衡，指能量摄入和运动消耗的平衡。平衡膳食强调日常饮食中食物种类和品种丰富多样，能量和营养素达到适宜水平，注意避免油、盐、糖的过量等多项内涵。

中国居民平衡膳食宝塔（以下简称膳食宝塔）共分5层，各层中具体食物种类为：第一层为谷薯类食物，第二层为蔬菜、水果类食物，第三层为鱼、禽、肉、蛋等动物性食物，第四层为乳类、豆类和坚果，第五层为烹调油和盐（图7-5）。各层面积大小不同，体现了五类食物推荐量的多少。膳食宝塔旁边的文字注释提示了在能量1600～2400 kcal（1 kcal＝4.184 kJ）时，一段时间内健康成年人平均每天的各类食物摄入量范围。若能量需要量水平增加或减少，食物的摄入量也会有相应变化，以满足身体对能量和营养素的需要。膳食宝塔还包括身体活动、饮水的图示，强调增加身体活动和足量饮水的重要性。

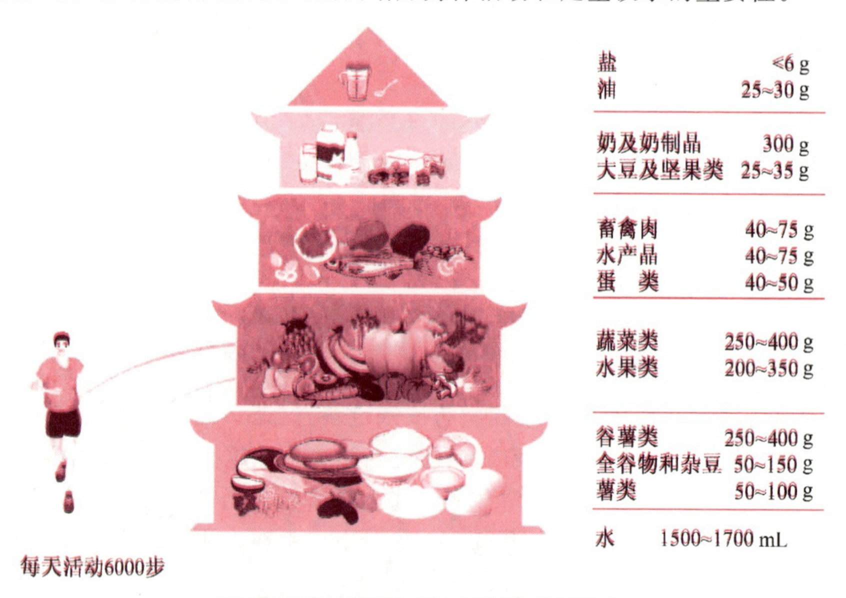

图7-5 中国居民平衡膳食宝塔（2016）

2. 中国居民平衡膳食餐盘

中国居民平衡膳食餐盘（图7-6）按照平衡膳食原则，在不考虑烹饪用油盐的前提下，描述了一个人一餐中膳食的食物组成和大致比例。膳食餐盘更加直观，一餐膳食的食物组合搭配轮廓清晰明了。

膳食餐盘分成谷薯类、鱼肉蛋豆类、蔬菜类、水果类四部分，其中蔬菜类和谷薯类所占的面积最大，是膳食中的重要部分。餐盘旁的一杯牛奶提示其重要性。此餐盘适用于2岁以上人群，是一餐中食物基本构成的描述。

与膳食宝塔相比，膳食餐盘更加简明，给大家一个框架性认识，容易记忆和操作。对

2 岁以上人群都可参照此结构计划膳食，即便对素食者而言，也很容易替换肉类为豆类，以获得充足的蛋白质。

3. 中国儿童平衡膳食算盘

中国儿童平衡膳食算盘(图 7-7)是根据平衡膳食的原则转化各类食物的分量图形化的表示，主要针对儿童。膳食算盘分成 6 行，用不同色彩的彩珠标示食物多少。此算盘分量按 8～11 岁儿童中等活动水平计算。

图 7-6 中国居民平衡膳食餐盘

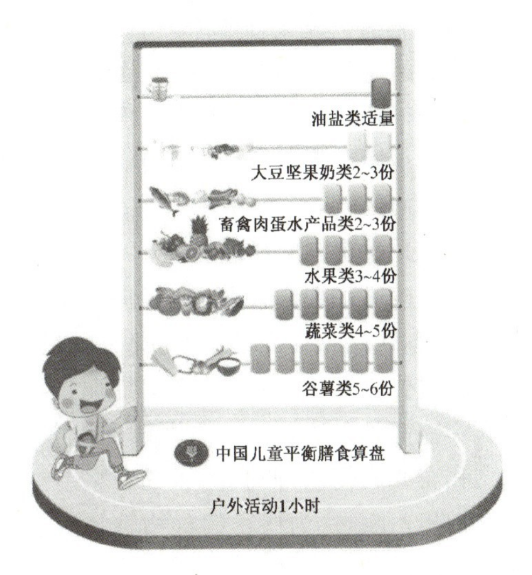

图 7-7 中国儿童平衡膳食算盘

四、我国的饮食习惯及特点

饮食习惯受许多因素影响，经济、文化、民俗、地区等都可影响人们的饮食习惯。而饮食习惯又直接对人体健康产生一定的影响。饮食习惯不仅是营养问题，也涉及许多卫生问题。我国人民在长期生活经历中养成了许多好的饮食习惯，但也有一些不好的习惯。充分认识这一点对提高我国人民身体素质有一定帮助。

1. 优点

(1) 谷类食物为主。

谷类食物是人类最基本的食物来源，谷类食物中含有大多数人类需要的营养素，如蛋白质、B 族维生素、许多无机盐以及膳食纤维等，还含有较高的热能。在谷类食物中也不存在对人体健康有害的因素，长期食用也不会产生任何的不适。目前还没有任何一类食物能代替谷类食物成为人们的主食。

在经济发达的国家和地区，由于人类大量摄入动物性食物，一些慢性疾病的发病率增高，如动脉硬化、肿瘤、肥胖、结石等。因此，一些营养学家提倡人们从防病角度出发，应多吃谷类，特别是加工度比较粗的谷类，这一观点已被许多人接受。在我国，谷类食物一直是居民的重要食物来源，这种良好的饮食习惯一直延续到现在。随着我国经济的发展，食物种类也越来越多，有些人忽视了谷类的作用，片面强调某一种食物的优点，这本身就是误区。谷类食物种类很多，价格便宜，因此在选择谷类食物时，应增加谷物的种类，或同时食用大豆食品来提高蛋白质的含量，使谷类食物更好地为人类服务。

（2）高膳食纤维膳食。

膳食纤维作为“第七营养素”已越来越被人们重视。膳食纤维是指不能为人体利用的多糖，是植物性食物的一部分。在低膳食纤维膳食的发达国家，肠道肿瘤、糖尿病、动脉硬化、肥胖、高脂血症、憩室性疾病均高发。人们通过对膳食纤维的重新认识，认为它有非常重要的生理功能。在我国以植物性为主的膳食结构中，膳食纤维摄入量比较多，主要来源于谷类、豆类、蔬菜和水果。含膳食纤维最高的是麦麸、米糠。蔬菜中的芹菜、韭菜、竹笋、萝卜、洋白菜等，水果中的梨、菠萝、柑橘、草莓、枣等，菌藻类中的木耳、银耳、紫菜、海带等，均含有很多的膳食纤维。但是膳食纤维的摄入量也不是越多越好，过多的膳食纤维会影响其他营养素的吸收，还会对胃肠道产生刺激。成人以每天摄入 30 g 左右膳食纤维为宜，多食无益。

（3）食物搭配合理。

我国人民在南北朝时，就提出了“五谷为养、五果为助、五畜为益、五菜为充”的饮食思想，并不断地总结出许多有价值的经验。经过数千年的总结提炼，我国的饮食习惯已基本符合现代营养学理论，如荤素搭配、粗细搭配、蔬菜水果搭配、干鲜食物搭配等。许多传统的食物都具备这些特点。尤其是这些年来，我国经济的飞速发展，食品加工产业技术的提高和交通的便利，使我国居民餐桌上的食物更加丰富。如今新鲜的蔬菜、水果在我国北方也长年不断，这为居民的食物选择提供了很大的便利，也为我国人民营养水平的提高打下了基础。

2. 缺点

（1）食品加工烹调不当。

有时，食物加工对营养成分影响很大，特别是在谷类食品加工中，由于过分强调感官性状，为使米和面更白、更细而去掉了大量糠麸，这不仅去掉了大部分膳食纤维，一些蛋白质、维生素、无机盐也大量丢失。尤其是 B 族维生素的丢失，可以引起脚气病的发生，故许多营养学家一直建议，谷类食物加工不宜过于精细。在国外，全麦粉大受欢迎，其健康观念值得我们学习。

在烹调中也可造成营养素的丢失。食物加热时间过长，温度过高，不必要的水冲洗，都可加速营养素的流失。因此，科学的烹调可以大大减少营养素的丢失，避免不必要的浪费。多吃生鲜的食物，也是保证饮食健康的重要手段之一。

（2）食盐摄入过多。

有些人一直认为盐是百味之主，往往在食物加工时加入过多的食盐来改善食物味觉，在我国北方这种现象更加普遍。根据我国的具体情况，我国专家建议人们每人每天摄入食盐量小于 6 g，而一些地区居民每天摄入食盐量超过 15 g，甚至达 20 g 之多。摄入过多的食盐可以引起高血压、动脉硬化，这已被广大群众所认识。另外，有人发现过多摄入食盐可以引起消化道肿瘤发病率增高。

（3）混餐。

混餐的主要危害是造成肠道传染病的传播。我国肠道传染病的高发，除了与经济、卫生条件有关外，混餐也是一个重要因素。几乎所有的肠道传染病都可以在餐桌上传播。

因此，提倡分餐制，是科学就餐的文明举动，应在全国范围内宣传推广。

（4）食用野生动物。

野生动物与家养动物在营养上并无差异，吃野生动物在很大程度上满足了食客的心理要求。地球上基因的多样化对人类来讲是十分重要的，而野生动物对保证基因多样化和生态平衡起着重要使用。食用野生动物最大的危险是野生动物的一些传染病可能传染给人类，而人类对这些病原微生物又没有任何的抵抗能力，因此一旦发生传染，可能会给人类带来巨大灾难。如2003年上半年在我国发生的SARS流行，目前认为其病原来自野生动物果子狸，很庆幸这种病毒传播的疾病后来得到了有效的控制，否则其后果不堪设想。因此要提倡科学文明的饮食习惯，对一些因少数人的饮食行为而影响公共安全的现象应予以制止，必要时应通过法律手段来制约和限制。

五、食品安全

食品安全是指对食品按其原定用途进行生产或食用时不会对消费者造成损害。食品的安全性强调食品中不应含有可能损害或威胁人体健康的物质或因素。在当今社会环境污染对食品安全造成越来越大影响的情况下，食品安全的概念越来越深入人心。食品应无毒、无害，符合应当有的营养要求，具有相应的色、香、味等感官性状。食品从生产、加工、运输到销售、烹调等各个环节，都可能受到环境中各种有害物质的污染，导致其安全性降低，给人体健康带来不同程度的危害。因此，食品安全关乎地球上所有人的身体健康，提高食品安全性具有非常重要的意义。

目前，影响食品安全的因素主要有：

1. 化学因素

影响食品安全的化学因素主要包括农药及化肥、兽药及饲料添加剂、食品添加剂、包装材料及环境污染等。

（1）农药及化肥。

目前，我国农民的文化素质还相对较低，在蔬菜、水果等的种植过程中滥用农药及化肥的现象相当普遍。过量的化肥及杀虫剂、除草剂等农药会通过土壤、叶面等进入蔬菜、水果等可食部分，引起农产品的农药及化肥残留超标。

（2）兽药及饲料添加剂。

目前，我国养殖业中滥用兽药及饲料添加剂的现象也相当突出。例如，为了追求生长速度，在饲料里添加生长促进剂(激素类药物)；为了提高瘦肉率，在饲料里添加“瘦肉精”等违禁药物；为了抗病，在饲料里随意添加抗生素、抗寄生虫药物等。殊不知，这些兽药及饲料添加剂如长期、超剂量使用，且不按规定停药，都会在畜产品中残留，食用后会对人体产生伤害甚至导致人体中毒。

（3）食品添加剂。

大部分食品添加剂是安全的，可以放心使用，但有些商贩为了提高食品外观或延长保存期等，在食品中滥用添加剂，如在馒头中添加色素，在粉丝中添加吊白块，在辣椒制品中添加苏丹红，在乳及乳制品中添加三聚氰胺，在熟食中添加富马酸二甲酯，在肉制品中添加亚硝酸盐，水发海产品用甲醛溶液等浸泡。这些添加剂会在人体内残留，影响人体健康。食品添加剂的相关内容将在第六节详细介绍。

2. 物理因素

物理因素对食品安全的影响也不容忽视，如在食品生产加工过程中混入超过规定含量的杂质，或不小心混入玻璃、针头等利器，都会影响食品安全，甚至会造成对人体的伤害。此外，随着辐照保藏技术在延长食品保存期中的应用，放射剂量和残留等也会对食品安全造成影响，因此，在食品加工保藏过程中应特别注意这些因素。

3. 生物因素

引发食品安全问题的生物因素主要是微生物污染、寄生虫污染以及昆虫、啮齿动物污染。其中，微生物污染是食品安全的最大威胁。微生物污染包括细菌、病毒和真菌及其毒素的污染。

微生物种类繁多，分布广泛，与人类有着密切的关系，我们无时不生活在“微生物的海洋”中。例如，每克肥沃土壤中可含数亿个甚至更多的微生物，每克粪便的细菌总数为1000亿个，人体皮肤表面每平方厘米平均含有10万个细菌。但幸运的是，大多数微生物对人类是有益或无害的，有些食品如酱、醋、发酵乳制品、面包、泡菜、酒、味精及多种氨基酸都是应用微生物制造的。但有些微生物也会给人类带来危害，被有害微生物污染后的食物会腐败变质，人食用后可能会引起食物中毒。

习题

一、填空题

1. 合理营养是指向人们提供感官好、容易________、________的食物，并要求食物安全，无毒无害，符合国家的卫生标准。

2. 合理营养的要求：________、________、________、________。

3. 在日常生活中，食用蔬菜应________，急火快炒。

4. 不同种类的食物提供的主要营养素不同。谷类是________的主要来源；畜禽肉、鱼虾、蛋类等能提供________；蔬菜和水果类是________的主要来源，水果还能提供一些________；油脂主要提供________，特别是________。总之，没有任何一种食物能满足人体对各种营养素的要求，某一类食物也不能完全代替另一类食物。

5. 合理膳食制度是指根据各类人群劳动特点、生理状况等的需要，将全天的食物________、________、________地分配食用的一种制度。

6. 根据我国的具体情况，我国专家建议人们每人每天食用食盐不超过________g。

二、选择题

7. 下列说法正确的是　　（　　）

A. 处于平衡膳食宝塔塔顶的食物需求量不大，也不重要

B. 含有人体需要的六大营养素的食物每天要均等摄入

C. 营养不良指的是吃青菜多、吃肉少

D. 膳食平衡指的是摄入的食物中含有的营养素种类齐全、数量充足、比例适当

8. 下列说法正确的是　（　　）

A. 现在我国居民营养素的供给明显过剩

B. 营养丰富的食物一种就能满足人体对各种营养素的需要

C. 蔬菜、水果都含有维生素，经常吃蔬菜就不必天天吃水果

D. 营养素的不足与过剩都不利于身体健康

9. 下列说法不正确的是　（　　）

A. 很多食物含有维生素，但蔬菜、水果比其他食物能提供更多的维生素

B. 选择食物时，要考虑含营养素的种类、含量及是否易被人体吸收和利用

C. 人体每天需要营养素的量是相对稳定的

D. 三大热能食物中，糖类提供的热能最多，热值也最大

三、综合题

10.《中国居民膳食指南(2016)》提出的适用于我国2岁以上健康人群膳食指南的六条核心推荐是什么？

11. 你认为影响食品安全的主要原因有哪些？

12. 对照平衡膳食理论，你认为目前学校的伙食还存在哪些问题？

第六节　食品添加剂

食品添加剂在改善食品质量、档次和色、香、味，食品原料乃至成品的保质保鲜，提高食品的营养价值，食品加工工艺的改革以及新产品的开发等诸多方面，都发挥着极为重要的作用。随着食品工业的快速发展，食品添加剂已经成为现代食品工业的重要组成部分，并且成为食品工业技术进步和科技创新的重要推动力。可以毫不夸张地说，没有食品添加剂就没有现代食品工业。

然而，近年来食品安全事件的频繁发生，使食品添加剂渐渐成为媒体关注的焦点，也成为广大消费者心中的疑点。一些人由于不了解食品添加剂的定义和基本知识，不了解食品添加剂在食品加工工艺中的重要作用，不了解我国食品添加剂的管理和法规，因此对食品添加剂产生了很深的误解，甚至误将在食品中添加的非法添加物说成食品添加剂，将食品安全事件的起因归咎于食品添加剂。而一些食品生产企业为了迎合消费者的心理，故意在标签中隐去食品添加剂，甚至写上“不含防腐剂”“不含任何食品添加剂”等字样。其实这样写是很不科学的，一是很难做到，二是这样写也不符合国家有关法规和标准。

一、食品添加剂的定义

按照GB 2760—2011《食品安全国家标准　食品添加剂使用标准》，对食品添加剂定义为：“为改善食品品质和色、香、味，以及为防腐、保鲜和加工工艺的需要而加入食品中的人工合成或者天然物质。营养强化剂、食品用香料、胶基糖果中基础剂物质、食品工业用加工助剂也包括在内。”

二、食品添加剂的分类

食品添加剂的分类方法有多种：

（1）按来源分，有天然食品添加剂和人工化学合成添加剂两大类。天然食品添加剂又分为由动植物提取制得和用生物技术方法由发酵或酶法制得两种。人工化学合成添加剂又可分为一般化学合成品与人工合成天然等同物，如天然等同香料、天然等同色素等。

（2）按生产方法分，有化学合成、生物合成（酶法和发酵法）、天然提取物三大类。

（3）按作用和功能分，有酸度调节剂、抗氧化剂、膨松剂、着色剂、营养强化剂、防腐剂和其他等23类。

三、食品添加剂的作用

各类食品在加工过程中，为确保产品的质量，必须依据加工产品特点选用合适的食品添加剂。食品添加剂一般在食品工业中发挥着以下重要作用：

1. 改善和提高食品色、香、味及口感等感官指标

食品的色、香、味、形态和口感是衡量食品质量的重要指标。食品加工过程中一般都有碾磨、破碎、加温、加压等物理过程，在这些加工过程中，食品容易褪色、变色，有些食品固有的香气也散失了。此外，同一个加工过程难以解决产品的软、硬、脆、韧等口感的要求。因此，适当地使用着色剂、食用香精香料、品质改良剂等，可明显提高食品的感官质量，满足人们对食品风味和口味的需要。

2. 保持和提高食品的营养价值

使用食品防腐剂和抗氧保鲜剂可防止食品氧化变质，对保持食品的营养价值具有重要的作用。同时，在食品中适当添加一些营养素，可大大提高和改善食品的营养价值。这对于防止营养不良和营养缺乏，保持营养平衡，提高人们的健康水平具有重要的意义。

3. 有利于食品保藏和运输，延长食品的保质期

各种生鲜食品和各种高蛋白质食品如不采取防腐保鲜措施，它们将很快腐败变质。为了保证食品在保质期内保持应有的质量和品质，必须使用防腐剂、抗氧化剂和保鲜剂。

4. 增加食品的花色品种

超市里琳琅满目的食品的生产除需要主要原料粮油、果蔬、肉、蛋、奶外，还需要一类不可缺少的原料——食品添加剂。各种食品根据加工工艺、品种、口味的不同，一般都要选用适当的食品添加剂，尽管添加量不大，但不同的添加剂能获得不同的花色品种。

5. 有利于食品加工操作

食品加工过程中通常需要采用润滑、消泡、助滤、稳定和凝固等加工工艺，如果不用食品添加剂就无法加工。

6. 满足不同人群的需要

糖尿病患者不能食用蔗糖，但又要满足其对于甜的需要，就需要添加各种非营养的甜味剂。婴儿生长发育需要各种营养素，由此产生了添加有矿物质、维生素的配方奶粉。

7. 提高经济效益和社会效益

食品添加剂的使用不仅增加了食品的花色品种，提高了品质，而且在生产过程中使用

各种添加剂能降低原材料消耗，从而降低了生产成本，明显提高了经济效益和社会效益。

四、常用的食品添加剂

1. 酸度调节剂

酸度调节剂也称 pH 调节剂，是用以维持或改变食品酸碱度的物质，主要有用以控制食品所需的酸化剂、碱剂以及具有缓冲作用的盐类。

酸化剂具有增进食品质量的许多功能特性，如调节和维持食品的酸度并改善其风味；增强抗氧化作用，防止食品酸败；与重金属离子配位，具有阻止氧化或褐变反应、稳定颜色、降低浊度、增强胶凝特性等作用。

我国现已批准许可使用的酸度调节剂有柠檬酸、乳酸、酒石酸、磷酸、乙酸、盐酸、氢氧化钠、碳酸钠、柠檬酸钠、磷酸钾等 18 种。

2. 抗氧化剂

能防止或延缓食品成分氧化变质的食品添加剂称为抗氧化剂。油脂及富脂食品的酸败、食品褪色、褐变、维生素被破坏等都属于食品成分的氧化变质。

抗氧化剂的使用不仅可以延长食品的贮存期、货架期，给生产者、经销者带来良好的经济效益，而且能给消费者带来更好的安全感。

常用的抗氧化剂有维生素 C、维生素 E、合成酚类等。

3. 膨松剂

膨松剂主要添加于生产焙烤食品的原料小麦粉中，并在加工过程中受热分解，产生气体，使面胚起发，形成致密多孔组织，从而使制品具有膨松、柔软或酥脆的品质。膨松剂一般分碱性膨松剂和复合膨松剂两类。

膨松剂主要用于焙烤食品的生产，它不仅可提高食品的感官质量，而且也有利于食品的消化吸收。

近年来的研究表明，膨松剂中的铝对人体健康不利，因而人们正在研究减少硫酸铝钾和硫酸铝铵等在食品生产中的应用，并探索使用新的物质和方法，尤其是取代制作油条中含铝添加剂的应用。

4. 着色剂

着色剂是使食品着色和改善食品色泽的物质，通常包括食用合成色素和食用天然色素两大类。

我国许可使用的食用天然色素有叶绿素、单宁、类胡萝卜素等，食用合成色素有苋菜红、胭脂红、柠檬黄、靛蓝、橘黄、亮蓝和它们各自的铝色淀，以及酸性红、β-胡萝卜素、叶绿素铜钠和二氧化钛等 22 种。

5. 营养强化剂

食品营养强化剂是指为增加营养成分而加入食品中的天然的或人工合成的，属于天然营养素范围的食品添加剂，通常包括氨基酸、维生素、无机盐、脂肪酸四类。

食品烹调、加工、保存等过程可能会造成营养素的损失。为了使食品保持原有的营养成分，或者为了补充食品中所缺乏的营养素，可向食品中添加一定量的食品营养强化剂，以提高其营养价值。这样的食品称为营养强化食品。

6. 防腐剂

作为食品添加剂应用的防腐剂是指为防止食品、水果和蔬菜等腐败、变质，延长食品保存期，抑制食品中微生物繁殖或杀灭这些微生物的物质，如山梨酸、苯甲酸钠等。

7. 调味剂

食品中加入一定量的调味剂，不仅可以改善食品的感官性，使食品更加可口，增进食欲，而且有些调味剂还具有一定的营养价值。调味剂的种类很多，主要包括咸味剂（主要是食盐）、甜味剂（主要是糖、糖精等）、鲜味剂（谷氨酸钠）、酸味剂（柠檬酸、酒石酸、苹果酸、乳酸、醋酸）等。

8. 乳化剂

食品乳化剂是食品加工中使互不相溶的液体（如油与水）形成稳定乳状液的添加剂。食品添加剂中乳化剂的用量约为1/2，是食品工业中用量最大的添加剂之一。常用的食品乳化剂有大豆磷脂、脂肪酸多元醇酯及其衍生物等。

9. 酶制剂

酶制剂是指从生物（包括植物、微生物、动物）中提取的具有生物催化能力的物质。酶制剂主要用于加速食品加工过程和提高食品产品的质量。

不难看出，并非任何含添加剂的食品都是对健康有害的，有些食品添加剂本身就是天然食物的组成成分，也是人体可利用的营养成分。如“阿斯巴甜”可作为糖的代用品用于制作糖尿病患者食用的食品，其成分是人体正常需要的氨基酸，在人体内代谢不会使血糖升高，而且其甜味是蔗糖的几十倍。胡萝卜、番茄红素等已证明对防癌、抗衰老有一定功效。国家批准使用的大多数食品添加剂是低毒性的合成物，如山梨酸对小鼠的半数致死量为 $4.2\ g \cdot kg^{-1}$，也就是说一个体重 50 kg 的成人，每天摄入 210 g，才可能产生毒性反应。按照食品卫生规定，山梨酸用于食品中的最高量是 $50\ mg \cdot kg^{-1}$，也就是要每天食用 4200 kg 某食物，其中的山梨酸才会造成毒性反应，这是根本不可能的。因此，在食品卫生法规规定的剂量范围内食用含食品添加剂的食品是绝对安全的。

然而，一些不法商人滥用食品添加剂，如使用过期的、不纯的（如汞、铝等未清除的）、过量的、已禁止使用的食品添加剂，都可能危害人体健康，必须引起警惕。

因此，只要我们了解食品添加剂的性能和作用，认真检查食品中添加剂的成分、使用量及有效期，就能避免其对我们身体造成损害，并充分发挥食品添加剂的作用，使其为我们增添更多、更美味新鲜的食品，丰富我们的生活。

习题

一、填空题

1. 食品添加剂是指为改善食品________和________，以及为________和________的需要而加入食品中的物质。按其来源可分为____________和____________。

2. 着色剂是____________________和____________________的物质，按其来源和性

质分为________和________。

3. 膨松剂受热时分解产生________，使面胚烧烤中变得________________。它可分为__________和__________。碳酸氢钠属于__________，其受热后发生反应的化学方程式为______________________________。

4. 下表是某食品包装袋上的说明：

品　名	浓缩菠萝汁
配　料	水、浓缩菠萝汁、蔗糖、柠檬酸、黄原胶、甜蜜素、维生素C、菠萝香精、柠檬黄、日落黄、山梨酸钾等
果汁含量	≥80%
生产日期	标于包装袋封口上

从表中的配料中分别选出一种物质填在相应的横线上：

其中属于着色剂的有______________，属于调味剂的有______________，属于防腐剂的有______________，属于营养强化剂的有______________。

二、选择题

5. 下列食品添加剂与类别对应错误的是　（　　）

A. 着色剂——苯甲酸钠

B. 营养强化剂——粮食制品中所加的赖氨酸

C. 调味剂——食醋

D. 防腐剂——氯化钠

6. 随着人们生活水平的逐年提高，人们越来越注重身体健康和食品卫生。下列做法对人体健康有害的是　（　　）

A. 烹饪时使用加铁酱油　　B. 在食盐中添加适量碘元素

C. 用石灰水保存鲜鸡蛋　　D. 用硫黄(S)熏蒸漂白银耳

7. 下列做法正确的是　（　　）

A. 为了使火腿肠颜色更鲜红，可多加一些亚硝酸钠

B. 为了使婴儿对食品产生浓厚兴趣，我们可以在婴儿食品中多加着色剂

C. 食盐中加的碘是防止人体缺碘而加的营养强化剂，能预防地方性甲状腺肿

D. 为保证人体所需蛋白质足够，我们要多吃肉，少吃蔬菜和水果

8. 下列色素不属于天然色素的有　（　　）

A. 苋菜红　　B. 辣椒红　　C. 胭脂红　　D. 胡萝卜素

三、综合题

9. 银耳越白越好吗？

10. 食品添加剂具有哪些功能？

本章小结

一、水——生物体必需的物质

(1) 参与体内生化反应,糖类、油脂、蛋白质等营养素的吸收、利用均需水的参与。

(2) 作为体内物质运输的载体。

(3) 调节体温。

(4) 润滑作用。

二、矿物质

矿物质有常量矿物元素和微量矿物元素之分,常量矿物元素有 Ca、Mg、K、Na、P、Cl、S 等,微量矿物元素有 Fe、Cu、I、Zn、Mn 等,它们的营养功能有:

(1) 构成人体组织。

(2) 维持体液的渗透压。

(3) 维持体液的酸碱平衡。

三、糖——生物体新陈代谢所需能量的主要来源

(1) 单糖,如葡萄糖、果糖。单糖易溶于水,有甜味,是还原糖。

(2) 低聚糖,如蔗糖、麦芽糖。二糖易溶于水,有甜味;蔗糖是非还原糖,麦芽糖是还原糖。

(3) 多糖,如淀粉、糖原、纤维素。多糖是高分子化合物,无甜味,是非还原糖。

四、蛋白质

(1) 元素组成:各种蛋白质均含氮元素,含氮量约为 16%。

(2) 基本组成单位:α-氨基酸。

(3) 性质:两性性质,胶体性质,盐析,变性,显色反应。

(4) 营养功能:构造机体、修补组织,调节生理功能,提供能量,维持机体的酸碱平衡。

五、油脂

(1) 组成:高级脂肪酸的甘油三酯。

(2) 性质:水解,加成。

(3) 营养功能:供给能量,提供必需脂肪酸、调节生理机能,促进脂溶性维生素的吸收,组成机体细胞膜、保护组织。

六、维生素

(1) 特点:人体必需,需量极微。

(2) 分类:脂溶性维生素,如维生素 A、D、E、K;水溶性维生素,如维生素 C 及 B 族维生素。各种维生素功能各不相同,人体如果长期缺乏某种维生素,会出现相应的病症。

七、合理营养和食品安全

(1) 合理营养的要求:平衡膳食,合理加工与烹调,制定合理膳食制度,保证食品安全。

(2) 对我国居民的膳食指南和饮食习惯有正确认识。

(3) 关注食品安全。

八、食品添加剂

正确认识与使用食品添加剂。

课外阅读

油脂的酸败

油脂或油脂含量较高的食品，如香肠、腊肉、糕点等，放置时间长了，往往会产生一种难闻的气味，这种现象称为油脂的酸败，俗称“哈”。

油脂为什么会发生酸败？主要原因有两种。一种原因是油脂中含有的不饱和脂肪酸分子中的不饱和双键与空气中的氧反应，并在原来的双键处发生断裂，形成低分子量的醇、醛、酮等物质，这些物质气味难闻，对人体有刺激性；另一种原因是油脂发生水解，生成脂肪酸和甘油，脂肪酸又继续降解生成了一些低分子化合物，具有难闻的气味，对人体也有一定毒性。因此，油脂的酸败是由于油脂长期受氧气、水分、温度等作用，发生氧化、水解的过程。保存油脂应注意密封、避光、低温等条件。此外，在油脂中还可以添加一些抗氧化剂（如丁香、花椒等）。如果发现油脂有异味，不宜再食用，以防中毒。食用油脂如果多次加热，反复使用，不仅会破坏其中的维生素 A、维生素 E 等，还会产生丙烯醛、甘油酯二聚物等多种有毒物质，经常食用这些油脂也会影响健康。

完全蛋白质和蛋白质的互补作用

组成天然蛋白质的氨基酸共有 20 种，其中 8 种是人体不能自行合成、必须从食物中得到的，所以称它们为必需氨基酸。

8 种人体必需氨基酸，可以用几句顺口溜来记住它们：

苏缬亮异亮，色苯属芳香，

还有赖与蛋，缺一人遭殃。

鸡蛋的蛋白质中就含有全部 8 种人体必需氨基酸，所以营养价值较高。含有全部 8 种必需氨基酸，而且其比例恰当的蛋白质叫作完全蛋白质。鱼、肉、蛋、乳类等动物性食品的蛋白质属于完全蛋白质。植物性食品如大米、面粉等的蛋白质含量往往偏低，玉米的蛋白质中缺乏色氨酸，大豆的蛋白质中蛋氨酸含量偏低，因此属于不完全蛋白质，这种蛋白质营养价值较低。

不同食物的蛋白质中 8 种必需氨基酸的含量和比例也不相同，如果把这些不同的食物适当混合食用，使其中相对不足的必需氨基酸互相补偿，从而可以满足人体对各种氨基酸的需求，提高蛋白质的营养价值，这种作用称为蛋白质的互补作用。利用蛋白质的互补作用可以提高食物蛋白质尤其是不完全蛋白质的营养价值。例如，面粉的蛋白质中赖氨酸含量较低，蛋氨酸含量较高，而大豆的蛋白质正巧相反，两者单独食用时，必需氨基酸缺乏，影响其营养价值，若两者混合食用，各自不足的必需氨基酸可以得到相互补充，提高了它们的营养价值。

因此，应注意膳食的相互搭配，营养成分的相互补充，以便获得完全而丰富的蛋白质营养。

咸鸭蛋蛋黄里的油是从哪里来的

很多人喜欢吃咸鸭蛋，特别是油滋滋的咸蛋黄，吃起来又香又鲜。可是，你知道咸蛋黄里的油是从哪里来的吗？

在一个普通的熟鸭蛋里是找不到油迹的。所以，有人以为是腌制咸蛋时加入了一些油，才使咸蛋黄中产生了油滴。这当然是误会，咸蛋黄里的油其实是蛋中原来就有的。

由于鸭子喜食螺蛳等富含脂肪和蛋白质的食物，所以鸭蛋不仅含有丰富的蛋白质，而且还含有许多脂肪。据测定，鸭蛋中的脂肪约占16%，其中99%以上都“居住”在蛋黄里，因此对蛋黄来说，脂肪的含量竟高达31%左右。也就是说，整个鸭蛋的蛋黄，几乎三分之一是由脂肪组成的。

蛋黄中脂肪的含量既然这样高，为什么看不到一点油，舌头也感觉不出来呢？原来蛋黄中有一种乳化剂（磷脂蛋白），它能够把蛋黄中的脂肪分散成很小的油滴，就像肥皂水能把餐具上的油脂乳化后除掉一样，从而骗过了我们的眼睛和舌头。

可是，把蛋做成咸蛋以后，其中的脂肪就“原形毕露”了。因为盐能降低蛋白质在水中的溶解度，使蛋白质沉淀出来，这个过程化学上称为“盐析”。作为乳化剂的磷脂蛋白被盐析以后，那些原来分散的极小的油滴就“不得不”彼此聚集起来，变成大油滴。由于蛋黄中脂肪的含量高，因此咸蛋煮熟以后，整个蛋黄就变成油滋滋的，用筷子一戳，就会冒出金黄色的油滴来了。

甲　壳　质

除纤维素以外，在自然界中大量存在的多糖还有由乙酰、氨基葡萄糖相互结合形成的甲壳质。它是许多低等动物特别是节肢动物，如虾、蟹、昆虫等外壳的重要成分，每年约有上百亿吨的产量，是一种巨大的可再生资源。甲壳质不溶于水和一般的有机溶剂，因而难以应用，但甲壳质在碱溶液中可以脱去乙酰基生成以氨基葡萄糖作为单体的高聚物——壳聚糖。壳聚糖可溶于水、甲酸、乙酸等溶剂中，并具有良好的生物相容性和抗菌性能。由于其结构中存在着羟基、氨基，易于结构的转化和修饰，除在食品工业中有许多用途外，在医药、化工、生物、农业、纺织、印染、造纸、环保等众多领域均具有重要的用途，可制成外科手术缝合线、人造皮肤、止血海绵等。壳聚糖还具有生物可降解性，可代替聚乙烯、聚氯乙烯制成可降解的农用薄膜、垃圾袋、食品包装袋等，还可用作果蔬保鲜剂。

饮 用 水

饮用水离我们的生活最近，但很多人并不了解它。

纯净水就是不含任何杂质、无毒无菌的水。它可以直接饮用，并对人体有益。

自来水是天然水通过净化、消毒过的水。由于消毒不够彻底，所以自来水必须煮沸以后才能饮用。

市售的太空水、超纯水、活性水等与纯净水在本质上是一样的，统称为纯水，只是它们生产的方法不同而已。

矿泉水是泉水或地下水，其中含有各种矿物质元素。饮用的矿泉水应该含有人体所需的多种矿物质元素，同时不含有任何杂质和有害元素，并且须经消毒、灭菌后方能饮用。

化学致癌物简介

化学致癌物指凡能引起动物和人类肿瘤、增加其发病率或死亡率的化合物。

一、黄曲霉毒素

黄曲霉毒素是一种由微生物产生的毒素，在紫外线照射下，能发出蓝紫色、绿色的荧光。目前已确定结构的黄曲霉毒素有 17 种，其中以 B_1、B_2、G_1、G_2、M_1、M_2 毒性最大。如黄曲霉毒素 B_1 的毒性是剧毒物氰化钾（KCN）的 10 倍，是砒霜（As_2O_3）的 68 倍。黄曲霉毒素 B_1 的结构见图 7-8。产生黄曲霉毒素的主要菌种是黄曲霉菌。高温和潮湿的环境最易使黄曲霉菌大量繁殖。黄曲霉毒素主要分布于粮食、花生、食用油中，通过消化道进入人体，并在人体内积存。黄曲霉毒素是目前发现的真菌毒素中最稳定的一种，耐强酸、紫外线照射，加热到 269 ℃以上才开始分解。黄曲霉毒素进入细胞中，使正常细胞发生恶变，抑制蛋白质的合成，扰乱新陈代谢。据报道，黄曲霉毒素的含量在 1 $\mu g \cdot kg^{-1}$ 时即可诱发癌症，并与肝癌关系最大。北京医学院用 20 $\mu g \cdot kg^{-1}$ 的黄曲霉毒素饲养大白鼠，一年后即发生肝癌等多种器官肿瘤。

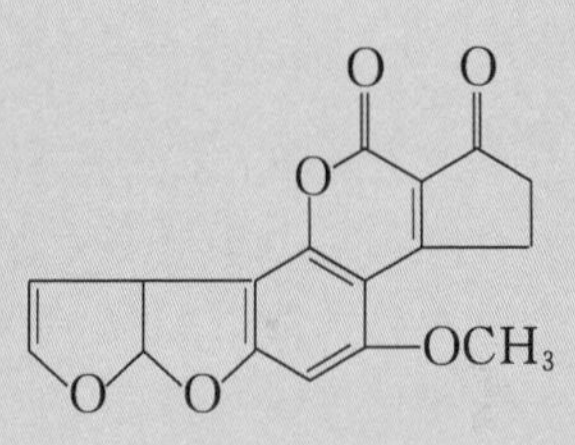

图 7-8 黄曲霉毒素 B_1 的结构简式

对于黄曲霉毒素的毒害，最好的防治办法是预防粮食和食物的霉变。为了防止黄曲霉毒素污染，应在低温、干燥处保管粮食，或在粮食中加入适量化学防霉剂。注意不要食用发霉的粮食，或用它们做饲料。消除黄曲霉毒素的主要办法是加苏打或小苏打蒸煮。

二、亚硝胺

亚硝胺含有亚硝基(—N═O),是一类强致癌物。自然环境中亚硝酸盐和硝酸盐广泛存在,但亚硝胺很少,它主要由亚硝酸盐和有机胺类在人体内合成,或在肉类、肉制品、啤酒的生产和储存中产生。世界卫生组织规定一个成年人每天允许摄入的亚硝酸盐和硝酸盐量分别为 7.3 mg 和 216 mg。人体摄入的亚硝酸盐和硝酸盐主要来自蔬菜,如白菜、萝卜、菠菜、黄瓜、西红柿、油菜和生姜中。1000 g 西红柿中大约有 0.06 mg亚硝酸盐和 15 mg 硝酸盐。

亚硝酸盐还可由硝酸盐还原而得。如菠菜存放温度过高,在细菌和酶的作用下,其中的硝酸盐(占 0.24%之多)会被大量还原为亚硝酸盐。在食品加工中,如熏制鱼、肉时,往往加入亚硝酸钠作为着色剂。

亚硝胺类化合物$\left(\begin{matrix}R_1\\R_2\end{matrix}\!\!>N—NO_2\right)$可引起一系列疾病。一般食管癌高发地区的环境和食物中普遍含有能产生亚硝胺的胺类和亚硝酸盐。

三、3,4-苯并芘

3,4-苯并芘即苯并(α)芘,分子结构见图 7-9,它是数百种有致癌作用的多环芳烃的代表。一般食物中并不含苯并芘,它主要存在于煤、汽油、煤焦油、沥青中。排入空气中的苯并芘通过呼吸或饮食进入人体,产生致癌作用(如用沥青筑路、建房,在沥青路上翻晒粮食等)。食用油煎、烧烤食物,特别是油冒黑烟、食物烧焦时,苯并芘含量均会超标,因此有很强的致癌性。据报道,茶叶中也有少量苯并芘。烟草和烟气中的苯并芘和多环芳烃的含量十分可观。

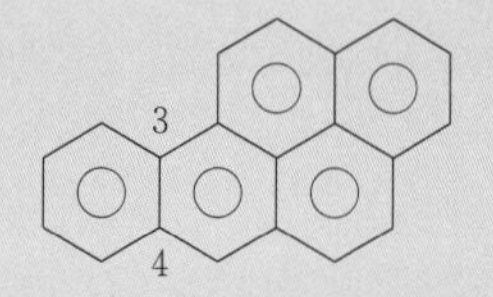

图 7-9　3,4-苯并芘的结构简式

苯并芘可诱发皮肤、肺和消化道癌症,因此常被列为强的环境致癌物。

绿色食品、有机食品和无公害食品

目前,食品在生产和加工过程中比较普遍地使用了农药、化肥、激素等人工合成化学物质,严重地威胁着人类健康。食用安全、无污染、高品质的食品已成为众多消费者的共识和追求,绿色食品、有机食品和无公害食品应运而生。我国的绿色食品、有机食品和无公害食品的标志见图 7-10。

图 7-10　我国的绿色食品、有机食品和无公害食品标志

绿色食品，并非指“绿颜色”的食品，而是指遵循可持续发展原则，按照特定生产方式，经专门机构认定，许可使用绿色食品标志的食品。我国的绿色食品标准是由中国绿色食品发展中心组织制定的统一标准，其标准分为A级和AA级。A级的标准是参照发达国家食品卫生标准和联合国食品法典委员会(CAC)的标准制定的，生产加工过程中允许限量、限品种、限时间地使用安全的人工合成农药、兽药、鱼药、肥料、饲料及食品添加剂。AA级的标准是根据国际有机农业运动联合会(IFOAM)有机产品的基本原则，参照有关国家有机食品认证机构的标准，再结合我国的实际情况而制定的，生产过程中不得使用任何人工合成的化学物质。绿色食品标志由三个部分组成，即上方是太阳，下方是叶片，中心是蓓蕾，正圆形，意为保护。

有机食品是指完全不含人工合成的农药、肥料、生长调节剂、畜禽饲料添加剂的食品，也可称为“生态食品”。有机食品在生产过程中不允许使用任何人工合成的化学物质。

无公害食品是指产地环境、生产过程和产品质量符合国家有关标准和规范要求，经认证合格获得认证证书，并允许使用无公害农产品标志的未加工或者初加工的食用农产品。这类产品中允许限量、限品种、限时间地使用人工合成的化学农药、兽药、鱼药、肥料和饲料添加剂等。

绿色食品、有机食品和无公害食品都是安全食品，安全是这三类食品突出的共性。它们在种植、收获、加工、贮藏及运输过程中都采用了无污染的工艺技术，实现了从土地到餐桌的全程质量控制，保证了食品的安全性。如果说无公害食品是为解决绝大多数人的食品安全问题，那么绿色食品和有机食品则是更高标准下的产物。

第八章　化学与材料

材料是人类生存和社会进步的物质基础，是人类社会现代文明的重要支柱，在国民经济各个领域和新技术革命中均占有十分重要的地位。材料的品种繁多，性能各异，一般按其化学组成可分为**无机材料**(inorganic material)和**有机材料**(organic material)两大类。无机材料又分为**金属材料**(metal material)和**非金属材料**(nonmetal material)。本章主要介绍一些常见的材料及部分特殊材料。

第一节　常见的金属材料

一、金属通论

在已发现的118种元素中，90多种都是金属元素。金属元素(红色阴影部分)在周期表中的位置如图8-1所示。

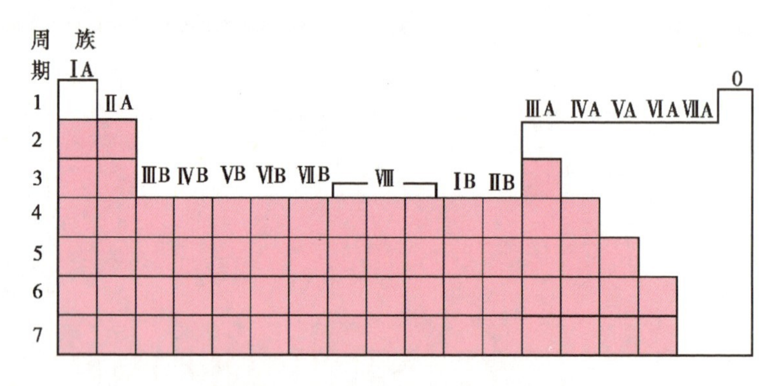

图8-1　金属元素在周期表中的位置

金属在国防、工业和日常生活中起着非常重要的作用。在冶金工业中，常把金属分为**黑色金属**(包括铁、锰、铬及它们的合金，其中主要是铁碳合金——钢铁)和**有色金属**(除铁、铬、锰以外的金属)。人们也常按照密度大小把金属分为**轻金属**(密度小于4.5 g·cm^{-3}的金属，如钾、钠、钙、镁、铝等)和**重金属**(密度大于4.5 g·cm^{-3}的金属，如铜、镍、锡、铅等)。此外，还可把金属分为**常见金属**(如铝、铁、铜等)和**稀有金属**(如钛、钒、钨等)。我国拥有丰富的矿藏资源，其中金属钨、铋、锑、钛和稀土金属等的含量居世界首位，锌、钴、钼、钒、铌、钽、锂等金属矿产含量居世界第二、第三位，铁、锰、铅、锡、汞等金属矿产含量居世界第四、第五位。

1. 金属键和金属晶体

金属单质在常温下，除汞是液体外，其余都是固体。研究证明，一切金属都具有晶体结构。金属的内部包含中性原子、带有正电荷的金属阳离子和从原子上脱落下来的电子。这些电子不是固定在某一金属阳离子的附近，而是在晶体中自由地移动，所以叫作**自由电子**，如图 8-2 所示。

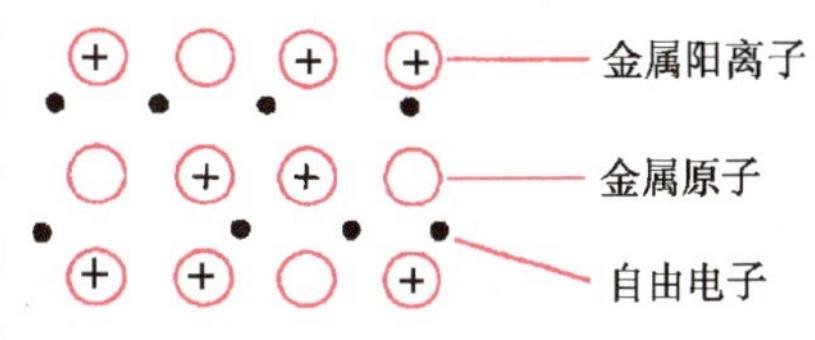

图 8-2 金属晶体结构

这种依靠流动的自由电子使金属原子和金属阳离子相互联结在一起的化学键叫作**金属键(metallic bond)**，由金属键形成的晶体叫作**金属晶体(metallic crystal)**。金属键使金属原子和金属阳离子有规则地紧密堆积。

2. 金属的物理性质

金属晶体中自由电子的存在使金属具有许多共同的物理性质，主要表现为以下 3 个方面：

(1) 特殊的金属光泽。

金属都具有金属光泽，绝大多数金属呈银白色，少数金属具有特殊的颜色，如金呈黄色、铜呈紫红色等。金属光泽只有在块状时才能表现出来；在粉末状态时，除镁、铝等仍呈银白色外，多数金属粉末呈灰色或黑色。例如，冲洗后的黑白胶卷的黑色部分就是细微粒状的银。

在冶金工业中，称为黑色金属的铁、铬、锰，实际上都具有银白色的金属光泽。由于人们看到的钢铁制件表面常覆盖一层黑色的四氧化三铁薄膜，而铬和锰主要用于制取合金钢，所以铁、铬、锰被称为黑色金属。这种分类突出了铁在所有金属中的特别重要的地位。

(2) 良好的导电性、导热性。

金属都能导电、导热。在电场作用下，金属晶体中的自由电子由原来的不规则运动变成定向流动而形成电流，显示出导电性。当金属变热时，自由电子能量增加，运动速度加快，通过与邻近的金属离子或原子碰撞，将能量相继传递给邻近的离子、原子或自由电子，这样就把热量传递到整块金属。

杂质的存在会使自由电子运动受阻，因而含有杂质的金属(包括合金)比纯金属的导电性差。金属的纯度越高，导电性越好。金属的导电性一般随温度的升高而降低。

不同金属的导电、导热性能不同，其中银的导电性能最好，铜、铝略差些(图8-3)。所以一般的电线都是用铜或铝制成的。

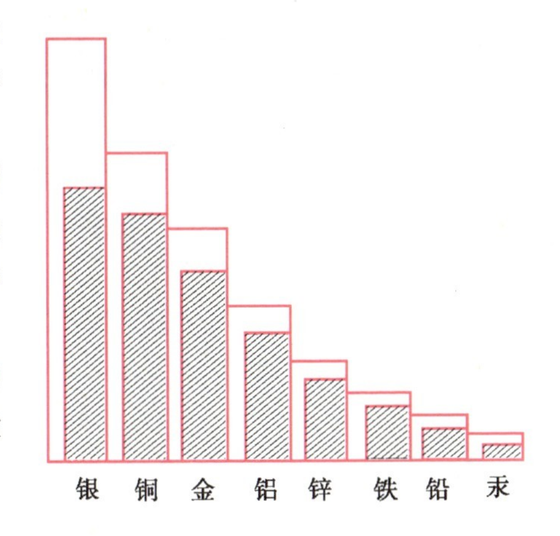

图 8-3 几种金属导电性(斜线柱)和导热性(白柱)的比较

(3) 良好的延展性。

金属具有的良好的延展性也和其内部结构有关。在外力作用下，金属晶体中各层金属原子和离子可发生相对滑动(图 8-4),由于金属原子和离子是靠自由电子连接起来的,因此,金属键没有被破坏。这就是金属能被锻打成型、锤压成片、抽拉成丝的原因。例如,铜、银、金、铂等都是富有延展性的金属,可将它们拉制成直径为 0.5 μm(比头发丝更细)的细丝。金、铝、锡可打成远比纸更薄的金箔、铝箔和锡箔,厚度仅有 0.01 μm。

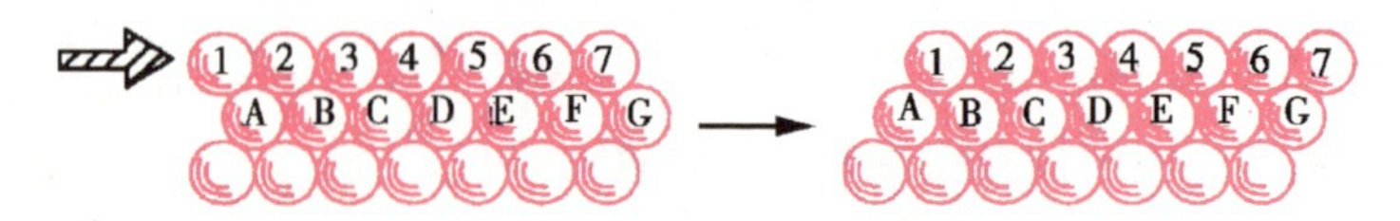

图 8-4 金属延展性示意图

金属的密度、熔点、硬度等性质的差别很大。表 8-1、表 8-2、表 8-3 分别列出了几种常见金属的密度、熔点和硬度。

表8-1 各种金属的密度

金属	铂	金	汞	铅	银	铜	镍	铁	锡	锌	铝	镁	钙	钠	钾
密度/$(g \cdot cm^{-3})$	21.45	19.32	13.6	11.35	10.5	8.96	8.9	7.87	7.3	7.13	2.7	1.74	1.55	0.97	0.86

表8-2 各种金属的熔点

金属	钨	铂	铁	镍	铜	金	银	钙	铝	镁	锌	铅	锡	钠	钾	汞
熔点/℃	3410	1772	1535	1453	1083	1064	962	839	660	649	419.6	327.5	232	97.8	63.7	−38.9

表8-3 金属和金刚石的硬度比较

物质	金刚石	铬	铂	铁	银	铜	金	铝
硬度	10	9	4.3	4～5	2.5～4	2.5～3	2.5～3	2～2.9
物质	锌	镁	锡	铅	钙	钾	钠	
硬度	2.5	2.0	1.5～1.8	1.5	1.5	0.5	0.4	

3. 金属的化学性质

金属元素原子的最外层电子数较少(一般为 1～3 个)。与同周期的非金属元素相比,金属元素的原子半径较大。在化学反应中,它们容易失去电子变成带正电荷的阳离子,这是金属化学性质的特征。在化学反应中,金属通常易失去电子被氧化,是还原剂。因此,越容易失去电子的金属,它们的金属性越强,化学性质越活泼,越容易被氧化,还原能力也越强,反之亦然。例如:

$$4Na+O_2 = 2Na_2O$$

$$2Na+O_2 \overset{\triangle}{=} \underset{\text{过氧化钠}}{Na_2O_2}$$

$$2K+2H_2O = 2KOH+H_2\uparrow \quad (2e^-:\ K \rightarrow H_2O)$$

$$\overset{2e^-}{\overbrace{Cu + 2}}AgNO_3 = 2Ag + Cu(NO_3)_2$$

金属的化学性质和金属活动性顺序的关系详见表 8-4。

表8-4 金属的化学性质和金属活动性顺序的关系

金属活动性顺序	K	Ca	Na	Mg	Al	Mn	Zn	Cr	Fe	Ni	Sn	Pb	H	Cu	Hg	Ag	Pt	Au
原子失去电子能力	渐弱 →																	
在空气中与氧作用	易氧化			常温时能被氧化									—	加热时能被氧化			不能被氧化	
和水作用	常温时能置换水中的氢			加热时能置换水中的氢									—	不能置换水中的氢				
和酸作用	能置换盐酸或稀 H_2SO_4 中的氢												—	不能置换稀酸中的氢				
自然界中存在的状态	仅呈化合状态存在												—	呈化合状态和游离状态存在			呈游离状态存在	
从矿石中提炼金属的一般方法	电解熔融化合物					高温还原法							—	高温还原法	加热或其他方法			
离子获得电子的能力	渐强 →																	
金属离子	K^+	Ca^{2+}	Na^+	Mg^{2+}	Al^{3+}	Mn^{2+}	Zn^{2+}	Cr^{3+}	Fe^{2+}	Ni^{2+}	Sn^{2+}	Pb^{2+}	H^+	Cu^{2+}	Hg^{2+}	Ag^+	Pt^{2+}	Au^{3+}

4. 金属的存在和冶炼

(1) 金属的存在。

金属在自然界中的存在形式与金属的活泼性有密切的关系(表 8-4),除少数不活泼金属如金、铂、银等有游离态存在于自然界外,其他绝大多数金属都以化合态存在于矿物岩石之中。重要的金属矿物有:

氧化物(oxide)类:赤铁矿(Fe_2O_3)、磁铁矿(Fe_3O_4)、软锰矿(MnO_2)、铝矾土($Al_2O_3 \cdot 2H_2O$)、金红石(TiO_2)等。

硫化物(sulfide)类:黄铁矿(FeS_2)、闪锌矿(ZnS)、方铅矿(PbS)、辉银矿(Ag_2S)、辰砂(HgS)、黄铜矿($CuFeS_2$)、辉铜矿(CuS)等。

氯化物(chloride)类:岩盐(NaCl)、光卤石($KCl \cdot MgCl_2 \cdot 6H_2O$)、角银矿(AgCl)等。

硫酸盐(sulfate)类:重晶石($BaSO_4$)、石膏($CaSO_4 \cdot 2H_2O$)、芒硝($Na_2SO_4 \cdot 10H_2O$)等。

碳酸盐(carbonate)类:大理石或石灰石($CaCO_3$)、菱铁矿($FeCO_3$)、白云石($CaCO_3$、$MgCO_3$)等。

(2) 金属的冶炼。

金属冶炼的实质就是金属离子获得电子从化合物中被还原出来的过程。金属越易失去电子,它的离子就越难获得电子。因此,金属活泼性不同,采用的冶炼方法也不同,详见表 8-4。

① 电解还原法。活泼金属的冶炼常用电解法。例如,电解熔融的 Al_2O_3 可以制取金属铝。

$$2Al_2O_3 \xrightarrow[\text{助熔剂 冰晶石}]{\text{电解}} \underset{\text{阴极}}{4Al} + \underset{\text{阳极}}{3O_2\uparrow}$$

② 高温还原法。对于活动性介于 Mn 到 Cu 之间的金属，一般先把它们从其他形式的化合物转化为氧化物，然后与适当的还原剂（如 C、CO、H_2、活泼金属）共热，使金属还原，如用闪锌矿冶炼锌。

$$2ZnS+3O_2 \xlongequal{\text{煅烧}} 2ZnO+2SO_2\uparrow$$

$$ZnO+C \xlongequal{\triangle} Zn+CO\uparrow$$

③ 热分解法。活动性很弱的 Cu 以后的金属，一般在空气中煅烧矿石就能得到金属单质，如汞的冶炼。

$$2HgS+3O_2 \xlongequal{\triangle} 2HgO+2SO_2\uparrow$$

$$2HgO \xlongequal{\triangle} 2Hg+O_2\uparrow$$

二、合金

合金（alloy）又称“合成金属”，它是由一种金属和其他一种或几种金属（或金属和非金属）一起熔合而成的具有金属特性的物质。制造各种合金，就是通过改变材料的组成获得具有特殊性能的金属材料。合金可以分为三种基本类型：相互溶解，形成金属固溶体，如铜、锌形成的黄铜合金；相互起化学作用，形成金属化合物，如铝钛合金，它的耐腐蚀性比不锈钢高 100 倍；相互混合，形成机械混合物，如焊锡。

一般来说，除密度外，合金的性质并不是它的组分性质的平均值。多数合金的熔点低于组成它的任何一种组分金属的熔点。例如，锡的熔点是 232 ℃，铋的熔点是 271 ℃，镉的熔点是 321 ℃，铅的熔点是 327 ℃，而这 4 种金属按 1∶4∶1∶2 的质量比组成的伍德合金（保险丝）的熔点却只有 67 ℃。

合金的强度和硬度一般都比各组分金属高。例如，纯铁质软，在其中加入一定量的碳炼成的生铁和钢，硬度要比纯铁高；如果在钢中加 1% 的铍，生成的合金钢有抗“疲劳”的特性，用它制成的弹簧可以压缩 1400 万次以上，仍不失去弹性。金属铝中加入铜等金属制成的合金称为“硬铝”（含 Cu 4%、Mg 0.5%、Mn 0.7%），它的强度和硬度都比纯铝高，几乎相当于钢材，同时又保留了密度较小的优点。

合金的化学性质也与组成它的纯金属有些不同。例如，与金属铁比较，不锈钢（其中含铬 12%～30%）不易腐蚀；镁、铝形成合金后就比较稳定等。一些常见合金的组成、主要性质及用途见表 8-5。

表8-5 常见合金的组成、主要性质及用途

合金种类	成　分	性　质	用　途
黄铜	Cu 、Zn	硬度比铜大，耐腐蚀性与铜相似	制造发电厂冷凝器和汽车散热器
青铜	Cu 、Sn	类似黄铜	铸造钟、鼎、乐器、雕塑、装饰用板等

续表

合金种类	成　分	性　质	用　途
铜镍合金	Cu 、Ni	性质类似黄铜，外观像银，强度、耐腐蚀性、热电性均比铜高	制造钱币、仪表的电阻元件、电阻丝等
硬铝	Al、Cu，微量 Mn、Mg	密度和铝相近，但强度大且耐腐蚀	制造飞机机身、飞机梁骨、汽车
焊锡	Sn、Pb	比铅硬，但熔点低于铅	电线、汽车散热器、白铁皮的焊接，元件引脚的表面涂层
不锈钢	Fe、Cr、Ni	比普通钢硬，且耐腐蚀性比普通钢好得多	制造化工耐酸塔、医疗器械、日常用品
锰钢	Fe、Mn	硬度大，抗冲击，耐磨损	制造钢轨、钢甲、破碎机、推土机铲斗
硅钢	Fe、Si	抗冲击，耐磨损	制造风扇、洗衣机等家电的驱动电机铁芯

三、黑色金属

1. 铁及其化合物

(1) 铁的合金。

铁的合金中应用最广的是铁碳合金。按照含碳量的多少，铁的合金可分为生铁和钢。一般地说，含碳量在 2%～4.30%的称为**生铁**，含碳量在 0.03%～2.11%的称为**钢**。

① 生铁的分类和性能。

根据碳存在的形态不同，生铁又可分为**炼钢生铁**、**铸造生铁**和**球墨生铁**，如表 8-6 所示。含硅、锰或其他元素量特别高的生铁叫作**合金生铁**(或铁合金)，如**硅铁**(含硅 10%～13%)、**锰铁**(含锰 70%～75%)。合金生铁是炼钢的原料之一。

表8-6　生铁的分类和性能

生铁类别	碳在铁中主要存在形态	主 要 性 能
炼钢生铁	碳化铁	难以加工，用以炼钢
铸造生铁	片状石墨	良好的切削、耐磨和铸造性能，不能锻轧
球墨生铁	球形石墨	能铸造又能锻轧，类似于钢

② 钢的分类和性能。

钢的机械性能大大优于生铁。钢坚硬，有韧性、弹性，可以锻打、压延，也可以铸造。钢的分类和性能见表 8-7。

表8-7 钢的分类和性能

类别		元素成分	主要性能
碳素钢	低碳钢:含碳量低于0.25%		强度小,塑性大,焊接性能好,用于制机器零件、管子等
	中碳钢:含碳量0.25%~0.60%		韧性和硬度介于低碳钢和高碳钢之间,用于制造轴承、接合器等,其中40、45号钢用途最广
	高碳钢:含碳量高于0.60%		硬度大,韧性小,用于制刀具、量具和液压模具等
合金钢	在碳素钢中适量加入一种或几种元素,钢的组织结构发生变化,使钢具有强度高、硬度大、可塑性和韧性好、耐磨、耐腐蚀等不同的优良性能		

(2) 氯化铁($FeCl_3$)。

$FeCl_3 \cdot 6H_2O$ 为棕黄色晶体。无水 $FeCl_3$ 在空气中易潮解。

$FeCl_3$ 具有一定的氧化性。

$$Cu + 2FeCl_3 = CuCl_2 + 2FeCl_2$$

在印刷制版和印刷电路中,它可用作铜版的腐蚀剂,即把铜版上需要去除的部分与40% $FeCl_3$ 溶液反应,使 Cu 变成 $CuCl_2$ 而溶解。

$FeCl_3$ 中的 Fe^{3+} 易水解,使溶液显酸性,同时生成 $Fe(OH)_3$ 胶体。胶体 $Fe(OH)_3$ 能吸附水中的悬浮杂质,并使其凝聚沉降,所以自来水厂常用 $FeCl_3 \cdot 6H_2O$ 作为净水剂。$FeCl_3$ 还可用于有机染料生产。

(3) 铁离子的鉴定。

实验室中通常用硫氰酸盐来鉴定 Fe^{3+}。因为在弱酸性溶液中,Fe^{3+} 与 SCN^- 作用生成血红色的 $Fe(SCN)_3$ 溶液。

$$Fe^{3+} + 3SCN^- = Fe(SCN)_3$$

而 Fe^{2+} 遇 SCN^- 不显血红色。因此,可以利用无色的 KSCN(或 NH_4SCN)溶液鉴定 Fe^{3+} 的存在。

【实验 8-1】 在试管里加入少量氯化铁溶液,再滴入几滴 KSCN 溶液(图 8-5),观察现象。

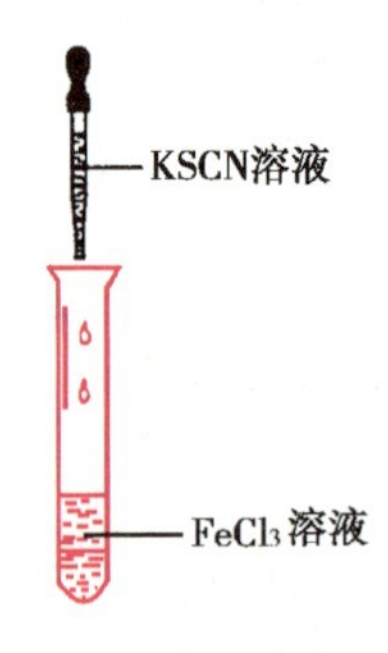

图 8-5 铁离子的鉴定

2. 铬及其化合物

(1) 铬。

① 铬的物理性质及用途。

铬(Cr)元素名来源于希腊文,原意为“颜色”,因为铬的化合物都有颜色。铬单质为银白色有光泽的金属。铬在空气或水中都很稳定,因为铬的表面容易形成一层致密牢固的氧化物(Cr_2O_3)薄膜,对它起保护作用。

铬是硬度最大的金属,它的主要用途是炼合金钢。铬钢(Cr 含量为 0.5%~1.0%,Si 含量为 0.5%,Mn 含量为 0.5%~1.25%)是极硬而富有韧性的钢。不锈钢中含 12%~14%的 Cr(并含 8%的 Ni 和 0.1%~0.4%的 C)。镍铬丝中含有 Cr 15%、Fe 25%、Ni 60%,是一种重要的电热丝。高速钢中也多半含铬。

铬又具有很高的耐腐蚀性，铁、铜制品表面镀铬可以耐磨损、耐腐蚀并增加美观度。铬几乎已进入人类生活的每一个角落，如钟表的外壳、自行车的车把及车圈、缝纫机的手轮、餐具、炉具等工业制品都采用镀铬工艺。

② 铬的化学性质。

铬能慢慢地溶于稀硫酸、稀盐酸而生成蓝色溶液。铬与空气接触则很快变成绿色，是因为铬被空气中的氧气氧化成绿色的 Cr_2O_3。

$$Cr + H_2SO_4 = CrSO_4 + H_2\uparrow$$

$$Cr + 2HCl = CrCl_2 + H_2\uparrow$$

$$4CrCl_2 + 4HCl + O_2 = 4CrCl_3 + 2H_2O$$

铬与浓硫酸反应则生成 SO_2 和 $Cr_2(SO_4)_3$。

$$2Cr + 6H_2SO_4(浓) = Cr_2(SO_4)_3 + 3SO_2\uparrow + 6H_2O$$

但铬不溶于浓硝酸，因为其表面会生成一层致密的氧化物薄膜而呈钝态。

在高温下，铬能与卤素、硫、氮、碳等直接化合。

(2) 氧化铬。

氧化铬(Cr_2O_3)俗称铬酐，是绿色的难溶性物质(图 8-6)，属于稳定的两性氧化物。灼烧过的 Cr_2O_3 难溶于酸或碱，可与酸性熔剂共熔。

图 8-6 氧化铬

$$Cr_2O_3 + 3K_2S_2O_7 \xlongequal{高温} Cr_2(SO_4)_3 + 3K_2SO_4$$

$$Cr_2O_3 + 6KHSO_4 \xlongequal{高温} Cr_2(SO_4)_3 + 3K_2SO_4 + 3H_2O$$

Cr_2O_3 是制铬的原料，也是绿色颜料，广泛用于陶瓷、玻璃、涂料、印刷等行业。

(3) 重铬酸钾。

重铬酸钾($K_2Cr_2O_7$)俗称红矾钾，为橙红色三斜晶体或针状晶体(图 8-7)，可溶于水，不溶于乙醇，有毒，用于制铬矾、火柴、铬颜料，并在鞣革、电镀、有机合成等中有相关应用。

图 8-7 重铬酸钾

重铬酸钾在酸性介质中与有机物(如乙醇)相遇，能发生氧化还原反应。

$$3CH_3CH_2OH + \underset{橙红色}{2K_2Cr_2O_7} + 8H_2SO_4 = 3CH_3COOH + \underset{绿色}{2Cr_2(SO_4)_3} + 2K_2SO_4 + 11H_2O$$

这一反应原理可用于检查司机是否酒驾。

实验室常用的“铬酸洗液”是重铬酸钾饱和溶液和浓硫酸的混合物，借其强氧化性和强酸性，用于洗涤玻璃器皿上的油脂等污迹，效果显著。铬酸洗液从橙红色逐渐转变为暗绿色，说明洗液失效了。

3. 锰及其化合物

(1) 锰。

块状锰是银白色金属，质硬而脆，不能进行热和冷的加工。锰(manganese)表面在空气中易生成一层致密的氧化物保护膜。金属锰加热时能与卤素剧烈反应;在高温下,锰也能和硫、磷、碳等元素直接化合。锰具有多变的化合价。

锰比铬活泼,能从热水中置换出氢气,也可溶于稀酸中。

$$Mn+2H_2O \xlongequal{\triangle} Mn(OH)_2\downarrow+H_2\uparrow$$

$$Mn+2HCl = MnCl_2+H_2\uparrow$$

锰的主要用途是冶炼各种优异性能的金属材料,如炼钢时常用锰作脱氧剂。由于MnS比FeS稳定,在钢水中的溶解度又较小,所以锰也有脱硫作用。

含锰12%~15%的锰钢很硬,能抗冲击并耐磨损,可用来制造钢轨、粉碎机的轮锤和拖拉机的履带等。建造南京长江大桥所用的16Mn钢(含Cr、Mn、Nb、Mo)的耐磨性能超过18-8Cr-Ni钢(含Cr 18%、Ni 8%的不锈钢)。

(2) 二氧化锰。

二氧化锰(MnO_2)是锰的重要化合物,其最突出的性质就是强氧化性。例如,二氧化锰能与浓盐酸反应产生氯气。

$$MnO_2+4HCl(浓) \xlongequal{\triangle} MnCl_2+Cl_2\uparrow+2H_2O$$

实验室常用此法制备少量氯气。同理,可用浓盐酸清洗被二氧化锰沾污的器皿。

二氧化锰作为较强氧化剂,大量应用在炼钢以及制玻璃、陶瓷、搪瓷、干电池等方面。

(3) 高锰酸钾。

高锰酸钾($KMnO_4$)又名灰锰氧,是暗紫色晶体,具有光泽,易溶于水,溶液呈紫红色,这是MnO_4^-的特殊颜色。$KMnO_4$酸性溶液在光的作用下会缓慢地分解而析出棕色的二氧化锰。

$$4MnO_4^-+4H^+ \xlongequal{光} 4MnO_2+2H_2O+3O_2\uparrow$$

因此$KMnO_4$溶液必须保存在棕色瓶子里。

高锰酸钾是实验室和工业生产中常用的强氧化剂,在医药和日常生活中常用作消毒杀菌剂,治疗皮肤病等。

四、有色金属

有色金属的单质种类多,性能各异。如银、铜、铝有良好的导电、导热性;钨、铌、锆等有很高的熔点;铅、钛等有优异的化学稳定性等。因而,有色金属是现代工业中不可缺少的材料。

1. 铝及其化合物

(1) 铝。

① 铝的物理性质及用途。

铝(aluminum)是银白色金属,密度为$2.7\ g\cdot cm^{-3}$,熔点为660 ℃。在空气中,铝因表面形成致密氧化物薄膜的保护作用,对水、硫化物、浓硫酸、浓硝酸和一切有机酸类都有耐腐蚀能力,故在硝酸、石油、炸药、制药、冷藏等工业中被广泛用于设备制造。铝粉与油漆的混合物可用作装潢涂料和涂刷储油罐外壁,不仅能防腐蚀,还能反射强光,保持油罐内部温度不升高。

铝的导电性、导热性都很好,可用于制超高压电缆以及各种炊事用具。铝的还原性很强，在高温还原法中常用铝来冶炼高熔点金属。

② 铝的化学性质。

铝是一种活泼金属，易与氧结合，是一种强还原剂。铝能夺取不太活泼的金属（如铁、锰、铬、钒、钛等）氧化物中的氧，并放出大量的热，温度高达3000 ℃，同时能把被还原出来的金属熔化。

$$8Al+3Fe_3O_4 \xlongequal{} 4Al_2O_3+9Fe+3326.3\ kJ$$

用铝从金属氧化物中置换出金属的方法叫作**铝热法**，铝热反应装置见图 8-8。铝粉和 Fe_3O_4 的混合物叫作**铝热剂**。铝热剂常用于焊接损坏的钢轨，而不需要把钢轨拆除。

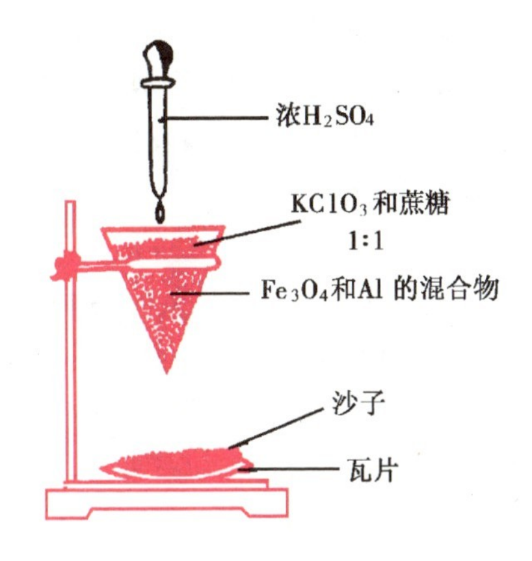

图 8-8 铝热反应装置

铝与酸（冷的浓硝酸、浓硫酸除外，因为铝会被钝化，表面生成致密的氧化膜，故不与浓硝酸、浓硫酸反应）、碱都能作用，在放出氢气的同时，生成两类不同的盐——铝盐及偏铝酸盐，故铝为两性金属。

$$2Al+6H^+ \xlongequal{} 2Al^{3+}+3H_2\uparrow$$

$$2Al+2OH^-+2H_2O \xlongequal{} 2AlO_2^-+3H_2\uparrow$$

（2）氧化铝。

氧化铝（Al_2O_3）是一种白色固体。纯净的 Al_2O_3 晶体称为刚玉，其硬度仅次于金刚石。天然刚玉中常因含少量杂质而显不同颜色，俗称宝石，如含有铁和钛的氧化物时呈蓝色，俗称蓝宝石；含有微量铬的化合物时呈红色，叫作红宝石。人工烧结的氧化铝晶体称为人造刚玉。

刚玉有许多优良性质，如硬度大、耐高温（达 2000℃以上），抗酸、碱的腐蚀（包括 HF 和 NaOH）等。它也是贵重的装饰品，或用于制作精密仪器及钟表的轴承，刚玉粉可作抛光剂。

氧化铝是一种两性氧化物，既可以与酸反应，又可以与强碱反应。

$$Al_2O_3+6HCl \xlongequal{} 2AlCl_3+3H_2O$$

$$Al_2O_3+2NaOH \xlongequal{} 2NaAlO_2+H_2O$$

（3）氢氧化铝。

Al_2O_3 的水合物称为氢氧化铝[$Al(OH)_3$]。将氨水和适量碱加入铝盐溶液中，得到白色无定形氢氧化铝凝胶沉淀，其反应可表示为：

$$Al^{3+}+3NH_3\cdot H_2O \xlongequal{} Al(OH)_3\downarrow+3NH_4^+$$

氢氧化铝是两性氢氧化物，它既能与酸反应，又能与碱反应。

$$Al(OH)_3+3HCl \xlongequal{} AlCl_3+3H_2O$$

$$Al(OH)_3+NaOH \xlongequal{} NaAlO_2+2H_2O$$

【实验 8-2】 在盛有 10 mL $Al_2(SO_4)_3$ 溶液（0.2 $mol\cdot L^{-1}$）的试管中，滴入少量 $NH_3\cdot H_2O$，生成 $Al(OH)_3$ 沉淀。将此浑浊液分装在 2 支试管里，分别逐滴加入盐酸（6 $mol\cdot L^{-1}$）和氢氧化钠（6 $mol\cdot L^{-1}$），并振荡试管，不久 $Al(OH)_3$ 沉淀完全溶解。

(4) 铝盐。

硫酸铝[$Al_2(SO_4)_3 \cdot 18H_2O$]和明矾[$KAl(SO_4)_2 \cdot 12H_2O$]溶于水后，水解生成的$Al(OH)_3$具有吸附性，可吸附水中的杂质，因此可用作净水剂，也常用于裱糊纸张、澄清油脂、石油脱臭、除色以及作媒染剂等。

2. 锌及其化合物

(1) 锌。

锌(zinc)是略带蓝色的银白色金属，在常温下相当脆，但在100 ℃～150 ℃时延展性好，能任意弯曲和碾压，加热到200 ℃以上则又变脆。

锌在干燥空气中不易发生变化，但在含有CO_2的潮湿空气中，表面可生成一层致密的碱式碳酸锌薄膜。

$$2Zn + O_2 + H_2O + CO_2 = Zn_2(OH)_2CO_3$$

这层薄膜能保护内部锌不被腐蚀。所以将锌镀在其他金属表面具有防止腐蚀的作用。白铁皮就是表面镀锌的铁皮。镀锌防盗门既美观，又耐锈蚀。

锌和铝一样，既能溶于酸，又能溶于碱。因此，锌也是一种两性金属。

$$Zn + 2HCl = ZnCl_2 + H_2\uparrow$$

$$Zn + 2NaOH = Na_2ZnO_2 + H_2\uparrow$$

(2) 氧化锌和氢氧化锌。

锌的氧化物和氢氧化物也具有两性。因为锌易形成配合物，所以$Zn(OH)_2$易溶于浓氨水中，反应方程式为：

$$Zn(OH)_2 + 4NH_3 \cdot H_2O = [Zn(NH_3)_4](OH)_2 + 4H_2O$$

而氢氧化铝则无此性质。

氧化锌(ZnO)俗称锌白，用作白色颜料，其优点是遇H_2S气体不变黑(因ZnS也是白色的)。ZnO具有收敛性和一定的杀菌力，在医药上常用于调制软膏以治疗皮肤外伤，具有收敛止血作用。

(3) 氯化锌。

氯化锌($ZnCl_2$)是一种常用的试剂。$ZnCl_2$的水溶液因水解而有显著的酸性，在焊接金属时，常用来除去金属表面的氧化物，因此，$ZnCl_2$的水溶液俗称“熟镪水”。$ZnCl_2$和ZnO的混合水溶液能迅速硬化，生成Zn(OH)Cl，是牙科常用的黏合剂。另外，为了防止枕木腐蚀，常用$ZnCl_2$水溶液浸泡处理。

3. 铜及其化合物

(1) 铜。

纯铜又称紫铜，是紫红色金属，有良好的导电、导热和延展性。

铜(copper)的导电性很好，因此在电力工业中广泛用于制造电线、电缆和电工器材。但是极微量的杂质，特别是砷和锑的存在会大大降低铜的导电性，因此，制造电线必须用高纯度的电解铜。

铜很容易和其他金属形成合金，铜合金广泛用于各种工业的生产部门。如青铜(Cu 80%、Sn 15%、Zn 5%)的硬度比铜大，易铸，耐磨性好，用于制造轴承、齿轮等；黄铜(Cu 60%、Zn 40%)的硬度比铜大，耐腐蚀，容易进行机械加工，广泛用于制造工具及仪表零件；白铜（Cu 50%～70%、Ni 13%～15%、Zn 13%～25%）耐腐蚀，有一定强度，用于制造仪器、仪表、医疗器材。

铜在常温下不与空气中的氧化合，加热时能生成黑色的氧化铜。但铜在潮湿空气中易被腐蚀，表面慢慢生成一层绿色疏松的碱式碳酸铜（俗称铜绿）。

$$2Cu+O_2+H_2O+CO_2 \xlongequal{} Cu_2(OH)_2CO_3$$

铜在加热条件下也能与氯气发生反应。

$$Cu+Cl_2 \xlongequal{\triangle} CuCl_2$$

铜一般不与盐酸、稀硫酸反应，但能被浓硫酸及浓、稀硝酸氧化，生成+2 价铜离子，并分别放出 SO_2、NO_2 和 NO 气体。

$$Cu+2H_2SO_4(浓) \xlongequal{\triangle} CuSO_4+SO_2\uparrow+2H_2O$$

$$Cu+4HNO_3(浓) \xlongequal{} Cu(NO_3)_2+2NO_2\uparrow+2H_2O$$

$$3Cu+8HNO_3(稀) \xlongequal{} 3Cu(NO_3)_2+2NO\uparrow+4H_2O$$

（2）氧化亚铜和氧化铜。

铜的氧化物有 Cu_2O 和 CuO。Cu_2O 是红色粉末，对热十分稳定，在 1235 ℃时熔化而不分解；不溶于水；具有半导体性质，常用它和铜制成亚铜整流器；在制造玻璃和搪瓷时，用作红色颜料。

CuO 是碱性氧化物，呈黑色。CuO 常作为制作无机黏结剂的原料，这种无机黏结剂是把 H_3PO_4 和 $Al(OH)_3$ 混合，加热制成甘油状黏稠液体，然后倒入 CuO 粉末中调成黑色的糊糊，可用来黏结金属及陶瓷。

（3）硫酸铜。

硫酸铜是一种重要的铜盐。$CuSO_4 \cdot 5H_2O$ 呈蓝色，俗称胆矾或蓝矾。$CuSO_4 \cdot 5H_2O$ 加热到 258 ℃时，失去全部结晶水，变成白色粉末状无水 $CuSO_4$，吸水后又变蓝色。利用这一性质，常用无水 $CuSO_4$ 来检验或除去乙醇、乙醚等有机溶剂中的微量水分。硫酸铜是制备其他铜类化合物的重要原料，在工业上用于电解铜、镀铜和制作颜料；在农业上，将它与石灰乳混合（称为波尔多液），用于防治果树上的病害。

4. 钛及其化合物

（1）钛。

钛（titanium）是一种银白色金属，外表似钢，熔点高（1660 ℃），密度小（$4.5\ g \cdot cm^{-3}$），比钢轻，而机械强度与钢接近。在所有金属材料中，钛的强度与质量之比最大。

在室温下，钛表面易形成一层致密的氧化物保护膜，因而具有很强的抗腐蚀性。钛不与水、稀盐酸、稀硫酸及硝酸作用，但能被氢氟酸、热的浓盐酸和熔融的碱等腐蚀。钛对海水的抗腐蚀力特别强，几乎是不锈钢的 10 倍。因此，金属钛已成为现代工业上最重要的金属材料之一，用于制造超音速飞机、火箭发动机壳体、人造卫星外壳、宇宙飞船船舱、核潜艇和海轮、海水淡化设备，以及石油、化工、医疗卫生等方面的耐腐蚀设备。

钛在高温时能与 O_2、N_2、S 及卤素等非金属反应，因此在炼钢工业上用它作脱氧、除氮、去硫剂。少量的钛加入钢中能改善钢的弹性和强度。钛在医学上有着独特的用途，可用它代替损坏的骨头，因而被称为**“奇异金属”**或**“亲生物金属”**。

在钛中添加钼、锰、钴、铬、钒、铌等多种合金元素，能获得性能优良的各种钛合金。钛合金还有记忆、超导和吸氢3项特殊功能，在开发新能源中有重要作用。如钛铬铝合金的电阻率比镍铬合金大得多，是应用于电气的一种重要合金。钛镍合金在一定温度下有恢复原有形状的能力，表现为记忆功能；超导功能是指由钛铌合金制成的导线在温度接近−273 ℃时，电阻为零；钛铁合金还有吸收 H_2 的功能，可以把 H_2 大量安全地贮存起来，在一定条件下，又可把贮存的 H_2 释放出来，因此钛合金是一种很有应用前景的贮氢材料。

(2) 二氧化钛。

二氧化钛(TiO_2)俗称钛白，为白色固体或粉末状的两性氧化物，是一种白色无机颜料，具有无毒、最佳的不透明性、最佳白度和光亮度，被认为是现今世界上性能最好的一种白色颜料。二氧化钛的黏附力强，不易发生化学变化，永远是雪白的，广泛应用于涂料、塑料、造纸、印刷油墨、化纤、橡胶、化妆品等工业。它的熔点很高，也被用来制造耐火玻璃、釉料以及耐高温的实验器皿等。同时，二氧化钛有较好的紫外线掩蔽作用，常作为防晒剂掺入纺织纤维中，超细的二氧化钛粉末也被加入防晒霜中制成防晒化妆品。

五、贵重金属

1. 金

纯金(gold)有黄色金属光泽，俗称黄金。它密度大，熔、沸点高，是电、热的良导体，化学性质稳定。金常以游离态存在，是稀散元素之一。

金不溶于酸和碱，但可溶于王水和氰化钠(钾)。金极富延展性，1 g金能抽成长达3 km的金丝，能压成厚约0.001 μm的金箔。由于金、银、铂在空气中性质稳定，外观美丽，富有光泽，传统用于制作货币、首饰，或用于镶牙、电镀等。

市售的金饰品常用K数来表示金的纯度。K数越高，表示含金量越高，如24K表示含金量达99.5%，18K表示含金量为75%左右。金笔尖常用14K金，含金量约为58.3%。

金还有一些奇异功能。例如，黄金膜能阻挡红外线，因此在普通门窗玻璃上镀上黄金膜，能够反射热量，使室内冬暖夏凉；纯金丝已成为高级电视机、收录机、电子计算机的元件，它可提高计算机储存的信息量。随着科学技术的飞速发展，黄金将有更广泛的用途。

真金虽然金光闪闪，但闪金光的不一定是真金，如愚人金和人造仿金。通常可用试金石来鉴别黄金的真假。试金石是一种灰黑色鹅卵状固体，通称辉绿石或石灰岩。检验时，只需将待测物在试金石上划一下。黄铁矿划出的条痕是黑色的，黄铜矿划出的条痕是墨绿色的，而真金留下的划痕是金黄色的。试金石不仅能分辨黄金的真伪，还能识别黄金的成色(也可用破碎的瓷器“碴口”代替试金石使用)。随着科学技术的发展，一种激光试金仪已经诞生。它把激光束照射到金、合金或仿金上，使其化为蒸气，再根据仪器上所显现的不同光谱及其强度，甄别黄金的真伪及成色，操作简捷，也不用担心损耗黄金，因为检验时用激光打的孔比针尖还小，样品损失不足十亿分之一克，真是“微乎其微”，因此颇受顾客和珠宝商的欢迎。

2. 铂

铂(platinum)具有银白色金属光泽，熔点为1773.5 ℃，比黄金和钢铁的熔点都高。

它有极好的延展性，30 g 纯铂轧成的铂片可以覆盖一个网球场，抽成细丝可长达 120 km。铂的化学性质很稳定，除王水外，几乎没有别的物质能腐蚀它。铂常用来制作电极、坩埚、首饰等。

铂能加速许多化学反应，有“催化剂之王”的美称。

铂还有“抓住气体”的本领。例如，1 体积的铂可以吸收 1000 体积的氢气。所以铂可作为氢气的“储藏罐”，为氢气的运输与使用提供了方便。

六、稀土材料应用简介

元素周期表中第六周期ⅢB 族中的镧代表了 57 号元素镧(La)到 71 号元素镥(Lu)，共 15 种元素，统称为镧系元素。它与ⅢB 族另外两种元素钪(Sc)、钇(Y)一起又称为稀土元素。

稀土元素都是金属，一般为银白色，有延展性，熔点高。它们是比较活泼的金属，能与氧、硫、氮等非金属反应。常温下，稀土金属能与水缓慢反应放出氢气，也容易和稀酸作用。

随着科学技术的迅速发展，稀土金属的应用也越来越广泛。它们主要用于冶金、电子、原子能以及化学等工业部门。

正像维生素能够大大增加食物的营养价值一样，许多金属材料中只要加入少量的稀土金属，就能极大地改善金属的性能。因此，稀土金属被誉为“冶金工业的维生素”。例如，在炼钢中加入少量的稀土金属，能起到良好的脱氧、脱硫作用，提高钢的质量；在铸铁中加入稀土金属可制成球墨铸铁；在镁及铝的合金中加入稀土金属，能增加在高温下的强度，并且抗疲劳性能好，目前它们已被用于制造喷气式飞机；铈和铁的合金在冲击时能产生火花，因此常用它作打火机的“电石”。

钇的密度比钛小，但比钛更耐高温，因此是很有希望的火箭材料。二氧化铈(CeO_2)是精密光学玻璃的抛光剂。含有三氧化二镧(La_2O_3)的光学玻璃具有较高的折射率，把千万根像头发丝般的这种玻璃纤维集在一起，可制成任意弯曲的“光导纤维”，在医疗上用作直接探视人的肠胃和腹腔的内窥镜。钇(Y)和铕(Eu)的氧化物可制成发光材料，在彩色电视显像管中用作红色荧光粉，使图像鲜明，性能稳定。

在环境保护方面，稀土化合物可以有效地去除污水中的磷酸盐，还可用于汽车尾气的净化及含肼废气处理。

此外，稀土材料还可以用作有机合成的催化剂。贮氢稀土材料的开发研究目前已进入成熟阶段，磁光稀土记录材料、稀土超导伸缩材料已在实际应用中得到推广。一些稀土元素溶液可用于柑橘的保鲜，并对人参、胡麻、苎麻等作物有增产效果。在纺织、塑料、造纸、医疗等方面，科学家们也正在研究稀土元素的相关应用。

我国稀土资源十分丰富，已在 18 个省区找到了各种类型的稀土矿床，工业储量已超过其他国家的总储量的若干倍。内蒙古的白云鄂博矿是一个世界罕见的含铁、稀土等多种元素的大型共生矿床，其中稀土金属占全国储量的 98%，超过了世界其他各国储量的总和。近年来，内蒙古包头市建成的稀土金属冶炼厂为稀土金属在现代化建设中的进一步应用做出了积极的贡献。

习题

一、填空题

1. 一切金属都具有晶体结构。金属的内部包含着______、______、______、______。依靠流动的自由电子使金属原子和金属阳离子相互联结在一起的化学键叫作______。

2. 金属的冶炼方法有______、______、______。

3. 合金是由______和其他____________一起熔合而成的具有金属特性的物质。多数合金的熔点比其中任何一种组分金属的熔点______，其强度和硬度一般都比各组分金属______。

4. Fe^{3+}遇NH_4SCN溶液显______色，有关离子方程式为____________。而Fe^{2+}遇NH_4SCN溶液则显______色。

5. 重铬酸钾（$K_2Cr_2O_7$）为______色晶体，其中铬的化合价为______，具有______性；若遇乙醇则发生氧化还原反应：$3CH_3CH_2OH+2K_2Cr_2O_7+8H_2SO_4 \xlongequal{} 3CH_3COOH+2Cr_2(SO_4)_3+2K_2SO_4+11H_2O$，则该溶液将变成______色，此反应原理重要的应用是____________。

6. 高锰酸钾（$KMnO_4$）为______色晶体，其中锰的化合价为______，具有______性，它在医药和日常生活中常作______剂。

7. 在印刷铜版和印刷电路的制作中，$FeCl_3$可用作铜版的腐蚀剂，这是因为$FeCl_3$具有一定的______，可使Cu溶解，所发生的反应是____________。

二、选择题

8. 黑色固体X，不溶于水，可溶于足量盐酸中得到蓝色溶液，把NaOH溶液加到该溶液中生成蓝色沉淀，再加热可使蓝色沉淀变为黑色。X可能是（　　）
   A. MnO_2　　B. FeO　　C. CuO　　D. FeS

9. 下列物质中，不属于合金的是（　　）
   A. 硬铝　　B. 黄铜　　C. 钢铁　　D. 水银

10. 下列对金属的物理性质描述不正确的是（　　）
    A. 有特殊的金属光泽　　B. 良好的导电性、导热性
    C. 良好的延展性　　D. 熔点都很高

11. 下列金属容器中，在常温下既能盛放浓HNO_3，又能盛放NaOH的是（　　）
    A. Al　　B. Fe　　C. Zn　　D. Cu

12. 常温下，不能用铁制容器盛放的液体是（　　）
    A. $CuSO_4$溶液　　B. 浓HNO_3　　C. 浓H_2SO_4　　D. $AlCl_3$溶液

13. 铝元素在人体中积累可使人慢性中毒。1989年，世界卫生组织将铝确定为食品污染源之一而加以控制。铝及其化合物在下列场合使用时都必须加以控制的是（　　）

① 制电线、电缆　② 制包糖果用的铝箔　③ 用明矾净水　④ 制炊具　⑤ 用明矾和苏打作食品膨化剂　⑥ 用氢氧化铝制胃药　⑦ 制防锈油漆

A. ①②④⑤⑥⑦　B. ③④⑤⑥

C. ②③④⑤⑥　D. ③④⑤⑥⑦

14. 下列反应中，通过置换反应得到铁的是　（　）

A. 铜浸入氯化铁溶液中　B. 一氧化碳通过炽热的氧化铁

C. 铝和氧化铁的混合物加热至高温　D. 铜浸入氯化亚铁溶液中

三、综合题

15. 在 $FeCl_2$ 溶液中加入几滴 KSCN 溶液有何现象？若再加入少量氯水振荡，会发生什么现象？为什么？

16. 在实验室里为什么要把 $KMnO_4$ 溶液保存在棕色瓶中？

第二节　无机非金属材料

一、硅酸盐材料

1. 硅及其化合物

硅(silicon)是组成硅酸盐的主要元素，是元素周期表中第ⅣA族元素，它往往只能形成共价化合物。

(1) 硅。

① 硅的存在、物理性质及用途。

硅在地壳中的含量仅次于氧，居第二位，占地壳总质量的27%。硅的分布很广，地壳的岩石层是由含硅的化合物组成的。自然界没有游离硅存在，它主要以二氧化硅和各种硅酸盐形式存在。常见的沙子、水晶、玛瑙的主要成分都是二氧化硅。

硅的晶体呈灰黑色，有金属光泽，硬度较大，有脆性，熔点和沸点较高。硅晶体的导电性介于导体和绝缘体之间，是良好的半导体材料。它和金属的导电性能不同，金属的导电性随着温度的升高逐渐减弱，但硅的导电性却随着温度的升高而迅速增强。

高纯度的硅在电子工业上用来制造半导体元件，如晶体管、集成电路、可控硅元件。硅也可用来制造合金，用于炼钢、制变压器和耐酸设备等。

② 硅的化学性质。

硅晶体的化学性质不活泼。常温下，除氟气、氢氟酸和强碱溶液外，水、氧气、氯气都不与硅反应，但在加热条件下，硅也能与一些非金属反应。例如：

$$Si+O_2 \xlongequal{\triangle} SiO_2$$

硅与强碱溶液作用生成硅酸盐和氢气。

$$Si+2NaOH+H_2O \xlongequal{} Na_2SiO_3+2H_2\uparrow$$

(2) 二氧化硅和硅酸。

二氧化硅也叫硅石(silica)，是一种坚硬难熔的固体，它有晶体和无定形两种类型。

比较纯净的二氧化硅晶体叫作石英。无色透明的纯净二氧化硅晶体叫作水晶。含有微量杂质的水晶常带有不同颜色，如紫晶、墨晶和茶晶等，它们可制成工艺品。普通的沙是不纯的石英细粒。石英砂、黄沙是常用的建筑材料。

石英晶体质地坚硬、熔点高，有良好的光电性能和红外、紫外光透过率，可用来制造光学仪器的棱镜、透镜和医疗用的水银灯灯管。

石英玻璃具有耐高温、膨胀系数小、骤冷不破裂的性质，可用来制造耐高温的化学仪器。

硅藻土含有无定形二氧化硅，它表面积大，吸附能力强，可以作为吸附剂，使有色溶液脱色，还可以用于制作过滤器，以及作催化剂的载体和保温材料。

二氧化硅不溶于水，它与绝大多数酸不发生反应，但氢氟酸可以使二氧化硅溶解，所以可用氢氟酸刻蚀玻璃，玻璃器皿不能用来盛放氢氟酸。

$$SiO_2 + 4HF = SiF_4 \uparrow + 2H_2O$$

SiO_2 是酸性氧化物，由于它不溶于水，所以硅酸(silicic acid)不能用二氧化硅与水直接反应制得，只能用相应的可溶性硅酸盐与酸作用制得。

【实验 8-3】 在试管中加入 3 mL 25%(质量分数)的硅酸钠溶液，逐滴加入盐酸，振荡，观察现象。

在硅酸钠溶液中加入少量盐酸时，得到透明液体，继续加入盐酸，得到白色胶状物 H_2SiO_3(偏硅酸)。

$$Na_2SiO_3 + 2HCl = H_2SiO_3 \downarrow + 2NaCl$$

硅酸胶状物加热后失去水分，变成一种网状多孔的物质，称为硅胶(silica gel)，它有很强的吸附能力，这就是日常生活中经常接触到的硅胶干燥剂。通常使用的变色硅胶是将无色硅胶用二氯化钴溶液浸泡后干燥制得的。因为无水 $CoCl_2$ 为蓝色，水合的 $CoCl_2 \cdot 6H_2O$显红色，所以根据变色硅胶颜色的变化，可以判断其吸水的程度。

硅酸的酸性比碳酸还弱，因此在硅酸钠溶液里通入二氧化碳可以得到硅酸。

(3) 硅酸盐。

硅酸相对应的各种盐统称为硅酸盐。由 SiO_2 与烧碱或纯碱共熔可制得硅酸钠。

$$SiO_2 + 2NaOH \xlongequal{\triangle} Na_2SiO_3 + H_2O \uparrow$$

硅酸钠(Na_2SiO_3)能溶于水，呈碱性，它的浓溶液又叫水玻璃，俗称泡花碱。它是灰白色或无色的浓稠胶体，有一定的黏合力，是一种矿物胶。在肥皂工业中常用水玻璃作为填充剂，以增加肥皂的硬度。由于它既不能燃烧又不会腐蚀，因此将木材或织物用水玻璃浸过后，可在表面形成防火、防腐的保护层。工业上水玻璃可用作耐火材料、耐酸水泥掺合料以及无机黏结剂。

硅酸盐是构成地壳岩石的最主要成分。在天然的硅酸盐中，除硅以外，还含有铝、钾、钙、镁等，成分相当复杂。为了简便起见，硅酸盐常用二氧化硅和金属氧化物的化学式表示。例如：

正长石(长石)　　$K_2O \cdot Al_2O_3 \cdot 6SiO_2$

白云母　　$K_2O \cdot 3Al_2O_3 \cdot 6SiO_2 \cdot 2H_2O$

白黏土(高岭土)　　$Al_2O_3 \cdot 2SiO_2 \cdot 2H_2O$

石棉　　　　　　　　　　$CaO \cdot 3MgO \cdot 4SiO_2$

滑石　　　　　　　　　　$3MgO \cdot 4SiO_2 \cdot H_2O$

泡沸石　　　　　　　　　$Na_2O \cdot Al_2O_3 \cdot 2SiO_2 \cdot nH_2O$

以天然硅酸盐和硅石为原料制造耐火材料、砖瓦、玻璃、陶瓷、水泥等产品的化学工业叫作硅酸盐工业，它是国民经济中的重要工业之一。

2. 硅酸盐材料

(1) 玻璃。

玻璃(glass)质脆透明，是一种没有固定熔点的非晶体材料，加热时会逐渐软化，直到变成液体。可以用吹制、辊压、拉制等各种方法将玻璃加工成各种形状。制造普通玻璃的原料是纯碱、石灰石、石英砂和长石等，其主要生产工艺可分为配料、熔融和成型三道工序，主要化学反应为：

$$Na_2CO_3 + SiO_2 \xlongequal{高温} Na_2SiO_3 + CO_2\uparrow$$

$$CaCO_3 + SiO_2 \xlongequal{高温} CaSiO_3 + CO_2\uparrow$$

在制造玻璃的原料中 SiO_2 的含量较高。普通玻璃是 Na_2SiO_3、$CaSiO_3$ 和 SiO_2 熔化在一起的物质，它的近似组成可表示为 $Na_2O \cdot CaO \cdot 6SiO_2$。用不同原料可以制得具有各种不同性能、适用于各种用途的玻璃，见表 8-8。

表8-8　玻璃的种类及性质

种类		钙钠玻璃	钙钾玻璃	铅(钾)玻璃	硼硅酸盐玻璃
玻璃系		Na_2O-CaO-SiO_2	K_2O-CaO-SiO_2	K_2O-PbO-SiO_2	Na_2O-B_2O_3-SiO_2
实例		板玻璃、瓶玻璃、家庭用容器玻璃(光学用无铅玻璃)	半结晶玻璃(光学用无铅玻璃)	铅结晶玻璃、燧石玻璃(光学用)	硬质玻璃(派热克斯玻璃、耶那光学玻璃等)
主要成分含量	SiO_2	65%～75%	70%～80%	50%～70%	65%～80%
	B_2O_3	—	—	—	5%～25%
	CaO	5%～15%	5%～10%	1%～6%	0～5%
	Na_2O	10%～20%	1%～5%	2%～15%	4%～14%
	K_2O	—	5%～15%	4%～10%	0～6%
	PbO	—	—	10%～40%	—
性质		难于通过紫外线	比较硬，难熔，对化学药品的抵抗力比钙钠玻璃强	软而重，易熔，富于光泽，光的折射率大	化学抵抗性及耐热性强，热膨胀率小，电绝缘性好
主要用途		用于制作窗玻璃，瓶、杯、皿之类的食具、容器等日用品	用于制作理化器具、光学器械、工艺装饰品	用于制作光学器械、高级器物(雕花玻璃)、工艺装饰品	用于制作电绝缘器具，理化、医疗器具，耐热器具，电器用管、球类

(2) 水泥。

水泥(cement)加适量的水搅拌后，能在空气和水中逐渐硬化，并能把沙子、碎石等牢固地黏合在一起，成为有很高机械强度的石状材料。水泥的热膨胀系数跟钢铁几乎相同，所以用钢筋、碎石和水泥等制得的钢筋混凝土强度更高。水泥是工程建设中最重要的建筑材料之一，素有“建筑工业的粮食”之称。

水泥具有良好的黏结性和可塑性，可制成任意形状的构筑物，硬化后成为机械强度相当高的人造石材，同时还具有耐酸性、快硬性和耐高温性等许多优异的技术性能，是建房屋、修水库、筑堤坝、造桥梁、铺渠道、砌窑炉等不可缺少的材料，用途十分广泛。

烧制水泥的原料主要有石灰石、黏土以及铁粉等其他辅助原料，生产过程一般分为配料磨细、煅烧及磨细熟料等三道工序。将石灰石、黏土及其他辅助材料按一定比例混合磨细得到粉状生料，然后煅烧冷却得到块状熟料，熟料与用作调节水泥硬化速度的适量石膏和少量辅助材料混合磨细得到的粉状物质即为普通硅酸盐水泥。其主要成分是 $3CaO \cdot SiO_2$(硅酸三钙)、$2CaO \cdot SiO_2$(硅酸二钙)、$3CaO \cdot Al_2O_3$(铝酸三钙)和 $4CaO \cdot Fe_2O_3 \cdot Al_2O_3$(铁铝酸四钙)。通过不同的配料、加工，还可以制得各种性能的特种水泥，如快硬高强水泥、水工及耐侵蚀水泥、大坝水泥、膨胀水泥、装饰水泥等。几种常用水泥的特性和适用范围见表 8-9。

表8-9 几种常用水泥的特性和适用范围

种　类	普通水泥	矿渣水泥	火山灰水泥	粉煤灰水泥
组成	用硅酸钙为主要成分的水泥熟料制成，允许掺 15%以下的混合材料	在硅酸盐水泥熟料中掺入占水泥质量20%～70%的粒化高炉炉渣	在硅酸盐水泥熟料中掺入占水泥质量20%～50%的火山灰质混合材料	在硅酸盐水泥熟料中掺入占水泥质量20%～40%的粉煤灰
特性	早期强度好，水化热较高，耐冻性好，耐热性较差，耐腐蚀及耐水性较差	早期强度低，后期强度增长较快，水化热较低，耐热性好，耐硫酸盐腐蚀及耐水性好，抗冻性差，干缩较大	抗渗性好，耐冻性较差，其他性质与矿渣水泥相同	干缩性小，抗裂性较好，耐热性差，抗碳化能力差，其他性质与矿渣水泥相同
适用范围	一般土建工程中混凝土、钢筋混凝土和预应力混凝土的地上、地下和水中结构，包括反复冰冻作用的结构，也可拌制高强、快凝混凝土	大体积混凝土、有耐热要求的混凝土结构，蒸气养护的混凝土构件，有抗硫酸盐要求的一般工程，一般地上、地下和水中的混凝土和钢筋混凝土	地下、水中、大体积混凝土和有抗渗要求的混凝土工程，蒸气养护的混凝土构件，有抗硫酸盐要求的一般工程，一般混凝土结构	地上、地下、水中和大体积混凝土工程，蒸气养护的构件，有抗硫酸盐要求的工程，一般混凝土结构

(3) 陶瓷。

陶瓷(pottery and porcelain)的种类较多，按原料和用途分为普通陶瓷和特种陶瓷两大类。普通陶瓷是用白黏土($Al_2O_3 \cdot 2SiO_2 \cdot 2H_2O$)、正长石($K_2O \cdot Al_2O_3 \cdot 6SiO_2$)和

石英(SiO_2)等天然原料制成的,主要用于日常生活中(如日用陶瓷、卫生陶瓷、建筑陶瓷)和工业上(如电瓷、耐酸陶瓷、过滤陶瓷等)。特种陶瓷是用人工化合物(如氧化物、氮化物、碳化物等)为原料制成的,因其独特的性能,可满足工程上的特殊需要,主要用于化工、冶金、电子、机械和某些新技术项目。几种陶瓷的性能、用途见表8-10。

表8-10 几种陶瓷的性能、用途

类别		性能	使用原料	用途
普通陶瓷	土器	粗松多孔,有吸水性,带色,不施釉	易熔黏土	普通盆、罐、砖、瓦等
	陶器	粗松多孔,有吸水性,呈灰色或白色,施釉或不施釉,击之音粗哑	可塑性高的难熔黏土、石英、长石、石灰石	日用器皿、彩陶、面砖、卫生陶器、装饰用品
	瓷器	组织致密,吸水率接近于零,色白,施釉,耐酸碱侵蚀,电绝缘性好,击之音清、韵长	同陶器	日用器皿、美术瓷、化学瓷、电瓷及其他工业用瓷
特种陶瓷	高温结构陶瓷	机械性能	高纯度天然无机物或人工合成无机物(Al_2O_3·TiO_2·SiO_2等)	涡轮叶片、发动机部件
	半导体陶瓷	半导体性能		热敏电阻、压敏电阻、光敏元件、太阳能电池
	磁性瓷、生物陶瓷	磁学性能、机械性能、多孔性能		磁芯、磁头、磁铁、人造骨(关节)、瓷牙

二、新型无机非金属材料

新型无机非金属材料有四大特性:耐高温,强度高;具有光学特性;具有电学特性;具有生物功能。

新型无机非金属材料有很多,如光导纤维、高温结构陶瓷、生物陶瓷(人造骨头、人造血管)、压电材料、磁性材料、导体陶瓷、激光材料、超硬材料(氮化硼)等。

光导纤维和各种新型陶瓷材料的开发和应用不仅为高科技发展提供了优质材料,也提高了人们的生活质量。光导纤维在信息工程中的应用,使人们可以坐在家中通过信息网络获取信息、联络亲友。新型高强度陶瓷材料的出现,克服了传统陶瓷的脆性。

1. 光导纤维

由光导纤维组成的光缆可以代替通信电缆,用于光纤通信,传送高强度的激光。光纤通信的容量比微波通信大10^3~10^4倍,而且传输速度快。用光缆代替通信电缆可以节约大量有色金属。据统计,生产1 km长的光缆只需几克超纯石英玻璃,约可节省铜1.1 t。

把氧气和四氯化硅蒸气的混合气体通过在高温炉中旋转和移动的石英管,能反应生成二氧化硅。

$$SiCl_4(g)+O_2(g)\xlongequal{1300\ ℃}SiO_2+2Cl_2(g)$$

把得到的沉积在管内的二氧化硅熔化，形成“玻璃棒”，然后在 1900 ℃～2000 ℃的高温下再将其熔化，即可拉制成粗细均匀的光纤细丝。

用于铺设光纤通信线路的光导纤维是由若干条柔韧、没有脆性、有高折射率的光纤细丝(直径在 10 μm 以下)用聚丙烯或尼龙套包裹制成的。

2. 新型陶瓷材料

与金属材料和有机高分子材料相比，陶瓷的抗腐蚀能力更强，但陶瓷有脆性且抗拉、抗弯和抗冲击性差。化学家用改变陶瓷组分的方法研制出了具有高强度、耐高温、耐腐蚀，并具有声、电、光、热、磁等多方面特殊功能的新一代无机非金属材料——精细陶瓷。

精细陶瓷的化学组成已远远超出了硅酸盐的范围。

例如，高温结构陶瓷的化学组成是氮化硅。它具有优异的性能，机械强度好，硬度高，热膨胀系数低，导热性好，化学稳定性高。

合成氮化硅的方法有三种：① 纯硅粉与纯氮在 1300 ℃时直接反应；② SiO_2 在氮气中用碳还原氮化；③ 四氯化硅与氨气反应。

$$3Si+2N_2\xlongequal{1300\ ℃}Si_3N_4$$

$$3SiO_2+6C+2N_2\xlongequal{高温}Si_3N_4+6CO$$

$$3SiCl_4+4NH_3\xlongequal{高温}Si_3N_4+12HCl$$

除去一般陶瓷内部的杂质和气孔，可获得透明陶瓷。透明陶瓷的光学性能优异，耐高温，熔点高。透明陶瓷的透明度、强度、硬度都高于普通玻璃，可以制造防弹车窗、坦克观察窗、轰炸机瞄准器等。

生物陶瓷具有良好的生物兼容性，对机体无免疫排异反应，无溶血、凝血反应，对人体无毒，不会致癌。氧化铝、氧化锆生物陶瓷可用于制作各种人体关节。生物玻璃(主要成分为 $CaO-Na_2O-SiO_2-P_2O_5$)具有与骨骼键合的能力。

习题

一、填空题

1. 硅在自然界的丰度居第________位，它是组成岩石、矿物的一种主要元素。自然界________(填“有”或“无”)游离态硅存在，它主要以________和________形式存在。

2. 变色硅胶是常用的干燥剂，它的主要成分是________，“变色”的原因是________________。

3. 制造普通玻璃的主要原料有________、________、________和________。玻璃的主要生产工艺可分为________、________和________。由于在原料中 SiO_2 用量较多，所以普通玻璃的主要成分是________、________和________。

4. 化学家用改变陶瓷组分的方法研制出具有________、________、________，并具有

________、________、________、________、________等多方面特殊功能的新一代无机非金属材料——精细陶瓷。

5. 高温结构陶瓷的化学组成是________。它具有优异的性能，________，________，热膨胀系数低，导热性好，________高。

二、选择题

6. 下列有关高温结构陶瓷和光导纤维的说法正确的是　　（　　）

A. 高温结构陶瓷弥补了金属材料的弱点，但是硬度却远远低于金属材料

B. 氮化硅陶瓷是一种重要的结构材料，具有超硬性，它不与任何无机酸反应

C. 制造光导纤维的主要原料是玻璃

D. 光导纤维的抗干扰性能好，不发生电辐射，通信质量高，能防窃听

7. 下列有关材料的说法不正确的是　　（　　）

A. 传统的无机材料虽有不少优点，但质脆、经不起热冲击

B. 新型无机非金属材料虽然克服了传统无机材料的缺点，但强度比较差

C. 高温结构材料具有耐高温、不怕氧化、耐酸碱腐蚀、硬度大、耐磨损、密度小等优点

D. 新型无机非金属材料的特性之一是具有电学特性

8. 下列各种氧化物中，不能与水直接制得相应酸的是　　（　　）

A. SO_2　　B. SO_3　　C. CO_2　　D. SiO_2

9. 下列物质中，其浓溶液能用磨口玻璃塞瓶盛放的是　　（　　）

A. 水玻璃（Na_2SiO_3）　　B. KOH 溶液

C. 浓 H_2SO_4　　D. HF 溶液

10. 要得到蓝色玻璃，应在普通玻璃原料中加入　　（　　）

A. Cu_2O　　B. Co_2O_3　　C. Fe_2O_3　　D. 胆矾

三、综合题

11. 为什么能用氢氟酸蚀刻玻璃？

12. 应用于光纤通信的光导纤维具有哪些性质？

第三节　有机高分子材料

一、概述

有机高分子材料是以高分子化合物为主要组分的材料。高分子化合物是指分子中含原子数很多、相对分子质量很大的物质。相对分子质量大到什么程度才算高分子化合物则并没有明确的界线，通常大部分塑料、橡胶、纤维中的高分子化合物的相对分子质量为50万～60万，有些甚至高达上百万。

高分子化合物按其来源可分为天然高分子化合物和合成高分子化合物；按其组成及性质可分为无机高分子化合物和有机高分子化合物。通常所说的高分子化合物都是指有机高分子化合物。

需要说明的是，高分子化合物与高分子材料是有所不同的。有些高分子化合物本身就可以作为材料使用，而另一些高分子化合物则需要加入适当的添加剂才能称其为材料，添加剂主要指填料、增塑剂、防老剂、着色剂等。

1. 高聚物的主要特征

高分子化合物的相对分子质量虽然很大，但是它的化学组成一般并不复杂，它们都是由一种或几种简单的低分子化合物作为单体，通过共价键连接起来的大分子。这种由单体变成高分子化合物的过程称为**聚合(polymerization)**。因此，高分子化合物也称**高分子聚合物**，简称高聚物(polymer)。例如：

$$nCH_2{=}CHCl \longrightarrow \left[\!\!-CH_2-\underset{\displaystyle Cl}{\underset{|}{CH}}-\!\!\right]_n$$

氯乙烯　　　　　　聚氯乙烯

方括号内的式子表示高聚物的结构单元，这种结构单元又称为**链节**。一个高聚物中的链节数(即 n)称为**聚合度**。

有机高分子化合物的结构可分为线型结构和体型(网状)结构两种，如图 8-9 所示。

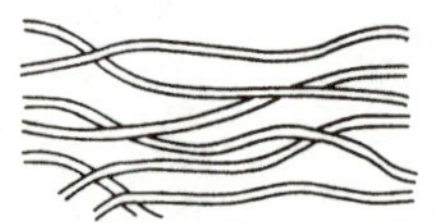

(a) 不带支链的线型结构

(b) 带支链的线型结构

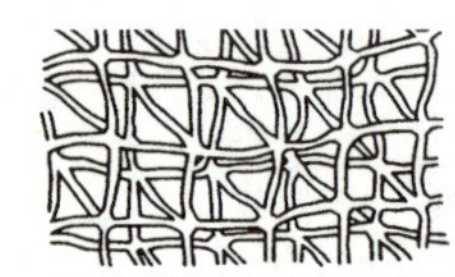

(c) 交联的体型(网状)结构

图 8-9　高分子结构类型示意图

有些高分子是由一个个链节连接起来的，成千上万的链节连成长链，如淀粉和纤维素的长链是由 C—C 键和 C—O 键相连接的，聚乙烯和聚氯乙烯则是由 C—C 键相连接的，这就是高分子的线型结构。线型结构的高分子材料，可以带支链，也可以不带支链。线型结构的高分子材料两个链之间只有分子间作用力，没有化学键，而这一分子间的作用力随相对分子质量的增大而增强。

高分子链上如果还有能发生反应的官能团，当它跟别的单体或别的物质发生反应时，高分子链之间将形成化学键，产生一些交联，形成网状结构，这就是高分子的体型(网状)结构，如硫化橡胶等。橡胶硫化后，由线型结构转变为网状结构，橡胶制品会变得更加坚韧和富有弹性。

2. 合成高聚物的反应

(1) 加聚反应。

不饱和烃的一种或多种简单分子，经过加成反应聚合成高分子的反应，称为**加成聚合反应**，简称加聚反应。如乙烯的聚合反应：

$$nCH_2{=}CH_2 \xrightarrow{\text{催化剂}} \left[\!\!-CH_2-CH_2-\!\!\right]_n \quad \text{(聚乙烯)}$$

(2) 缩聚反应。

缩聚反应是缩合、聚合的简称，是低分子化合物相互作用形成高聚物，同时析出水、卤化氢、氨、醇、酚等小分子化合物的反应。如合成酚醛树脂的反应：

$$n \,\text{C}_6\text{H}_5\text{OH} + n\text{H—}\overset{\text{O}}{\overset{\|}{\text{C}}}\text{—H} \xrightarrow{\text{催化剂}} \left[\text{C}_6\text{H}_3(\text{OH})\text{—CH}_2\right]_n + n\text{H}_2\text{O}$$

3. 高聚物的相对分子质量

每种低分子化合物均可按其化学式计算出确切的相对分子质量，而且它的每个分子都是一样的。高聚物则不然，通常含有各种大小不同的分子，它们有相同的化学组成，不同的聚合度和相对分子质量。所以高聚物的相对分子质量和聚合度实际上都是它的统计平均值。相对分子质量大是高聚物最基本的特征。聚合物的性能与相对分子质量大小有关，尤其是它的机械强度和弹性等。这就是高聚物作为材料使用的根本原因。几种常见的高聚物和低分子化合物的相对分子质量比较见表 8-11。

表8-11 某些低分子化合物和高聚物的相对分子质量比较

低分子化合物		高 聚 物	
名称	相对分子质量	名称	相对分子质量/10^4
葡萄糖	180	棉纤维素	175
乙烯	28	低压聚乙烯	6～80
丙烯腈	53	聚丙烯腈	5～15
氯乙烯	62.5	聚氯乙烯	5～16
异戊二烯	68	天然橡胶	40～100

4. 高聚物的基本性质

由于高聚物的相对分子质量大及其结构上的特点，因而它们具有一些与小分子物质不同的性质。

(1) 溶解性。

【实验 8-4】 取有机玻璃粉末 0.5 g 放入试管中，加入 10 mL 三氯甲烷，观察溶解的情况。

【实验 8-5】 取从废轮胎上刮下的橡胶粉末 0.5 g 放入试管中，加入 10 mL 汽油，观察粉末能否溶解。

从以上实验可以看出，线型结构的高分子材料(如有机玻璃)能溶解在适当的溶剂中，但溶解速度比小分子慢；而体型结构的高分子材料(如橡胶)则不易溶解，只是有一定程度的溶胀。

(2) 热塑性和热固性。

【实验 8-6】 在一支试管中放入聚乙烯塑料碎片约 3 g，用酒精灯缓缓加热，观察塑料碎片软化和熔化的情况。熔化后立即停止加热以防分解，等冷却固化后再加热，观察现象。

从以上实验可以看出，聚乙烯塑料受热到一定温度范围时开始变软，直到熔化成流动的液体。熔化的聚乙烯塑料冷却后又变为固体，加热后又熔化，这种现象就是线型高分子的热塑性。根据这一性质制成的高分子材料具有良好的可塑性，能制成薄膜、拉成丝或压制成所需要的各种形状，用于工业、农业和日常生活中等。

有些体型高分子一经加工成型就不会受热熔化，因而具有热固性，如酚醛树脂等。

(3) 强度。

高分子材料的强度一般都比较大。体型高分子材料具有弹性，硬度和脆性比较小；线型高分子材料没有弹性，硬度和脆性较大。

(4) 电绝缘性。

高分子化合物链里的原子是以共价键结合的，一般不易导电，所以高分子材料通常是很好的绝缘材料，它们被广泛应用于电气工业中，如用于制作电器设备的零件、电线和电缆的护套等。我们大家熟悉的开关面板，就是用酚醛树脂(俗称电木)制成的。

此外，有的高分子材料还具有耐化学腐蚀、耐热、耐磨、耐油、不透水等性能，可用于某些特殊需求的领域。但高分子材料也有易燃烧、易老化、废弃后不易分解等缺点。

二、塑料

塑料(plastic)是以人工合成或人工改性的有机高分子物质为基本成分的可塑成型的材料。

1. 塑料的组成

塑料大都由两种基本成分(聚合物和填料)组成，有时还加入一些不同种类的添加剂。

(1) 聚合物。

各种聚合物大多是胶黏剂，其作用是将各种辅助材料黏合在一起。它是塑料的主体成分，也是决定塑料制品基本物理性质的主要因素。塑料中聚合物的含量一般为30%～70%。

例如，聚氯乙烯塑料是由聚氯乙烯这种聚合物加上增塑剂等辅助材料配制而成的。

(2) 填料。

填料是塑料的另一重要成分。在塑料中加入填料可以提高机械强度，减小收缩率，还可降低成本，并可在一定程度上改善塑料的耐热性、耐磨性和硬度等。

塑料的填料一般都是矿物性材料或纤维材料，如石棉、滑石等。

塑料具有重量轻、优良的介电性能和机械性能、化学稳定性高、生产效率高、成本低等优点。于是，塑料既能够克服天然材料的缺陷，又能够赋予它们以各种优异的性能，因此塑料制品已经广泛地应用于工业、农业、国防建设和日常生活的各个领域，成为尽人皆知的材料。

2. 塑料的主要品种、性能和用途

塑料的品种很多，根据它们受热时所表现的性能不同，可分为热塑性塑料和热固性塑料两大类；按照应用又可分为通用塑料、工程塑料、耐高温塑料和特种塑料。

有机玻璃是由甲基丙烯酸甲酯合成的，其反应为：

$$n\mathrm{CH_2{=}\underset{\underset{COOCH_3}{|}}{\overset{\overset{CH_3}{|}}{C}}} \longrightarrow \left[\mathrm{-CH_2-\underset{\underset{COOCH_3}{|}}{\overset{\overset{CH_3}{|}}{C}}-}\right]_n$$

甲基丙烯酸甲酯　　　　聚甲基丙烯酸甲酯(有机玻璃)

ABS是在聚苯乙烯基础上，经改性后发展起来的工程塑料。ABS树脂是由3种单体经过三元共聚而成的。3种单体及其聚合物为：

丙烯腈(A) $(CH_2=CH(CN))$　　1,3-丁二烯(B) $(CH_2=CH-CH=CH_2)$　　苯乙烯(S) $(CH_2=CH(C_6H_5))$

$$\left[\left(CH_2-CH(CN) \right)_x \left(CH_2-CH=CH-CH_2 \right)_x \left(CH_2-CH(C_6H_5) \right)_x \right]_n$$

因此，ABS 塑料具有 3 种组分的综合性能。

常见塑料的品种、性能和用途见表 8-12。

表8-12　常见塑料的品种、性能和用途

名　　称	单　　体	性　　能	用　　途
聚乙烯(PE)	$CH_2=CH_2$	柔韧、半透明、不吸水，电绝缘性能很好，耐化学腐蚀，耐寒，无毒性；耐溶剂性和耐热性差	制薄膜，作食品、药物的包装材料，制日常用品、管道、辐射保护衣，作绝缘材料等
聚丙烯(PP)	$CH_3CH=CH_2$	机械强度高，电绝缘性好，耐化学腐蚀，无毒性；低温发脆	制薄膜、日常用品
聚氯乙烯(PVC)	$CH_2=CHCl$	耐有机溶剂，耐化学腐蚀，抗水性好，易于染色；热稳定性差，冬天发硬	硬聚氯乙烯：制管道、作绝缘材料等；软聚氯乙烯：制薄膜、电线包皮、软管、日常用品等；聚氯乙烯泡沫塑料：作建筑材料、制日常用品等
聚苯乙烯(PS)	$CH_2=CH(C_6H_5)$	电绝缘性很好，透光性好，耐水，耐化学腐蚀，室温下发脆，温度较高时则逐渐变软，无毒性；耐溶剂性差	作高频率绝缘材料，制电视、雷达的绝缘部件，汽车、飞机部件，医疗卫生用具，日常用品，离子交换树脂等
聚甲基丙烯酸甲酯(有机玻璃)(PMMA)	$CH_2=C(CH_3)-COOCH_3$	透光性好，质轻，耐水，耐酸、碱，抗霉，易加工；耐磨性较差，能溶于有机溶剂	制飞机、汽车用玻璃，以及光学仪器、医疗器械、软管等
酚醛塑料(电木)(PF)	C_6H_5OH　HCHO	电绝缘性好，耐热，抗水；能被强酸、强碱腐蚀	制电工器材、仪表外壳、日常用品等，用玻璃纤维增强的酚醛塑料可用于宇宙航行、航空等领域，酚醛树脂也可用于制造涂料等

续表

名称	单体	性能	用途
工程塑料 (ABS)	$CH_2=CH-CN$ $CH_2=CH-CH=CH_2$ $CH_2=CH-C_6H_5$	质硬而坚韧,机械性能强,耐化学腐蚀,电绝缘性好,易于电镀	代替钢和有色金属,制齿轮、轴承、电机、仪表、家电产品外壳、飞机上的装饰板、窗框、隔音板、纺织用纱管等
聚四氟乙烯 (塑料王) (PTEE)	$CF_2=CF_2$	优异的耐高、低温性(−200 ℃~250 ℃),优异的耐化学腐蚀性(甚至可抗王水),优异的介电性能和低摩擦系数;强度低,加工困难	制工业垫圈、管道、阀门,作化工设备耐腐蚀材料、水下电器绝缘材料、原子能和航天工业用特种材料、防火涂层等

以世界上最大的工程塑料生产厂家美国的通用电气公司和杜邦公司为代表的大批公司,曾把汽车零件作为主要"攻占"对象,研究代替各种金属零件的工程塑料。20 世纪 70 年代,美国新泽西州的"波里发动机研究所"曾制造了一台汽车发动机,竟采用了 90%的工程塑料,即除了活塞和进气口等高温部位涂敷一层陶瓷外,几乎全部采用玻璃纤维和碳纤维加强树脂为基体的工程塑料,结果整台发动机的质量只有以往由金属零件构成的发动机的二分之一,减少了约 90 kg,可见当时的"工程塑料热"已达到何种程度。

为了减少对环境的污染,我国台湾研制出一种塑料餐具,不过这种塑料不是用石油作原料合成的,而是用小麦为原料做成的,其中的主要成分是淀粉。这种塑料既能做餐具盛食物,又能食用,还能当饲料喂猪。即使将其扔在野外变成垃圾,其遇到雨水也会自行分解,不会污染环境。可以预料,用不了多久,这类可食用的塑料餐具将会日益推广应用。不过目前,脲醛树脂仍在餐具市场占有优势。这是造成环境"白色污染"最主要的源头。

三、纤维

1. 纤维的分类

纤维(fibre)可分为天然纤维和化学纤维两种。

棉和麻属于天然植物性纤维,蚕丝和羊毛属于天然动物性纤维。

化学纤维是以天然高分子化合物或人工合成的高分子化合物为原料,通过制备纺丝原液、纺丝和后处理等工序制得的具有纺织性能的纤维。

化学纤维也分为两大类:**人造纤维**和**合成纤维(synthetic fibre)**。

人造纤维是以天然高分子化合物(如纤维素)为原料制成的化学纤维,其品种并不太多,主要有黏胶纤维、醋酸纤维和铜氨纤维。市场上出现的人造棉、人造丝、人造毛和富强纤维都属于人造纤维,它们还是合成纤维混纺织物的重要原料。

合成纤维是以人工合成的高分子化合物为原料制成的化学纤维,如聚酯纤维、聚酰胺纤维、聚丙烯腈纤维等。化学纤维具有强度高、耐磨、密度小、弹性好、不发霉、不怕虫蛀、易洗快干等优点，但其缺点是染色性较差、静电大、耐光和耐候性差、吸水性差。

2. 合成纤维的生产方法

要把聚合物变成可以纺丝的合成纤维，一般有两种方法。

第一种方法叫熔融纺丝法，它是干法纺丝，即先将聚合物加热，使它熔化为黏稠的液体，然后让黏液从喷丝头的细孔中压出，经过空气或水的冷却作用，就凝固成合成纤维的细丝。例如，锦纶、丙纶、涤纶纤维都用此法生产。

第二种方法叫湿法纺丝，即把聚合物溶解在适当的溶剂中，配成聚合物的溶液，再将这种溶液从喷丝头的细孔中压出，让溶液变成细流在热空气中通过，其中的溶剂就迅速挥发，聚合物就凝固成细丝。

例如，聚酯纤维是一类重要的合成纤维，在我国它的商品名为涤纶（俗称“的确良”），其化学名称是聚对苯二甲酸乙二酯纤维。它的合成反应式如下：

$$n\mathrm{HOCH_2{-}CH_2OH} + n\mathrm{HOOC{-}C_6H_4{-}COOH} \longrightarrow$$

乙二醇　　　对苯二甲酸

$$\mathrm{H{+}OCH_2CH_2O{-}\overset{O}{\overset{\|}{C}}{-}C_6H_4{-}\overset{O}{\overset{\|}{C}}{+}_nOH} + (n-1)\mathrm{H_2O}$$

聚对苯二甲酸乙二酯

由于天然纤维的发展受到自然条件的限制，因此，目前的纺织工业都以合成纤维为主。合成纤维的主要品种、性能和用途见表 8-13。

表8-13　合成纤维的主要品种、性能和用途

名　称	单　体	性　能	用　途
聚对苯二甲酸乙二酯（涤纶、的确良）（PETP）	$\mathrm{HOCH_2CH_2OH}$ $\mathrm{HOOCC_6H_4COOH}$	抗折皱性强，弹性好，耐光性好，耐酸性好，耐磨性好；不耐浓酸，染色性较差	制衣料、运输带、渔网、绳索、人造血管，作绝缘材料等
聚酰胺-6（锦纶、尼龙-6）（PA）	$\mathrm{HN(CH_2)_5CO}$（环）	强度高，弹性好，耐磨性好，耐碱性好，染色性好；不耐浓酸，耐光性差	制衣料、轮胎帘子线、绳索、渔网、降落伞等
聚丙烯腈（腈纶、人造羊毛）（PAN）	$\mathrm{CH_2{=}CH{-}CN}$	耐光性极好，耐酸性好，弹性好，保暖性好；不易染色，耐碱性差	制衣料、工业用布、毛毯、滤布、炮衣、天幕等
聚乙烯醇缩甲醛（维尼纶）（PVA）	$\mathrm{CH_3{-}\overset{O}{\overset{\|}{C}}OCH{=}CH_2}$ HCHO	吸湿性好，耐光性好，耐腐蚀性好，柔软和保暖性好；耐热性不够好，染色性较差	制衣料、桌布、窗帘、渔网、滤布、军事运输盖布、炮衣、粮食袋等
聚丙烯纤维（丙纶）（PP）	$\mathrm{CH_3CH{=}CH_2}$	机械强度高，耐腐蚀性极好，耐磨性好，电绝缘性好；染色性差，耐光性差	制绳索、网具、滤布、工作服、帆布等，制成的纱布不粘连在伤口上
聚氯乙烯纤维（氯纶）（PVC）	$\mathrm{CH_2{=}CH{-}Cl}$	保暖性好，耐日光性好，耐腐蚀性好；耐热性差，染色性差	制工作服、毛毯、绒线、滤布、渔网、帆布等

四、橡胶

1. 橡胶的性能

橡胶(rubber)是一种弹性高聚物，其相对分子质量一般均在几十万以上，有的甚至达100万左右。橡胶具有极为突出的高弹性，在较宽的温度范围内(如−50 ℃～150 ℃)和很小的外力作用下即能发生很大的形变，在去除外力后，又能很快地自然回复到原来的状态，这也是橡胶有别于塑料、纤维等其他高分子材料的主要标志。此外，橡胶还有较高的扯断强度、拉伸强度、撕裂强度、耐疲劳强度，有极高的可挠性、耐磨性，还具有不透水、不透气、耐酸碱腐蚀和优良的电绝缘性。

2. 橡胶的分类

橡胶分为**天然橡胶**和**合成橡胶(synthetic rubber)**两类。

(1) 天然橡胶。

由从橡胶树上采下来的乳状浆汁(含橡胶30%～40%)加入1%醋酸后析出的絮状固体，通过滤去水分，压成片状，晒干，就成为生胶。它的主要成分是聚异戊二烯，其结构如下：

$$\left[CH_2-\underset{}{\overset{\displaystyle CH_3 \atop |}{C}}=CH-CH_2 \right]_n$$

聚异戊二烯

生胶的机械强度较差，弹性也较低，而且缺乏塑性，不能成型，必须在其中加入各种配合剂，再经硫化交联成为网型结构，才具有符合使用要求的橡胶性能。

(2) 合成橡胶。

合成橡胶的种类比较多，最早大量合成的是顺式聚丁二烯，因此又称顺丁橡胶，其结构如下：

$$\left[CH_2-CH=CH-CH_2 \right]_n$$

顺丁橡胶

随后诞生的有氯丁橡胶(聚氯丁二烯)、丁苯橡胶等。其中丁苯橡胶是应用最广、产量最高的合成橡胶，它是由1,3-丁二烯和苯乙烯共聚制成的，合成反应式为：

$$nCH_2=CH-CH=CH_2 + nCH_2=\underset{\displaystyle C_6H_5}{\underset{|}{CH}} \longrightarrow \left[CH_2-CH=CH-CH_2-CH_2-\underset{\displaystyle C_6H_5}{\underset{|}{CH}} \right]_n$$

1,3-丁二烯　　　　苯乙烯　　　　丁苯橡胶

丁苯橡胶的加工性能与天然橡胶相似，硫化后的干胶的耐磨性、抗撕裂性、耐老化性和挤出光滑性都超过天然橡胶，但强度比天然橡胶稍低。丁苯干胶主要用于制造轮胎、胶管、胶鞋和胶黏剂。丁苯胶乳最初只是作为天然胶乳的代用品，如制造海绵橡胶，后来其用途扩展至非橡胶制品。例如，丁苯胶乳用来浸渍纤维和织物，可改善其防水、防皱、耐磨性能；用来处理纸张，可赋予耐磨、耐挠曲、防水性能，并可增强对油墨的吸附力；水泥砂浆中加入少量丁苯胶乳，可改善水泥的防水性和弹性；丁苯胶乳还可直接用作胶黏剂和涂料。

合成橡胶的主要品种、性能和用途见表8-14。

表8-14　合成橡胶的主要品种、性能和用途

名　称	单　体	性　能	用　途
顺丁橡胶(BR)	$CH_2=CH-CH=CH_2$	弹性好，耐磨，耐低温，耐老化；黏结性差	制轮胎、胶带、胶管、帘布胶、胶辊、胶鞋等
氯丁橡胶	$CH_2=C(Cl)-CH=CH_2$	耐油性最佳，耐光，耐臭氧，耐燃烧，耐化学腐蚀；耐寒性差，生胶贮存期短	制输油、输送有机溶剂管道的密封圈，以及输送带、防毒面具、电缆外皮、轮胎等
丁苯橡胶(SBR)	$CH_2=CH-CH=CH_2$ $CH_2=CH-C_6H_5$	耐磨，耐老化，热稳定性、电绝缘性好；弹性较差	作电绝缘材料，制轮胎、一般橡胶制品等
丁腈橡胶(NBR)	$CH_2=CH-CH=CH_2$ $CH_2=CH-CN$	有优异的耐油性，耐热，耐磨，耐辐射；弹性和电绝缘性能以及耐寒性较差	制耐油的橡胶制品，如飞机油箱衬里等
硅橡胶	$R_nSiCl_{(4-n)}$ ($n=1,2,3$)	耐低温(−100 ℃)和高温(300 ℃)，抗老化和抗臭氧性好，电绝缘性好；机械性差，耐化学腐蚀性差	制各种在高温、低温下使用的衬垫，医疗器械及人造关节，作电绝缘材料等

五、胶黏剂

1. 胶黏剂的定义

胶黏剂又称黏合剂，是通过界面黏附、内聚、咬合和摩擦等作用使两种或两种以上部件连接在一起共同受力(或发挥功能性作用)的材料。它可以是天然的，也可以是人工制备的；可以是无机的、有机的，也可以是无机-有机复合的。简而言之，胶黏剂就是通过黏合作用，能使被黏物体结合在一起的材料。

2. 胶黏剂的分类

(1) 按材料属性，胶黏剂可以分为天然胶黏剂和人工胶黏剂。天然胶黏剂是将自然界物质直接作为胶黏剂，或经简单加工得到的胶黏剂，如可以从动植物胶中提取一些成分，经加工得到胶黏剂。人工胶黏剂主要指采用化工原料加工而成的胶黏剂，常见的有合成树脂基、水玻璃基、水泥基、石膏基胶黏剂等。

(2) 按用途划分，建材行业中的胶黏剂主要有建筑胶黏剂和装饰胶黏剂两类。建筑胶黏剂常用于建筑物中的结构承重部位，其主要成分为聚氨酯、沥青或硅酮和水泥等。装饰胶黏剂常用于室内装修、门窗和地下室等部位，市场上销售的主要是氯丁橡胶胶黏剂和水泥基胶黏剂。

(3) 按化学组成，胶黏剂可分为以下几类：

① 热固性树脂胶黏剂。它以热固性树脂(如环氧树脂、酚醛树脂)为主要原料制成，

是相对分子质量较小的液体或固体树脂，固化后交联成为不溶的体型结构，似丝瓜络一样的网络，具有很高的强度和耐热性等。

② 热塑性树脂胶黏剂。它以热塑性树脂[如聚乙烯醇缩醛、聚甲基丙烯酸酯、聚乙酸乙酯乳胶(又称聚醋酸乙烯酯乳液)]为主要原料制成。

③ 橡胶型胶黏剂。它是以合成橡胶为基本原料制得的胶黏剂，如氯丁橡胶、丁腈橡胶、硅橡胶、丁苯橡胶等。

各种材料的黏合与胶黏剂的选用可参见表 8-15。

表8-15 胶黏剂选用参考表

被黏物	纸	织物	皮革	木材	尼龙	ABS塑料	增强塑料	聚氯乙烯	橡胶	玻璃陶瓷	金属
金属	12,16	10,12,16,18	10,12,16,18,19	1,2,4,5,6,10,12,16	1,6,7,11,18,19	5,6	6,7,9	5,6,8	2,4,5,6,10,15,16	2,3,4,6,10	2,3,5,6,13,15,20
玻璃陶瓷	12,16	10,12,16,18	6,10,12,15,18	2,4,5,6,10,12,15,16	7,11	4,5,6	1,6	5,7	4,5,10,15,16	2,4,5,6,10,15,20	
橡胶	16	10,12,16	10,15,16,18	2,4,5,10,15,16	5	4,5,10	5,6,10,19	4,5	4,5,10,15,16,20		
聚氯乙烯	5,12	5,12	5,12	5,12	5,7,19	4,5	5,7,19	5,8,19			
增强塑料	5,6,12	12,15,16	5,6	5,6	5,7	5,6	5,6,9				
ABS塑料	4,5,6,12	4,5	4,5	4,5	5	5,6,14					
尼龙	5,11	5,7,11,19	5,11	5,6,7,11	3,5,7,10,11						
木材	13,16	10,16,17	10,16,17,18	1,5,6,10,12							
皮革	16,17,18	10,16,17,18	10,12,15,16,17,18								
织物	13,17	10,12,16,17									
纸	13,17										

表中数字代表以下各种胶黏剂

1. 酚醛； 2. 酚醛-缩醛；
3. 酚醛-聚酰胺； 4. 酚醛-氯丁橡胶；
5. 酚醛-丁腈橡胶； 6. 环氧树脂；
7. 环氧树脂-聚酰胺； 8. 聚氯乙烯；
9. 不饱和聚酯； 10. 聚氨酯；
11. 聚酰胺； 12. 聚醋酸乙烯酯；
13. 聚乙烯醇； 14. 聚丙烯酸酯；
15. 2-氰基丙烯酸酯；16. 天然橡胶；
17. 丁苯橡胶； 18. 氯丁橡胶；
19. 丁腈橡胶； 20. 有机硅胶。

六、涂料

1. 涂料的定义

涂料是指涂布于物体表面，在一定的条件下能形成薄膜而起保护、装饰或其他特殊功能(绝缘、防锈、防霉、耐热等)的一类液体或固体材料。因早期的涂料大多以植物油为主要原料，故又称作油漆。现在合成树脂已大部分或全部取代了植物油，故称为涂料。涂料并非液态，粉末涂料是涂料品种中的一大类。涂料属于有机化工高分子材料，所形成的涂膜属于高分子化合物类型。

2. 涂料的组成

涂料一般由四种基本成分组成：成膜物质、颜料、溶剂和添加剂。

(1) 成膜物质。成膜物质是涂膜的主要成分，包括油脂、油脂加工产品、纤维素衍生物、天然树脂、合成树脂和合成乳液。成膜物质还包括部分不挥发的活性稀释剂，它是使涂料牢固附着于被涂物表面形成连续薄膜的主要物质，是构成涂料的基础，决定着涂料的基本特性。

(2) 颜料。一般分为两种：一种为着色颜料，常见的有钛白粉、铬黄等；另一种为体质颜料，也就是常说的填料，如碳酸钙、滑石粉等。

(3) 溶剂。涂料所用溶剂分为两大类：一类是有机溶剂，包括烃类(矿物油精、煤油、汽油、苯、甲苯、二甲苯等)、醇类、醚类、酮类和酯类物质；另一类是水。有机溶剂和水的主要作用在于使成膜基料分散而形成黏稠液体，它有助于施工和改善涂膜的某些性能。

(4) 添加剂。如消泡剂、流平剂等，还有一些特殊的功能助剂，如底材润湿剂等。这些助剂一般不能成膜并且添加量少，但对基料形成涂膜的过程与耐久性起着相当重要的作用 。

3. 几种常见合成涂料的性能和用途

几种常见合成涂料的性能和用途见表8-16。

表8-16　几种常见合成涂料的性能与用途

涂料类别	重要性能	用途
酚醛树脂类	有一定硬度，带光泽，快干，耐水，耐酸和碱，具有绝缘性	作防腐、防潮和绝缘涂料
绝缘沥青漆类	耐水性强，耐化学腐蚀，具有绝缘性，装饰和保护性能好，价廉；色泽单调，只能制成深色、黑色涂料	作防腐漆、金属底漆、绝缘漆、船底防污漆
氨基树脂漆类	机械强度高，色彩鲜艳，不易泛黄，绝缘性好，耐水，耐油	用于交通工具、仪器仪表、五金零件和轻工产品等金属部件的防腐与装饰
纤维素漆类	干结较快，硬度高，耐磨，不变色泛黄；溶剂含量较高，工序多，有一定毒性	用于金属、木材、皮革、纺织品、塑料、混凝土等的表面装饰及防护
丙烯酸漆类	色泽优美，保色、保光性能良好，耐酸雾和一般酸碱腐蚀，耐热，防潮，抗霉，耐久	用于医疗器械、轻工产品和木器家具等的表面装饰与防护
环氧树脂漆类	附着力强，耐化学腐蚀，电绝缘性好；户外耐候性差，与其他漆结合力差	作化工、造船、炼油、钢铁工业防腐涂料，家用电器底漆，电工件绝缘涂料等

习题

一、填空题

1. 下列反应中,单体是____________,链节是____________,聚合度是__________,高聚物是____________。

$$nCH_2{=}CH{-}CN \longrightarrow {-}\!\!\!\![CH_2{-}\underset{\displaystyle CN}{\underset{|}{CH}}]\!\!\!\!{-}_n$$

2. 高分子化合物按其来源可分为____________和____________;按其组成和性质可分为________和________。通常所说的高分子都是____________。

3. 塑料是以____________或____________的有机高分子物质为基本成分的可塑成型的材料,它是以________为基本原料,加适量的________和________塑制而成的。根据塑料受热时所表现的性能,可将塑料分为________和________两大类;按塑料的用途,又可将塑料分为________、________、________和________。常见的塑料有________、________、________、________等。

4. 纤维可分为天然纤维和化学纤维两大类。常见的天然纤维有________、________、________和________等。化学纤维可分为__________和__________两大类。

5. 合成纤维主要有____________、____________、____________、________、________、________等。

6. 聚酯纤维是一类重要的合成纤维,在我国它的商品名为________,俗称________,化学名称是____________。

7. 橡胶是一种____________,分为________和________。常见的合成橡胶有________、________、________、________、________等。其中________是应用最广、产量最高的合成橡胶,它是由____________和____________共聚制成的。橡胶的主要特点是具有________、________、________、________等。

8. 涂料一般由四种基本成分组成:________、________、________和________。

二、选择题

9. 高分子材料与一般金属材料相比,优越性是　(　　)
   A. 强度大　B. 电绝缘性能好　C. 不耐化学腐蚀　D. 不耐热

10. 下列塑料能在高温下使用的是　(　　)
   A. 聚乙烯　B. 聚丙烯　C. 聚四氟乙烯　D. 聚苯乙烯

11. 塑料变硬、开裂,橡胶发黏等高聚物的性能遭破坏的过程称为　(　　)
   A. 变性　B. 老化　C. 可塑性　D. 热固性

12. 常用于制生活用品和餐具的塑料是　(　　)
   A. 聚乙烯　B. 聚苯乙烯　C. 脲醛树脂　D. 酚醛树脂

13. 在相同条件下焚烧下列物质,污染大气最严重的是　(　　)

A. 聚氯乙烯　　B. 聚乙烯　　C. 聚丙烯　　D. 氢气

14. 对于某些合成材料(如塑料制品)废弃物的处理方法正确的是　　(　　)

A. 将废弃物混在垃圾中填埋在土壤中

B. 将废弃物焚烧

C. 将废弃物用化学方法加工成涂料或汽油

D. 将废弃物倾倒在海洋中

15. 橡胶区别于纤维、塑料的主要标志是　　(　　)

A. 可塑性　　B. 高弹性　　C. 耐腐蚀性　　D. 可燃性

16. 能制作普通“胶鞋”的橡胶是　　(　　)

A. 丁苯橡胶　　B. 丁腈橡胶　　C. 顺丁橡胶　　D. 生橡胶

17. 日常生活中所用的胶黏剂“万能胶”的主要成分是　　(　　)

A. 聚乙烯　　B. 聚氯乙烯　　C. 环氧树脂　　D. 聚丙烯腈

第四节　复合材料　特殊材料

一、复合材料

复合材料(composite)是由金属材料、陶瓷材料或者高分子材料等两种或两种以上不同性质的材料,经复合工艺制备而成的材料。它既保持了原有材料的特点,又使各组分间协同作用,形成了优于原材料的特性。

1. 复合材料的组成

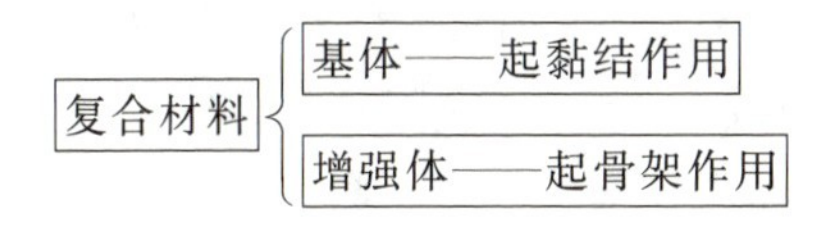

2. 复合材料的分类

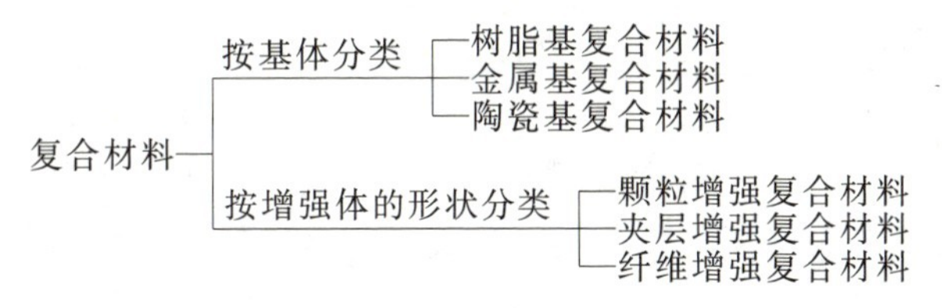

3. 形形色色的复合材料

(1) 玻璃钢。

玻璃钢的学名为玻璃纤维增强塑料(FRP,又称 GRP),一般指用玻璃纤维增强不饱和聚酯树脂、环氧树脂与酚醛树脂为基体,以玻璃纤维或碳纤维等作增强体的增强材料。较之于传统材料,其增强效果是显著而有效的。

① 玻璃钢的物理性能。

密度小。玻璃钢的密度介于 1.5～2.0 之间,只有普通碳钢的 1/5～1/4,比轻金属铝还要轻 1/3 左右。因此,其在航空、火箭、宇宙飞行器、高压容器以及在其他需要减轻自重的制品应用中都具有卓越成效。

具有热绝缘性能。玻璃钢有良好的热性能，它的比热容较大，是金属的 2～3 倍，导热系数比较低，只有金属材料的 1/1000～1/100。

具有电绝缘性能。玻璃钢有优良的电绝缘性能，在高频作用下仍然保持良好的介电性能，可制成仪表、电机及电器中的绝缘零部件。此外，玻璃钢不受电磁影响，而且有良好的透微波性能。

② 玻璃钢的化学性能。

玻璃钢是良好的耐腐蚀材料，对大气、水和一般浓度的酸、碱、盐以及多种油类和溶剂都有较好的抵抗能力。

③ 玻璃钢的应用。

玻璃钢材料作为复合材料，因其独特的性能优势，已在航空航天、铁道铁路、装饰建筑、家居家具、工艺礼品、建材卫浴、游艇泊船、体育用材、环卫工程等相关行业广泛应用，并深受赞誉，成为材料行业中新时代商家的宠儿。玻璃钢制品在性能、用途、寿命属性上大大优于传统制品，因其具有易造型、可定制、色彩随意调配的特点而深受商家和消费者的青睐，所占市场份额也逐年上升。

(2) 复合薄膜。

复合薄膜是由两层或多层不同材料的薄膜复合而成的，可以获得具有各种单一材料综合性质的特性，使它更符合包装材料的需要。

制造复合薄膜的基本材料有塑料薄膜(如聚乙烯、聚丙烯、聚苯乙烯、聚氯乙烯、聚酯等)、玻璃纸、纸张和金属箔(如铝箔)等。

复合薄膜可以延长食品的保存期限，这是因为它可以防湿、防水、防气体渗透、遮光、耐油脂、热封。例如，用单层塑料薄膜包装饮料，保存期为 7～14 天，而改用聚苯乙烯-聚偏二氯乙烯-聚苯乙烯复合薄膜包装袋，保存期可达 9～12 个月。又如，用聚乙烯薄膜包装奶油，保存期只有 1 个月，而采用聚苯乙烯-聚乙烯-聚苯乙烯复合薄膜包装袋，保存期可达半年。

复合薄膜包装食品可以加热，便于食品加热以后再食用。

复合薄膜还有利于改进商品的包装和装潢。某些复合薄膜将印刷的图案夹在两层薄膜之间，可以防湿、防水、防油，在使用过程中不会因为遇水使包装袋掉色而污染商品，也不会因为摩擦而使图案磨损和缺损。有一种聚乙烯-纸-铝箔-聚乙烯四层复合薄膜，既有聚乙烯的透明性，又有耐火、耐腐蚀、强度高、韧性好、易热封等特点(这些都是应用了铝箔的结果)，还可以在纸上进行印刷，使图案和色彩更为鲜艳美观。这种复合薄膜中的铝箔气密性特别好，可制成牙膏软管来代替铝管，从而节约大量金属铝，也可用于包装化妆品、油彩、油墨等。聚乙烯-牛皮纸-聚乙烯复合薄膜具有强韧的特点，而且防湿、防水，可用作重包装材料，如用于包装肥料、饮料、水泥、化学药品、农药、食盐、砂糖等。

(3) 烧蚀材料。

烧蚀材料是由一些玻璃纤维增强的酚醛塑料或环氧树脂组成的，它们在高温高压气流冲刷的条件下，发生热解、汽化、升华、熔化、辐射等作用，通过材料表面的物质损耗而带走大量热，从而达到耐高温和保护宇宙飞船和人造卫星内部设备的目的。

在烧蚀过程中，原始材料受到高温的作用发生炭化，炭化层在烧蚀过程中起着非常重要的作用，它在高温气流作用下，表面温度升高，在汽化、升华等过程中吸收大量的热，起到了防热作用和保护内部的效果。因此，宇宙飞船和人造卫星在重返地球时，依靠表面剥掉一层皮（用玻璃纤维增强塑料做的保护层被烧掉）而使整个飞船和卫星完整地被保护起来，使飞船和卫星中的仪器设备以及珍贵的空间考察资料不致被烧毁，坐在飞船中的人也能安然无恙地返回地球，而且根本感觉不到飞船的外壳正在熊熊地燃烧且产生了几千摄氏度的高温。

（4）碳纤维复合材料。

碳纤维是由有机纤维经过一系列热处理转化而成的含碳量高于 90% 的无机高性能纤维。碳纤维是一种力学性能优异的新材料，既具有碳材料的固有本性特征，又兼备纺织纤维的柔软可加工性，是新一代增强纤维。碳纤维除用作绝热保温材料外，一般不单独使用，多作为增强材料加入树脂、金属、陶瓷、混凝土等材料中构成碳纤维复合材料。碳纤维复合材料可用作飞机结构材料、电磁屏蔽除电材料、人工韧带等身体代用材料，以及用于制造火箭外壳、机动船、工业机器人、汽车板簧和驱动轴等。

碳纤维复合材料由于其比重小、刚性好和强度高而成为一种先进的航空航天材料。因为航天飞行器的质量每减少 1 kg 就可使运载火箭减轻 500 kg，所以在航空航天工业中争相采用先进复合材料。有一种垂直起落战斗机，它所用的碳纤维复合材料已占全机质量的 1/4，占机翼质量的 1/3。据报道，美国航天飞机上 3 只火箭推进器的关键部件以及先进的 MX 导弹发射管等都是用先进的碳纤维复合材料制成的。

现在，材料的复合正向着精细化方向发展，出现了诸如仿生复合、纳米复合、分子复合、智能复合等新方法，使得复合材料大家族中增添了许多性能优异、功能独特的新成员。随着科学技术的进步，复合材料展现出不可估量的应用前景。材料科学专家普遍认为，当前人类已经从合成材料时代进入复合材料时代。

二、特殊材料

1. 半导体材料

在物理学上，常用导电能力来区分各种重要的材料，通常是按材料的电阻不同分成“导体”“半导体”“绝缘体”三个档次。金属的电阻率最低（为 $10^{-6}\sim10^{-2}\ \Omega\cdot cm$），绝缘体的电阻率最高（为 $10^{8}\sim10^{13}\ \Omega\cdot cm$），半导体的电阻率在导体和绝缘体之间（为 $10^{-2}\sim10^{8}\ \Omega\cdot cm$）。硫化银、硫化铅和硒这些材料的电阻率正好属于半导体这个“档次”。其原因是材料的导电能力和它内部自由电子的多少有直接关系。

同一种半导体材料，可以做成两种类型的半导体，一种叫 P 型半导体，另一种叫 N 型半导体。例如，硅这种材料，它的每个原子有 4 个外层电子（叫作价电子）与其他原子形成共价键，由于这些电子全部被邻近的原子吸引，电子无法在固体硅中自由运动，因此纯硅是不良导体。但如果在硅中添加少许砷或磷原子作为杂质，代替一些硅原子，由于砷或磷原子外层有 5 个价电子，它用 4 个电子和硅原子形成共价键后，多出的一个电子就能“脱离”出来，成为自由电子而在硅中自由运动，这时硅就能导电，这种靠自由电子导电的半导体就叫作 N 型半导体[图 8-10(a)]。相反，如果在纯硅中加入外层电子只有 3 个的硼原子或铟原子，它们就会从邻近的硅原子中“吸引”一个电子形成共价键，而成为一个带正电荷的所谓“空穴”，带空穴的硅也能导电，这种有空穴的硅就叫作P型半导体［图8-10(b)］。

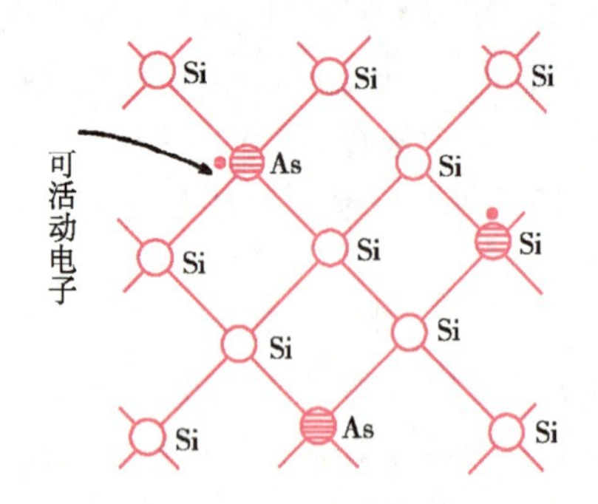

(a) N型半导体结构(硅晶体中加入杂质砷)

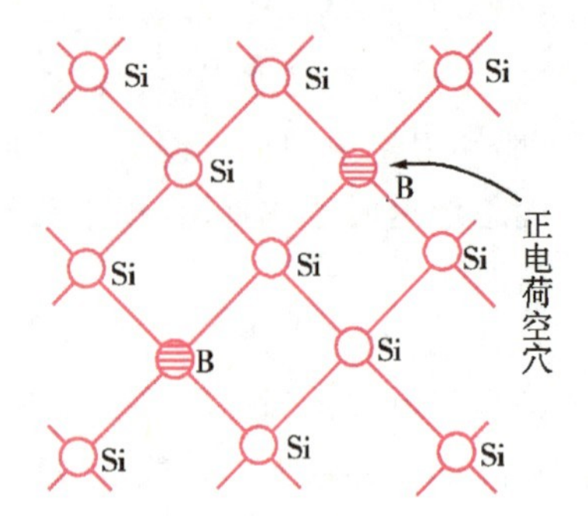

(b) P型半导体结构(硅晶体中加入杂质硼)

图8-10　N型和P型半导体

当在半导体上加上电压时，只有一个方向的电流能通过，换一个正负极，电流就不能通过，即它具有单向导电的作用，因此利用半导体的这种特性制成的二极管可以对电信号进行检波。现在，半导体几乎渗透到人们生活、工作、学习、休闲等各个领域。各种家用电器，如电视机、全自动洗衣机、程控电话、家用电脑等，没有一样离得开半导体材料。

2. 超导材料

1911年，荷兰物理学家卡末林·翁纳斯在进行低温下水银电阻变化的实验时首先发现，水银在−269 ℃附近进入一个新的物态，其电阻变为零。后来人们把这种具有特殊性质的物态称为超导态。在超低温下电阻为零的材料就是**超导材料(superconductive material)**。目前发现的超导材料主要是多种金属合金，如铌合金、铌钛合金、钡镓合金、钡-钇-铜氧化物体系等。

超导体的直流电阻率在一定低温下突然消失，这一现象称为零电阻效应。处于超导状态的导体没有电阻，电流流经超导体不发生热损耗，可以毫无阻力地在导线中传递。

超导体的另一重要特性是当金属变成超导体时，磁感应线自动排出金属体之外，即超导体内磁感应强度为零，这种现象称为完全抗磁效应。

由于超导体具有奇异的特性，其已在许多科学技术领域得到应用，并显示出突出的优点和广阔前景。若应用新型超导材料制输电线和储电设备，则具有体积小、重量轻、输出功率高、损耗小等优点。这些优点不仅对于大规模电力工程是极其重要的，而且在航海舰艇、航空航天器上也是很理想的。利用超导体完全抗磁性的特性制造的超导电磁悬浮列车具有安全、稳定、快速、无噪音、振动小、对空气污染小等优点。若将超导材料应用于超导电脑，不仅可以大大缩小体积，而且运算速度也可大大提高。若将超导材料用于天文望远镜，可有效地扩大天文望远镜的观察极限，提高观测能力，使图像的清晰度大大提高。

超导材料研究是当今世界上一门新型科学技术，各国科学家都在竞相研制常温下的超导材料。我国在这方面的研究已经处于世界前列。

3. 敏感材料

敏感材料的种类很多，许多功能材料具有敏感的特性。例如，铯、铷等材料具有光敏特性，受到光线照射以后部分电子即会被释放出来，对光的反应相当灵敏。利用这些材料的光敏特性，可制作“光电眼”控制器，用于精确测定炼钢炉的温度，并实现自动控制。又如压电陶瓷（锆钛酸铅）材料具有压敏的特性，受压后能产生电压。利用它的这种特性，可制作地震监测器。在地震发生前，震源会发生震动，压电陶瓷只要受到仅几牛（顿）的力的作用，就会产生电信号，并能测定地震的方向。

在半导体材料中，也有一些材料具有敏感的特性。锑化铟是一种对红外线敏感的半导体，利用这种红外光敏特性可制作光敏电阻，用于遥感技术。如果在导弹头部装上具有光敏电阻的控制器，它就能感受到敌机发动机喷出的火焰中的红外光，用输出信号去控制导弹飞行，跟踪追击，把敌机击毁。又如，由二氧化锡、氯化钯等混合烧结而成的半导体具有气敏的特性，利用它的这个特性可制作“气敏检测仪”。在靠近易燃、易爆气体时，这种气敏半导体表面吸附着的氧分子即和易燃、易爆气体结合，这些气体夺走了气敏半导体表面的氧，立即引起它上面的电阻发生变化，使电流增加，警报器便发出信号。

敏感材料是信息探测传感器的核心材料，可用来研制开发光敏、压敏、电敏、热敏、声敏、温敏、力敏和气敏等多种器件。

4. 功能高分子材料

功能高分子材料是指既有传统高分子材料的机械性能，又有某些特殊功能的高分子材料。如高分子分离膜是一种用具有特殊分离功能的高分子材料制成的薄膜。它的特点是能够有选择地让某些物质通过，而把另外一些物质分离掉。这类分离膜广泛应用于生活污水、工业废水等废液处理以及回收废液中的有用成分，特别是在海水和苦碱水的淡化方面已经实现了工业化（图 8-11）。在食品工业中，分离膜可用于浓缩天然果汁、乳制品加工、酿酒等，分离时不需要加热，并可保持食品原有风味。高分子分离膜还有识别物质、能量转化和物质转化等功能。

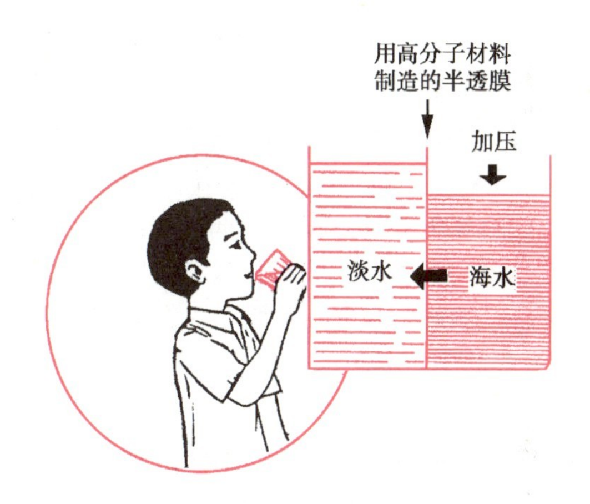

图 8-11　用高分子分离膜淡化海水

在医学上，人们一直想用人工器官来代替不能治愈的病变器官，但是，在过去很长一段时间内都没有取得重大的进展，主要是材料的问题解决不了。直到高分子材料诞生以后，人们的这种愿望才初步得以实现。合成高分子材料一般具有优异的生物相容性，较少受到排斥，可以满足人工器官对材料的苛刻要求。此外，用作人体不同部位的人工器官，还必须具备某些特殊的功能。例如，人工心脏不仅要求材料与血液有很好的相容性，不能引起血液凝固、破坏血小板等，而且还要求材料具有很高的机械性能。这是因为，心跳一般为每分钟 75 次左右，如果使用 10 年，人工心脏就得反复挠曲 4 亿次，这样高的要求，一般材料是很难胜任的，目前已使用的材料有硅聚合物和聚氨酯等高分子材料。随着医用高分子材料的发展，目前人类已经能够制成从皮肤到骨骼，从眼到喉，从心肺到肝肾等各种人工器官。所有这些再加上新型高分子药物的发展，将为人类的健康和长寿做出不可估量的贡献。

5. 纳米材料

根据国家标准委发布的《纳米材料术语》标准，纳米尺度指的是1～100 nm的几何尺度。纳米材料是指基本单元的颗粒或晶粒尺寸在三维空间尺度上至少有一维上处于纳米量级(1～100 nm)的材料，它是由尺寸介于原子、分子和宏观体系之间的纳米粒子所组成的新一代材料。纳米技术是一种能在原子或分子水平上操纵物质的技术，或者说是在纳米尺度水平上对物质和材料进行研究处理的技术。作为材料技术，纳米技术能够为信息和生物科学技术进一步发展提供基础的材料，所以纳米技术是21世纪社会经济发展的三大支柱(信息、能源、新材料)的核心，是当今世界大国争夺的战略制高点。

纳米材料与常规材料相比，有很多奇异特性：

(1) 特殊的光学性质。当黄金被细分到小于光波波长的尺寸时，即失去了原有的富贵光泽而呈黑色，显示出特殊的光学性质。事实上，所有的金属在超微颗粒状态时都呈现黑色，而且尺寸越小，颜色越黑。银白色的铂(白金)变成铂黑，金属铬变成铬黑。利用这个特性可以制造高效率的光热、光电转换材料，以很高的效率将太阳能转变为热能、电能。另外，还有可能将其应用于红外敏感元件、红外隐身技术等。

(2) 特殊的热学性质。通常，固态物质有其固定的熔点。然而，物质超细微化后其熔点将显著降低，当颗粒小于10 nm数量级时尤为显著，显示出特殊的热学性质。例如，金的常规熔点为1064 ℃，当颗粒尺寸减小到10 nm时会降低27 ℃，2 nm时的熔点仅为327 ℃左右；银的常规熔点为670 ℃，而超微银颗粒的熔点可低于100 ℃。因此，超细银粉制成的导电浆料可以进行低温烧结，此时元件的基片不必采用耐高温的陶瓷材料，甚至可用塑料。采用超细银粉浆料，可使膜厚均匀，覆盖面积大，既省材料又提高质量。超微颗粒熔点下降的性质对粉末冶金工业具有一定的吸引力。例如，在钨颗粒中附加0.1%～0.5%质量比的超微镍颗粒后，烧结温度可从3000 ℃降低到1200 ℃～1300 ℃，以致可以在较低的温度下烧制成大功率半导体管的基片。

(3) 特殊的磁学性质。人们发现鸽子、海豚、蝴蝶、蜜蜂以及生活在水中的趋磁细菌等生物体中存在超微的磁性颗粒，这类生物在地磁场导航下能辨别方向，具有回归的本领。磁性超微颗粒实质上是一个生物磁罗盘，生活在水中的趋磁细菌依靠它游向营养丰富的水底。研究表明，在趋磁细菌体内通常含有直径约为微米级的磁性氧化物颗料。小尺寸的磁性超微颗粒与大块材料显著不同，显示出特殊的磁学性质。大块的纯铁矫顽力约为80 A/m，而当颗粒尺寸减小到$2\times10^{-2}\,\mu m$以下时，其矫顽力可增加1000倍；若进一步减小其尺寸，当颗粒尺寸减小到小于$6\times10^{-3}\,\mu m$时，其矫顽力反而降低到零，呈现出超顺磁性。利用磁性超微颗粒具有高矫顽力的特性，已制成高储存密度的磁记录磁粉，大量应用于磁带、磁盘、磁卡以及磁性钥匙等。利用超顺磁性，人们已将磁性超微颗粒制成用途广泛的磁性液体。

(4) 特殊的力学性质。脆性是陶瓷材料的致命弱点。新一代纳米陶瓷的出现，给人们带来了解决传统陶瓷脆性问题的希望。当陶瓷材料的颗粒达到纳米级时，便会一反常态而具有延性，甚至超塑性。室温下合成的二氧化钛(TiO_2)纳米陶瓷可以弯曲，塑性强，韧性极佳。对纳米陶瓷进行表面处理，可使材料内部保持韧性，而表面却显示出高硬度、高耐磨性与耐腐蚀性。

美国学者报道，氟化钙纳米材料在室温下可以大幅度弯曲而不断裂。研究表明，人的牙齿之所以具有很高的强度，是因为它由磷酸钙等纳米材料构成。呈纳米晶粒的金属要比传统的粗晶粒金属硬 3～5 倍。金属-陶瓷复合纳米材料则可在更大的范围内改变材料的力学性质，其应用前景十分宽广。

此外，超微颗粒的表面具有很高的活性。利用其表面活性，金属超微颗粒可望成为新一代的高效催化剂、贮气材料和低熔点材料。

随着对纳米材料应用研究的不断深入，纳米材料必将成为 21 世纪的新一代材料。

习题

一、填空题

1. 制造复合薄膜的基本材料有________、________、________和________。

2. 复合材料是由两种或两种以上________的物质，经人工组合而成的性能优良的多材质材料。它在性能上既集中了____________，又克服了____________，成为一种新型材料。

3. 玻璃钢的密度仅是钢材的________，且具有________、________、________、________、________等优良性能，这是综合了树脂和玻璃纤维的各种优点的结果。

4. 光导纤维是由________和________黏合而成的复合材料。它是一种____________、________的玻璃纤维。多股光纤做成的光缆与普通电缆相比具有________、________、________、________、________、________、__________等优点。

5. 烧蚀材料是由________________________组成的，它广泛用于________和________外壳体上。通过外壳烧蚀材料在高达几千摄氏度高温下燃烧，不断剥掉(如同一层层皮被剥落)而达到降温保护主体之目的。

6. 超导材料的两大特点是________和____________。超导材料主要是________材料，如________、________、________、____________等。

7. 敏感材料可用来制作________、________、________、________、________、________、________和________等多种传感器件，是信息探测器的核心材料。

8. 功能高分子材料是指既有____________________的机械性能，又有某些____________的高分子材料，如具有强吸水功能的聚丙烯酸钠树脂，俗称“尿不湿”。又如(请再举一例)________________________。

二、选择题

9. 下列物质中，不属于复合材料的是 (　　)

A. 有机玻璃　　B. 玻璃钢

C. 光导纤维　　D. 钢筋混凝土

10. 下列物质中，不属于特殊材料的是　　(　　)

A. 超导材料　　B. 敏感材料

C. 聚乙烯　　D. 功能高分子材料

11. 在下列高聚物中，用于人工心脏的高分子材料是　　(　　)

A. 聚丙烯腈　　B. 酚醛树脂

C. 硅聚合物和聚氨酯类　　D. 氯丁橡胶

12. 角膜接触镜也称“隐形眼镜”，其制作材料目前使用的是　　(　　)

A. 聚氯乙烯　　B. 聚甲基丙烯酸羟乙酯

C. 聚苯乙烯　　D. 醋酸纤维

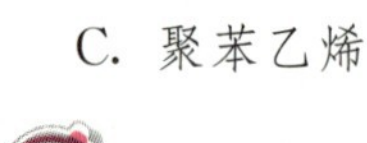

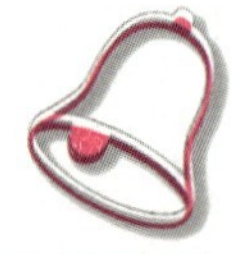

本章小结

一、常见金属材料

1. 金属通论

一切金属固体都具有晶体结构，它是由金属原子、金属阳离子和自由电子通过金属键结合在一起形成的。金属键的存在使金属晶体具有一些物理通性，如具有金属光泽，良好的导电性、导热性、延展性。由于金属原子最外层电子数较少(一般为 1～3 个)，在化学反应中易失去电子。各种金属的活泼性不同，在自然界的存在方式并不相同，因此冶炼的方法也不同。

2. 合金

合金是两种或两种以上的金属(或者是金属和非金属)熔合而成的具有金属特性的物质。除密度外，多数合金的熔点都低于组分金属，强度和硬度一般高于组分金属，化学性质也不同。

铁合金中最重要的是生铁和钢。

3. 黑色金属

(1) 铁。铁是元素周期表中第Ⅷ族元素，属于重要的过渡元素，它具有金属的通性。铁是比较活泼的金属，常温下，在干燥空气中稳定，在潮湿空气中或加热条件下能与多种物质反应，通常显＋2、＋3 价。

铁的重要化合物有氯化铁($FeCl_3$)，三价铁离子可用 SCN^- 检验。

(2) 铬。铬是银白色金属，它的主要用途是炼合金钢。

铬的重要化合物有氧化铬(Cr_2O_3)、重铬酸钾($K_2Cr_2O_7$)。

(3) 锰。锰是银白色金属，它主要用于炼钢和制造合金钢。

锰的重要化合物有二氧化锰(MnO_2)和高锰酸钾($KMnO_4$)。

4. 有色金属

(1) 铝及其化合物。铝是银白色金属，在空气中因表面形成致密氧化膜而具有耐腐蚀性。金属铝在生产与生活中有广泛的用途。铝具有金属的通性和两性。

铝的重要化合物有氧化铝(Al_2O_3)和氢氧化铝[$Al(OH)_3$],它们具有两性,既能与酸反应,又能与碱反应。

(2) 锌。锌是略带蓝色的银白色金属,在空气中表面易形成致密的碱式盐保护膜。锌具有金属通性和两性。

锌的重要化合物有氧化锌(ZnO)和氯化锌($ZnCl_2$)。

(3) 铜。铜是紫红色金属,有良好的导电性、导热性和延展性,广泛用于电气工业和制造合金。

铜常温下不与氧反应,加热时与氧化合,在潮湿空气中易被腐蚀,一般不与稀酸反应,但能被浓硫酸及硝酸氧化。

铜的主要化合物有氧化铜(CuO)、氧化亚铜(Cu_2O)和硫酸铜($CuSO_4$)。

(4) 钛。钛是银白色金属,熔点高,密度小,有很强的抗腐蚀能力。钛是现代工业中重要的金属材料,用于航空、航海以及石油、化工、医疗卫生等方面。

钛的重要化合物是二氧化钛(TiO_2)。

5. 贵重金属

(1) 金。黄色金属,密度高,是电、热的良导体,极富延展性,化学性质稳定,不溶于酸、碱,溶于王水。

(2) 铂。银白色金属,熔点高,有极好的延展性,化学性质很稳定,常用作多种化学反应的催化剂。

6. 稀土材料

稀土金属包括镧系以及钪、钇 17 种元素,一般为银白色,有延展性,熔点高,是比较活泼的金属,随着科技的发展其应用越来越广泛。

二、无机非金属材料

1. 硅酸盐材料

(1) 硅及其化合物。

硅是元素周期表中第ⅣA 族元素,在地壳中含量居第二位,在自然界分布广泛。硅的化学性质不活泼。

硅的重要化合物有二氧化硅、硅酸及其盐。硅酸盐是重要的工业原材料,用于制造玻璃、水泥、陶瓷等。

(2) 硅酸盐材料。

① 玻璃。玻璃是一种没有固定熔点的非晶体材料。用不同的原料可以制得具有不同性能、适用于各种用途的玻璃。制造普通玻璃的原料是纯碱、石灰石、石英砂和长石等。

② 水泥。水泥是一种无机胶凝材料,它是工程建设中最重要的建筑材料之一,素有“建筑工业的粮食”之称。硅酸盐水泥的主要成分是硅酸三钙、硅酸二钙、铝酸三钙和铁铝酸四钙。

③ 陶瓷。陶瓷按原料和用途分为普通陶瓷和特种陶瓷两大类。

2. 新型无机非金属材料

新型无机非金属材料有很多,如光导纤维、高温结构陶瓷、生物陶瓷(人造骨头、人造血管)、压电材料、磁性材料、导体陶瓷、激光材料、超硬材料(氮化硼)等。

三、有机高分子材料

(1) 概述。有机高分子材料是以高分子化合物为主要组分的材料。了解高分子化合物的主要特征、分类。

(2) 塑料。了解塑料的组成、优良性能和应用。

(3) 纤维。纤维可分为天然纤维和化学纤维两类。了解常见合成纤维(如聚酯、聚丙烯腈)的组成和性能。

(4) 橡胶。橡胶具有极为突出的高弹性,这是区别于塑料、纤维等其他高分子材料的标志。了解丁苯橡胶的合成与性能。

(5) 胶黏剂。胶黏剂的应用非常广泛,按化学组成可分为三大类,分别是热固性树脂胶黏剂、热塑性树脂胶黏剂和橡胶型胶黏剂。

(6) 涂料。涂料通常称作漆,主要包括成膜物质、溶剂和颜料。目前大部分涂料都用树脂制成。

四、复合材料　特殊材料

(1) 玻璃钢。玻璃钢是一种新型工艺材料,它有多种用途,具有质轻、变形小、坚硬、耐腐蚀、不燃烧、电绝缘性能好、不生锈等性能。

(2) 复合薄膜。复合薄膜是由两层或多层不同材料的薄膜复合而成的。制造复合薄膜的基本材料有塑料薄膜、玻璃纸、纸张和金属箔。使用复合薄膜可以延长食品的保存期限,还有利于改进商品的包装和装潢。

(3) 烧蚀材料。烧蚀材料是由玻璃纤维增强的酚醛塑料或环氧树脂组成的,具有防热和保护作用。

(4) 碳纤维复合材料。碳纤维是由有机纤维经过一系列热处理转化而成的含碳量高于 90%的无机高性能纤维。碳纤维是一种力学性能优异的新材料,既具有碳材料的固有本性特征,又兼备纺织纤维的柔软可加工性,是新一代增强纤维。碳纤维除用作绝热保温材料外,一般不单独使用,多作为增强材料加入树脂、金属、陶瓷、混凝土等材料中构成碳纤维复合材料。

(5) 半导体材料。半导体材料可以做成 N 型半导体和 P 型半导体,它是进入信息时代的标志。

(6) 超导材料。超导材料是在一定低温下电阻为零的材料,它具有零电阻效应和完全抗磁效应。

(7) 敏感材料。敏感材料的种类很多,具有光敏、压敏等特性,可用于制作光敏、压敏、电敏、热敏、声敏、温敏、力敏、气敏等多种器件。

(8) 功能高分子材料。功能高分子材料是指既有传统高分子材料的机械性能,又有某些特殊功能的高分子材料。

(9) 纳米材料。纳米材料是指基本单元的颗粒或晶粒尺寸在三维空间尺度上至少有一维处于纳米量级(1～100 nm)的材料。它与常规材料相比,有很多奇异特性,用途很广。

课外阅读

为什么金属陶瓷能耐高温

时代的发展，越来越迫切地需要高速度。火箭的高速与高温紧紧相连，喷气发动机工作时，燃料燃烧的温度极高。从火箭喷气口喷出的那白炽耀眼的气体，简直是火的旋风，据说温度可达 5000 ℃以上。要知道，太阳表面的温度也不过 6000 ℃左右！

人们烧饭需要炉子，火箭上高能燃料燃烧同样要“炉子”——喷气发动机。谁能经得住温度达 5000 ℃的考验呢？木头不行，塑料不行，玻璃不行，金属也不行。用陶瓷行不行呢？陶瓷虽然可耐高温，但太脆了。怎么办？人们想到了把一些金属细粉掺到黏土里烧成的“混血儿”——金属陶瓷。

金属陶瓷具有金属与陶瓷的某些优点，它既像金属，韧而不脆；又像陶瓷，具有耐高温、硬度高和抗氧化等性能。加了 20%金属钴的金属陶瓷，能够胜任航天火箭喷火口的艰苦岗位。

酒精涂在手上，有清凉之感，因为酒精挥发时从手上带走了热量。同样道理，在高温下金属陶瓷里的金属挥发了，陶瓷的温度也就降低了，这样，就能在烈火中巍然屹立。

现代的航天火箭大都是分级的，叫作多级火箭。当金属挥发完时，火箭燃料也烧得差不多了，整段火箭就离开了载体。此时，载体中的另一级火箭又开始喷气了，继续推着人造卫星向前挺进。

强度最大的石墨烯

石墨烯是一种由碳原子形成的蜂窝状二维平面薄膜，是从石墨中剥离的单层片状结构，也是目前已知最薄的一种新材料。其强度为普通钢的 100 倍，是目前已知的强度最大的材料。

石墨烯相关专利的申请在 20 世纪末就已出现，但随后发展较为缓慢。直到 2008 年后，专利申请数量才开始出现实质性的大幅增长。特别是在安德烈·海姆和康斯坦丁·诺沃肖洛夫因对石墨烯的研究共同获得 2010 年诺贝尔物理学奖以后，全球石墨烯专利申请开始急剧增加，未来有望在电子、储能、催化剂、传感器、光电透明薄膜、超强复合材料以及生物医疗等众多领域应用。

第三代半导体材料

碳化硅在大自然中为天然矿物莫桑石，或者以石英砂、石油焦(或煤焦)、木屑等为原料通过电阻炉高温冶炼而成。碳化硅的硬度很大，仅次于世界上最硬的金刚石，且具有优良的导热性能，是一种半导体，高温时能抗氧化。

碳化硅作为第三代半导体材料的典型代表，受到半导体下游企业的青睐。利用碳化硅单晶衬底和外延材料制作的电力电子器件可在高电压、高频率环境下工作，性能优势突出，产业前景广阔。

“削 铁 如 泥”

“削铁如泥”通常用来形容刀、剑极其锋利。相传战国时代的赵国就懂得制作这种极其锋利的宝刀、宝剑，足见我国古代金属冶炼的高超技艺。

现代化学分析指出，不少宝刀里含有钨(W)。

人们从中得到启迪，往钢铁里添加一点高熔点(3380 ℃)的金属钨，就会改变钢铁的金相结构，获得神奇的高硬度。例如，用碳素钢或一般合金钢制作的车刀，当温度达200 ℃～400 ℃，切削速度大于15 $m \cdot s^{-1}$时，便忍受不了了，浑身瘫软，再提高车速，车刀就要卷刃了；若改用含钨9%～17%的钨钢或钒钨钢做车刀来切削，车速即使快到每秒几百米，车刀被摩擦发热到400 ℃～500 ℃，刀口也不易变钝，锋利如常。“削铁如泥”的钨合金钢车刀的出现，引起了金属切削的一场革命，大大提高了金属机械加工的效率和质量。

石油开采和矿产勘探离不开在坚硬的岩石上钻井，使用钨合金做的钻头，掘进速度大为提高，平均月进尺在千米以上。

令人高兴的是，在高温下，将碳粉和钨粉、钴粉制成含有钨80%～85%、钴7%～18%、碳5%～7%的碳化钨硬质合金，其硬度可超越钨，切削速度可高达1800 $m \cdot s^{-1}$，大约是普通碳素钢的100倍，比钨钢刀具还要快15倍。

可降解高分子材料

废弃的塑料制品对环境有害，被称为“白色污染”。它们在大自然中降解得非常慢，废弃的农用薄膜在土壤中可长达100年不分解。为了根除“白色污染”，人们联想到淀粉、纤维素可以在大自然中被微生物降解，以及有些高分子材料在吸收光能的光敏剂帮助下也能降解的事实，研究出微生物降解和光降解两类高分子化合物。微生物降解高分子化合物在微生物酶的作用下切断某些化学键，降解为小分子，再进一步转

变为 CO_2 和 H_2O 而消失。光降解高分子化合物在阳光等作用下,其化学键被破坏而发生降解。

微生物降解高分子化合物,如聚乳酸等,可以用作手术缝合线、药物缓释材料等医用材料以及购物袋与食品包装等;光降解塑料,如加入光敏剂的聚乙烯等,可以用作农用地膜、包装袋等。

近年来,我国科学工作者已成功研究出以 CO_2 为原料生产可降解高分子材料的技术,并已投入小规模生产,为消除“白色污染”和减轻 CO_2 的温室效应做出了贡献。

纳米材料的用途

纳米材料具有与常规材料截然不同的光、电、热、化学或力学性能,用途很广,主要用途有以下几个方面:

一、医药

使用纳米技术能使药品生产过程越来越精细,因为在纳米的尺度上可以直接利用原子、分子的排布制造具有特定功能的药品。纳米材料粒子将使药物在人体内的传输更为方便,用数层纳米粒子包裹的智能药物进入人体后可主动搜索并攻击癌细胞或修补损伤组织。使用纳米技术的新型诊断仪器只需检测少量血液,就能通过其中的蛋白质和 DNA 诊断出各种疾病。

二、家电

用纳米材料制成的多功能塑料具有抗菌、除味、防腐、抗老化、抗紫外线等作用,可用于电冰箱、空调中,具有抗菌除味的功能。

三、电子计算机和电子工业

计算机在普遍采用纳米材料后,可以缩小成为“掌上电脑”。

四、环境保护

环境科学领域将出现功能独特的纳米膜。这种膜能够探测到由化学和生物制剂造成的污染,并能够对这些制剂进行过滤,从而消除污染。

五、纺织工业

在合成纤维树脂中添加纳米 SiO_2、纳米 ZnO、复配粉体材料,经抽丝、织布,可制成杀菌、防霉、除臭和抗紫外线辐射的内衣和服装或其他用品。

六、机械工业

采用纳米材料技术对机械关键零部件进行金属表面纳米粉涂层处理,可以提高机械设备的耐磨性、硬度和使用寿命。

您会鉴别衣料吗

每当你购买一块衣料或添置一件新衣服以后，一定很想知道它是什么类型的纺织品。其实鉴别衣料并不困难，只要从它的边角上各抽几条经纬线，用火柴点燃并观察其灰烬、闻其气味，即可做出正确判断。

若是布料纤维在点燃时迅速卷缩，燃烧比较缓慢，有呛鼻子的芹菜气味，趁热可以拉成丝，灰烬为灰褐色玻璃球状，不容易破碎，便可确认是锦纶(尼龙)织品。因为锦纶的化学成分是聚酰胺，其灰烬为灰褐色玻璃球状，受热后分解放出特殊的氨化合物气体是这种化学成分的固有性质。

聚对苯二甲酸乙二酯在燃烧时会冒黑烟，灰烬呈黑褐色玻璃球状，同时又会分解放出具有芳烃气味的气体。布料的经纬线燃烧后产生上述现象便可确认是“的确良”制品。

若是布料纤维燃烧后无灰烬，而燃烧残留部分呈透明球状，同时又会出现一股明显的石蜡燃烧气味，则是聚丙烯特有的性质，即可证实布料是丙纶织品。

棉布是天然纤维织品。这类织品的经纬线被点燃时易燃，灰烬呈灰色且量少、质软，并有燃烧纸的那种气味。而毛织品纤维在燃烧时呈熔化状收缩，燃烧缓慢，灰烬呈黑色且具脆性，燃烧时又会放出一股较为强烈的烧焦羽毛的气味，这是所有毛织品的特点。

第九章　化学与能源

能源是指人类社会取得能量的自然资源，它是人类社会活动的物质基础之一，是发展工农业、国防、科学技术和提高人民生活水平的重要物质基础。能源的开发和利用水平是衡量一个国家的科学技术和生产力水平的重要标志，因此各国都十分重视能源的开发和利用。化学与能源有着紧密的联系，化学在能源的开发及其有效、清洁的利用中起着十分重要的作用。

第一节　认识能源

一、能源的定义和分类

1. 能源的定义

能源(energy sources)意为能量的源泉，是自然界中能够直接利用或通过转换提供某种形式能量的物质资源，它包含在一定条件下能够提供某种形式能量的物质或物质的运动，也指可以从其获得热、光或动力等形式能量的资源，如燃料、流水、阳光和风等。

2. 能源的分类

能源形式多样，人们通常按其来源、形态、转换、应用等进行分类，不同的分类方法从不同的侧重面反映了各种能源的特征。世界能源委员会推荐的能源类型有：固体燃料、液体燃料、气体燃料、水能、电能、太阳能、生物质能、风能、核能、海洋能和地热能，其中前三个类型的能源统称为化石燃料或化石能源。

(1) 按获取方式分类。

① 一次能源：指从自然界取得的未经任何改变或转换的能源，如原煤、原油、天然气、生物质能、水能、核燃料，以及太阳能、地热能、潮汐能等。

② 二次能源：也称“次级能源”或“人工能源”，是由一次能源经过加工或转换得到的其他种类和形式的能源，包括煤气、焦炭、汽油、煤油、柴油、电力、蒸汽、热力、氢能等。一次能源无论经过几次转换所得到的能源都称作二次能源。

(2) 按被利用程度分类。

① 常规能源：又称传统能源，是指在现有经济和技术条件下，已经大规模生产和广泛使用的能源，如煤炭、石油、天然气、水能和核裂变能。常规能源是人类目前利用的主要能源，在讨论能源问题时，主要指的也是这些能源。

② 新能源：指在新技术基础上系统地开发利用的能源，是正在开发利用但尚未普遍使用的能源。现在世界上重点开发的新能源有太阳能、风能、海洋能、地热能、氢能等。新能源大多是天然的和可再生的，是未来世界持久能源系统的基础。随着科技发展，新能源和可再生能源供应量将不断提高。

(3) 按能否再生分类。

① 可再生能源：指在自然界中可以不断再生并有规律地得到补充的能源，如水能、太阳能、风能、潮汐能等。它们都可以循环再生，不会因长期使用而大幅减少。

② 不可再生能源：指那些不能循环再生的能源，如煤炭、石油、天然气等化石能源。它们随人类的利用而日益减少，且无法再生。

(4) 按对环境的污染情况分类。

① 清洁能源：指使用时对环境无污染或污染小的能源，如太阳能、水能、海洋能、氢能等。用太阳能直接分解水制氢的研究如果成功，则太阳的能量和地球上的水都可成为人类取之不尽、用之不竭的清洁能源。

② 非清洁能源：指在开发使用过程中，对环境污染程度较大的能源，如煤、石油等。随着世界环保呼声的逐渐高涨，低碳经济时代的到来，非清洁能源的开发和利用将逐步受到限制。

二、化学与能源的关系

20 世纪是化学工业蓬勃发展的世纪，也是人们逐步认识到其对人类健康、社会安全、生态环境也有危害性的时期。

化学工业对能源的发展起到了举足轻重的作用。廉价石油和天然气的大量供应，促进了石化工业的蓬勃发展，许多石油化工产品开发成功。

研究常规能源的开发和发展离不开化学。煤的氧化、加氢，石油的裂解，都是通过化学反应才实现的。开发新能源更是要通过化学手段来实现。如太阳能光伏发电是利用光电效应将太阳光辐射能直接转化为电能；太阳能光化学发电则是利用太阳光辐射化学电池的电极材料，以发生电化学氧化还原反应来获得电能。核能是原子核发生变化时所释放出来的能量，从重核原子的裂变或轻核原子的聚变均可获得巨大的能量。氢能以其质量轻、热值高、无污染等优点而被广泛应用于现代高科技，但自然界中单质氢极少，需要通过化学的方法分解水制氢。因此，能源的开发、利用和发展与化学的关系非常密切。

习题

1. 什么是能源？
2. 能源如何进行分类？
3. 化学与能源有何关系？

第二节　化石燃料和能源危机

目前各国所用的燃料，绝大部分为化石燃料，即煤炭、石油和天然气。化石燃料是埋藏在地下的动植物遗体经过几百万年甚至几亿年的转化而形成的。这种能源可能在几百年内被人类耗尽，因此，人类对化石燃料的合理开采和利用必须有一个正确的认识。

一、煤炭

1. 煤的形成、组成和分类

煤(coal)是地球上储量最多的化石燃料，它是在长期地质年代中，由远古时代的植物残骸经过复杂的生物化学、物理化学和地球化学作用转变而成的固体燃料。现代的成煤理论认为，煤化过程包括：植物→泥炭(腐泥)→褐煤→烟煤→无烟煤等若干过程。所以煤的形成需要适当的气候、地质、温度、压力等条件的相互作用。从煤的形成推本溯源，其能量来自太阳能。

煤的化学组成较为复杂，千差万别，目前公认的煤的元素组成见表 9-1，将其折合成原子比，可用 $C_{135}H_{96}O_9NS$ 表示，另外还含有微量的其他非金属和金属元素。所以煤是由多种有机物和少量无机物组成的复杂混合物。

表 9-1　煤的元素组成

元　　素	C	H	O	N	S
含量/%	85.0	5.0	7.6	0.7	1.7

根据含碳量及性能不同，煤可分为褐煤、烟煤、无烟煤三大类。它们的含碳量范围见表 9-2。泥炭只是煤的前身，不属于煤的范畴，其含碳量为 50%～60%。在三大类煤中以烟煤的应用最广，其种类也分得更细，如长焰煤、气煤、肥煤、焦煤、瘦煤、贫煤等。

表 9-2　煤的含碳量

种　　类	褐　煤	烟　煤	无烟煤
含碳量/%	50～70	70～85	85～95

2. 煤的综合利用

(1) 煤的气化。

煤的气化是指让煤在氧气不足的情况下进行部分氧化，使煤中的有机物转化为可燃气体，以气体燃料方式经管道输送给用户，或作为原料气体送进反应塔。煤的气化的基本反应如下：

$$C+O_2 \xlongequal{高温} CO_2$$　完全燃烧，放热

$$2C+O_2 \xlongequal{高温} 2CO$$　不完全燃烧，放热

$$C+CO_2 \xlongequal{高温} 2CO$$　还原反应，吸热

$$C+2H_2 \xlongequal{\text{高温}} CH_4 \quad \text{甲烷的生成(气化)}$$

$$C+H_2O \xlongequal{\text{高温}} CO+H_2 \quad \text{水煤气生成}$$

$$CO+3H_2 \xlongequal{\text{高温}} CH_4+H_2O \quad \text{甲烷生成的副反应(气化)}$$

$$CO+H_2O \xlongequal{\text{高温}} CO_2+H_2 \quad \text{水煤气的变换,制 } H_2$$

其中 H_2、CO、CH_4 都是可燃性气体,也是重要的化工原料。根据煤气的不同用途,工程师们可采用调节煤和空气、水和空气的比例,改进气化炉结构,控制反应温度和压力等条件,以达到强化需要反应,抑制不需要反应的目的。作为燃料用煤气的主要成分是 H_2、CO、CH_4、CO_2、N_2 的混合气体。若将其作为化工原料,则要对煤气进行适当的分离提纯。

(2) 煤的焦化。

煤的焦化也称为煤的干馏(dry distillation),实验装置如图 9-1 所示。工业上把煤置于隔绝空气的密闭炼焦炉内加热,煤分解生成焦炭、煤焦油和焦炉气。加热的温度不同,产品的数量和质量也不相同,一般有低温(600 ℃)干馏、中温(750 ℃ ~ 800 ℃)干馏和高温(1000 ℃~1100 ℃)干馏之分。

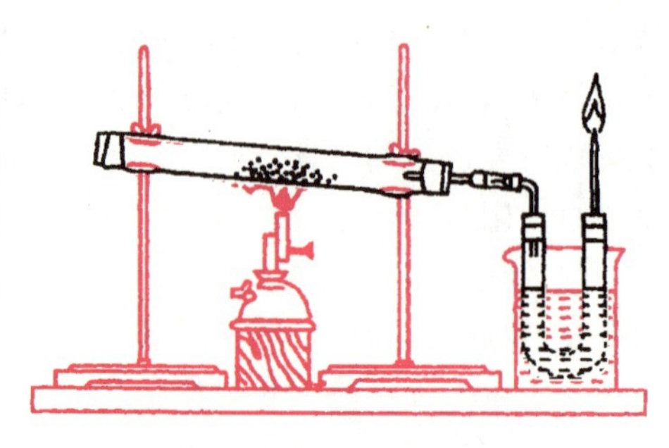

图 9-1 煤干馏的实验装置

低温干馏所得焦炭的数量和质量都较差,但煤焦油产率较高,其中含轻油部分经过加氢可制成汽油,以缓解汽油的供需矛盾。中温干馏的主要产品是城市煤气,而高温干馏的主要产品则是焦炭。焦炭的主要用途是炼铁,少量用作化工原料制造电石、电极等。煤焦油是黑色黏稠性的油状液体,其中含有少量苯、酚、萘、蒽、菲等成分,经适当处理即可分离,它们都是医药、炸药、染料等行业的重要原料。总之,煤经过焦化加工,使其中各成分都能得到有效利用,而且用煤气作燃料要比直接烧煤干净得多,有利于环境保护。煤焦化产品及其主要用途见表 9-3。

表 9-3 煤焦化产品及其主要用途

焦化产品			用途
出炉煤气	焦炉气:CH_4、H_2、C_2H_4、CO		作气体燃料、化工原料
	粗氨水:氨和铵盐		制氮肥
	粗苯:苯、甲苯、二甲苯		制炸药、染料,作医药、农药等行业的重要原料
	煤焦油	苯、甲苯、二甲苯、酚类	制合成材料、染料,作医药、农药等行业的重要原料
		沥青	作筑路材料、制电极
焦炭			用于冶金、合成氨造气,制电石,作燃料等

(3) 煤的液化。

煤的液化产物也称人造石油。通过对煤和石油的元素分析可知,虽然它们都是由 C、H、O 等元素组成的有机物,但煤的平均相对分子质量大约是石油的 10 倍,煤的含氢量比石油低得多。因此，煤加热裂解，使大分子变小，然后在催化剂的作用下加氢，可以得到多种燃料油。其方法主要有直接液化法和间接液化法两类。煤的液化原理虽然简单，实际工艺却相当复杂，涉及裂解、缩合、加氢、脱硫、脱氧、脱氮、异构化等多种化学反应。不同的煤又有不同的要求。近年来，美国、德国、日本和我国的科学家都致力于这方面的研究，并取得了一定的进展，出现了多种较好的设计方案，有的已经投入生产运行。目前煤液化的主要途径是制成甲醇：$CO+2H_2 \xlongequal{\text{催化剂}} CH_3OH$(甲醇)。

综上所述，煤既是能源，也是重要的化工原料。我国是世界上最大的耗煤国家，但是近70%的煤都是直接烧掉的，既浪费资源，又污染环境。因此，积极开展煤的综合利用具有重要意义。

二、石油

石油(petroleum)被誉为“工业的血液”“液体的黄金”，目前在世界能源消费结构中正逐渐取代煤炭而占据首要位置。石油已成为世界现代化建设的战略物资，近年来许多国际争端往往都与石油资源有关。现代生活中的衣、食、住、行也直接或间接地与石油产品有关。

1. 石油的形成和成分

对于石油的形成，曾有过多种论点，现代的观点认为石油是由远古海洋或湖泊中的动植物遗体在地下经过漫长的复杂变化而形成的黏稠液态混合物。未经处理的石油叫作原油。原油通常呈淡黄色至黑色，有特殊气味，比水轻，不溶于水。因产地和油井不同，其色泽、气味各异。

石油是一种混合物，其主要组成是碳氢化合物。从石油的元素组成来看，主要是C和H，此外还含有少量的O、N、S等。和煤相比，石油的含氢量较高，而含氧量较低。它主要是由各种烷烃、环烷烃和芳香烃组成的混合物。由于原油中还含有泥土、水、盐等杂质，必须经过脱水、除盐等炼制，才能制得各种用途的石油产品。

2. 石油的炼制

石油的炼制过程主要有分馏、裂化、重整、精制等，其中以分馏、裂化最为重要。

(1) 分馏。

石油作为烃类的混合物，没有固定的沸点。烃的分子，通常含碳原子数越少，沸点越低。因此，可以通过加热和冷凝，把石油分成不同沸点范围的蒸馏产物。这种方法就是石油的**分馏(fractional distillation)**。其实验装置如图9-2所示。石油分馏产品及其主要用途见表9-4。

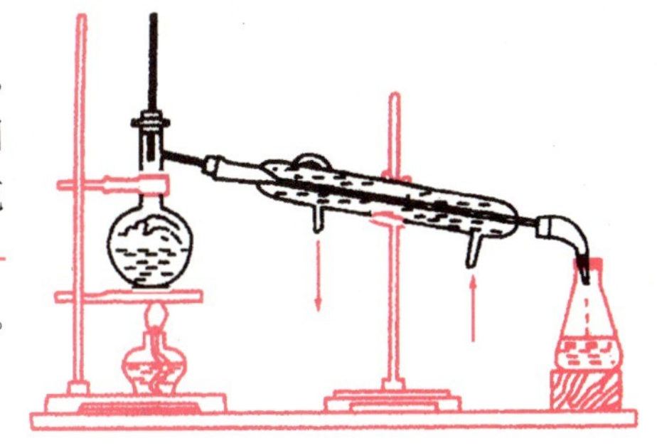

图9-2 石油的实验室蒸馏装置

(2) 裂化。

石油分馏只能得到汽油、煤油、柴油等轻质油，这些仅占原油的25%左右。为了提高汽油的产量，石油工业采用了**裂化(cracking)**的方法。在一定条件下将重质油中含碳原子数多的烃分子断裂成含碳原子数较少的烃的过程叫作石油裂化。石油裂化方法有两种：一种是**热裂化**，在500 ℃左右的温度和一定压力下进行，除得到轻质油外，还能得到CH_4、

$CH_3—CH_3$、$CH_2═CH_2$、$CH_2═CH—CH_2—CH_3$ 等气体。另一种叫作**催化裂化**，借助于催化剂的作用使裂化在较低的温度和压力下进行。它不仅可以使 70%以上的重质油转化为轻质油，而且炼得的汽油质量好、产量高。石油裂化产物的种类和数量随催化剂和温度、压力等条件的不同而异。不同质量的原油对催化剂的选择和温度、压力的控制也不相同。我国的原油中重油所占的比例较大，因此，催化裂化就显得特别重要。石油裂化常用的催化剂是铝硅酸盐分子筛（$Al_2O_3 \cdot 3SiO_2$）等。

表 9-4　石油分馏产品及其主要用途

<table>
<tr><th colspan="2">分馏产品</th><th>分子所含碳原子数</th><th>沸点范围/℃</th><th>主要用途</th></tr>
<tr><td colspan="2">溶剂油</td><td>C_5～C_6</td><td>30～150</td><td>在油脂、橡胶、油漆生产中作溶剂</td></tr>
<tr><td colspan="2">汽油</td><td>C_5～C_{11}</td><td>＜220</td><td>作飞机、汽车以及各种汽油机燃料</td></tr>
<tr><td colspan="2">航空煤油</td><td>C_{10}～C_{15}</td><td>150～250</td><td>作喷气式飞机燃料</td></tr>
<tr><td colspan="2">煤油</td><td>C_{11}～C_{16}</td><td>180～310</td><td>作拖拉机燃料，制工业洗涤剂</td></tr>
<tr><td colspan="2">柴油</td><td>C_{15}～C_{18}</td><td>200～360</td><td>作重型汽车、军舰、轮船、坦克、拖拉机、各种高速柴油机燃料</td></tr>
<tr><td rowspan="5">重油</td><td>润滑油</td><td>C_{16}～C_{20}</td><td rowspan="5">＞360</td><td>作机械上使用的润滑剂</td></tr>
<tr><td>凡士林</td><td>液、固态烃的混合物</td><td>作润滑剂、防锈剂，制药膏</td></tr>
<tr><td>石蜡</td><td>C_{20}～C_{30}</td><td>制蜡纸，作绝缘材料</td></tr>
<tr><td>沥青</td><td>C_{30}～C_{40}</td><td>用于铺路，作建筑材料，制防腐涂剂</td></tr>
<tr><td>石油焦</td><td>主要是 C</td><td>制电极，生产 SiC 等</td></tr>
</table>

注：表内所示沸点范围不是绝对的，常依据实际情况而变动。

三、天然气

天然气（natural gas）是埋藏于地层中自然形成气体的总称。通常所说的天然气是指贮藏于地层较深部的可燃气体，而与石油共生的天然气又称为油田伴生气。天然气的主要来源有三个方面：气井气、油田伴生气和凝析气。

1. 天然气的成分

天然气的主要成分是 CH_4，一般占 90%以上，其次是 C_2H_6、C_3H_8、C_4H_{10} 及其他气体烃类，以及 CO_2、N_2、H_2、H_2S 等气体，有的甚至还含有少量的 He、Ar 等。其中 CH_4 含量高的称为干气，2 个碳原子以上烷烃含量高的称为湿气。

2. 天然气的利用

天然气是一种重要的能源，广泛用于工业和民用燃料。由于天然气的燃烧产物是 CO_2 和 H_2O，产生的污染小，且热值较高，大约为人工煤气（主要成分为 CO）的 2.2～2.3 倍，管道运输也十分方便，是各种燃气中最好的燃料，属清洁的能源。2004 年底，西气东输工程全线完工，豫、皖、江、浙、沪地区用上了新疆塔里木盆地的优质天然气。天然气无毒，比空气轻，泄漏后会往上升，其安全性比人工煤气和液化石油气好。但作为一种可燃性气体，泄漏后也容易发生爆炸（爆炸极限为 5%～17%），所以在使用时也要注意安全，不可掉以轻心。天然气经过化学加工，可获得多种化工产品，如 C_2H_2、H_2、HCN、

CH_3OH 和炭黑等。天然气经过蒸汽转化可制得合成气(以 H_2、CO 为主的一种原料气),用于合成氨工业等。

四、能源危机

能源危机(energy crisis)是指由于煤、石油、天然气等传统能源短缺导致能源供应紧张、能源价格不断上涨而形成的危机。

近年来,在世界能源消费构成中,占能耗比例最大的为石油,其次是煤和天然气。在一些经济发达国家,石油和天然气在能源消耗中所占比例相当高,如美国为 76.9%,日本为 74.8%。我国由于煤炭资源丰富,煤炭在能源消耗中所占比例约为 70%。根据科学家估计,按照目前的能源消耗速度,世界目前已探明石油储量将于 2015—2035 年耗掉 80%,到 21 世纪中叶将消耗殆尽,煤只能再用 200～300 年,天然气则只能再用 40～80 年。

可见世界不可再生能源的供需矛盾非常突出,如果不进行能源政策的调整,必将加速煤、石油、天然气的枯竭。因此,一方面要节约矿物能源,提高利用率,以延长使用期;另一方面要扩大可再生能源的使用,开辟新能源。

习题

一、填空题

1. 化石燃料是指________________,它们属于________能源。在化学组成上,它们都含__________,还含有少量的____________等元素。

2. 煤是由____________________________________组成的____________________。

3. 石油主要含有________元素,此外还含有少量的__________等元素,它主要是由各种________________________________组成的混合物。

二、综合题

4. 为什么要合理利用煤炭?合理利用煤炭的主要方法有哪些?

5. 为什么要进行石油的炼制?石油炼制的主要方法有哪些?

6. 天然气的主要成分是什么?它与人工煤气相比有何优点?

7. 什么叫能源危机?人类如何应对能源危机?

第三节　化学电源

借助氧化还原反应,将化学能转化为电能的装置叫作原电池(参见第四章第七节),也叫作**化学电源**。化学电源一般可分为干电池、蓄电池和燃料电池三类。由于化学电源所提供的电流稳定可靠,使用方便,因此在现代生活、生产和科学技术的发展中发挥着越来越重要的作用。下面简单介绍一些常用的化学电源。

一、干电池

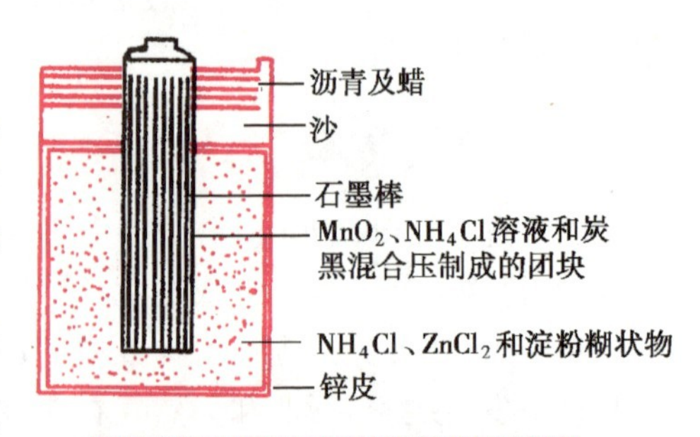

图 9-3 锌锰干电池的结构示意图

干电池也叫一次电池，它是使用后不能充电或补充化学物质使其复原的电池。在日常生活中，人们使用最普遍的是锌锰干电池和锌汞电池。

锌锰干电池的结构如图 9-3 所示。这种干电池以锌为外壳，作为负极，中心的石墨棒为正极，石墨棒的周围裹着一层由 MnO_2、NH_4Cl 溶液和炭黑混合压制成的团块。两个电极之间以 $ZnCl_2$、NH_4Cl、淀粉和一定量的水混合调成糊状，作为电解质溶液。这种糊状物不能流动，但可以导电，并用多孔纸包起来，使它与外壳锌皮隔开。锌筒上口加沥青密封，防止电解液渗出。

锌锰干电池在使用时发生的电极反应为：

负极：$Zn-2e^- \longrightarrow Zn^{2+}$ （氧化反应）

正极：$2NH_4^+ +2e^- \longrightarrow 2NH_3+H_2$ （还原反应）

$H_2+2MnO_2 = Mn_2O_3+H_2O$

总反应：$Zn+2NH_4^+ +2MnO_2 = 2NH_3+Mn_2O_3+H_2O+Zn^{2+}$ （氧化还原反应）

在使用过程中，电子由锌极流向石墨棒，锌皮逐渐消耗，电压慢慢降低，最后电池失效。锌筒是消耗性外壳，在使用过程中会变薄以致穿孔，因此常在锌筒外加上密封包装，以防电解液渗漏。这种电池虽是一次性消费品，但锌皮不可能完全消耗掉，所以，旧电池可回收锌。

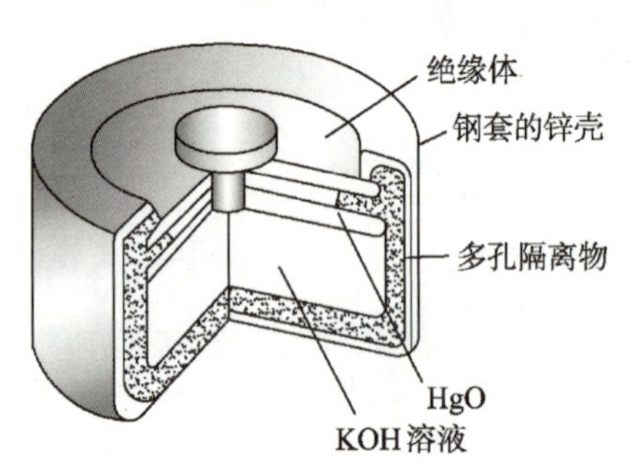

图 9-4 锌汞电池的结构示意图

锌汞电池的结构如图 9-4 所示，因其外形像纽扣，又称纽扣电池。它以锌为负极，HgO 为正极，KOH 溶液为电解质。锌汞电池的特点是工作电压稳定，整个放电过程中，电压变化不大，保持在 1.34 V 左右。锌汞电池常用作手表、计算器、助听器等小型装置的电源。

二、蓄电池

蓄电池也叫二次电池，它是一种可以反复充电、放电的装置。蓄电池放电到一定程度，可以利用外电源进行充电后再用，这样可以反复使用数百次。蓄电池根据使用的电解质溶液不同，可分为酸性蓄电池和碱性蓄电池两类。

1. 酸性蓄电池——铅蓄电池

汽车的启动电源常用铅蓄电池(lead storage battery)，其结构如图 9-5 所示。

铅蓄电池主要由两组栅状极板和稀 H_2SO_4 溶液组成。极板采用铅锑合金制成，中间充满 PbO 和 H_2O 的糊状物。极板交替由两块导板相连，作为两个电极。工作原理如下：

$PbO+H_2SO_4 \longrightarrow PbSO_4+H_2O$（$PbSO_4$ 附着在极板上）

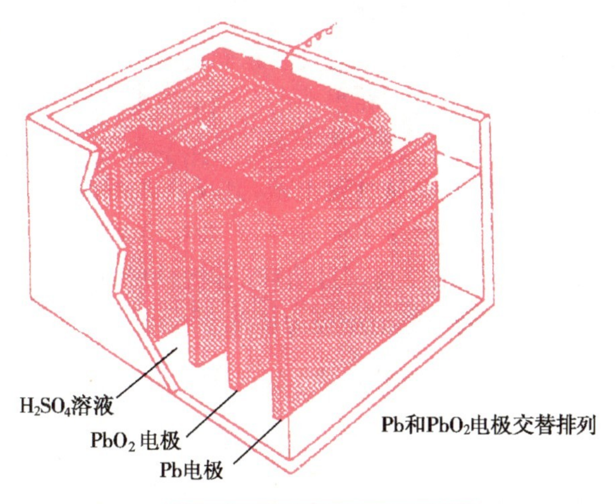

图 9-5 铅蓄电池结构示意图

充电时将电能转化为化学能(在稀 H_2SO_4 溶液中进行电解处理)。

阴极:$PbSO_4 + 2e^- \longrightarrow Pb + SO_4^{2-}$ (还原反应)

阳极:$PbSO_4 + 2H_2O - 2e^- \longrightarrow PbO_2 + 4H^+ + SO_4^{2-}$ (氧化反应)

充电反应:$2PbSO_4 + 2H_2O = Pb + PbO_2 + 2H_2SO_4$ (氧化还原反应)

充电后,PbO_2 为蓄电池的正极,海绵状铅为负极。

放电时将化学能转化成电能。

正极:$PbO_2 + 4H^+ + SO_4^{2-} + 2e^- \longrightarrow PbSO_4 + 2H_2O$ (还原反应)

负极:$Pb + SO_4^{2-} - 2e^- \longrightarrow PbSO_4$ (氧化反应)

放电反应:$Pb + PbO_2 + 2H_2SO_4 = 2PbSO_4 + 2H_2O$ (氧化还原反应)

由此可见,蓄电池的充、放电反应,恰好是互逆反应(图 9-6)。蓄电池的充、放电过程总反应式为:

$$Pb + PbO_2 + 2H_2SO_4 \underset{充电}{\overset{放电}{\rightleftharpoons}} 2PbSO_4 + 2H_2O$$

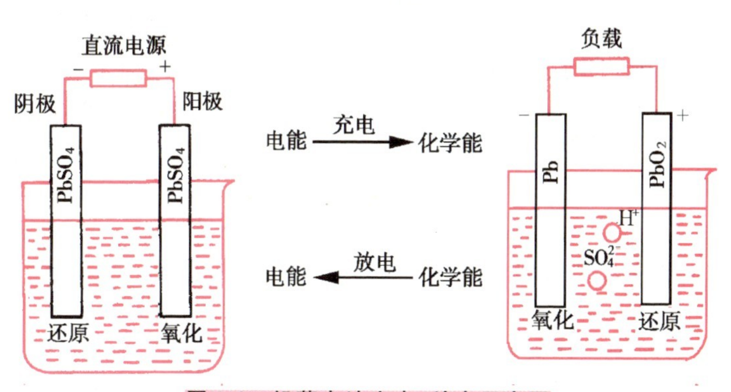

图 9-6 铅蓄电池充电、放电示意图

铅蓄电池每个单体电压为 2.0 V 左右,汽车用的电瓶一般由 3 组单体组成,即工作电压在 6.0 V 左右。放电时,若单体电压降到 1.8 V,就不能继续使用,必须进行充电。只要按规定及时充电,使用得当,一般铅蓄电池可以充放电 300 多次。

铅蓄电池的优点为：电压高，放电稳，输出率高，价格低廉。其主要缺点是：笨重，防震性差，易溢出酸雾，携带不便。铅蓄电池适宜安装在固定的设备上，在汽车、通信、飞机、船舶、矿山、军工等方面都有广泛的应用。在当今的各种电池中，铅蓄电池的产量也最高。

2. 碱性蓄电池

在日常生活中常用的充电电池是碱性蓄电池，其反应在碱性条件下进行。这种电池的体积、电压都和干电池差不多，且携带方便，使用寿命比铅蓄电池长得多，正确使用时可以反复充、放电达上千次，但价格比较贵。目前商品碱性电池中，主要有镍镉(Ni-Cd)电池和镍铁(Ni-Fe)电池两类。它们的电池反应为：

$$Cd + 2Ni(OH)_3 \underset{充电}{\overset{放电}{\rightleftharpoons}} 2Ni(OH)_2 + Cd(OH)_2$$

$$Fe + 2Ni(OH)_3 \underset{充电}{\overset{放电}{\rightleftharpoons}} 2Ni(OH)_2 + Fe(OH)_2$$

另外一种碱性电池，由于体积很小，有“纽扣”电池之称，主要用于电子手表、液晶显示的计算器、小型助听器等所需电流为微安或毫安级的电子设备上。它们的电极材料是 Ag_2O_2 和 Zn，因此又称为银锌电池。电极反应为：

负极：$2Zn + 4OH^- - 4e^- \longrightarrow 2Zn(OH)_2$ （氧化反应）

正极：$Ag_2O_2 + 2H_2O + 4e^- \longrightarrow 2Ag + 4OH^-$ （还原反应）

总反应：$2Zn + Ag_2O_2 + 2H_2O = 2Zn(OH)_2 + 2Ag$ （氧化还原反应）

利用银锌电池的原理，也可制作大电流的电池，用于宇航、潜艇等方面。

3. 锂离子电池

传统锂电池(lithium cell)采用金属锂或锂合金作负极材料，具有高电压、高容量的优点。自 1990 年日本索尼公司率先研制成功锂离子电池以来，锂离子电池的研究和应用受到广泛关注，锂离子电池得到了突飞猛进的发展。

锂离子电池的负极材料是石墨和焦炭等碳质材料，正极材料主要是 $LiCoO_2$，其次是 $LiNiO_2$ 和 $LiMn_2O_4$，电解质为 $LiAsF_6$＋PC(碳酸丙烯酯)、$LiAsF_6$＋PC＋EC(碳酸乙烯酯)及 $LiPF_6$＋EC＋DMC(碳酸二甲酯)，隔膜为 PP 微孔薄膜、PE 微孔薄膜等。这种电池的正、负极均采用可供锂离子(Li^+)自由嵌脱的活性物质。充电时，Li^+ 从正极逸出，嵌入负极；放电时，Li^+ 则从负极脱出，嵌入正极。这种充放电过程恰似一把摇椅，因此这种电池又称为摇椅电池(rocking chair batteries)。以 $LiCoO_2$ 为正极材料，石墨为负极材料的锂离子电池，充放电反应式为：

$$LiCoO_2 + 6C \underset{放电}{\overset{充电}{\rightleftharpoons}} Li_{1-x}CoO_2 + Li_xC_6$$

锂离子电池既保持了锂电池的优点，又具有循环寿命长、安全性能好的显著特点，在便携式电子设备、电动汽车、空间技术、国防工业等许多领域展示了良好的应用前景和潜在的经济效益，是近年来应用日趋广泛的高能二次电池。

三、燃料电池

燃料电池(fuel cell)是一种将燃料的化学能直接转化为电能的装置。它与前面介绍的电池不同，它不是把还原剂、氧化剂物质全部贮藏在电池内，而是在工作时不断从外界输入，同时将电极反应的产物排出电池。燃料电池的构造是：负极连续有还原性气体输入，正极连续有氧化性气体输入，电极用多孔活性炭制成，电解质溶液为30%的KOH溶液。氢氧燃料电池的工作原理及装置如图9-7所示。

负极：$2H_2+4OH^- -4e^- \longrightarrow 4H_2O$ （氧化反应）

正极：$O_2+2H_2O+4e^- \longrightarrow 4OH^-$ （还原反应）

总反应：$2H_2+O_2 = 2H_2O$ （氧化还原反应）

上述反应的原理跟氢气在氧气中燃烧的原理一样，但它没有火焰也不放出热量，而是产生电流。在不断补充燃料和氧化剂充足的情况下，燃料电池可以连续发电。

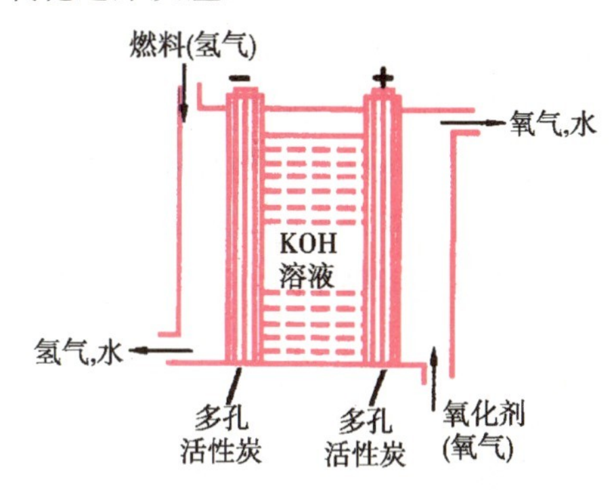

图9-7 氢氧燃料电池示意图

燃料电池具有能量高，功率范围大，运行寿命长，无噪声，无污染，化学能直接转化为电能，能量转化率高等特点。但燃料电池也存在着所用电极材料比较昂贵，电解质溶液腐蚀性强和催化剂制造困难等问题，因此，尚不能普遍推广使用。目前燃料电池主要应用于宇宙飞船、人造卫星、太空站、潜艇等高科技领域，其产物水还可供宇航人员饮用。

随着我国科学、经济的发展，工业、交通和人们生活中使用的电池越来越多，大量的电池在给经济发展和群众生活带来方便的同时，也产生了负面的影响。

废旧电池中含有多种重金属和酸、碱等有害物质，随意丢弃对生态环境和公众健康危害很大。废电池渗出的重金属离子如Hg^{2+}等将造成地下水和土壤的污染，威胁人类的健康。另一方面，废电池中的有色金属是宝贵的自然资源，如果能将废电池回收再利用，不仅可以减少对我们生存环境的破坏，而且也是对资源的节约。

现在，我国不少城市已设立废旧电池回收点。用完的电池，请不要乱扔，应当统一回收。

习题

一、填空题

1. 锌锰干电池是电池中使用最广，产值、产量最大的一种电池。它以金属锌筒作为______极，石墨棒为______极，两极间为以______、______和______作为电解质溶液。锌锰干电池中的______元素会带来环境的污染，因此废旧电池应______。

2. 蓄电池是一种______________________装置。蓄电池充电时，________能转化为________能。

3. 干电池和蓄电池的主要区别：干电池是______________，而蓄电池______________。

二、综合题

4. 什么是燃料电池？它与普通电池有何不同？

第四节　其他能源

目前，在世界能源消费结构中，煤炭、石油、天然气的消耗占总能耗的 80%。矿物燃料的大量使用，不但带来了能源的危机，而且也使人类的生存环境日趋恶化。随着人们的环境与资源保护意识的提高，能源结构将会有较大的改变。开发清洁能源和可再生能源，是我国实现可持续发展的战略需要。展望人类未来的能源，除合理地开发和利用煤、石油、天然气，重视水力的开发外，需要进一步开发新能源，主要是核能、太阳能、生物质能、氢能以及各种可再生能源，如地热能、海洋能、风能等。

一、氢能

氢能就是氢气与氧气化合成水而释放出的化学能。氢能具有高效、清洁、安静、无污染等特点，因此，是一种比较理想的能源。

1. 氢能的特点

氢在宇宙中的储量极为丰富，大量的氢云充满许多星际空间。水就是由氢和氧组成的，仅海水中所含的氢贮存的热量，就比地球上所有化石燃料所贮存的热量高 9000 倍。若用氢作为各种车辆、工业锅炉、家庭炉灶的燃料，燃烧后除了排出一股无害的水气流外，几乎不产生什么废物，对环境不造成污染，且生成的水又可以重复使用。因此，氢能的利用具有十分广阔的前景。

2. 氢气的制备方法

(1) 水电解法。

生产氢气最简单的方法是电解水。

$$2H_2O \xlongequal{\text{通电}} 2H_2\uparrow + O_2\uparrow$$

将直流电直接通入水中(可在水中加入少量酸或碱以增大导电性)，水便能完全分解成 H_2 和 O_2。

(2) 太阳能制氢法。

将从植物中分离出的叶绿体与从细菌或藻类获得的酶，利用阳光使它们相互起作用，产生 H_2 和 O_2。目前，科学家们还在研究一种运用光解化合物分解水以产生 H_2 和 O_2 的方法。这类光解化合物可以是锰、钛、钌的配合物。有报道称，采用这种方法分解水，配合物的使用寿命可长达 60 h。这项工作是自可见光用于人工(非生物)系统以来的一个重要的发展，但还有待于进一步的研究和开发。

(3) 水煤气分离制氢法。

水煤气可由焦炭在合适的催化剂存在的情况下制得，也可由低温分馏焦炉气获得，然后再从水煤气中分离出氢。在第二次世界大战期间，氢气就是采用这种方法生产出来的。

3. 氢能的应用

氢与氧化合生成水而释放出来的热能，比煤和燃油燃烧所释放出的热能要高得多。随着时间的推移，当地球上的天然气、石油、煤炭逐渐耗尽时，对氢能的开发和利用就更为重要。目前，氢能除用于燃料电池外，还可直接燃烧和作为转换中介等。

（1）直接燃烧。

氢直接燃烧时产生水，可用于目前所有消耗燃料的工艺过程，因而能够代替绝大部分的化石燃料。其使用方法也和化石燃料差异不大，如用作飞机、汽车的燃料等。1990 年，苏联在国际航空航天技术博览会上首次展示了第一架以氢为动力的飞机。此外，从事以氢为动力的飞机研究的国家还有美国、德国等。日本在以氢为动力的汽车研究方面处于世界领先地位，1970 年日本就开始了氢引擎汽车的研究，1990 年日本推出了以氢为燃料的汽车，时速可达 125 km。美国、德国和荷兰等国也都在从事这方面的开发研究。氢能汽车的优点是：液态氢直接喷射到引擎的汽缸内，使其燃烧、膨胀和压缩点火，因此，功率比燃烧汽油的汽车高 2 倍，而且排放出的气体中氮氧化物很少，不会造成严重的空气污染。

（2）燃料电池（参见第三节）。

（3）作为转换中介。

氢作为各种能量的中介或载体也是氢能应用的一个重要方面。氢跟许多金属或合金的氢化反应是可逆的，而且在反应过程中伴随着热能、机械能的转化，或化学能的转化。在一定压力下，贮氢合金吸收氢，并放出热能（机械能转化为热能），而放出氢时则吸收热量，这一过程在一定的设计条件下可循环进行。人们利用这一原理设计了风能供暖设备，即由风力提供循环所需的能量，风力旺盛时系统蓄能，需要供热时系统放热，再将这一热量引导到需要供暖的热负荷上。如图 9-8 所示是日本研制的一套利用贮氢材料将风能转化为热能的供暖系统，可用于能源缺乏、远离电网和风力资源充足的地区，作为农业设施和住宅取暖之用。

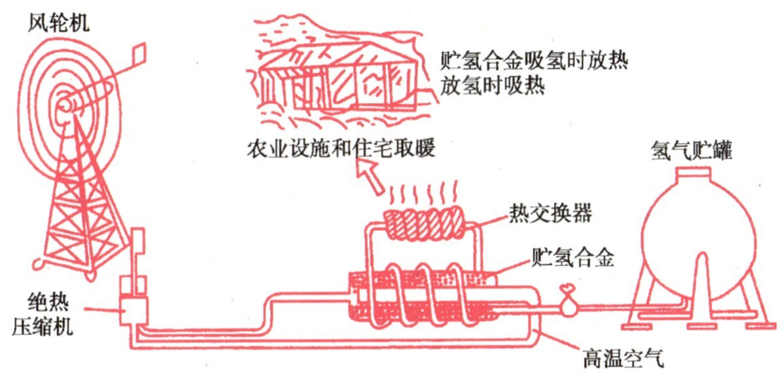

图 9-8　利用贮氢材料将风能转化为热能的系统简图

4. 氢气的贮存和运输

氢气的贮存可使用压缩、低温液化、用储氢金属吸存等方式。前两种方式贮存的氢可采用罐装运输或管道运输，后一种方式贮存的氢可采用一般运输方法运输。

目前科学家们最感兴趣的是贮氢材料的研制，这种材料能大量地吸收氢气。其原理是：某些金属或合金，在遇到氢时，就像海绵吸水一样，把氢原子吸到金属晶格里，形成金属氢化物。在常温下，当气压达到一定值时，金属被活化，氢容易被吸收；当气压下降时，被吸收的氢又能轻易地释放出来。人们早期利用的贮氢材料有 Ca、Li、Ti、V、Mg 以及稀土金属等单质金属材料，后来科学家们又研制出一些金属间化合物，如 Mg_2Ni、Mg_2Cu、FeTi、Ti_2Mn_3 等。但上述材料尚有吸氢速度缓慢或者不稳定等不足之处。最近科学家们又对这些材料加以改进，研制成了稳定的 $Mg_{1.8}Al_{0.2}Ni$、$Mg_2Ni_{0.95}Cr_{0.05}$ 等材料。我国化学家不久前也制成了 Ti-Fe 贮氢器，安装在汽车上作为能源，已取得初步成功。

二、核能

核能是指原子核能，又称原子能，是原子核结构发生变化时放出的能量，在实用上是指重核裂变和轻核聚变所放出的巨大能量。物质所具有的原子能要比化学能大几百万倍以至上千万倍。1 kg U-235（^{235}U）全部裂变时所放出的原子能相当于 2500 t 左右的煤燃烧时放出的能量。人类在利用核裂变所放出的能量方面，已经取得了很大的进展，现已建成各种类型的原子核反应堆和原子能发电站。轻核聚变时放出的能量要比相同质量重核裂变时放出的能量大几倍，聚变能量是太阳等恒星能量的重要部分。但聚变反应目前还无法控制，人工控制聚变反应以利用其能量的研究正在积极进行。

1. 核裂变反应

重原子核吸收一个中子产生的核反应，使这个重原子核分裂成 2 个或 2 个以上较轻的原子核和 2～3 个自由中子，还伴有 β、γ 射线及中微子产生，同时放出巨大能量，这一过程称为核裂变。例如，用中子轰击 U-235 原子核时，此原子核会吸收一个中子分裂成 2 个质量较小的原子核，称为“裂变碎片”，同时产生 2 个中子和 β、γ 射线及中微子，并放出约 200 MeV 的能量。

$$^{235}U + {}^{1}_{0}n \longrightarrow {}^{95}X + {}^{139}Y + 2\,{}^{1}_{0}n$$

如果 U-235 裂变产生的中子再去轰击另一个 U-235 核，又引起新的裂变，这样不断地持续下去，就是裂变的链式反应，如图 9-9 所示。

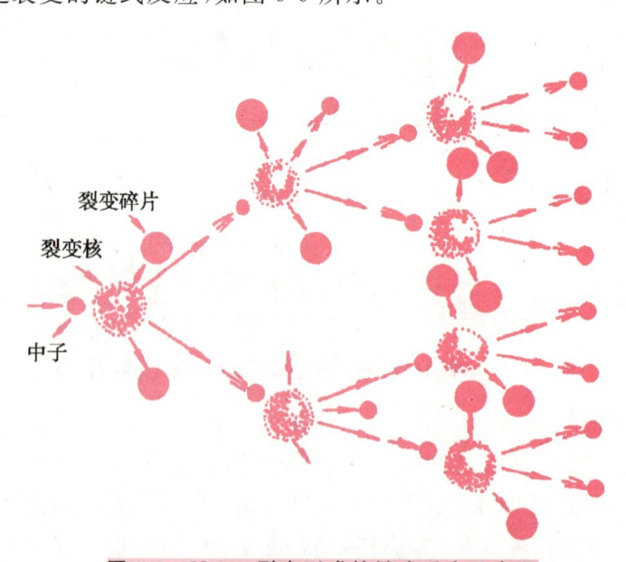

图 9-9　U-235 裂变形成的链式反应示意图

连续的核裂变释放出巨大的能量。若人工控制使链式反应在一定的程度上进行，并用产生的能量加热水蒸气，推动发电机，这是建设核电站的基本原理；若让裂变释放的能量不断积累，最后则可以在瞬间酿成巨大的爆炸，这是制造原子弹的原理。

核能最先应用于军事上，如核武器、核潜艇和核动力航空母舰等。第二次世界大战以后，科技人员很快便将原子能进行和平利用，使它造福于人类。1954 年苏联建成了世界上第一座核电站，功率为 5000 kW。至今世界上已有 30 多个国家的 400 多座核电站在运行之中，世界能源结构中核能的比例逐渐增加。核电站的工作原理如图 9-10 所示。

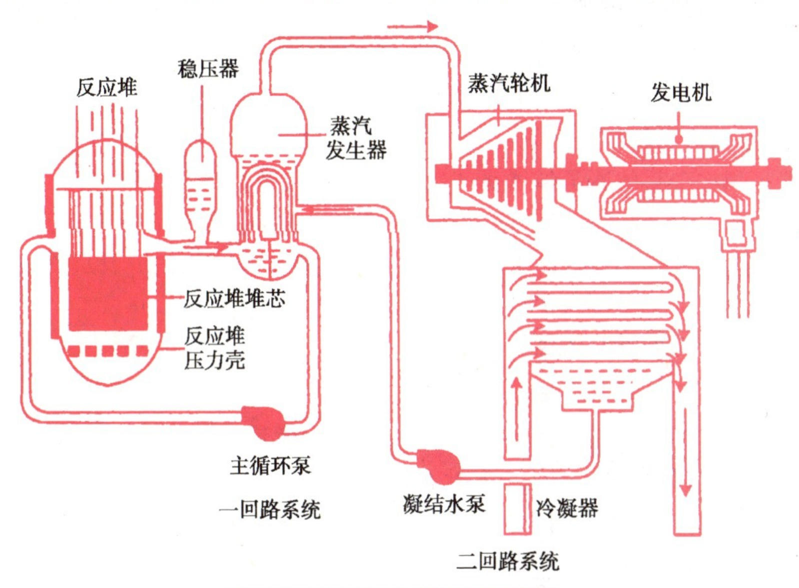

图 9-10　核电站工作原理示意图

核电站的中心是由核燃料和控制棒组成的反应堆，这是一个能维持和控制核裂变反应的装置，在这里实现核能与热能的转化。释放的热能由一个回路系统的冷却剂带出，用来产生蒸汽驱动汽轮发电机进行发电。在整个过程中没有废气产生，可见核电也是一种清洁的能源。我国自 1982 年起决定在浙江省海盐县秦山脚下建立第一座 30 万千瓦的核电站，第一期工程早于 1995 年 7 月就正式通过国家验收。秦山核电站的建成，使华东地区的缺电情况有所缓解。此外，在广东大亚湾建成了装机容量为两台 90 万千瓦发电机的核电站；辽宁红沿河核电站一期已并网发电。目前我国的核电约占总发电量的 2%，预计到 2020 年将达到 4%左右。但是核电站废料的处理仍非常棘手。反应堆工作一定时间后，必须更换新的燃料，卸下的放射性废料就存在着如何处理、运输、掩埋的问题。在核电站发展和核燃料的后处理过程中有许多化学问题值得深入研究。

在世界发电业中，部分国家总发电量占比及核能发电量占总发电量的比例（2012 年）可参阅表 9-5、表 9-6。

表 9-5　部分国家总发电量占比（2012 年）（%）

中国	美国	日本	德国	法国	英国
21.94	18.91	4.89	2.74	2.49	1.61

表 9-6 部分国家核能发电量占总发电量的比例(2012 年)(%)

法国	比利时	乌克兰	瑞典	美国	日本	德国	中国
75	51	46	38	19	18	16	2

2. 核聚变反应

核聚变反应是两个或两个以上轻原子核结合成一个较重的原子核的反应,核聚变反应中也释放出很大的能量。例如,2 个氘核在高温下可聚合成 1 个氦核。从能源的角度考虑,核聚变与核裂变相比有两个方面的优势:其一,核聚变反应的产物是稳定的氦核,没有放射性污染,没有难于处理的废料;其二,核聚变所需的原料氘的资源比较丰富,海水中就蕴藏着大量的氘,且提炼氘比提炼铀容易。但遗憾的是,这个反应需要非常高的温度以克服两个带正电荷的氘核之间的巨大的排斥力。军事上利用核聚变反应的原理可制造氢弹,其原理是用一个小的原子弹爆炸产生瞬间高温,引发上述核聚变反应,从而发生强烈爆炸。氢的同位素之间的核聚变反应也存在于宇宙之间,太阳辐射出来的巨大能量就来源于这类核聚变反应。目前,科学家们正致力于核聚变反应的研究,以便能利用核聚变的能量进行发电,这项工作目前正处于实验室的初探阶段。

三、太阳能

太阳向宇宙太空放出的能量称为太阳能。太阳能是一种取之不尽、用之不竭、无污染的自然能源。太阳每秒向宇宙太空放出的总能量约为 3.6×10^{23} kJ,这些能量可在 1 min 内蒸干地球上所有海洋和江湖中的水。太阳辐射到地球表面的能量大约相当于全世界的煤、石油和天然气蕴含的总能量的 1.3 万倍,这些能量约有 47%以热的形式被地球表面和海洋吸收;约有 22%用作海水、河川、湖泊等的水分蒸发,形成降雨、降雪;约有 0.2%引起风浪波;只有 0.002%左右用于植物的光合作用。

直接利用太阳能是人类长期的愿望。由于太阳能的能流密度较低,又有间歇、不稳定的缺点,使目前太阳能利用的经济性能在许多场合还不如常规能源和核能源。但随着化石燃料的逐年减少,新技术、新材料和新设备的不断产生,利用太阳能的成本将会逐渐降低,太阳能在未来能源结构中的比例将逐渐增加。目前利用太阳能的方式主要有如下几种:

1. 太阳能转化为热能

这是目前直接利用太阳能的主要方式。所需的关键设备是太阳能集热器,在集热器中通过吸收表面(一般为黑色粗糙或采光涂层的表面)将太阳能转化为热能,用光加热传热介质(一般为水)。例如,薄层 CuO 对太阳能的吸收率为 90%,可达到的平衡温度计算值为 327 ℃。在我国,它已被推广应用于太阳能热水器、太阳灶、太阳能干燥器、太阳能农用温室等。

2. 太阳能转化为电能

这是人们最感兴趣的应用方式。利用太阳能电池可将太阳能转化为电能,所用的关键材料是半导体。通过吸收一定能量的光子,使半导体内的原子释放出电子,相应出现空穴,产生电子-空穴(光生载流子);这些电性相反的光生载流子被静电场分解;光生载流子被电池的两极收集,在外电路中产生电流,从而获得电能。

太阳能电池所用的半导体材料主要有硫化镉(CdS)、碲化镉(CdTe)、砷化镓(GaAs)、锗(Ge)以及硅(Si)等。

太阳能电池目前主要用作电源、光电元件等。从宇宙开发、气象观测到通信设施,从农牧业生产到日常生活,都可以用上太阳能电池。例如,可制成太阳能照明的公路隧道、太阳能飞机、太阳能汽车、太阳能船、太阳能自行车、太阳能收音机、太阳能冰箱和空调机、太阳能电话机和太阳能路灯等。

3. 太阳能转化为化学能

这是在探索中的一种利用太阳能的方式。光能转化为化学能是通过光与物质相互作用引起的光化学反应来实现的。例如,利用太阳能在催化剂的作用下分解水制取氢。植物的光合作用则利用太阳能合成糖类物质,它对太阳能的利用效率很高,利用仿生技术,模仿光合作用一直是科学家们努力追求的目标。

习题

1. 氢能以________、________、________被誉为________能源,是一种理想能源。

2. 核能是________________________放出的能量。目前实用的是指________________所释放的巨大能量。

3. 核裂变是____________吸收一个中子,然后分裂成________________的过程。

4. 核聚变是________________结合成____________的反应,同时____________能量。例如,2个________核在高温下可聚合成1个________核。

本章小结

一、认识能源

(1) 能源。能源意为能量的源泉,是自然界中能够直接利用或通过转换提供某种形式能量的物质资源,它包含在一定条件下能够提供某种形式能量的物质或物质的运动,也指可以从其获得热、光或动力等形式能量的资源,如燃料、流水、阳光和风等。

(2) 能源分类。

按获取方法分类:一次能源和二次能源。

按被利用程度分类:常规能源和新能源。

按能否再生分类:可再生能源和不可再生能源。

按对环境的污染情况分类:清洁能源和非清洁能源。

二、化石燃料和能源系统

(1) 煤炭。煤是由远古时代的植物残骸经过复杂的生物化学、物理化学和地球化学作用转变而成的固体燃料。煤可分为三大类:无烟煤、烟煤、褐煤。

(2) 石油。石油是由远古海洋或湖泊中的动植物遗体在地下经过漫长的复杂变化而形成的棕黑色黏稠液态混合物。

(3) 天然气。天然气是埋藏于地层中自然形成气体的总称。

(4) 能源危机。能源危机是指由于煤、石油、天然气等传统能源短缺导致能源供应紧张、能源价格不断上涨而形成的危机。

三、化学电源

(1) 干电池(以锌锰干电池为例)。

电极反应为:

负极:$Zn-2e^- \longrightarrow Zn^{2+}$(氧化反应)

正极:$2NH_4^+ +2e^- \longrightarrow 2NH_3+H_2$(还原反应)

$H_2+2MnO_2 = Mn_2O_3+H_2O$

(2) 蓄电池(以铅蓄电池为例)。

① 充电:将电能转化为化学能(在稀 H_2SO_4 溶液中进行电解处理)。

阴极:$PbSO_4+2e^- \longrightarrow Pb+SO_4^{2-}$(还原反应)

阳极:$PbSO_4+2H_2O-2e^- \longrightarrow PbO_2+4H^+ +SO_4^{2-}$(氧化反应)

充电反应:$2PbSO_4+2H_2O = Pb+PbO_2+2H_2SO_4$(氧化还原反应)

② 放电:将化学能转化为电能。

正极:$PbO_2+4H^+ +SO_4^{2-} +2e^- \longrightarrow PbSO_4+2H_2O$(还原反应)

负极:$Pb+SO_4^{2-} -2e^- \longrightarrow PbSO_4$(氧化反应)

放电反应:$Pb+PbO_2+2H_2SO_4 = 2PbSO_4+2H_2O$(氧化还原反应)

(3) 燃料电池(以氢氧燃料电池为例)。

燃料电池是一种将燃料的化学能直接转化为电能的装置。

电极反应为:

负极:$2H_2+4OH^- -4e^- \longrightarrow 4H_2O$(氧化反应)

正极:$O_2+2H_2O+4e^- \longrightarrow 4OH^-$(还原反应)

总反应:$2H_2+O_2 = 2H_2O$(氧化还原反应)

四、其他能源

(1) 氢能。氢能是指氢气与氧气化合成水而释放出的化学能。

(2) 核能。核能是原子核结构发生变化时放出的能量。

(3) 太阳能。太阳能是太阳向宇宙太空放出的能量。

课外阅读

可 燃 冰

可燃冰是在一定条件下，由气体或挥发性液体与水相互作用过程中形成的白色固态结晶物质，外观像冰。由于其中含有大量甲烷或其他碳氢化合物气体，极易燃烧，故称之为“可燃冰”。其主要成分是水合甲烷($CH_4 \cdot H_2O$)，学名为“天然气水合物”。

天然气水合物的形成有3个基本条件。第一，温度不能太高；第二，压力要足够，但不需太大；第三，要有气源。三者缺一不可。据估计，陆地上20.7%和海底90%的地区具有形成天然气水合物的条件。因此，绝大部分的天然气水合物分布在海底岩层，其资源量是陆地的100倍以上。由于受其特殊的性质和形成时所需条件(低温、高压等)的限制，天然气水合物只分布于特定的地理位置和地质构造单元内。

可燃冰的能源功效非常高，1 m^3 可燃冰中的甲烷含量可达160 m^3 以上。它燃烧产生的能量比同等条件下煤、石油、天然气产生的能量要多得多，而且在燃烧以后几乎不产生任何残渣或废弃物，污染也比煤、石油、天然气等要小得多。目前公认全球可燃冰的总能量是所有石油、煤、天然气总和的2～3倍。因此，我们不难想象，当解决了天然气水合物的开发技术后，我们能用经济、有效的手段获取天然气水合物中的甲烷，那么它就可能取代其他日益减少的化石能源，成为一种主要的能源类型，将使人类步入新的能源时代。

天然气水合物埋藏于海底的岩石中，和石油、天然气相比，它不易开采和运输，世界上至今还没有成熟的勘探方法和完善的开采方案。另外，开采这种水合物会造成温室效应、地质灾害等一系列严重问题。因此，天然气水合物作为未来的一种新能源，同时也是一种危险的能源。天然气水合物的开发利用就像一柄“双刃剑”，需要非常小心谨慎地对待，在考虑其资源价值的同时，必须充分注意到其开发利用将给人类带来的严重环境灾难。

生物质能

生物质是指由光合作用产生的各种有机体，其形式繁多，其中包括薪柴、农林作物（尤其是为了生产能源而种植的能源作物）、农业废弃物和农林产品加工废弃物、食品加工废弃物、城镇生活垃圾、人畜粪便、生活污水和水生植物等。生物质能则是太阳能以化学能的形式贮存在生物中的，以生物质为载体的能量形式。生物质能是热能的来源之一，是来源于太阳能的一种可再生能源。

在各种可再生的能源中，生物质贮存的太阳能更是一种唯一可再生的碳源。在太阳能直接转化的各种过程中，光合作用是效率最高的。地球上每年由植物光合作用固定的碳估计可达 2×10^{11} t，含能量达 3×10^{21} J。每年通过光合作用贮存在植物的枝、茎、叶中的太阳能，相当于全世界每年耗能量的 10 倍。因此，生物质能已成为仅次于煤炭、石油、天然气的第四大能源。

生物质能具有资源丰富、含碳量低的特点。因此，植树造林是人类开发利用生物质能的一种有益的方法，它不仅有助于生态的良性循环，而且还可以通过植物的光合作用吸收大气中大量的 CO_2 来减轻温室效应，防止气候变暖，其已成为解决能源与环境问题的重要途径之一。《京都议定书》的签订和正式生效，促使人们更进一步意识到植树造林、保护植被、保护森林的重要性。保护生态，不再只是个人的事情，而应该受到全人类的关注和重视。

生物质能作为唯一可再生的碳源，它可以转化为固态、液态和气态燃料。已经研究开发的生物质能应用技术有生物质燃烧技术、生物质气化技术和生物质液化技术等，如生物质燃烧发电、厌氧发酵生产沼气等。随着人类对生物质能源开发利用研究的不断深入，人们将不断发现和培育出高效的生物质能源，开发新的生物质能转化技术，合理有效地开发和利用生物质能，为改善生态平衡、解决能源危机、保护环境做出更积极的贡献。

废电池不可乱扔

在干电池和蓄电池中，含有汞、锰、镉、铅等重金属。电池使用后如果随意丢弃，其中的重金属元素就会慢慢渗透到土壤和水体中，若焚烧则有害物质会散发到大气中，造成环境污染。尽管废电池数量在日常垃圾中似乎微不足道，但由于重金属元素容易在生物体内积累，到一定量后会对生物体健康产生严重的后果，所以绝不能小看废电池的环境污染问题。

重金属往往通过食物链对人体造成危害，如受污染的水体中的鱼虾吃了含有重金属的浮游生物，重金属就会在鱼虾体内积累，人吃了这样的鱼虾后，重金属就在人体内积累。1953 年发生在日本的震惊世界的“水俣病”事件就是人们食用了被汞污染的鱼类后导致的中毒惨案。中毒者出现牙齿松动、毛发脱落、手指抖动、神经错乱等症状。除了汞污染造成的严重危害以外，过量的锰积累在人体内可引起神经功能障碍，双手颤抖、双脚僵硬，重症者常因脑炎而死亡。长期食用受镉污染的水或食物，可导致骨质软化，骨骼变形，全身骨关节疼痛难忍，最终因剧痛而死亡。1955 年日本富山县神通川流域的痛痛病事件就是镉污染所引起的。铅及铅化合物的中毒症状是头痛、头昏眼花、失眠、精神恍惚、疲倦无力、烦躁易怒，并伴有关节痛及自主神经功能紊乱，手指可有轻度颤抖，还可发生贫血等。

电池在我们日常生活中的用量正在迅速增长。2000 年我国的电池消费量达到 100 亿只，2004 年已达到 120 亿只(其中一半为进口电池)。有关资料表明：一节电池产生的有害物质能污染 60 万升水，使 1 m^2 的土地失去利用价值。大量的废电池如果未经处理就随意丢弃，或将干电池与可燃垃圾混在一起进行焚烧，都将给环境和人类健康带来巨大威胁。加强废电池的管理，不乱扔电池，实现有害废弃物的“资源化、无害化”，已是一个十分紧迫的问题。

同时，研制无汞、无镉的新电池，实现无污染的燃料电池的民用化，对于减少废电池的污染危害也将起到十分积极的作用。

第十章　化学与环境

当今世界科学技术的发展日新月异，新技术促进了世界经济的高速发展。这一方面给人类带来了巨大的物质财富，另一方面也带来了日益严峻的环境问题。20世纪80年代，全球变暖、臭氧层损耗、酸雨污染三大全球性环境问题威胁到全人类的生存。20世纪90年代末发生的英国“疯牛病”、比利时“毒鸡”事件，2003年“SARS”肆虐以及20世纪末、21世纪初流行的“禽流感”一次又一次地引起“全球恐慌”。在造成环境污染的各种因素中，有毒有害化学物质占有很大的比例，其品种之多、数量之大、影响的范围之广，都是十分惊人的。本章着重介绍化学物质对大气、水、土壤等环境造成的污染，以及污染的防治。

第一节　环境与环境问题

一、环境

《中华人民共和国环境保护法》明确将环境（environment）定义为“影响人类生存和发展的各种天然的和经过人工改造的自然因素的总体，包括大气、水、海洋、土地、矿藏、森林、草原、野生生物、自然遗迹、人文遗迹、自然保护区、风景名胜区、城市和乡村等”。它包括了自然环境和社会环境，环境保护中的环境主要指自然环境。

自然环境是指环绕着人群的空间中，可以直接、间接影响到人类生活、生产的一切自然形成的物质和能量。它主要包括大气、水体、土壤、生物等，即大气圈、水圈、土壤圈、生物圈。从地球开始形成到这些自然环境的逐一出现，经历了漫长的历史岁月。这四个圈主要在太阳能的作用下进行着物质循环和能量循环，使自然环境呈现出万物更新、生生不息的景象。自然环境是人类赖以生存的物质基础，控制并影响着人的生命，同时又是人类改造和利用的对象。

二、环境污染与化学污染物

1. 环境污染

（1）环境污染的概念及产生原因。

由于人为的或自然的因素，使环境中本来的组成成分或状态及环境素质发生变化，扰乱并破坏生态系统与人们的正常生活条件，对人体健康产生直接或间接甚至潜在的危害，就称为环境污染（environmental pollution）。造成环境污染的因素有自然因素和人为因素两种。一般所讲的环境污染主要指人为因素造成的污染。

(2) 环境污染的分类。

环境污染有不同的类型，按环境要素可分为大气污染、水体污染和土壤污染等；按污染物的性质可分为物理污染、化学污染和生物污染；按污染物的形态可分为废气污染、废水污染和固体废弃物污染，以及噪声、辐射污染等；按污染物产生的原因可分为生产污染和生活污染，生产污染又可分为工业污染、农业污染和交通污染等；按污染的范围又可分为全球污染、区域污染、局部污染等。

2. 化学污染物

(1) 环境污染物的分类。

造成环境污染的污染物种类繁多，在环境中形态各异，根据不同的目的和标准，有多种不同的分类方法和类型。根据污染物的性质可将环境污染物分为物理污染物、化学污染物和生物污染物。物理污染物包括粉尘、强光、噪音、电磁波、垃圾、工业排放的废热、放射线、振动、恶臭等。生物污染物主要是一些对人体造成毒害的微生物、寄生虫及水藻等。化学污染物是指进入环境后使环境的正常组分和性质发生直接或间接的有害于人类的变化的化学物质。化学污染物往往本身是生产中的有用物质，有的甚至是人类和生物所必需的营养元素，但是如果没有充分利用而大量排放，或者因为技术不成熟、工艺落后、经济效益低等原因不加以回收和重复利用，就会成为环境中的污染物。

(2) 化学污染物的分类。

对环境产生危害的化学污染物可概括为五大类。

① 有机化合物：包括烃类(如烷烃、不饱和链烃、芳烃、多环芳烃等)、金属有机物和准金属有机物(如四乙基铅、甲基汞、单甲基或二甲基胂酸、二苯铬等)、含氧有机化合物(如环氧乙烷、醇、酚、醛等)、有机氮化合物(如胺、腈、硝基甲烷、亚硝胺等)、有机卤化物(如四氯化碳、芳香族卤化物、多氯联苯、二噁英、苯并芘、苯胺类化合物、偶氮染料等)、有机硫化合物(如硫醇、硫酸二甲酯、烷基硫化物等)、有机磷化合物(如有机磷农药、有机磷军用毒气等)等。

② 重金属或有毒单质：如铅、汞、镉、砷、卤素、白磷等。

③ 有害的阴离子：如氰离子、氟离子、亚硝酸根离子等。

④ 无机化合物：如一氧化碳、氰化物、二氧化硫、氧化氮、砒霜等。

⑤ 一些植物营养物质：如铵离子、硝酸盐、磷酸盐等。

(3) 化学污染物进入环境的途径及对环境的影响。

化学污染物进入环境的途径主要有：生物质(如柴、草等)及化石燃料的燃烧、施用；过量施用化肥、农药；工矿企业及化学实验室排放“三废”；生活中排放垃圾、污水；航空航天器排放废气；吸烟、吸毒、焚烧垃圾；化学物质使用不当，甚至滥用某些化学品；使用、运输化学物质过程中发生泄漏；意外事故以及战争等。

现在，人工制造的物质种类逐年增加，世界上已知的化学品就有 700 万种之多，有毒化学品的年产量达 4×10^6 t，进入环境的化学物质已达 10 万余种。大量人工制造的化合物(包括有毒物质在内)进入环境，这些物质在复杂的环境条件下，通过溶解、挥发、迁移、扩散、吸附、沉降及生物摄取等多种过程，进入水体、大气、土壤、生物之中，与此同时，又与各种环境要素（主要是水、空气、光辐射、微生物和别的化学物质等）交互作用，并发生物理、化学、生物化学变化。经历了这些变化过程的化学物质，有些物质的毒性可能降低，有一些则可能变为剧毒物质。特别是一些人造化学物质很难分解，逐渐积累在环境中，造成大气污染、水体污染和土壤污染等，对人和生物造成危害，直接或间接影响人类的健康。化学污染物已成为环境污染的主要因素。严重的环境污染会导致生态破坏，如土壤流失、森林破坏、良田沙漠化等。全球性的环境污染已威胁到人类的生存，以及阻碍经济的持续发展。

三、绿色化学

绿色化学(green chemistry)是指设计没有或者只有尽可能小的环境负作用，并且在技术上和经济上可行的化学品和化学过程。它最大的特点是在始端就采用实现污染预防的科学手段，因而过程和终端均为零排放或零污染。绿色化学关注在现今科技手段和条件下，能降低对人类健康和环境有负面影响的各个方面和各种类型的化学过程，主张在通过化学转换获取新物质的过程中充分利用每个原子，具有“原子经济性”。如环氧乙烷的生产，经典工艺是氯代乙醇法，其反应过程如下：

$$CH_2{=}CH_2 + Cl_2 + H_2O \longrightarrow ClCH_2CH_2OH + HCl$$

$$ClCH_2CH_2OH + Ca(OH)_2 \xrightarrow{HCl} C_2H_4O + CaCl_2 + H_2O$$

总反应为：

$$CH_2{=}CH_2 + Cl_2 + Ca(OH)_2 \longrightarrow C_2H_4O + CaCl_2 + H_2O$$

其原子利用率为25%。经典工艺生产有多种副产物生成，不仅造成原子的浪费，还可能对环境造成负面影响。自从发现以银作催化剂由乙烯直接氧化生产环氧乙烷的一步法生产路线以后，原子利用率提高到了100%，理论上没有废物产生，因此它是原子经济性反应。反应方程式为：

$$CH_2{=}CH_2 + \frac{1}{2}O_2 \xrightarrow{Ag} C_2H_4O$$

长期以来人们只看重化学反应的高选择性和高转化率，而往往忽视反应物分子中原子的有效利用率问题。绿色化学就是要求人们在设计化学反应路线时使原料分子中的原子高比例地进入到最终所希望的产品中去。它的目标是研究和寻找能充分利用无毒害原料，最大限度地节约能源，在化工生产各环节都能实现净化和无污染的反应途径。因此，绿色化学是人类和自然和谐相处的化学，是化学科学基础内容的更新。它合理利用资源，降低生产成本，从源头上消除污染，符合经济可持续发展的要求，是化学工业清洁生产的源泉。

习题

一、填空题

1. 环境可分为________和________。
2. 根据污染物的性质可将环境污染分为________、________和________。

3. 化学污染物可概括为五大类：＿＿＿＿＿＿、＿＿＿＿＿＿、＿＿＿＿＿＿、＿＿＿＿＿＿、＿＿＿＿＿＿。

二、综合题

4. 什么叫环境？举例说明对“环境”一词的认识。

5. 什么是环境污染？举一个你身边的环境污染的例子，并分析污染物的种类、污染产生的原因、污染物进入环境的途径以及治理污染的方法。

6. 什么是绿色化学？发展绿色化学有何意义？

第二节　大气污染及其防治

大气是指包围在地球周围的气体，它维护着人类及生物的生存。洁净的大气是人类赖以生存的必要条件之一。人体每天需要吸入 10～12 m^3 的空气。大气具有一定的自我净化能力，因自然过程等进入大气的污染物，通过大气的自我净化过程从大气移除，从而维持洁净大气。但是，随着工业及交通运输业的不断发展，大量的有害物质排放到空气中，改变了空气的正常组成，空气质量变差。如果不对其加以控制和防治，将严重地破坏生态系统和人类生存条件。

一、大气的组成

大气是由空气、少量水汽、粉尘和其他微量杂质组成的混合物。空气的主要成分为78%的氮气、21%的氧气、0.94%的氩气和 0.03%的二氧化碳。此外，还含有氦、氖、氪等稀有气体及甲烷、氮的氧化物、硫的氧化物、氨、臭氧等物质。

人类生活在大气圈中，依靠空气中的氧气而生存。氧气被吸进肺细胞后穿过细胞壁与血液中的血红蛋白结合，由血液将氧输送到全身，与身体中的营养成分作用而释放出人体活动必需的能量。清洁的空气是人类健康的保证。

二、大气主要污染物的来源及危害

在空气正常成分之外增加了新的成分或原有成分的增加超过了环境所能允许的极限，致使空气的质量发生变化，对人体健康及动植物生长发育产生影响和危害，这种现象叫作空气污染。

排入大气的污染物种类很多，可依据不同的方法将其进行分类。

依照污染物的来源，可概括为以下 4 个方面：① 工业污染源：工矿企业在各种生产活动中排放污染物形成的污染源；② 生活污染源：城乡居民及有些服务行业燃烧各种燃料时向空气排放污染物形成的污染源；③ 交通污染源：汽车、飞机、轮船等向空气中排放污染物形成的污染源；④ 农业污染源：化学农药、化肥，有机肥施用时的逸散，以及秸秆燃烧形成的污染源。

依照污染物存在的形态，可将污染物分为颗粒污染物和气态污染物。

依照与污染源的关系，可将污染物分为**一次污染物**与**二次污染物**。若大气污染物是从污染源直接排出的原始物质，进入大气后其性质没有发生变化，则称其为一次污染物；

若由污染源排出的一次污染物与大气中原有成分或几种一次污染物之间发生了一系列的化学反应，形成了与原污染物性质不同的新污染物，则所形成的新污染物称为二次污染物。受到人们普遍重视的二次污染物主要是硫酸烟雾和光化学烟雾。

现将几种主要大气污染物的来源及其危害简单介绍如下：

1. 颗粒物

颗粒物又称尘埃，是大气中的固体或液体颗粒状物质，其中大部分是固体颗粒，如粉尘、烟尘等，也有液体颗粒，如水雾、酸雾、油雾等。

在大气污染控制中，根据大气中颗粒污染物粒径的大小，将其分为粉尘、飘尘、降尘、烟、雾、气溶胶和总悬浮微粒等。

颗粒物的主要来源是矿物燃料的燃烧，以及采矿、冶金、水泥等工业生产过程中，由于物料的堆放、破碎、筛分、转运等机械处理，以及交通运输过程中产生的固体颗粒物。农药的喷洒会产生液体颗粒物。

颗粒物特别是飘尘(或称可吸入颗粒物)对人体的危害极大，它能通过呼吸进入肺泡，并长期沉积在肺泡里。人体长时间处于这种污染环境中，最终将患上各种肺部疾病，如硅肺病、石棉肺等，甚至还可能患上肺癌。大量的调查资料表明，90%以上的肺癌患者就是由可吸入颗粒物造成的。另外颗粒物会遮挡阳光，使日照减少，气候变冷。颗粒物还会使能见度降低，影响交通安全。飘尘具有吸湿性，在大气中容易吸收水分，形成表面具有很强吸附性的凝聚核，能吸附有害气体和经高温冶炼排出的金属粉尘及致癌性很强的苯并(α)芘等。飘尘还能吸附病原微生物，加剧对人体的危害。

2. 硫氧化物(SO_x)

硫氧化物主要是 SO_2 和 SO_3，其中以 SO_2 为主。SO_2 是大气污染物中数量较多、危害较大的一种气态污染物。大气中 SO_2 的来源很广，它主要来自化石燃料(煤和石油)的燃烧过程，以及硫化物矿石的焙烧、冶炼等热过程，火力发电厂、有色金属冶炼厂、硫酸厂、炼油厂以及所有烧煤或油的工业锅炉、炉灶等都排放 SO_2 烟气。

SO_2 是强刺激性气体，大气中 SO_2 浓度达到 $1\times10^{-3}\ g\cdot dm^{-3}$时人就能感觉到。$SO_2$ 对眼睛、呼吸器官影响很大，可引起多种呼吸道疾病，如气管炎、哮喘病，严重时可引起肺气肿甚至死亡。空气中的各种污染物还有协同作用，产生二次污染，其危害比它们各自作用之和要大得多。如大气中含有的吸附着 Mn^{2+}、Fe^{2+} 等金属离子的飘尘，它们可以催化 SO_2 迅速氧化为 SO_3，在潮湿的空气中形成硫酸雾。反应方程式如下：

$$2SO_2 + O_2 \xlongequal{\text{催化剂}(Mn^{2+}、Fe^{2+})} 2SO_3$$

$$SO_3 + H_2O \xlongequal{} H_2SO_4$$

生成的硫酸雾依附在飘尘上，如遇降雨，就形成酸雨(acid rain)。酸雨对人体、森林、建筑、金属设备、农作物的危害极大。如 20 世纪 40 年代，加拿大一座大型冶炼厂，排出的 SO_2 随风飘到美国，使美国大批松林枯萎而死。20 世纪 80 年代发生了戏剧性的转变，美国某工厂排出的 SO_2 随风飘到加拿大，使其森林也遭到同样命运。又如，1952 年著名的伦敦烟雾事件造成上万人死亡，其主要污染物就是酸雾。

3. 氮氧化物(NO_x)

氮氧化物的种类很多,造成大气污染的主要是NO、NO_2。NO是无色、无刺激性气味的气体,毒性不太大,但进入大气后可被氧化成NO_2,当大气中有O_3等强氧化剂存在时,或在催化剂作用下,其氧化速度会加快。NO_2呈红棕色,有刺激性气味,毒性约为NO的5倍。NO_2对呼吸系统有强烈的刺激作用,是引起肺气肿和肺癌的因素之一。NO_2参与大气中的光化学反应形成光化学烟雾后,其毒性更强。

人类活动产生的NO_x主要来自各种炉窑、机动车和柴油机的废气,其次是化工生产中的硝酸生产、硝化过程,炸药生产及金属表面处理等过程。其中由燃料燃烧产生的NO_x约占83%。

4. 碳氢化合物

碳氢化合物主要来自燃料燃烧和机动车排出的废气。其中的多环芳烃类物质(PAH)大多数具有致癌作用,特别是苯并(α)芘是致癌能力很强的物质,并作为大气受PAH污染的依据。碳氢化合物的危害还在于它参与大气中的光化学反应,生成危害性更大的光化学烟雾。

5. 光化学烟雾

由污染源排入大气的碳氢化合物和氮氧化物等在阳光(紫外线)的照射下,可发生光化学反应并生成二次污染物,参与光化学反应过程的一次污染物和二次污染物所形成的蓝色烟雾(有时带些紫色和黄褐色)叫作**光化学烟雾(photochemical fog)**。

光化学烟雾最早发现于美国的洛杉矶,因此又名洛杉矶烟雾,以后相继在日本、德国、加拿大等国出现。1974年,我国兰州的西固石油化工区也发生过光化学烟雾。

光化学烟雾的特征是烟雾弥漫,大气能见度降低,一般发生在夏季晴天的午后。光化学烟雾的刺激性和危害要比一次污染物强烈得多,它刺激眼睛和上呼吸道黏膜,引起眼睛红肿和喉炎,同时对动植物和建筑材料也有危害。

6. 一氧化碳(CO)

CO是排放量最大的大气污染物。CO主要来自矿物燃料的不完全燃烧和机动车尾气。

CO是一种无色无味的窒息性气体。CO易与血红蛋白结合(CO与血红蛋白的结合能力比氧与血红蛋白的结合能力大200多倍),使血液携带氧的能力降低,从而使机体缺氧,发生如头痛、眩晕、恶心、疲劳等缺氧症状,危害中枢神经,严重时可引起窒息死亡。目前我国规定的卫生标准,居民住宅区CO的最大允许浓度日平均为$1.00\ mg \cdot m^{-3}$。

CO排入大气后,由于大气的扩散稀释作用和氧化作用,一般不会造成危害。但在城市冬天取暖季节或在交通繁忙的十字路口,当气象条件不利于排气扩散稀释时,CO的浓度有可能达到危害环境的水平。

三、大气污染的危害

1. 对人体健康的危害

受污染的大气进入人体,可导致呼吸道、心血管、神经系统、眼睛等疾病。

据北京市有关部门的调查,交通路口工作的民警,其咽炎发病率达23%,而园林工人却只有12%。另外,肿瘤专家认为,肺癌90%以上是由大气污染和职业致癌因子经过长期作用诱发的。废气中含有许多致癌物质，如炼焦排出的苯并(α)芘就是诱发肺癌的罪魁祸首。

另外，如铅、汞、砷、硫化氢、碳氧化物和苯类化合物，会使人的白细胞下降、心律异常。而硫酸烟雾、光化学烟雾对眼睛有较大的刺激作用，能引起眼睛疾病。

2. 对植物的危害

大气污染物的浓度超过植物的忍耐程度，会使植物的细胞和组织受到伤害，生理功能和生长发育受阻，产量下降，产品品质变坏，助长病虫害的发生和蔓延，使群落组成发生变化，造成个体死亡甚至种群消失。

据估计，美国每年因大气污染造成的农作物损失为10亿～20亿美元。我国对13个省市的25个厂矿企业的统计显示，由SO_2污染造成的农田受害面积达2.3万公顷，损失粮食1789万千克、蔬菜99.5万千克，赔款达595万元人民币。国内外由于大气污染造成植物受害的例子不胜枚举。

3. 对各种设施的危害

大气污染对各种制品有腐蚀损害，特别是对金属制品、油漆材料、皮革制品、纸制品、纺织品、橡胶制品和建筑物等的损害较大。这是造成城市地区经济损失的一个重要原因。据调查，英国铁轨损坏有近1/3是大气污染造成的，政府每年都必须投巨额资金重新铺设。我国重庆市的嘉陵江大桥，其钢结构表面向内锈蚀速度为每年0.16 mm，每年因此而用于钢结构的维护费达20万元。

4. 对全球性生态的影响

大气污染还可能造成全球性的影响。酸雨、温室效应、臭氧层耗损已引起全世界的普遍关注，要解决这个问题，需要各国协调一致的行动，不论是发达国家还是发展中国家，都应承担起各自的责任与义务。

(1) 酸雨。

酸雨被称为“空中死神”。它是指pH小于5.6的雨、雪、霜、雹等大气降水，是大气受到污染的一种表现。

酸雨的形成过程是一种复杂的大气化学和大气物理学的现象。一般认为，由污染源向大气排放的SO_x和NO_x发生一系列化学和物理变化后，在高空大气中遇到水汽变成硫酸雾和硝酸雾飘浮在空中，然后随同降水落到地面，形成酸雨。

这个过程可简单表示如下：

$$2SO_2+O_2 \xlongequal{\text{催化剂}} 2SO_3$$

$$SO_3+H_2O = H_2SO_4$$

$$N_2+O_2 \xlongequal{\text{闪电}} 2NO$$

$$2NO+O_2 = 2NO_2$$

$$3NO_2+H_2O = 2HNO_3+NO$$

大气颗粒物中的Fe、Cu、Mg、V等是上述反应的催化剂。

酸雨的危害是多方面的，它破坏水生生态系统，使土壤酸化、贫瘠化，造成森林生态系统衰退和衰败。我国仅两广、川贵四省区的统计，每年由于酸雨造成的森林损失就达十几亿元。在重庆市郊的南山，马尾松林因为酸雨而成片死亡。欧洲每年因酸雨损失大量木材，价值达160亿英镑。酸雨对建筑材料和金属材料也有较强的腐蚀性，如我国故宫和天坛的大理石栏杆、卢沟桥上的石狮子、重庆市江边宝贵的元代佛像等都因酸雨的腐蚀变得斑驳陆离。更为严重的是其对人类健康造成的危害。研究表明：酸沉降是导致人类呼吸道疾病，包括肺癌发病率增高的主要因素。

随着人口的剧烈增长和生产的发展，化石燃料的消耗不断增加，20世纪80年代以来，世界各地都相继出现了酸雨，如欧洲、北美、亚洲、南美和非洲各国都受到了酸雨的危害。当前酸雨最集中、面积最大的地区是欧洲、北美和中国。加拿大30万个湖泊中，已有近5万个因湖水酸化将变成“死湖”。我国的大片酸雨区主要分布于长江以南、青藏高原以东地区及四川盆地。我国的酸雨区面积已经占到国土面积的30%，成为继欧洲、北美之后世界第三大重酸雨区。

控制酸雨的根本措施是净化燃烧装置，回收利用硫和氮，控制 SO_x 和 NO_x 的排放量更是当务之急。

(2) 温室效应。

大气层中的某些微量组分能使太阳的短波辐射透过，加热地面，而地面增温后所放出的热辐射却被这些组分吸收，使大气增温，这种现象称为“**温室效应**”(greenhouse effect)。这些能使地球大气增温的微量组分称为“温室气体”。主要的温室气体有 CO_2、CH_4、N_2O、CFC(氟氯烷烃，如 CCl_2F_2，也称氟利昂)等。研究结果表明，人为造成的各种温室气体对全球的温室效应所起作用的比例不同，其中 CO_2 的作用占55%、CFC占24%、CH_4 占15%、N_2O 占6%，因此 CO_2 的增加是造成全球变暖的主要原因。

温室效应能加快植物生长，使植物生长带移动；由于气候变暖，积雪和冰川融化，还会使海平面上升。当前，世界大洋温度正以每年0.1 ℃的速度上升，全球的海平面在过去的一百年里平均上升了14.4 cm，我国沿海的海平面也平均上升了11.5 cm。海平面的升高将严重威胁低地势岛屿和沿海地区居民的生活和财产安全。另外，世界卫生组织在一份报告中指出，全球变暖可能导致全球疾病大流行，这更是一个严峻的问题。

解决温室效应的途径是减少温室气体的产生量，尽量减少矿物燃料的使用量。旨在限制发达国家温室气体排放量，以抑制全球变暖的《京都议定书》已于2005年2月16日正式生效，相信这将会为抑制全球变暖发挥巨大的作用。

(3) 臭氧层耗损。

在大气圈约25 km高空的平流层下部，有一个臭氧浓度相对较高的小圈层，即为臭氧层。臭氧(ozone)层被誉为地球的“保护伞”，它是太阳紫外线辐射的一种过滤器，能强烈地吸收(99%)来自太阳的高强度紫外线，保护了地球上的人类和生物。

20世纪70年代以来，全球的臭氧都呈减少的趋势。继1982年，英国考察队在南极上空首次发现了一个面积接近于美国大陆的臭氧空洞后，后来又在北极和青藏高原的上空发现了类似的臭氧空洞，青藏高原上空的臭氧正在以每10年2.7%的速度减少，已经成为大气层中的第三个臭氧空洞。而且除热带外，世界各地臭氧都在耗减。自1979年以来，我国大气臭氧总量逐年减少，年平均递减率为0.077%～0.75%。

臭氧层的耗损将使地面紫外线辐射增加，从而引起皮肤癌和白内障。如今的恶性皮肤癌发病率已是20世纪50年代的十倍，虽然这不能完全归罪于臭氧的减少，但有证据表明二者是有一定关系的。科学家估计臭氧每减少1%，人类得皮肤癌的可能性就增加3%。紫外线的强烈辐射也使许多农作物和微生物受损，还可杀害浮游生物，破坏生物圈的食物链，伤害高等植物的表皮细胞，抑制植物的光合作用和生长速度。强烈的紫外线辐射还可加速有机化合物的氧化，造成各种材料的巨大损失。

臭氧层耗损主要是由消耗臭氧的化学物质引起的，其中破坏臭氧层最严重的是哈龙类物质（溴氟烷烃）和氟利昂（氟氯烷烃），因此对这些物质的生产量和消费量应加以限制。为此，1985年、1987年联合国环境规划署召开会议，先后签订了《保护臭氧层维也纳公约》和《关于消耗臭氧层物质的蒙特利尔议定书》等国际公约，提出对氟利昂及哈龙两类共8种物质进行生产与使用的限控，并于1989年1月1日生效。1995年1月23日，联合国大会通过决议，确定每年的9月16日为“国际保护臭氧层日”。自加入《关于消耗臭氧层物质的蒙特利尔议定书》以来，我国已于1999年7月1日起冻结了氟利昂的生产，淘汰了消耗臭氧潜能值9万多吨的ODS（消耗臭氧层物质），是发展中国家淘汰ODS最多的国家。即使如此努力地弥补我们上空的“臭氧洞”，但由于臭氧层损耗物质从大气中除去十分困难，预计要在2050年左右平流层氯原子浓度才能下降到临界水平以下，到那时，我们上空的“臭氧洞”可望开始恢复。臭氧层保护是近代史上一个全球合作十分典型的范例，这种合作机制将成为人类的财富，并将为解决其他重大问题提供借鉴和经验。

四、大气污染的防治

大气污染已给人类和生态环境造成了严重威胁。因此保护大气环境成了人类面临的十分艰巨的任务。为了有效地控制大气污染，就必须对大气进行监测，制定出相应的法规和标准，加强大气污染及其防治的科学研究，积极采取措施以保护和改善大气环境。

1987年9月，我国颁布了《大气污染防治法》，并规定从1988年6月1日起开始执行，同时制定了《环境空气质量标准》（GB 3095—2012），环境空气污染物基本项目浓度限值见表10-1。

表10-1　环境空气污染物基本项目浓度限值

序号	污染物项目	平均时间	浓度限值		单位
			一级	二级	
1	二氧化硫（SO_2）	年平均	20	60	μg/m^3
		24 h平均	50	150	
		1 h平均	150	500	
2	二氧化氮（NO_2）	年平均	40	40	
		24 h平均	80	80	
		1 h平均	200	200	
3	一氧化碳（CO）	24 h平均	4	4	mg/m^3
		1 h平均	10	10	

续表

序号	污染物项目	平均时间	浓度限值		单位
			一级	二级	
4	臭氧(O_3)	日最大 8 h 平均	100	160	$\mu g/m^3$
		1 h 平均	160	200	
5	颗粒物(粒径小于等于 10μm)	年平均	40	70	
		24 h 平均	50	150	
6	颗粒物(粒径小于等于 2.5μm)	年平均	15	35	
		24 h 平均	35	75	

1. 大气污染防治的综合措施

大气污染防治的综合措施如下：

(1) 减少污染物排放，实行全过程控制。即实行"清洁生产"，从"清洁的原料"到"清洁的生产过程"再到"清洁的产品"，以提高资源利用率和减少污染物的产生量和排放量。

(2) 节约能源。通过减少能源的消耗，可有效地减少大气污染物的排放量。具体措施包括改善燃料结构(如大力发展煤气、液化石油气、天然气、沼气)，使用清洁能源(太阳能、地热和其他无污染或少污染的能源等)，改造落后的燃烧方式与燃烧设备，提高燃烧的热效率，实行集中供热等。

(3) 污染源治理。通过末端净化治理，使污染物的排放达到标准。

(4) 合理利用大气的自净能力，增加烟囱高度。烟囱越高，烟气上升力越强，高空风速大，也有利于污染物的扩散稀释。

(5) 植树绿化，充分利用植物的净化功能。植物具有调节气候、吸尘、降噪声等功能，还可吸收大气中的有害污染物。因此要大力开展植树造林等绿化活动。

(6) 加强管理。必须完善环境立法，引入经济控制手段，加强统一监督管理，由各行业主管部门各负其责，企业法人承担污染防治责任。

2. 几种大气污染物的治理

(1) 颗粒污染物的治理。

从废气中将颗粒物分离出来并加以捕集、回收的过程称为除尘。实现上述过程的设备装置称为除尘器。采用除尘器除尘，一般有机械力除尘、洗涤除尘、过滤除尘、静电除尘(图 10-1)等。

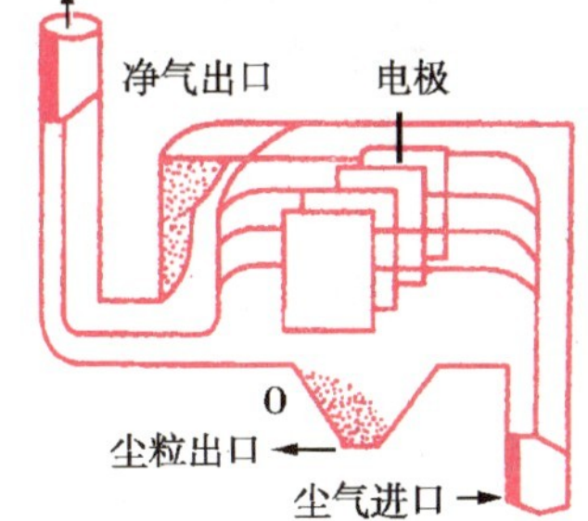

图 10-1 静电除尘器示意图

(2) 低浓度 SO_2 的治理。

① 氨水法。此法是用氨水作吸收剂吸收废气中的 SO_2。由于氨易挥发，实际上此法是用氨水与 SO_2 反应后生成的亚硫酸铵水溶液作为吸收 SO_2 的吸收剂，主要反应如下：

$$SO_2 + 2NH_3 + H_2O = (NH_4)_2SO_3$$

$$(NH_4)_2SO_3 + SO_2 + H_2O = 2NH_4HSO_3$$

通入氨后可发生再生反应：

$$NH_4HSO_3 + NH_3 = (NH_4)_2SO_3$$

反应后生成的$(NH_4)_2SO_3$一部分返回吸收系统，一部分产品可作为氮肥使用。本方法在处理尾气中SO_2时，吸收率可高达93%～97%。

② 钠碱法。此法是用NaOH或Na_2CO_3的水溶液作为吸收剂，与SO_2反应生成的Na_2SO_3可继续吸收SO_2生成$NaHSO_3$，主要吸收反应为：

$$NaOH + SO_2 = NaHSO_3$$

$$2NaOH + SO_2 = Na_2SO_3 + H_2O$$

$$Na_2SO_3 + SO_2 + H_2O = 2NaHSO_3$$

生成的吸收液为Na_2SO_3和$NaHSO_3$的混合液。用不同的方法处理吸收液，可得不同的副产物。

③ 钙碱法。此法是用石灰石、生石灰或消石灰的乳浊液为吸收剂吸收烟气中SO_2的方法。对吸收液进行氧化处理可得副产物石膏，通过控制吸收液的pH可得副产物亚硫酸钙。石膏可用作建筑材料，而半水亚硫酸钙是一种钙塑材料，用途广泛。该法是目前应用最多的方法之一，常用于电厂、冶炼厂等的烟道气的脱硫，脱硫效率可达90%以上。但其存在的主要缺点是吸收系统容易结垢、堵塞，吸收剂循环量大，设备的体积和操作费用都较大。

(3) NO_x废气的治理。

① 吸收法。目前常用的吸收剂有碱液、稀硝酸溶液和浓硫酸等。常用的碱液有NaOH、Na_2CO_3、$NH_3 \cdot H_2O$溶液等。

② 吸附法。常用活性炭与沸石分子筛作为吸附剂。

③ 催化还原法。在催化剂的作用下，用还原剂将废气中的NO_x还原为无害的N_2和H_2O。常用的还原剂气体有H_2、CH_4、NH_3、H_2S。含有铂、钯等贵金属组分的催化剂应用效果较好，但价格较高。此法适用于硝酸尾气与燃烧烟气的治理，并可处理大量的废气，技术成熟，净化效率高，是治理废气较好的方法。

(4) CO废气的治理。

CO主要来自矿物燃料的不完全燃烧和机动车尾气的排放。随着汽车工业的发展和人民生活水平的不断提高，我国汽车保有量在不断上升，汽车尾气对空气质量的影响越来越大。汽车发动机排放的废气中除含CO外，还含有碳氢化合物、NO_x、醛、有机铅化合物、无机铅、苯并(α)芘等多种有害物质，曾造成多起重大汽车尾气污染事件，光化学污染事故的罪魁祸首之一就是汽车排放的废气。控制汽车尾气对大气的污染已引起世界各国的高度重视。

控制汽车尾气中有害物排放浓度的方法有两种：一是改进发动机的燃烧方式，使污染物的产生量减少，称为机内净化；另一种方法是利用装置在发动机外部的净化设备，对排出的废气进行净化治理，称为机外净化。机内净化是解决问题的根本途径，也是发展方向；机外净化采用的主要方法是催化净化法。催化净化法主要有以下几种：

① 一段净化法。一段净化法又称为催化燃烧法，即利用装在汽车排气管尾部的催化燃烧装置，将汽车发动机排出的CO和碳氢化合物，用空气中的O_2氧化成CO_2和H_2O，净化后的气体直接排入大气。该法只能去除CO和碳氢化合物，对NO_x没有去除作用，

但这种方法技术较成熟，是目前我国应用的主要方法。

② 二段净化法。二段净化法是利用两个催化反应器，或在一个反应器中装入两段性能不同的催化剂，完成净化反应。由发动机排出的废气先通过第一段催化反应器（还原反应器），利用废气中的 CO 将 NO_x 还原为 N_2；从还原反应器排出的气体再进入第二段反应器（氧化反应器），在引入空气的作用下，将 CO 和碳氢化合物氧化为 CO_2 和 H_2O。

③ 三元催化法。三元催化法是利用能同时完成 CO、碳氢化合物的氧化和 NO_x 还原反应的催化剂，将三种有害物一起去除的方法。该方法目前技术上还不是十分成熟，应用较少。

习题

一、填空题

1. 大气是由________、________、________和________组成的混合物。

2. 造成大气污染的主要原因是____。

3. 大气污染源可分为________、________、________、________。在工业发达国家，________是大气污染物的主要来源。我国大气污染物的主要来源是________。

4. 根据大气污染物存在的形态，可分为________污染物和________污染物。主要的气态污染物有____________、____________、____________、____________等。受到人们普遍重视的二次污染物主要是____________、____________。

5. ________是排放量最大的大气污染物，它主要来自________和________。

6. 对气态污染物的常用治理方法有________、________、________、________、________。

7. 洛杉矶烟雾是________烟雾，伦敦烟雾是________烟雾。

8. 每年的____月____日为国际保护臭氧层日。

二、选择题

9. 下列汽车尾气中，不污染空气的成分是　　（　　）

A. CO　　B. CO_2　　C. NO　　D. 铅的化合物

10. 由于人口增长和工业发展，废气排放量逐年增加，从而产生了温室效应，这是因为大气中的　　（　　）

A. CO 增加　　B. CO_2 增加　　C. NO_2 增加　　D. SO_2 增加

11. 在污染环境的有害气体中，由于跟血红蛋白作用而引起中毒的有毒气体是（　　）

A. SO_2 和 CO_2　　B. CO_2　　C. NO 和 CO　　D. SO_2

12. 烟雾杀人是指它使人　　（　　）

A. 患呼吸道疾病　　B. 骨骼畸变　　C. 患白血病　　D. 损害神经系统

三、综合题

13. 光化学烟雾是怎样形成的？对人体有何危害？

14. 酸雨是怎样形成的？酸雨有什么危害？

15. 什么是“温室效应”？什么是“温室气体”？解决温室效应的途径是什么？
16. 臭氧层耗损的主要原因是什么？臭氧层耗损的危害有哪些？
17. 控制大气污染的综合措施有哪些？
18. 简述控制汽车尾气的方法。

第三节　水污染及其防治

水是一切生命体的组成物质，是生命的源泉。水是人类生存、发展的基本要素。水也是工业生产的血液，农业生产的命脉。水是宝贵的自然资源。生产和生活的用水基本上都是淡水。地球上地面和地下的总淡水量占总水量的 0.63%。随着社会的发展和人类生活水平的提高，生产和生活用水量在不断上升，目前拥有世界人口 40%的 80 个国家正面临水源不足的问题。人类不但需水量大，而且随着工农业的迅速发展和人口增长，排放的废水量也急剧增加，许多江、河、湖、水库，甚至地下水都遭受到不同程度的污染，使得可用淡水量急剧减少。我国就是一个贫水国家，水资源的人均占有量仅是世界人均占有量的四分之一。全国 600 多个城市中，有 300 多个城市缺水，其中严重缺水的有 108 个。我国地表水污染严重也是导致水资源短缺的一个重要方面。水污染，表面看是工业废水污染、生活废水污染等，深层次的原因是生态系统遭到破坏，生态功能退化、恶化。由此可见，我国水污染防治工作还有很多重大问题迫切需要解决。

一、水体污染物及其危害

造成水体的水质、生物质、底质质量恶化的物质叫作**水体污染物**。污染水体的物质种类繁多，按水体污染物的化学性质可分为**无机污染物**和**有机污染物**；按污染物的毒性可分为**无毒污染物**和**有毒污染物**。从环境保护的角度，根据污染物的性质及其污染特性，可将水污染分为以下几类：

1. 无毒无机物质污染

无毒无机物质主要指排入水体中的酸、碱及一般的无机盐类。酸主要来源于冶金、金属加工的酸洗工序，制酸、制药、制人造纤维等工厂的废酸水，以及进入水体的酸雨等。碱主要来源于印染、制药、炼油、碱法造纸等工业废水。酸性废水和碱性废水在水体污染中可以彼此中和生成各种盐，也可以分别和地表物质发生反应产生无机盐类，由此引起水体中酸、碱、盐浓度超过正常量，使水质变坏的现象，称为**水体的酸、碱、盐污染**。

水体长期受酸、碱、盐污染，就不能维持正常的 pH 范围，既会影响水生生物的正常活动，造成水生生物的种群发生变化，导致鱼类减少，破坏土壤的性质，影响农作物的生长，还会腐蚀船舶和各种水上建筑等。

2. 有毒无机物质污染

这类物质对生物具有强烈的毒性，它们排入水体，常会影响水中生物，并可通过食物链危害人体健康。最典型的有毒无机物质是重金属，如 Cr、Pb、Cd、Hg 等，但也包括 As、Se 等非金属元素和氰化物等，见表 10-2。

表10-2 某些有毒无机物质的来源及其影响

元素 或化合物	主要污染物的来源	对人体的影响
砷	煤燃烧，处理不纯磷酸盐、硫化物矿石过程	引起细胞代谢紊乱、神经系统损伤、消化不良、恶心、呕吐
铅	冶炼厂、电池厂、油漆制造厂、印刷厂、含铅化合物的汽油	引起呕吐、易怒，慢性中毒引起贫血等造血系统损伤，浓度大时会造成大脑损伤
镉	电镀废水、含锌物质中的杂质	造成肝、肾损伤，造成骨痛病
汞	电解工业、汞制剂、农药厂、电气仪表厂、造纸厂等	汞及其化合物能使人大脑损伤，如“水俣病”，中毒深时能致命
氰化物	电镀厂、焦化厂、煤气厂、金属清洗	可对细胞中氧化酶造成损害，引起全身细胞缺氧、窒息死亡

3. 无毒有机物质污染

无毒有机物质主要指耗氧有机物，还包括植物营养物。

耗氧有机物是指水体中含有的大量碳水化合物、蛋白质、脂肪、纤维素等有机物质。这类物质本身无毒性，但在分解时需消耗水中的溶解氧，故称为耗氧有机物。因此，这些物质过多地进入水体，会造成水体中的溶解氧严重不足，甚至耗尽，从而使水质恶化，使水体发黑发臭，还直接影响鱼类的生存。它们大多来自城市生活污水及食品、造纸、印染等工业废水。

植物营养物主要指水中的含氮、磷的化合物，它们是植物生长、发育的养料，故称为植物营养物。氮肥、磷肥的使用是水中氮、磷来源的重要渠道。此外，含氮的有机物中最普遍的是蛋白质，含磷的有机物主要有洗涤剂等。当水体中的植物营养物积聚到一定程度时，水体过分肥沃，藻类繁殖特别迅速，使水生生态系统遭到破坏，这种现象称为**水体的富营养化**。水体出现富营养化现象时，浮游生物大量繁殖，因占优势的浮游生物的颜色不同，水面往往呈现蓝色、红色、棕色等。这种现象在江河湖泊中称为**水华**，在海洋上则称为**赤潮**。水体富营养化，会造成大量鱼类死亡，加速湖泊老化。植物营养物主要来自农业废水和城市生活污水。

4. 有毒有机物质污染

有毒有机物质主要指酚类、有机农药、多氯联苯、病原微生物等。它们的共同特点是难降解或具有持久性。虽然它们在水中含量并不高，但是因在水体中残留时间长，有蓄积性，可促进慢性中毒、致癌、致畸、致突变等。

(1) 酚类化合物。

酚类化合物(如苯酚、邻甲基苯酚)是有机合成的重要原料之一，具有广泛的用途，因而是当前水体污染中极为普遍的污染物质。水体中的酚类化合物主要来源于煤气、焦化、石油化工、木材加工、有机合成、农药、油漆等工厂排放的多种工业废水。水体受酚污染后，会严重影响各种水生生物的生长和繁殖，使水产品产量和质量降低。

(2) 有机农药。

有机农药包括杀虫剂(如DDT)、杀菌剂(如灭菌灵)和除草剂(如灭草灵)等。从化学结构看，有机农药可分为有机氯、有机磷和有机汞三大类。其中对环境危害极大的有机氯农药(如 DDT、六六六),其特点是毒性大,化学性质稳定,残留时间长,且易溶于脂肪,蓄积性强,如果在水生生物体内富集,其浓度可比水中高数十万倍,不仅影响水生生物的繁衍,且能通过食物链危害人体健康。

(3) 多氯联苯(PCB)。

PCB 是一种化学性质极为稳定的化合物,很难由微生物分解,并具有不燃性、绝缘性等诸多特点,所以用途广泛,如作变压器的绝缘油、润滑油,以及树脂、涂料、油墨、黏结剂的添加剂。PCB 是脂溶性化合物,因此在生物脂肪组织中容易富集。PCB 对人肝脏、神经、骨骼等有毒害和致癌作用,可促成遗传变异。日本的米糠油事件,就是人食用被 PCB 污染了的米糠油而导致中毒的严重事件。

(4) 病原微生物。

病原微生物有细菌、病毒、寄生虫等。它们主要来自生活污水和医院污水,以及制革、屠宰、洗毛等工业废水。病原微生物是水体污染中的主要污染物,对人来讲,传染病的发病率和死亡率均很高。

5. 石油类物质污染

石油的开采、炼制、贮运和使用过程中,排出的废油和含油废水使水体遭受污染。石油类物质进入水体后,在水面上形成一层油膜,阻碍水生生物从空气中摄取氧气,抑制浮游植物的光合作用,使水体溶氧量减少,水体变臭,从而危害海洋生物尤其是鱼类的生长和繁殖,甚至引起海洋水生生物的大量死亡。

6. 热污染

向水体排放温热废水,会使水体温度升高。水温升高,加快水中化学和生物化学反应的反应速率,减少水体中的溶氧量,影响水生生物的生长和繁殖,称为**水体的热污染**。它主要来源于工业冷却水,尤以电力工业火力发电站排放的冷却水最为典型。

二、水污染的防治

控制污染源,减少废水排放量,是防止水体污染的关键。1997 年国务院在治理淮河时明确提出,对淮河两岸的“十五小”企业,要限期治理,对年产量 5000 t 以下的小造纸厂,一律关停。在减少废水排放量方面,积极的措施是尽量采用不用水或少用水以及不产生污染的原料。如采用无毒印染工艺代替有毒印染工艺,可使废水中不含氰化物。工业生产中,采用重复用水及循环用水,提高水的重复利用率,使废水排放量减至最少。剧毒的工业废水在厂内要进行预处理,达到排放标准后才能排入水体。城市生活污水和工业废水不经处理不得任意排放。国外的成功经验是每个城市需建污水处理厂。无论是工厂有毒废水的预处理,还是排放到污水处理厂的生活污水和工业废水的处理,其基本方法都可分为**物理法、化学法和生物法**三种。

1. 物理法

物理法是指利用物理作用,分离废水中呈悬浮状态的污染物质,在处理过程中不改变污染物的化学性质。最常用的方法有沉淀法、过滤法等。

2. 化学法

化学法是指利用化学反应，去除污染物质或改变污染物的性质，处理水体中的可溶性或胶状污染物质。常用的方法有中和法、氧化还原法、混凝法等。

（1）中和法。

中和法就是向废水中投加酸性或碱性物质，使废水达到近中性后排放。对于酸性废水，投加碱性药剂，如生石灰、石灰石等。

$$H_2SO_4 + CaO \longrightarrow CaSO_4 + H_2O$$

$$H_2SO_4 + CaCO_3 \longrightarrow CaSO_4 + H_2O + CO_2$$

对于碱性废水，可用废酸或酸性废水进行中和处理，也可将烟道气通入废水，利用废气中的二氧化碳和二氧化硫进行中和。

$$CO_2 + OH^- \longrightarrow HCO_3^-$$

$$SO_2 + 2OH^- \longrightarrow SO_3^{2-} + H_2O$$

（2）氧化还原法。

氧化还原法是利用氧化或还原反应将废水中的污染物（可溶性的有机物或无机物）转化为无毒或微毒物质，或者转化成容易与水分离的形态从而使废水得以净化。氧化还原法与生物氧化法相比，需较高的运行费用，因此目前仅用于饮用水处理、特种工业用水处理、有毒工业废水处理和以回收利用为目的的废水深度处理等有限场合。

（3）混凝法。

废水中的胶体物质通常带有负电荷，在水中加入带有相反电荷的电解质（即混凝剂）后，废水中的胶体物质即呈电中性，失去稳定性，并在分子引力作用下，凝聚成大颗粒而下沉。混凝剂中用得最多的是铝盐，如明矾。此法适用于处理含油废水、染色废水等。常用的混凝剂还有硫酸铝、硫酸亚铁等。

$$Al^{3+} + 3H_2O \rightleftharpoons Al(OH)_3 + 3H^+$$

3. 生物法

生物法是指利用水体中的微生物活动，使水中的耗氧有机物分解为简单的无机物。生物法是城市污水处理厂的主要处理方法。石油化工、食品、轻工、纺织印染、制药等工业废水也常用此法处理。

习题

一、填空题

1. 水在自然界的分布很广，天然水按照存在方式的不同，可分为________、________和________三大类。

2. 水体污染主要是指________使水和水体的物理性质、化学性质发生变化而降低了水体的使用价值。常见的水污染物主要有________、________、________、________、________和________。

3. 废水的处理，其基本方法可分为________、________和________三类。水体中的重金属离子，可通过____________形成氢氧化物沉淀而除去；含硫废水可用氧化还原法处理，有关化学方程式：____________________________、____________________________、____________________________。

二、选择题

4. 水体中耗氧有机物的氧化降解，主要是通过以下哪种作用完成的（　　）

A. 物理作用　　B. 化学作用

C. 物理化学作用　　D. 生物化学作用

5. 水体污染物中，重金属的“五毒”是指（　　）

A. 氯、磷、砷、锑、铋　　B. 酚、氰、汞、铬、砷

C. 汞、镉、铅、铬、砷　　D. 酸、碱、盐、硫、氰化物

6. 会造成藻类大量繁殖，溶解氧降低，鱼类死亡的废水中主要含有的物质是（　　）

A. 酸、碱、盐　　B. 植物营养物

C. “五毒”　　D. 石油

7. 在水体污染中，危害最严重的污染物和面广量大的污染物分别是（　　）

A. 重金属；耗氧有机物　　B. 耗氧有机物；重金属

C. 酸、碱、盐；重金属　　D. 热污染；耗氧有机物

第四节　固体废弃物的处理与利用

固体废弃物就是一般所说的垃圾，是人类新陈代谢排泄物和消费品消费后的废弃物品。目前城市居民的生活垃圾、商业垃圾、市政维护和管理中产生的垃圾，以及工业生产排出的固体废弃物的数量急剧增加，成分日益复杂。世界各国的垃圾以高于其经济增长速度2～3倍的平均速度增长。垃圾若不及时处理，必然会对大气、土壤、水体造成严重污染，导致蚊蝇滋生、细菌繁殖，使疾病迅速传播，危害人类健康和生存环境。

一、固体废弃物的来源和种类

固体废弃物的来源极为广泛，其不同的来源也导致了不同的污染种类。从管理角度通常把固体废弃物分为城市垃圾、工业固体废弃物、农业固体废弃物、矿业固体废弃物、建筑废弃物（建筑垃圾）和放射性固体废弃物等几个类型。

1. 工业固体废弃物

工业固体废弃物是指工业上生产加工及其“三废”处理过程中排弃的废渣、粉尘、污泥等，主要包括煤渣、发电厂烟道气中收集的粉煤灰、冶炼矿物质产生的残渣等。

2. 矿业固体废弃物

矿业固体废弃物是指矿石的开采、洗涤过程中产生的废弃物，是开采有经济价值的矿产物质过程中产生的废料，主要有矿废石、尾矿、煤矸石等。矿废石是开矿中从主矿上剥落下来的围岩。尾矿是矿石经洗选提取精矿后剩余的尾渣。煤矸石是在煤的开采过程中分离出来的脉石，实际上是含碳岩石和其他岩石的混合物。

3. 建筑废弃物

建筑废弃物是指市政或小区规划、现有建筑的拆除或修复以及新的建筑作业的废弃物，主要包括用过的混凝土以及砖瓦碎片等。

4. 农业固体废弃物

农业固体废弃物指种植和饲养业排弃的废弃物，包括园林与森林残渣、作物枝叶、秸秆、壳屑等。

5. 城市垃圾

城市垃圾是指城市居民生活、商业和市政维护管理中丢弃的固体废弃物，是由家庭生活废弃物和来自商店、办公室等具有相似特性的废弃物组成的，如厨房垃圾、建筑装潢材料、包装材料、废旧器皿、废家电、废纸、塑料、纺织品、玻璃、金属、灰渣等。

6. 放射性固体废弃物

放射性固体废弃物主要来自核工业、核研究所及核医疗单位。

二、固体废弃物的危害

固体废弃物是各种污染物的最终形态，它的形态多种多样，成分也十分复杂。特别是在废水废气治理过程中所排出的固体废弃物，浓集了许多有害成分。因此，固体废弃物对环境的危害极大，主要表现在以下几个方面：

1. 侵占土地

固体废弃物如不加以利用和处置，只能占地堆放。据估算，平均每堆积 1 万吨废渣和尾矿，占地 670 m^2 以上。我国工业固体废弃物总堆放量已超 100 亿吨，占地面积达几万公顷。土地是宝贵的自然资源，我国虽然幅员辽阔，但耕地面积却十分紧缺，人均占地面积只占世界人均占地的 1/3。固体废弃物的堆积侵占了大量土地，造成了极大的经济损失，并且严重地破坏了地貌、植被和自然景观。

2. 污染水体

许多沿江河湖海的城市和工矿企业直接把固体废弃物向邻近水域长期大量排放，固体废弃物随天然降水和地表径流进入河流湖泊，致使地表水受到严重污染，不仅破坏了天然水体的生态平衡，妨碍了水生生物的生存和水资源的利用，而且使水域面积减少，严重时还会阻塞航道。

3. 污染大气

固体废弃物中所含的粉尘及其他颗粒物在堆放时会随风飞扬，在运输和装卸过程中也会产生有害气体和粉尘。这些粉尘或颗粒物大都含有对人体有害的成分，有的还是病原微生物的载体，威胁人体健康。有些固体废弃物在堆放或处理过程中还向大气散发出有毒气体和臭味，危害则更大。例如，煤矸石的自燃在我国时有发生，散发出煤烟和大量的 SO_2、CO_2、NH_3 等气体，造成严重的大气污染。

除此之外，某些有害固体废弃物的排放除了造成上述危害之外，还可能造成燃烧、爆炸、中毒、严重腐蚀、放射性污染等意外事故和特殊损害。

三、固体废弃物处理技术

1. 固体废弃物的堆肥化处理

堆肥化是指在人工控制的条件下，依靠自然界广泛分布的细菌、放线菌、真菌等微生物，使可生物降解的有机固体废弃物向稳定的腐殖质转化的生物化学过程。固体废弃物堆肥化是对有机固体废弃物实现资源化利用的无害化处理、处置的重要方法。随着经济的发展，产生的废弃物越来越多。作为可利用和回收的资源，采用堆肥技术处理固体废弃物和污泥正变得越来越广泛。

2. 固体废弃物的焚烧处理

焚烧法是一种热化学处理过程，通过焚烧可以使固体废物氧化分解，能迅速大幅度地减容（一般体积可减少 80%～90%），彻底消除有害细菌和病毒，破坏毒性有机物，回收能量及副产品，同时残渣稳定安全。由于焚烧法适用于废弃物性状难以把握、废弃物产量随时间变化幅度较大的情况，加之某些带菌性或含毒性有机固体废弃物只能焚烧处理，故应用十分广泛。焚烧法历史悠久，所积累的经验丰富，技术可靠。焚烧设备主要有流化床焚烧炉、转窑式焚烧炉、多膛式焚烧炉、固定床型焚烧炉等。

3. 固体废弃物的热解处理

固体废弃物的热解是指在缺氧条件下，使可燃性固体废弃物在高温下分解，最终成为可燃气、油、固形炭等形式的过程。固体废弃物中所蕴藏的热量以上述物质的形式储存起来，成为便于储藏、运输的有价值的燃料。

热解与充分供氧、废弃物完全燃烧的焚烧过程是有本质区别的。燃烧是放热反应，而热解是吸热过程。而且，焚烧的结果产生大量的废气和部分废渣，环保问题严重。而热解则产生可燃气、油等，可多种方式回收利用。城市固体废弃物、污泥、工业废弃物（如塑料、树脂、橡胶）以及农业废料、人畜粪便等具有潜在能量的各种固体废弃物都可以采用热解方法处理，从中回收燃料。

习题

1. 简述固体废弃物的分类。
2. 简述固体废弃物的危害。

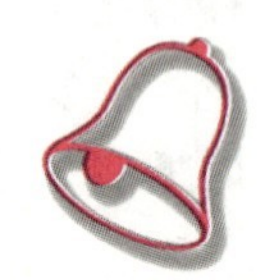

本章小结

一、环境与环境问题

(1) 环境按要素分为自然环境和社会环境。环境是人类生存、发展的物质基础。

(2) 环境污染是指由于人为的或自然的因素，使环境中本来的组成成分或状态及环境素质发生变化，扰乱并破坏生态系统与人们的正常生活条件，对人体健康产生直接或间接甚至潜在的危害。造成环境污染的因素有自然因素和人为因素。

(3) 环境污染的类型可按环境要素、污染物的性质、污染物的形态、污染物产生的原因、污染的范围等划分。

(4) 环境污染物的分类：根据污染物的性质可将环境污染物分为物理污染物、化学污染物和生物污染物。

(5) 化学污染物的分类：对环境产生危害的化学污染物可概括为五大类。它们是有机化合物、重金属或有毒单质、有害的阴离子、无机化合物、一些植物营养物质。

(6) 化学污染物通过各种途径进入环境，造成大气污染、水污染、土壤污染等，破坏生态平衡。

(7) 绿色化学是指设计没有或者只有尽可能小的环境负作用，并且在技术上和经济上可行的化学品和化学过程。

二、大气污染与防治

(1) 目前世界各地的大气污染主要是由人为因素造成的。污染源有：生活污染源、工业污染源、交通污染源和农业污染源。其污染物有：颗粒物、硫氧化物、氮氧化物、碳氢化合物、光化学烟雾和一氧化碳等。大气污染对人体健康的危害是引起呼吸道疾病等。此外，温室效应、臭氧层耗损、酸雨污染等都与大气污染直接有关。

(2) 为了有效地控制大气污染，制定相应的法规和标准，城镇规划中合理的工业布局，采取消烟除尘措施，植树造林等都是积极有效的。

三、水污染与防治

(1) 水体污染物的来源有：工业污染源、生活污染源和农业污染源。水体污染物有：酸、碱、盐、耗氧有机物、植物营养物、病原微生物等。人类有 80%的疾病与细菌感染有关，其中 60%以上的疾病是通过饮用水传播的。

(2) 控制污染源、减少污水排放量是防治水污染的关键。国外成功的经验是修建城市污水处理厂处理生活污水和工业废水。水处理的基本方法有物理法、化学法和生物法。

四、固体废弃物的处理与利用

(1) 固体废弃物能通过不同的途径污染大气、水体、土壤等环境，危害人类的健康。综合利用、化害为利是治理固体污染的积极方针。

(2) 常用固体废弃物处理技术包括堆肥化处理、焚烧处理、热解处理等。

课外阅读

中国环境污染事件

(1) 2008年9月8日，山西省临汾市襄汾县新塔矿业有限公司尾矿库发生特别重大溃坝事故，造成277人死亡、4人失踪、33人受伤，直接经济损失9619万元。

(2) 2010年7月3日下午，福建省紫金矿业集团有限公司铜矿湿法厂发生铜酸水渗漏事故，9100 m^3 的污水顺着排洪涵洞流入汀江，导致汀江部分河段污染及大量网箱养鱼死亡。然而，紫金矿业将这一污染事故隐瞒了9天才公之于众。

(3) 2009年8月29日5时和8月30日7时，汉阴县黄龙金矿尾矿库排洪涵洞尾部相继发生两处塌陷，导致约8000 m^3 左右尾砂泄漏。险情导致尾矿库附近的青泥河水受到严重污染，并严重威胁与其通过涵洞相连的观音河水库水质，而后者是汉阴县城老城区自来水的主要水源地。

(4) 2002年9月11日，贵州都匀坝固镇多杰村上游一个铅锌矿尾渣大坝崩塌，上千立方米矿渣流入清水江，大量农田被毁，严重污染环境。记者立即赶到现场，看到公路旁的一座悬崖上，高达几十米的尾矿大坝几乎全部崩塌，从坝口到坝底四处是裸露的岩石和黄土，剩余的铅锌矿尾渣从悬崖上直泻而下，直接注入山脚的范家河，原丈许宽的小河被几丈高的银灰色矿渣冲击成宽约30多米，矿渣覆盖河道十余里，两岸被矿渣浸泡过的树木枯死，沿岸良田被矿渣掩埋，粉末状铅锌矿尾渣与河水混合成黏稠的泥浆，流过范家河，径直排入清水江。

(5) 2009年8月6日上午，湖南省浏阳市镇头镇双桥村，以湘和化工厂为圆心向外500 m延伸，周围田野里的庄稼渐次呈现出深黄色、黄绿色、绿色三种不同颜色，晒在水泥地上的稻谷谷壳透着黄褐色。离工厂300 m开外就是著名的浏阳河。专家指出，作为世界八大污染物之一，镉污染在重金属污染中排名第二，大面积的镉污染源于一种稀有贵金属——铟的提炼，这种贵金属价格高昂，对环境的破坏性也很大。

(6) 2009年8月，因工厂污染，湖南省武冈市文坪镇、司马冲镇上千名儿童血铅超标；陕西省宝鸡市凤翔县两个村庄615名儿童血铅超标，引发当地村民堵路砸车，冲击厂区。由于城市及发达地区环保日趋严格，高污染企业向中西部转移，政府对环境公害不作为，群众被迫维权。

(7) 2007年5月29日，一场突如其来的饮用水危机降临江苏省无锡市，其罪魁祸首就是太湖蓝藻。这个让无锡市民年年都要受到侵扰的“常客”，今年来得更早、更凶。小小蓝藻在一夜之间打乱了数百万群众的正常生活。随后，滇池、巢湖蓝藻也相继暴发，沭阳等城市的自来水水源也受到污染。高增长的中国进入水污染密集暴发阶段，触动了中国经济发展和环境保护的敏感神经。国家环保总局开始制定实行更严格的环保标准和措施进行污染控制及治理。

(8) 2008 年 6 月以来，云南九大高原湖泊之一的阳宗海水体中的砷浓度超出饮用水安全标准，导致严重污染，直接危及 2 万人的饮水安全。从 7 月 8 日起，沿湖周边人民群众及相关企业全面停止从中取水作为生活饮用水。11 月 25 日，昆明市公安局环境保护分局成立，这一机构的设置在全国尚属首次。

(9) 2009 年 2 月 20 日，江苏省盐城市由于城西水厂原水受酚类化合物污染，盐都区、亭湖区、新区、开发区等部分地区发生断水，中断 60 多个小时，该市市区五分之二人口、20 万市民生活及工业生产受到不同程度的影响。据调查，污染来自一家化工厂，该厂为减少处理成本，居然趁大雨天偷排化工废水，流到了盐城市的水源地，最终导致盐城历史上罕见的水污染事件。在调查中同时发现了对污染监测和监管的缺失。

(10) 2010 年 7 月 16 日晚 18 时 50 分许，大连新港一艘利比里亚籍 30 万吨级的油轮在卸油附加添加剂时引起了陆地输油管线发生爆炸，引发大火和原油泄漏。大连新港输油管线爆炸起火事故至少造成附近海域 50 km^2 的海面污染。

吸烟的危害有多大

烟草自 1492 年被哥伦布的两个船员带回西班牙后，至今已有 500 多年历史，抽烟的人也越来越多。吸烟的危害很多，如可能导致肺癌、心血管病、慢性支气管炎等。吸烟已成为社会一大公害。吸烟者吸烟的过程中，会产生 3000 余种有害物质，其中主要的有毒物质为尼古丁(烟碱)、烟焦油、一氧化碳等。尼古丁的毒性很大，它对人的神经细胞和中枢神经系统有兴奋和抑制作用，人在吸入一定量的尼古丁后就会产生“烟瘾”，是吸烟致病的主要物质之一。烟草中原有蛋白质、碳水化合物、维生素、氨基酸等人体需要的有益物质，经过燃烧而释放出烟雾、灰尘等，也都变成有害物质。

吸烟不仅害己而且害人。吸烟所散发的烟雾弥漫在室内，在一般通风不良而吸烟者又较多的地方，每一毫升烟雾里含有 50 亿个烟尘颗粒，是平常空气中所含尘埃微粒的 5 万倍，一氧化碳的浓度超过工业允许阈值的 840 倍。在充满烟草烟雾的房间内停留 1 h，被动吸烟者吸入的烟量，相当于吸入 1 支卷烟的剂量，血液中碳氧血红蛋白上升至中等中毒程度，使人精神疲惫，劳动效率降低。与吸烟者共同生活的人，患肺癌的概率比常人高出 2.6 倍至 6 倍。凡吸烟者可能引起的疾病在被动吸烟者身上也都可能发生。

全世界每年死于与吸烟有关疾病的人数达350万。如不采取行动，到2030年，每年死于与吸烟有关疾病的人数将增加到1000万。世界银行的研究报告认为，使用烟草导致全球每年净损失2000亿美元，其中一半以上的损失在发展中国家。

据国外分析，烟雾中上述各种物质的浓度远远超过工业许可阈值（表10-3），而后者是先进工业国家规定工人接触有害气体的最高浓度。从中可以看出卷烟烟雾对人群的危害超过工业污染的化学气体。

表10-3 卷烟烟雾中某些气体与工业阈值的比较

化学成分	卷烟中浓度/ppm	工业允许阈值/ppm	卷烟浓度超过阈值倍数
一氧化碳	42000	50	840
甲　醛	30	5	6
乙　醛	3200	200	16

由此看来，吸烟对人体的危害甚大，为了保障健康，奉劝大家不要吸烟，特别是在公共场所，应该讲究社会公德，严禁吸烟。

慎用化妆品

化妆品是由遮盖、吸收、黏附、滑爽、抑汗和散香等各种不同作用的原料，经过配方加工而制成的。目前，化妆品已经从奢侈品发展为生活必需品。我国目前日用化妆品已发展到20多类、900多个品种。国内广泛使用的粉类、霜类、膏类、染发剂等化妆品中，所用的色素、防腐剂、增白剂、染料、香料等都不同程度地含有各类有害物质。例如，祛斑霜和增白剂中含氯化铵汞，抽样测定汞含量为0.047～7800 $mg \cdot kg^{-1}$，均值为2652 $mg \cdot kg^{-1}$（卫生标准规定汞含量不得超过1 $mg \cdot kg^{-1}$）。此外，在雪花膏中砷含量为0～131 $mg \cdot kg^{-1}$，超标率79%。据测定，百货商店的化妆品柜台空气中甲醛含量远远高于其他柜台。由于加工制作或原料不洁，常发现化妆品中有细菌，这些细菌既可使化妆品腐败变质，又有碍使用者的健康。据抽样测定，细菌检出率高达95.5%，可见不少化妆品是不符合卫生要求的。

尽管我国已有了化妆品卫生标准，对有害物质有所限制，但化妆品仍存在大量对人体不利的因素，因此必须慎用化妆品。

城市环境气象预报知多少

你一定经常关注天气预报吧，可是你注意了吗？现在的天气预报除了报告天气状况外，还有人体舒适度指数预报、晨练指数预报、空气污染气象条件预报等，你对它们了解多少？下面我来给你说说吧。

一、人体舒适度指数预报

人体舒适度指数是衡量人体对气温、风、湿度、日辐射等气象要素的综合感应指标，是为了从气象角度来评价在不同气候条件下人的舒适感，根据人类机体与大气环境之间的热交换而制定的生物气象指标。一般而言，气温、气压、相对湿度、风速四个气象要素对人体感觉影响最大，因此以该四项要素制作了人体舒适度指数预报系统。舒适度指数等级划分见表10-4。

表10-4　舒适度指数等级划分

舒适度等级	等级说明	舒适度指数值
一级	寒冷，不舒适	0～25
二级	较冷，大部分人不舒适	26～38
三级	清凉，少部分人不舒适	39～50
四级	偏凉，大部分人舒适	51～58
五级	舒适	59～70
六级	偏暖，大部分人舒适	71～75
七级	闷热，少部分人不舒适	76～79
八级	炎热，大部分人不舒适	80～85
九级	暑热，不舒适	86～88
十级	酷热，很不舒适	89

二、晨练指数预报

晨练是全民健康运动中最普遍的形式。气象条件的好坏直接关系到晨练者的身体健康。为此根据天空状况、风、温度、湿度以及污染状况初步建立了人们在晨练时外界环境中气象要素的标准。晨练指数等级划分见表10-5。

表10-5　晨练指数等级划分

等级	气温/℃	风力/级	天气现象	空气质量	晨练提示
五	≤－20	≥6	有	重度污染	非常不适宜晨练
四	－20～－15	5	有	中度污染	不太适宜晨练
三	－14～0	4	零星	轻度污染	较适宜晨练
二	1～14	3	无	良	适宜晨练
一	≥15	≤3	无	优	非常适宜晨练

三、空气污染气象条件预报

空气质量日报、预报的主要内容为：空气污染指数（Air Pollution Index，简称API）、空气质量级别和首要污染物。空气污染指数就是将监测的几种空气污染物的浓度值简化成为单一的数值形式，并分级表示空气污染程度和空气质量状况。它是一种反映和评价空气质量的方法，适用于表示城市的短期空气质量状况和变化趋势。首要污染物是指污染最重的污染物，首要污染物的污染指数即为空气污染指数。因此空气质量的好坏取决于各种污染物中危害最大的污染物的污染程度。我国目前规定空气质量必须依据的污染物有三种：二氧化硫、二氧化氮、可吸入颗粒物。例如，广州市在某一日的空气质量监测中，氮氧化物的污染指数是最高的，达到了134，那么氮氧化物就被确定为首要污染物，同时氮氧化物的污染指数134及其对应的空气质量级别3级就作为广州市此日的空气污染指数和空气质量级别。不同级别的空气质量对人体的影响见表10-6。

表10-6　不同级别的空气质量对人体的影响

空气污染指数(API)	空气质量级别	空气质量状况	对健康的影响及建议采取的措施	对应空气质量的适应范围(空气质量功能区分类)
0～50	Ⅰ	优	可正常活动	自然保护区、风景名胜区和其他需要特殊保护的地区
51～99	Ⅱ	良	可正常活动	城镇规划中确定的居住区、商业交通居民混合区、文化区、一般工业区和农村地区
100～199	Ⅲ	轻度污染	易感人群症状有轻度加剧，健康人群出现刺激症状，心脏病和呼吸系统疾病患者应减少体力消耗和户外活动，防止长时间接触	特定工业区
200～299	Ⅳ	中度污染	一定时间接触后，心脏病和肺病患者症状显著加剧，运动耐受力降低，健康人群中普遍出现症状，老年人和心脏病、肺病患者应停留在室内，并减少体力活动	
≥300	Ⅴ	重污染	健康人运动耐受力降低，有明显强烈症状，提前出现某些疾病，老年人和病人应当留在室内，避免体力消耗，一般人群应避免户外活动	

生活中常见的废弃物污染

随着人们生活水平的提高，生活中的废弃物数量猛增，其中有不少有毒化学品和重金属散布在自然界中，污染土壤和水源，影响植物生长，危害人类健康。

生活中常见的废弃物及危害如下：

一、塑料

塑料主要来源于大量使用的食品袋、商品的包装袋、一次性聚苯乙烯快餐饭盒、一次性塑料桌布、电器包装发泡填塞物等。据报道，我国一次性餐具年销量达100亿只，90%为不能降解的发泡或未发泡塑料制品，发泡塑料在发泡过程中(65 ℃时)即产生剧毒有机物二噁英。

在自然界中，塑料废弃物难以分解，它的降解时间大约为200年。塑料废弃物进入土壤，影响土壤的通透性和渗水性，影响植物生长；进入河流，危害水中生物，阻塞河道。用填埋法处理塑料废弃物需要占用和破坏大量的土地资源；若焚烧塑料废弃物，则会释放出多种有毒气体，如二噁英、醛、酮、烃类等有毒物质，严重危害人体健康。

二、电池

电池主要有纽扣电池和多种普通干电池。电池中含汞、镉等金属，当其废弃在自然界里，这些金属慢慢从电池中释出，进入土壤、水源，再通过农作物进入人体，损伤人的肾脏；镉使骨质松软，造成骨骼变形。资料显示，我国用量最大的普通锌锰干电池，每年耗锌达30万吨，约占我国锌年产量的30%，乱扔电池不仅污染了环境，也是资源的极大浪费。

三、一次性筷子和剩餐

餐馆中使用的一次性木筷被扔到剩餐中，使剩餐无法收集起来加以利用。混在普通垃圾里的剩餐为细菌的繁殖提供营养，并产生对人体有毒的NH_3和H_2S气体。

四、瓜果

废弃物中的菜叶、果皮虽不含有毒物质，但它和其他污染物一起长期堆放，为细菌、蚊蝇提供营养，产生对人体有害的气体，并影响市容市貌。

附录

写一篇化学小论文

同学们：经过一段时间、一些章节的学习，你是否已积累了一定的化学知识，并能够用化学的眼光去关注你生活的社会，用化学的头脑去分析你身边的环境变化，从化学的视角去思考你生存的物质世界？我们希望你在学习《实用化学》的过程中，将你所学的化学知识和你感兴趣的生活中的话题结合起来，写成一篇有关化学的小论文，如果觉得满意，可以向校刊或班级黑板报投稿。

在书写小论文时，你首先要确定一个课题，然后，可以将学到、看到、想到的内容整理起来，写成一篇小论文。如果你觉得资料不够，可以从教材、参考书、报纸、杂志、电子网络中收集资料，将这些资料整合到你的论文中去。当然我们更希望你能深入社会或自己动手，做一些调查研究或化学实验，用一些具体的数据和实验结果来论证你的课题。在你遇到困难的时候，要多和老师及同学商量、讨论。只要你勤于思考、善于归纳，就一定能写出一篇有一定水平的小论文。

我们希望你写一篇小论文，其目的并不在于论文的质量和水平，我们关注的是：你能通过这篇论文，学会如何确定课题，如何收集资料并整理这些资料，如何围绕课题展开调查研究、设计实验并获得实验数据，最终整理成文。因此，只要你认真做了这些工作，其意义远远大于论文本身。

下面是一些论文参考选题，你也可以自己提出新的课题。

1. 防治大气污染
2. 防治酸雨
3. 防治水污染
4. 保护臭氧层
5. 废电池回收的意义
6. 家庭装修和家居污染
7. 绿色化学
8. 浅谈食品安全
9. 食品添加剂的功和过
10. 吸烟的危害
11. 微量元素和人体健康
12. 小论食物的营养成分和合理膳食
13. 21世纪的能源
14. 人类与能源
15. 电池中的氧化还原反应
16. 形形色色的电池
17. “沼气”利用
18. 化学材料和现代生活
19. “白色污染”的危害
20. 雾霾的形成与危害

表1 酸、碱和盐的溶解性表

与氢或金属结合的原子团		氢	金属																
		H^{+}	K^{+}	Na^{+}	Ba^{2+}	Ca^{2+}	Mg^{2+}	Al^{3+}	Mn^{2+}	Zn^{2+}	Cr^{3+}	Fe^{2+}	Fe^{3+}	Sn^{2+}	Pb^{2+}	Bi^{2+}	Cu^{2+}	Hg_2^{2+}	Hg^{2+}	Ag^{+}
氢氧根	OH^{-}		溶	溶	溶	微	不	不	不	不	不	不	不	不	不	不	不	—	—	—
酸根	NO_3^{-}	溶、挥	溶	溶	溶	溶	溶	溶	溶	溶	溶	溶	溶	溶	溶	溶	溶	溶	溶	溶
	Cl^{-}	溶、挥	溶	溶	溶	溶	溶	溶	溶	溶	溶	溶	溶	溶	微	—	溶	不	溶	不
	SO_4^{2-}	溶	溶	溶	不	微	溶	溶	溶	溶	溶	溶	溶	溶	不	溶	溶	微	溶	微
	S^{2-}	溶、挥	溶	溶	溶	微	溶	—	不	不	—	不	—	不	不	不	不	不	不	不
	SO_3^{2-}	溶、挥	溶	溶	不	不	微	—	不	不	—	不	—	—	不	不	不	不	不	不
	CO_3^{2-}	溶、挥	溶	溶	不	不	不	—	不	不	—	不	不	—	不	不	不	不	不	不
	SiO_3^{2-}	微	溶	溶	不	不	不	不	不	不	不	不	不	—	不	—	不	—	—	不
	PO_4^{3-}	溶	溶	溶	不	不	不	不	不	不	不	不	不	不	不	不	不	不	不	不

注:“溶”表示那种物质能溶于水,“不”表示不溶于水,“微”表示微溶于水,“挥”表示挥发性酸,“—”表示那种物质不存在或碰到水就分解。

表2 国际单位制的基本单位

量的名称	单位名称	单位符号	量的名称	单位名称	单位符号
长度	米	m	热力学温度	开[尔文]	K
质量	千克	kg	物质的量	摩[尔]	mol
时间	秒	s	发光强度	坎[德拉]	cd
电流	安(培)	A			

表3 用于构成十进倍数和分数单位的词头

所表示的因数	词头名称	词头符号	所表示的因数	词头名称	词头符号
10^{18}	艾[可萨]	E	10^{-1}	分	d
10^{15}	拍[它]	P	10^{-2}	厘	c
10^{12}	太[拉]	T	10^{-3}	毫	m
10^{9}	吉[咖]	G	10^{-6}	微	μ
10^{6}	兆	M	10^{-9}	纳[诺]	n
10^{3}	千	k	10^{-12}	皮[可]	p
10^{2}	百	h	10^{-15}	飞[母托]	f
10^{1}	十	da	10^{-18}	阿[托]	a